数值计算方法与实验

孙凤芝◇编著

黑龙江大学出版社
HEILONGJIANG UNIVERSITY PRESS

图书在版编目(CIP)数据

数值计算方法与实验 / 孙凤芝编著. -- 哈尔滨 : 黑龙江大学出版社, 2013.1(2017.2 重印)

ISBN 978-7-81129-548-1

Ⅰ. ①数… Ⅱ. ①孙… Ⅲ. ①数值计算-计算方法 Ⅳ. ①O241

中国版本图书馆 CIP 数据核字(2012)第 227685 号

数值计算方法与实验
SHUZHI JISUAN FANGFA YU SHIYAN
孙凤芝 编著

责任编辑 肖相武 肖嘉慧
出版发行 黑龙江大学出版社
地　　址 哈尔滨市南岗区学府路 74 号
印　　刷 哈尔滨市石桥印务有限公司
开　　本 787×1092 1/16
印　　张 24.25
字　　数 483 千
版　　次 2013 年 1 月第 1 版
印　　次 2017 年 2 月第 3 次印刷
书　　号 ISBN 978-7-81129-548-1
定　　价 35.00 元

前 言

30 多年前使用计算机还只是少数人的“专利”，而今已广泛普及，人类已进入电子计算机的信息化时代．随着计算机和计算方法的飞速发展，几乎所有科学都走向定量化和精确化，从而产生了一系列计算性的学科分支，如计算物理学、计算生物学、计算化学、计算地质学、计算气象学和计算材料学等，计算数学中的数值计算方法则是解决“计算”问题的桥梁和工具．我们知道，计算能力是计算工具和计算方法效率的乘积，提高计算方法的效率与提高计算机硬件的效率同样重要．但不应当将计算方法片面地理解为各种算法的简单罗列和堆积，同数学分析一样，它也是一门内容丰富、思想方法深刻，并且有着自身的理论体系的数学学科．

随着科学技术的发展以及电子计算机的迅速发展和广泛应用，科学与工程计算已经成为平行于理论分析和科学实验的第 3 种科学研究手段，已广泛应用于科学技术和社会生活，数值计算方法已成为所有工程设计、技术开发和科学研究等领域中必不可少的工具，“计算方法” (或“数值分析”) 课程，就是针对科学与工程计算过程中必不可少的环节 —— 数值计算过程而设立的．本课程主要介绍用计算机求解各种数学问题的数值解法及其理论方面的知识．在当今社会，熟练地运用计算机进行科学计算，已经成为广大科技工作者的一项基本技能，这就需要向高等学校数学系的非计算数学专业及高等理工科院校的学生普及有关计算方法的知识，本书就是为此而编写的．

新的世纪，新的时代，计算方法 (或数值分析) 教材也应“与时俱进”．计算方法是一门理论性和实践性都很强的学科，计算方法既有抽象性和严谨性的理论特征，又有实用性和实验性的技术特征，为此编者在 20 来年从事应用数学专业和计算机专业的计算方法课程的教学实践的基础上总结、编写了《数值计算方法与实验》一书，目的就是为了便于在一个学期内讲授科学与工程计算中的一些基本问题的计算方法，介绍数值计算方法的原理和在计算机上进行数值计算实验．在编写过程中，尽可能地在各章中加入了应用实例，并且每章都有考研真题的选讲，不仅对考研的学生有重要的指导和帮助作用，而且对其他学生也大有裨益．因为，每一道题都经过了出题者的精心设计，比一般的例题更具有典型性和代表性．

本书内容精练，侧重于计算机上常用算法的描述与实现，致力于培养学生分析问题和解决问题的能力，通俗易懂，以易教、易学、朴实、实用为特色．本书包括算法与误差、数值代数 (非线性方程的数值解法，方程组与矩阵特征值、特征向量的求解) 、函数逼近 (插值与拟合) 、数值微积分 (数值积分与数值微分) 、常微分方程数值解法 (常微分方程数值解法与边值问题) 共五部分；另外在每章后还附加了相应的上机数值实验习题，主要是为了在学习了各章的内容之后，能及时地将所学方法在计算机上运用而编写的．本书各章之间基本相互独立，学习时可以根据课时和实际需要选取其中的一些章节. 本书的读者群比较广泛, 因为阅读本书只需具备微积分与线性代数方面的基础知识.

本书可作为高等学校数学系的非计算数学专业及高等理工科院校非数学专业的“计算方法” (或“数值分析”) 等课程的教材, 也可作为成人高等教育的教材和工程技术人员的自学教材和参考书.

本书的编写得到了大庆师范学院的教材立项支持, 在编写的过程中曾得到东北师范大学盛中平、范猛, 哈尔滨师范大学幺焕民、张艳英, 佳木斯大学李岚, 大庆师范学院李兆兴、刘国清、王彦以及大庆师范学院教学指导委员会的教授和专家们的指导和帮助, 在编写初期和截稿前有幸得到专家们的评审, 并给我提出了一些宝贵的意见和建议. 另外, 为了本书的出版和使用, 大庆师范学院教务处教材科的相关人员也付出了很多的辛勤劳动, 我在此一并表示深深的敬意和谢意!

限于水平, 书中难免会有错误和不当之处, 敬请批评指正.

编　者

2012 年 10 月

目　录

第 1 章　算法与误差

1.1　算法

1.1.1　计算方法简介

计算方法又称数值分析，它是研究用计算机求解各种数学问题的数值解法及其理论并由软件实现的一门学科，计算数学是数学科学的一个分支，计算方法是计算数学的一个主要部分.

一般情况下，用计算机解决科学计算问题要经历以下几个过程 (见下图):

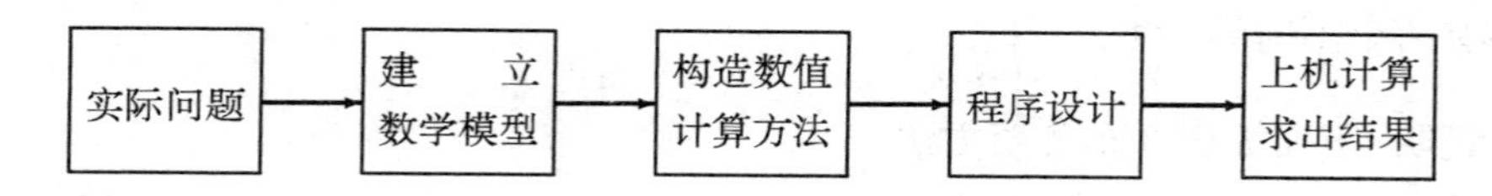

由实际问题应用有关科学知识和数学理论来建立数学模型这一过程，通常是应用数学的任务；而根据数学模型构造求解的计算方法直到编出程序并上机算出结果，进而对计算结果进行分析，这一过程则是计算数学的任务，也是计算方法的任务和研究对象．因此，计算方法就是用计算机来解决数学问题的数值方法及理论．更确切地说，就是将欲求解的数学模型 (数学问题) 转化为在计算机上实际可行的、有可靠理论分析的、计算复杂性好的，由运算和定义运算顺序的规则所组成的整个解题方案和步骤．可见，计算方法是一门与计算机使用密切结合的实用性很强的数学课程，它既有纯数学的高度抽象性与严密科学性的特点，又有计算数学的应用广泛性与实际实验的高度技术性的特点.

随着科学技术的发展，科学与工程计算已被推向科学活动的前沿，它与实验、理论并驾齐驱、相辅相成，成为人类科学活动的三大方法之一．科学技术的发展提出大量复杂的数值计算问题，这些问题不是人工计算 (包括使用算盘以及计算器之类简单的计算工具) 所能解决的，必须依靠电子计算机．用电子计算机进行这种科学技术计算的工作，称为科学计算，简称电算．因此，熟练地运用电子计算机进行科学计算，已成为科技工作者的一项基本技能.

科学计算的应用范围非常广泛，国防尖端的一些科研项目，如核武器的研制、导弹的发射等，始终是科学计算应用最为活跃的领域．现如今，科学计算在工农业生产的各个部门也发挥着日益重要的作用.

例如，气象资料的汇总、加工并求得天气图像，这方面工作的计算量大而且时间性强，要求电子计算机作高速或超高速的运算，以对天气作出短期及中期预报.

又如，将所设计的船型型体数值表转换成初始数据输入电子计算机，经过计算即可求出外板和肋骨的展开数据. 在造船工业中用这种方法进行数学放样，既节省了人力物力，又缩短了设计周期.

在学习这门课程时，运用学到的知识来写出很多实用的数值方法的程序并去实现它们. 具体用哪种计算机语言并不重要，可以用 BASIC, FORTRAN, PASCAL, C, C++, Java, 甚至可以用汇编语言来写程序.

针对一个具体的数学问题，可以给出多种解法. 下面，我们通过例子说明什么是算法.

例 1.1.1 证明一元二次方程

$$x^2+2bx+c=0$$

至多有两个不同的实根.

证明 下面提供 3 种证明方法.

(1) 反证法

假定方程有 3 个互异的实根 x_1，x_2 和 x_3, 则有

$$\begin{aligned}x_1^2+2bx_1+c=0,\\ x_2^2+2bx_2+c=0,\\ x_3^2+2bx_3+c=0.\end{aligned}$$

以上式子两两相减得

$$\begin{aligned}x_2+x_1+2b=0,\\ x_3+x_2+2b=0,\end{aligned}$$

从而有 $x_1=x_3$, 这与假设矛盾.

(2) 图例法

将方程配方得

$$(x+b)^2+c-b^2=0.$$

在坐标纸上描出抛物线 $y=(x+b)^2+c-b^2$, 它与 x 轴的交点 (横坐标) 即为所求的实根，而交点至多只有两个.

(3) 公式法

由方程可导出直接的求根公式

$$x_{1,2}=-b\pm\sqrt{b^2-c}.$$

上述三种方法，反证法不是构造性的；图例法虽是构造性的，但不是数值的，我们所说的“算法”，必须是构造性的数值方法，即不但要论证问题的可解性，而且解的构造是通过数值演算来完成的.

同传统意义的近似计算方法不同，我们所要研究的算法是为电子计算机提供的，因此，解题方案中的每个细节都必须准确加以定义，并且要完整地描述整个解题过程. 我们所说的“算法”，不仅仅是单纯的数学公式，而是指解题方案的准确和完整的描述，是一组严谨定义运算顺序的规则，并且每一个规则都是有效及明确的，此顺序将在有限的次数下终止. 描述算法可以用多种方式来表示，常使用框图或流程图等直观地显示算法的全貌.

1.1.2 研究算法的意义

通俗地说，算法就是计算机上使用的计算方法，但不应片面地理解为各种数值方法的简单罗列和堆积，同数学分析一样，它也是一门内容丰富，研究方法深刻，并且有自身理论体系的课程，既有纯数学高度抽象性与严密科学性的特点，又有应用广泛性与实际实验的高度技术性的特点，是一门与计算机使用密切结合的实用性很强的数学课程. 计算机是一种功能很强的计算工具，现代超级计算机的运算速度已高达每秒万亿次. 计算机运算速度如此之快，是否意味着计算机上的算法可以随意选择呢？

举个简单的例子.

众所周知，行列式解法的 Cramer 法则原则上可用来求解线性方程组. 用这种方法求解一个 n 阶方程组，要算 $n+1$ 个 n 阶行列式的值，总共要作 $(n+1)n!(n-1)$ 次乘除操作. 当 n 充分大时，这个计算量是相当惊人的. 譬如一个 20 阶的方程组，大约要作 10^{21} 次乘除操作，这项计算若使用每秒百万次的电子计算机去做，要连续工作千百万年才能完成，这项计算即使用每秒 3 万亿次的超级计算机来承担，也得要连续工作

$$\frac{10^{21}}{3\times 10^{11}\times 60\times 60\times 24\times 365}\approx 100\,(\text{年})$$

才能完成. 当然这是完全没有实际意义的.

其实，求解线性方程组有许多实用解法. 譬如，运用人们熟悉的消元技术，一个 20 阶的线性方程组即使用普通的计算器也能很快地解出来. 而若采用某种解线性方程组的数值方法，如列主元高斯 (Gauss) 消去法，虽然只能求得近似的数值解，但其乘除操作为 2670 次，使用计算机计算只需几秒钟的时间. 这个简单的案例说明，能否合理地选择算法是科学计算成败的关键.

科学计算离不开计算机，更离不开算法设计. 人类的计算能力是计算机的研制能力与算法的设计能力两者的总和. 当代众所瞩目的高性能计算更需要高效算法强有力的支撑. 人们往往片面地强调高性能计算机是高性能计算的物质基础，其

实，高效算法的设计才是高性能计算的灵魂．正如一位著名学者尖锐指出的，如果提供不出高效算法，超级计算机客观上只是一堆“超级废铁”．可见，研究实用的数值方法是很有意义的．

1.2　误差

一般来讲，数值计算都是近似计算，求得的结果都是有误差的，因此，误差分析和估计是数值计算过程中的重要内容，通过它们可以确切地知道误差的性态和误差的界．近似值与准确值之差，称为误差．按其来源，可分为模型误差、测量误差、截断误差和舍入误差等．

1.2.1　误差与有效数字

定义 1.2.1 设 x 为准确数，x^* 为其近似数，则 $e^* = x^* - x$ 称为近似数 x^* 关于准确数 x 的绝对误差．

一般来说，由于准确数 x 是未知的，因此，无法根据定义 1.2.1 准确地计算出某个近似数的绝对误差，而只能根据测量或计算的具体情况估计出误差绝对值的一个范围，也就是估计出 $|e^*|$ 的上界．

设

$$|e^*| = |x^* - x| \leqslant \varepsilon^*,$$

则称 ε^* 为近似数 x^* 关于准确数 x 的绝对误差限，简称误差限．

一般情况下，误差限不超过末位数字的半个单位．例如，用毫米刻度的米尺测量一长度 x，读出和该长度接近的刻度 x^*，x^* 是 x 的近似值，它的误差限是 $0.5\,\mathrm{mm}$，于是 $|x^* - x| \leqslant 0.5\,\mathrm{mm}$；如读出的长度为 $765\,\mathrm{mm}$，则有 $|765 - x| \leqslant 0.5\,\mathrm{mm}$．从这个不等式我们仍不知道准确的 x 是多少，但知道 $764.5 \leqslant x \leqslant 765.5$，说明准确的 x 在区间 $[764.5, 765.5]$ 内．

对于一般情形 $|x^* - x| \leqslant \varepsilon^*$，即

$$x^* - \varepsilon^* \leqslant x \leqslant x^* + \varepsilon^*,$$

这个不等式有时也表示为

$$x = x^* \pm \varepsilon^*.$$

误差限的大小还不能完全表示近似值的好坏．例如，有两个量 $x = 10 \pm 1$，$y = 1000 \pm 5$，则

$$x^* = 10, \quad \varepsilon_x^* = 1; \quad y^* = 1000, \quad \varepsilon_y^* = 5.$$

虽然 ε_y^* 比 ε_x^* 大 4 倍，但 $\dfrac{\varepsilon_y^*}{y^*}=\dfrac{5}{1000}=0.5\%$ 比 $\dfrac{\varepsilon_x^*}{x^*}=\dfrac{1}{10}=10\%$ 要小得多，这说明 y^* 近似 y 的程度比 x^* 近似 x 的程度要好得多．所以，除考虑误差的大小外，还应考虑准确值 x 本身的大小．我们把近似值的误差 e^* 与准确值 x 的比值

$$\frac{e^*}{x}=\frac{x^*-x}{x}$$

称为近似值 x^* 的相对误差，记作 e_r^*.

在实际计算中，由于准确值 x 总是不知道的，通常取

$$e_r^*=\frac{e^*}{x^*}=\frac{x^*-x}{x^*}$$

作为 x^* 的相对误差，条件是 $e_r^*=\dfrac{e^*}{x^*}$ 较小，此时

$$\frac{e^*}{x}-\frac{e^*}{x^*}=\frac{e^*(x^*-x)}{x^*x}=\frac{(e^*)^2}{x^*(x^*-e^*)}=\frac{\left(\dfrac{e^*}{x^*}\right)^2}{1-\dfrac{e^*}{x^*}}$$

是 e_r^* 的平方项级，故可忽略不计.

相对误差也可正可负，它的绝对值上界称为相对误差限，记为 ε_r^*, 即

$$\varepsilon_r^*=\frac{\varepsilon^*}{|x^*|}.$$

根据定义，上例中 $\dfrac{\varepsilon_x^*}{|x^*|}=10\%$ 与 $\dfrac{\varepsilon_y^*}{|y^*|}=0.5\%$ 分别为 x 与 y 的相对误差限，可见 y^* 近似 y 的程度比 x^* 近似 x 的程度好.

当准确值 x 有多位数时，常常按四舍五入的原则得到 x 的前几位近似值 x^*，例如

$$x=\pi=3.14159265\cdots,$$

取 3 位 $x_3^*=3.14$, $\varepsilon_3^*\leqslant 0.002$, 取 5 位 $x_5^*=3.1416$, $\varepsilon_5^*\leqslant 0.000008$, 它们的误差都不超过末位数字的半个单位，即

$$|\pi-3.14|\leqslant\frac{1}{2}\times10^{-2},\quad |\pi-3.1416|\leqslant\frac{1}{2}\times10^{-4}.$$

在实际应用中，除了用相对误差来反映一个近似数的准确程度外，还经常用有效数字的位数来反映近似数的准确程度.

定义 1.2.2 设 x 为准确数， x^* 为其近似数．若

$$|x-x^*|\leqslant\frac{1}{2}\times10^{-k},$$

则称用 x^* 近似表示 x 时准确到小数点后第 k 位，从小数点之后第 k 位数字起直到最左边的非零数字之间的所有数字为有效数字，称有效数字的位数为有效数位.

定义 1.2.3 设 x 为准确数，x^* 为其近似数，且表示成如下形式

$$x^* = \pm 10^m \times [a_1 + a_2 \times 10^{-1} + \cdots + a_n \times 10^{-(n-1)}], \tag{1.2.1}$$

其中 $a_i\ (i = 1, 2, \cdots, n)$ 是 0 到 9 中的一个数字，$a_1 \neq 0$, m 为整数，且

$$|x - x^*| \leqslant \frac{1}{2} \times 10^{m-n+1}, \tag{1.2.2}$$

则称近似数 x^* 具有 n 位有效数字.

例 1.2.1 按四舍五入原则写出下列各数具有 5 位有效数字的近似数：

$$187.9325, \quad 0.03785551, \quad 8.000033, \quad 2.7182818.$$

解 按定义，上述各数具有 5 位有效数字的近似数分别是

$$187.93, \quad 0.037856, \quad 8.0000, \quad 2.7183.$$

注：8.000033 的 5 位有效数字近似数是 8.0000 而不是 8, 因为 8 只有 1 位有效数字.

注意相对误差与相对误差限是无量纲的，而绝对误差与误差限是有量纲的. 有效数位与小数点后有多少位数无关. 然而，从式 (1.2.2) 可得到具有 n 位有效数字的近似数 x^*, 其绝对误差限为

$$\varepsilon^* = \frac{1}{2} \times 10^{m-n+1},$$

在 m 相同的情况下，n 越大，10^{m-n+1} 越小，故有效数位越多，绝对误差限越小.

一个近似数的有效数字位数反映了该近似数的准确程度，而相对误差限也反映了近似数的准确程度. 因此，一个近似数的有效数字位数与该近似数的相对误差限具有一定的联系. 在实际应用中，可以根据一个近似数的有效数字位数确定该近似数的相对误差限，同样，也可以由近似数的相对误差限来确定该近似数的有效数字的位数.

定理 1.2.1 设近似数 x^* 表示为

$$x^* = \pm 10^m \times [a_1 + a_2 \times 10^{-1} + \cdots + a_n \times 10^{-(n-1)}], \tag{1.2.3}$$

其中 $a_i\ (i = 1, 2, \cdots, n)$ 是 0 到 9 中的一个数字，$a_1 \neq 0$, m 为整数. 若 x^* 具有 n 位有效数字，则其相对误差限 ε_r^* 满足

$$\varepsilon_r^* \leqslant \frac{1}{2a_1} \times 10^{-(n-1)}.$$

证明略.

例 1.2.2 为了要取 $\sqrt{20}$ 的一个近似数，使其相对误差限不超过 0.1%, 则所取的近似数应具有多少位有效数字？

解 设为 $x=\sqrt{20}$ 取的近似数应具有 n 位有效数字，其相对误差限满足

$$\varepsilon_r^* \leqslant \frac{1}{2a_1}\times 10^{-(n-1)} \leqslant 0.1\%,$$

其中， $a_1=4$ ($\sqrt{20}$ 的最左边的有效数字为 4), 即

$$\frac{1}{2\times 4}\times 10^{-(n-1)} \leqslant 0.1\%.$$

解得 $n\geqslant 3.097$. 取 $n=4$, 即所取的近似数应具有 4 位有效数字，就可以保证其相对误差不超过 0.1%.

需要指出的是，定理 1.2.1 中的条件只是充分条件，而不是必要条件．即：如果近似数 x^* 具有 n 位有效数字，则其相对误差限一定满足

$$\varepsilon_r^* \leqslant \frac{1}{2a_1}\times 10^{-(n-1)}.$$

但相对误差限满足

$$\varepsilon_r^* \leqslant \frac{1}{2a_1}\times 10^{-(n-1)}$$

的近似数不一定具有 n 位有效数字．下面的例子说明了这个问题.

例 1.2.3 设 $x=\sin 29°20'=0.4900$. 现取一个近似数为 $x^*=0.484$, 其相对误差限为

$$\varepsilon_r^* = \left|\frac{x-x^*}{x}\right| = \frac{0.4900-0.484}{0.4900} \leqslant 0.0125 = \frac{1}{2\times 4}\times 10^{-(2-1)},$$

即 $n=2$. 但实际上 $x^*=0.484$ 不具有 2 位有效数字，因为其绝对误差

$$|x-x^*| = |0.4900-0.484| = 0.0060 > 0.005,$$

不满足由定义 1.2.3 中规定的具有 2 位有效数字的条件.

定理 1.2.2 若一个近似数 x^* 的相对误差限满足

$$\varepsilon_r^* \leqslant \frac{1}{2(a_1+1)}\times 10^{-(n-1)},$$

则该近似数至少准确到 n 位有效数字 (即该近似数至少具有 n 位有效数字), 其中 a_1 为最左边的 1 位有效数字.

证明略.

在实际应用中，如果已知某近似数的相对误差限满足定理 1.2.2 中的条件，则可以认为该近似数具有 n 位有效数字；或者为了要使所取的近似数具有 n 位有效数字，则应取其相对误差限满足定理 1.2.2 中条件的近似数.

同样需要指出的是，定理 1.2.2 中的条件只是充分条件，而不是必要条件. 即：如果某近似数 x^* 的相对误差限满足

$$\varepsilon_r^* \leqslant \frac{1}{2(a_1+1)} \times 10^{-(n-1)},$$

则其一定具有 n 位有效数字；但具有 n 位有效数字的近似数，其相对误差限不一定满足

$$\varepsilon_r^* \leqslant \frac{1}{2(a_1+1)} \times 10^{-(n-1)}.$$

例 1.2.4 设 $x=\sqrt{20}=4.472136$ 具有 7 位有效数字. 现取一个近似数 $x^*=4$，其绝对误差为

$$|x-x^*|=|4.472136-4| \leqslant 0.5=\frac{1}{2} \times 10^{-(1-1)}.$$

由有效数字的定义 1.2.2 可知，近似数 $x^*=4$ 具有 1 位有效数字. 但其相对误差限为

$$\varepsilon_r^* \geqslant |e_r(x)|=\left|\frac{x-x^*}{x}\right|=\frac{4.472136-4}{4.472136} \geqslant 0.1=\frac{1}{2(4+1)} \times 10^{-(1-1)}.$$

最后需要说明的是，在书写或表示一个近似数时，通常有以下两种方式：

(1) 注明该近似数 x^* 及其绝对误差 e^*，则将近似数写成 x^*e^*.

(2) 在没有注明近似数的绝对误差时，则默认该近似数准确到末位数字. 在这种情况下，要求从其最左边的非零数字起，直到最右边的一位数字止，都是有效数字. 例如， 0.00203 具有 3 位有效数字，分别为 2，0，3; 3.14 也具有 3 位有效数字，分别为 3, 1, 4. 特别需要指出的是，在这种表示方式中， 0.23 与 0.2300 的有效数字的位数是不一样的，前者具有 2 位有效数字，其绝对误差不超过 0.005, 而后者具有 4 位有效数字，其绝对误差不超过 0.00005.

1.2.2　数值运算的误差估计

两个近似数 x_1^* 与 x_2^*，其误差限分别为 $\varepsilon(x_1^*)$ 及 $\varepsilon(x_2^*)$，它们进行加、减、乘、除运算得到的误差限分别为

$$\varepsilon(x_1^* \pm x_2^*)=\varepsilon(x_1^*)+\varepsilon(x_2^*),$$

$$\varepsilon(x_1^* x_2^*) \approx |x_1^*|\varepsilon(x_2^*)+|x_2^*|\varepsilon(x_1^*),$$

$$\varepsilon\left(\frac{x_1^*}{x_2^*}\right) \approx \frac{|x_1^*|\varepsilon(x_2^*)+|x_2^*|\varepsilon(x_1^*)}{|x_2^*|^2} \quad (x_2^* \neq 0).$$

一般的情况是，当自变量有误差时计算函数值也产生误差，其误差限可利用函数的泰勒 (Taylor) 展开式进行估计. 设 $f(x)$ 是一元函数， x 的近似值为 x^*, 以 $f(x^*)$ 近似 $f(x)$, 其误差限记作 $\varepsilon(f(x^*))$, 可用泰勒展开

$$f(x) - f(x^*) = f'(x^*)(x - x^*) + \frac{f''(\xi)}{2}(x - x^*)^2,$$

其中 ξ 介于 x 与 x^* 之间.

假定 $f'(x^*)$ 与 $f''(x^*)$ 的比值不太大，可忽略 $\varepsilon(x^*)$ 的高阶项，取绝对值得

$$|f(x) - f(x^*)| \approx |f'(x^*)(x - x^*)|,$$

于是可得计算函数的误差限

$$\varepsilon(f(x^*)) \approx |f'(x^*)|\varepsilon(x^*).$$

当 f 为多元函数时，例如计算 $A = f(x_1, x_2, \cdots, x_n)$. 如果 $x_1, x_2, \cdots, x_n$ 的近似值分别为 $x_1^*, x_2^*, \cdots, x_n^*$, 则 A 的近似值为 $A^* = f(x_1^*, x_2^*, \cdots, x_n^*)$, 于是由泰勒展开得函数值 A^* 的绝对误差 $e(A^*)$ 为

$$\begin{aligned} e(A^*) &= f(x_1^*, x_2^*, \cdots, x_n^*) - f(x_1, x_2, \cdots, x_n) \\ &\approx \sum_{k=1}^{n} \frac{\partial f(x_1^*, x_2^*, \cdots, x_n^*)}{\partial x_k}(x_k^* - x_k) = \sum_{k=1}^{n}\left(\frac{\partial f}{\partial x_k}\right)^* e(x_k^*), \end{aligned}$$

于是误差限

$$\varepsilon(A^*) \approx \sum_{k=1}^{n}\left|\left(\frac{\partial f}{\partial x_k}\right)^*\right|\varepsilon(x_k^*), \tag{1.2.4}$$

而 A^* 的相对误差限为

$$\varepsilon_r^* = \varepsilon_r(A^*) = \frac{\varepsilon(A^*)}{|A^*|} \approx \sum_{k=1}^{n}\left|\left(\frac{\partial f}{\partial x_k}\right)^*\right|\frac{\varepsilon(x_k^*)}{|A^*|}. \tag{1.2.5}$$

例 1.2.5 已测得某场地长 l 的近似值为 $l^* = 110\,\mathrm{m}$, 宽 d 的近似值为 $d^* = 80\,\mathrm{m}$, 已知 $|l - l^*| \leqslant 0.2\,\mathrm{m}$, $|d - d^*| \leqslant 0.1\,\mathrm{m}$. 试求面积 $s = ld$ 的绝对误差限与相对误差限.

解 因 $s = ld$, $\dfrac{\partial s}{\partial l} = d$, $\dfrac{\partial s}{\partial d} = l$, 由式 (1.2.4) 知

$$\varepsilon(s^*) \approx \left|\left(\frac{\partial s}{\partial l}\right)^*\right|\varepsilon(l^*) + \left|\left(\frac{\partial s}{\partial d}\right)^*\right|\varepsilon(d^*),$$

其中

$$\left(\frac{\partial s}{\partial l}\right)^* = d^* = 80\,\mathrm{m}, \quad \left(\frac{\partial s}{\partial d}\right)^* = l^* = 110\,\mathrm{m}.$$

而 $\varepsilon(l^*) = 0.2$, $\varepsilon(d^*) = 0.1$, 于是绝对误差限为

$$\varepsilon(s^*) \approx 80 \times 0.2 + 110 \times 0.1 = 27\,\mathrm{m}^2;$$

相对误差限为

$$\varepsilon_r(s^*) = \frac{\varepsilon(s^*)}{|s^*|} = \frac{\varepsilon(s^*)}{l^*d^*} \approx \frac{27}{110 \times 80} = 0.31\%.$$

1.2.3　病态问题与条件数

对一个数值问题本身如果输入数据有微小扰动 (即误差), 引起输出数据 (即问题解) 相对误差很大, 这就是病态问题. 例如计算函数值 $f(x)$ 时, 若 x 有扰动 $\Delta x = x - x^*$, 其相对误差为 $\dfrac{\Delta x}{x}$, 函数值 $f(x^*)$ 的相对误差为

$$\frac{f(x) - f(x^*)}{f(x)},$$

相对误差比的绝对值为

$$\frac{\left|\dfrac{f(x) - f(x^*)}{f(x)}\right|}{\left|\dfrac{\Delta x}{x}\right|} \approx \left|\frac{xf'(x)}{f(x)}\right| = C_p, \tag{1.2.6}$$

称 C_p 为计算函数值问题的条件数. 自变量相对误差一般不会太大, 如果条件数 C_p 很大, 将引起函数值相对误差很大, 出现这种情况的问题就是病态问题.

例如, $f(x) = x^n$, 则有 $C_p = n$, 它表示相对误差可能放大 n 倍. 如 $n = 10$, 有 $f(1) = 1$, $f(1.02) \approx 1.24$, 若取 $x = 1$, $x^* = 1.02$, 自变量相对误差为 2%, 函数值相对误差为 24%, 这时问题可以认为是病态的. 一般情况条件数 $C_p \geqslant 10$ 就认为是病态问题, C_p 越大病态越严重.

其他计算问题也要分析是否病态. 例如解线性方程组, 如果输入数据有微小误差引起解的巨大误差, 就认为是病态方程组.

1.2.4　算法设计原则

为了求得满意的数值解, 在选用数值方法和设计算法时, 都应遵循以下原则:

(1) 防止大数“吃掉”小数.

在数值运算中参加运算的数有时数量级相差很大, 而计算机位数有限, 如不注意运算次序, 就可能出现大数“吃掉”小数的现象, 从而影响计算结果的可靠性.

(2) 避免两个相近数相减.

在计算中两个相近数相减, 有效数字的位数会严重损失, 因此, 如果在算法分析中发现有可能出现的这类运算, 最好的办法是改变计算公式. 如 $\sqrt{x+1} - \sqrt{x}$ 可改成 $\dfrac{1}{\sqrt{x+1} + \sqrt{x}}$ 来算.

(3) 避免大数作乘数和小数作除数.

当用一个绝对值很大的数乘一个有误差的数时，积的误差就会比被乘数的误差大很多倍；类似地，在进行除法运算时，如果除数的绝对值太小，则商的误差就会比被除数的误差大很多倍. 因此，在算法设计中，要尽可能避免出现这类运算.

(4) 减少运算次数，避免误差积累.

一般说来，运算次数越多，中间过程的舍入误差积累越大. 同样一个计算问题，如果能减少运算次数，不仅可以提高计算速度，还能减少舍入误差的积累.

例 1.2.6 给出两种计算 x^{255} 的方法，并说明其运算次数.

解 如果直接计算 x^{255}, 需进行 254 次乘法运算；如果用公式计算

$$x^{255} = x \cdot x^2 \cdot x^4 \cdot x^8 \cdot x^{16} \cdot x^{32} \cdot x^{64} \cdot x^{128},$$

只需 14 次乘法运算.

1.3 上机实验举例

[实验目的]

通过上机编程，复习巩固以前所学程序设计语言及上机操作指令；

通过计算，了解舍入误差以及舍入误差所引起的数值不稳定性.

[实验准备]

熟悉 Matlab 或 C 软件环境.

[实验内容及步骤]

舍入误差在计算方法中是一个很重要的概念. 在实际计算中，如果选用了不同的算法，由于舍入误差的影响，将会得到截然不同的结果. 因此，选取稳定的算法，在实际计算中是十分重要的.

程序 1 算法的稳定性.

例 1.3.1 对 $n = 0, 1, 2, \cdots, 20$, 计算定积分

$$y_n = \int_0^1 \frac{x^n}{x+5} \mathrm{d}x.$$

算法 1 利用递推公式

$$y_n = \frac{1}{n} - 5y_{n-1}, \quad n = 0, 1, 2, \cdots, 20,$$

取 $y_0 = \int_0^1 \frac{1}{x+5} \mathrm{d}x = \ln 6 - \ln 5 \approx 0.182322.$

算法 1 的程序和输出结果如下：

```
/* 数值不稳定算法 */
#include <stdio.h>
#include <conio.h>
#include <math.h>
main()
{
    float y_0=log(6.0)-log(5.0), y_1;
    int n=1;
    clrscr( );          /* 清屏 */
    printf ("y[0]=%-20f", y_0);
    while (n<20)
    {
    y_1=1.0/n-5*y_0;
    printf ("y[%d]=%-20f", n, y_1);        /* 输出 */;
    y_0=y_1;
    n++;
    if(n%3==0) printf ("\ n");
    }
    getch( );           /* 保持用户屏幕 */
}
```

y[0]=0.182322,　　y[1]=0.088392,　　y[2]=0.058039,
y[3]=0.043138,　　y[4]=0.034310,　　y[5]=0.028448,
y[6]=0.024428,　　y[7]=0.020719,　　y[8]=0.021407,
y[9]=0.004076,　　y[10]=0.079618,　　y[11]=−0.307181,
y[12]=1.619237,　　y[13]=−8.019263,　　y[14]=40.167744,
y[15]=−200.772049,　　y[16]=1003.922729,　　y[17]=−5019.554688,
y[18]=25097.828125,　　y[19]=−125489.085938,　　y[20]=627445.500000.

算法 2　利用递推公式

$$y_{n-1}=\frac{1}{5n}-\frac{1}{5}y_n,\quad n=20,19,\cdots,1,$$

注意到

$$\frac{1}{126}=\frac{1}{6}\int_0^1 x^{20}\mathrm{d}x\leqslant\int_0^1\frac{x^{20}}{x+5}\mathrm{d}x\leqslant\frac{1}{5}\int_0^1 x^{20}\mathrm{d}x=\frac{1}{105},$$

取

$$y_{20} \approx \frac{1}{20}\left(\frac{1}{105}+\frac{1}{126}\right) \approx 0.008730.$$

算法 2 的程序和输出结果如下：

```
/* 稳定算法 */
#include <stdio.h>
#include <conio.h>
#include <math.h>
main( )
{
    float y_0=(1/105.0+1/126.0)/2, y_1;
    int n=20;
    clrscr( );
    printf ("y[20]=%-20f", y_0);
    while (n>1)
    {
    y_1=1/(5.0*n)-y_0/5.0;
    printf ("y[%d]=%-20f", n-1, y_1);
    y_0=y_1;
    n--;
    if (n%3==0) printf ("\n");
    }
    getch( );
}
```

```
y[20]=0.008730,    y[19]=0.008254,    y[18]=0.008876,
y[17]=0.009336,    y[16]=0.009898,    y[15]=0.010520,
y[14]=0.011229,    y[13]=0.012040,    y[12]=0.012977,
y[11]=0.014071,    y[10]=0.015368,    y[9]=0.016926,
y[8]=0.018837,     y[7]=0.021233,     y[6]=0.024325,
y[5]=0.028468,     y[4]=0.034306,     y[3]=0.043139,
y[2]=0.058039,     y[1]=0.088392,     y[0]=0.182322.
```

说明：从计算结果可以看出，算法 1 是不稳定的，而算法 2 是稳定的.

1.4　考研题选讲

例 1.4.1 (东南大学 2006 年)

取 $\sqrt{99}$ 的 6 位有效数 9.94987, 则以下两种算法

$$10-\sqrt{99}\approx 10-9.94987=0.05013,$$

$$\frac{1}{10+\sqrt{99}}\approx\frac{1}{10+9.94987}=0.0501256399\cdots$$

各有几位有效数字？

解 记 $x^*=\sqrt{99}$, $x=9.94987$, $e(x)=x^*-x$, 则

$$|e(x)|\leqslant\frac{1}{2}\times 10^{-5},$$

并由 $e(10-x)\approx -e(x)$ 得

$$|e(10-x)|\approx|e(x)|\leqslant\frac{1}{2}\times 10^{-5},$$

因而算式 $10-\sqrt{99}\approx 0.05013$ 至少具有 4 位有效数字.

又由 $e(10+x)\approx e(x)$ 和 $e\left(\dfrac{1}{10+x}\right)\approx-\dfrac{e(10+x)}{(10+x)^2}$ 得

$$\begin{aligned}\left|e\left(\frac{1}{10+x}\right)\right|&\approx\frac{|e(x)|}{(10+x)^2}\\&\leqslant\frac{1}{(10+9.94987)^2}\times\frac{1}{2}\times 10^{-5}=0.1256\times 10^{-7},\end{aligned}$$

因而算式 $\dfrac{1}{10+\sqrt{99}}\approx 0.0501256399\cdots$ 至少具有 6 位有效数字，即

$$\frac{1}{10+\sqrt{99}}\approx 0.0501256.$$

例 1.4.2 已知 $(10-\sqrt{99})^6=\dfrac{1}{(10+\sqrt{99})^6}$, 且 $\sqrt{99}$ 的 6 位有效数为 9.94987, 分析如下两种算法

$$(10-\sqrt{99})^6\approx(10-9.94987)^6=0.158703399\times 10^{-7},$$

$$\frac{1}{(10+\sqrt{99})^6}\approx\frac{1}{(10+9.94987)^6}=0.158620597\times 10^{-7}$$

各有几位有效数字？

解 记 $x=\sqrt{99}$, $x^*=9.94987$, $e(x^*)=x^*-x$, 则由题意可得

$$|e(x^*)|\leqslant\frac{1}{2}\times10^{-5}.$$

令 $f(x)=(10-x)^6$, 则由

$$e(f(x^*))\approx f'(x^*)e(x^*)=-6(10-x^*)^5|e(x^*)|$$

可得

$$\begin{aligned}|e(f(x^*))|&\approx6(10-x^*)^5|e(x^*)|\\&\leqslant6(10-9.94987)^5\times\frac{1}{2}\times10^{-5}\approx0.95\times10^{-11}\leqslant\frac{1}{2}\times10^{-10}.\end{aligned}$$

根据定义 1.2.3 及算法

$$f(x^*)=(10-9.94987)^6=0.158703399\times10^{-7}$$

可知, $m=-8$, 故由 $-8-n+1=-10$ 可得 $n=3$, 即算法 $f(x)=(10-x)^6$ 至少具有 3 位有效数字.

如果令 $f(x)=\dfrac{1}{(10+x)^6}$, 则由

$$e(f(x^*))\approx f'(x^*)e(x^*)=-\frac{6}{(10+x^*)^7}\,|e(x^*)|$$

可得

$$\begin{aligned}|e(f(x^*))|&\approx\frac{6}{(10+x^*)^7}\,|e(x^*)|\\&\leqslant\frac{6}{(10+9.94987)^7}\times\frac{1}{2}\times10^{-5}\\&\approx0.238\times10^{-13}\leqslant\frac{1}{2}\times10^{-13}.\end{aligned}$$

根据定义 1.2.3 及算法

$$f(x^*)=\frac{1}{(10+9.94987)^6}=0.158620597\times10^{-7}$$

可知, $m=-8$, 故由 $-8-n+1=-13$ 可得 $n=6$, 即算法 $f(x)=\dfrac{1}{(10+x)^6}$ 至少具有 6 位有效数字.

例 1.4.3 设有一长方体水池, 由测量知其长为 $(50\pm0.01)\,\mathrm{m}$, 宽为 $(25\pm0.01)\,\mathrm{m}$, 深为 $(20\pm0.01)\,\mathrm{m}$, 试按所给数据求出该水池的容积, 并分析所得近似值的绝对误差和相对误差, 给出其绝对误差限和相对误差限.

解 设长方体水池的长、宽、高分别为 x, y, z, 体积为 v, 则由题设条件可得

$$x^* = 50,\ |e(x^*)| \leqslant 0.01,\ y^* = 25,\ |e(y^*)| \leqslant 0.01,\ z^* = 20,\ |e(z^*)| \leqslant 0.01,$$

故由 $v = xyz$ 可知，该水池容积的近似值为

$$v^* = x^*y^*z^* = 50 \times 25 \times 20 = 25000.$$

另一方面，由

$$\begin{aligned} e(v^*) &\approx \frac{\partial v^*}{\partial x^*}\, e(x^*) + \frac{\partial v^*}{\partial y^*}\, e(y^*) + \frac{\partial v^*}{\partial z^*}\, e(z^*) \\ &= y^*z^*e(x^*) + x^*z^*e(y^*) + x^*y^*e(z^*) \end{aligned}$$

可知，其绝对误差满足

$$\begin{aligned} |e(v^*)| &\approx |y^*z^*e(x^*) + x^*z^*e(y^*) + x^*y^*e(z^*)| \\ &\leqslant 25 \times 20 \times 0.01 + 50 \times 20 \times 0.01 + 50 \times 25 \times 0.01 = 27.50, \end{aligned}$$

由 $e_r(v^*) = \dfrac{e(v^*)}{v^*}$ 可知，其相对误差满足

$$|e_r(v^*)| = \frac{|e(v^*)|}{v^*} \leqslant \frac{27.50}{25000} = 0.11\% = 1.1 \times 10^{-3}.$$

综上可知，其绝对误差限不超过 $27.50\,\mathrm{m}^3$, 相对误差限不超过 1.1×10^{-3}.

例 1.4.4 已知 $\sqrt{201}$ 和 $\sqrt{200}$ 的 6 位有效数的近似值分别为 14.1774 和 14.1421, 试按两种算法求出 $\sqrt{201} - \sqrt{200}$ 和 $\dfrac{1}{\sqrt{201} + \sqrt{200}}$ 的近似值，并分别求出两种算法所得近似值的绝对误差限，问这两种结果各具有几位有效数字.

解 令 $x_1 = \sqrt{201}$, $x_1^* = 14.1774$, $x_2 = \sqrt{200}$, $x_2^* = 14.1421$, 则由题意可得

$$|e(x_1^*)| \leqslant \frac{1}{2} \times 10^{-4}, \quad |e(x_2^*)| \leqslant \frac{1}{2} \times 10^{-4},$$

并且按两种算法求出的近似值分别为

$$\sqrt{201} - \sqrt{200} \approx x_1^* - x_2^* = 14.1774 - 14.1421 = 0.0353,$$

$$\frac{1}{\sqrt{201} + \sqrt{200}} \approx \frac{1}{x_1^* + x_2^*} = \frac{1}{14.1774 + 14.1421} \approx 0.0353113579.$$

另一方面，由 $e(x_1^* \pm x_2^*) \approx e(x_1^*)e(x_2^*)$ 可得

$$
\begin{aligned}
|e(x_1^* - x_2^*)| &\approx |e(x_1^*) - e(x_2^*)| \leqslant |e(x_1^*)| + |e(x_2^*)| \\
&\leqslant \frac{1}{2} \times 10^{-4} + \frac{1}{2} \times 10^{-4} \leqslant \frac{1}{2} \times 10^{-3},
\end{aligned}
$$

而对于算法 $\sqrt{201} - \sqrt{200}$ 来说， $m = -2$, 故由

$$
m - n + 1 = -2 - n + 1 = -3
$$

可知， $n = 2$, 即该算法至少具有 2 位有效数字.

同理，由 $e\left(\dfrac{1}{x_1^* + x_2^*}\right) = -\dfrac{e(x_1^* + x_2^*)}{(x_1^* + x_2^*)^2}$ 可得

$$
\begin{aligned}
\left|e\left(\frac{1}{x_1^* + x_2^*}\right)\right| &= \frac{|e(x_1^*) + e(x_2^*)|}{(x_1^* + x_2^*)^2} \leqslant \frac{|e(x_1^*)| + |e(x_2^*)|}{(x_1^* + x_2^*)^2} \\
&\leqslant \frac{\frac{1}{2} \times 10^{-4} + \frac{1}{2} \times 10^{-4}}{(14.1774 + 14.1421)^2} \approx 0.12469 \times 10^{-4} \leqslant \frac{1}{2} \times 10^{-6},
\end{aligned}
$$

而对于算法 $\dfrac{1}{\sqrt{201} + \sqrt{200}}$ 来说， $m = -2$, 故由

$$
m - n + 1 = -2 - n + 1 = -6
$$

可知， $n = 5$, 即该算法至少具有 5 位有效数字.

例 1.4.5 设 $x_1 \approx 6.1025$, $x_2 = 80.115$ 均具有 5 位有效数字，试估计由这些数据计算 $x_1 x_2$ 的绝对误差限和相对误差限.

解 记 $x_1^* = 6.1025$ $x_2^* = 80.115$, 则由题意可得

$$
|e(x_1^*)| \leqslant \frac{1}{2} \times 10^{-4}, \quad |e(x_2^*)| \leqslant \frac{1}{2} \times 10^{-3},
$$

于是由 $e(x_1^* x_2^*) \approx x_2^* e(x_1^*) + x_1^* e(x_2^*)$ 可得

$$
\begin{aligned}
|e(x_1^* x_2^*)| &\approx |x_2^* e(x_1^*) + x_1^* e(x_2^*)| \leqslant x_2^* |e(x_1^*)| + x_1^* |e(x_2^*) \\
&\leqslant 80.115 \times \frac{1}{2} \times 10^{-4} + 6.1025 \times \frac{1}{2} \times 10^{-3} = 7.057 \times 10^{-3},
\end{aligned}
$$

由 $e_r(x_1^* x_2^*) \approx e_r(x_1^*) + e_r(x_2^*) = \dfrac{e(x_1^*)}{|x_1^*|} + \dfrac{e(x_2^*)}{|x_2^*|}$ 可得

$$
\begin{aligned}
|e_r(x_1^* x_2^*)| &\approx \left|\frac{e(x_1^*)}{x_1^*} + \frac{e(x_2^*)}{x_2^*}\right| \leqslant \frac{|e(x_1^*)|}{x_1^*} + \frac{|e(x_2^*)|}{x_2^*} \\
&\leqslant \frac{1}{6.1025} \times \frac{1}{2} \times 10^{-4} + \frac{1}{80.115} \times \frac{1}{2} \times 10^{-3} \\
&\approx 0.144344 \times 10^{-4}.
\end{aligned}
$$

综上可知，其绝对误差限不超过 7.057×10^{-3}, 相对误差限不超过 0.144344×10^{-4}.

1.5 经典例题选讲

例 1.5.1 下列数据

$$x_1^* = 2.7,\quad x_2^* = 2.71,\quad x_3^* = 2.72$$

作为 $x = \mathrm{e}$ 的近似值，试确定它们各有几位有效数字，并确定相对误差限.

分析 本题考查了有效数字与相对误差的基础知识.

解 由已知条件

$$x_1^* = 2.7 = 10 \times 2.7$$

可知， $m = 0$, 从而由

$$|e(x_1^*)| = |x_1 * - x| = |2.7 - \mathrm{e}| = 0.081\cdots < \frac{1}{2} \times 10^{-1} = \frac{1}{2} \times 10^{0-2+1}$$

可知， $x_1^* = 2.7$ 具有 2 位有效数字.

另一方面，利用不等式

$$|\varepsilon_r(x_1^*)| = \frac{|e(x_1^*)|}{|x_1^*|} = \frac{0.018\cdots}{2.7} \approx 0.007$$

可知，相对误差限为 $\varepsilon_r(x_1^*) \approx 0.007$.

同理可求得 $x_2^* = 2.71$ 和 $x_3^* = 2.72$ 的有效数字及相对误差限.

例 1.5.2 用 x 近似 $\sin x$, 即 $\sin x \approx x\ (0 \leqslant x \leqslant \delta)$, 问 δ 最大为多少时，该近似计算的截断误差不超过 10^{-7}.

分析 在区间 $[0, \delta]$ 上，函数 $\sin x$ 的泰勒级数是交错级数，故级数的前 n 项部分和作为 $\sin x$ 的近似，其截断误差不会超过第 $n+1$ 项的绝对值.

解 由于 $\sin x$ 的泰勒展开式

$$\sin x = \sum_{n=0}^{\infty} \frac{(-1)^n}{(2n+1)!} x^{2n+1} = x - \frac{1}{3!}x^3 + \frac{1}{5!}x^5 - \cdots \quad (0 \leqslant x \leqslant \delta)$$

是一个交错级数，故当 $0 \leqslant x \leqslant \delta \leqslant 1$ 时，其最大截断误差不超过

$$|\sin x - x| \leqslant \frac{1}{3!}x^3 \leqslant \frac{1}{3!}\delta^3.$$

由此可知，要使 $\frac{1}{3!}\delta^3 < 10^{-7}$, 只需

$$\delta \leqslant \sqrt{\frac{6}{10^7}} \approx 0.00844,$$

故 δ 最大取 0.00844 时，该近似计算的截断误差不超过 10^{-7}.

例 1.5.3 下列各数

$$x_1^* = 1.1021, \quad x_2^* = 0.031, \quad x_3^* = 385.6, \quad x_4^* = 56.430, \quad x_5^* = 7 \times 1.0$$

都是经过四舍五入得到的近似数，即误差限不超过最后一位的半个单位，试指出它们是几位有效数字.

解 根据有效数字的定义可知，$x_1^* = 1.1021$ 有 5 位有效数字，$x_2^* = 0.031$ 有 2 位有效数字，$x_3^* = 385.6$ 有 4 位有效数字，$x_4^* = 56.430$ 有 5 位有效数字，$x_5^* = 7 \times 10$ 有 2 位有效数字.

例 1.5.4 设 $x_0 = 28$, 按递推公式

$$x_n = x_{n-1} - \frac{1}{100}\sqrt{783} \quad (n = 1, 2, \cdots)$$

计算到 x_{100}. 若取 $\sqrt{783} \approx 27.982$ (5 位有效数字), 试问计算 x_{100} 将有多大误差？

分析 本题考查了绝对误差限的知识.

解 设 $x = \sqrt{783}$, $x^* = 27.982$, $x_0^* = 28$, 则由题意可知，绝对误差满足

$$\delta = |x - x^*| = |\sqrt{783} - 27.982| \leqslant \frac{1}{2} \times 10^{-3},$$

故由递推公式可得

$$\begin{aligned}
|x_1 - x_1^*| &= \left|\left(x_0 - \frac{1}{100}\sqrt{783}\right) - \left(x_0^* - \frac{1}{100} \times 27.982\right)\right| \\
&= \left|\left(28 - \frac{1}{100}\sqrt{783}\right) - \left(28 - \frac{1}{100} \times 27.982\right)\right| \\
&= \left|\frac{1}{100}\sqrt{783} - \frac{1}{100} \times 27.982\right| = \frac{1}{100}|x - x^*| \leqslant \frac{1}{100}\delta,
\end{aligned}$$

$$\begin{aligned}
|x_2 - x_2^*| &= \left|\left(x_1 - \frac{1}{100}\sqrt{783}\right) - \left(x_1^* - \frac{1}{100} \times 27.982\right)\right| \\
&\leqslant |x_1 - x_1^*| + \frac{1}{100}|x - x^*| \leqslant \frac{2}{100}\delta,
\end{aligned}$$

从而对任意的正整数 n, 有

$$|x_n - x_n^*| \leqslant \frac{n}{100}\delta.$$

由上式可得

$$|x_{100} - x_{100}^*| \leqslant \frac{100}{100}\delta = \delta \leqslant \frac{1}{2} \times 10^{-3},$$

即计算 x_{100} 的误差限不超过 $\frac{1}{2} \times 10^{-3}$.

例 1.5.5 设 $x_0 = 28$, 按递推公式

$$x_n = x_{n-1} - \frac{1}{100}\sqrt{783} \quad (n = 1, 2, \cdots)$$

计算到 x_{100}. 若取 $\sqrt{783} \approx 27.982$ (5 位有效数字), 试问计算 x_{100} 将有多大误差？

设 $x = 10 \pm 5\%$, 试求用 x 的近似值计算函数 $f(x) = \sqrt[n]{x}$ 时的相对误差限.

分析 这是标准的一元函数误差传播问题，只需利用公式直接运算.

解 设 $x^* = 10$, 则由 $x = 10 \pm 5\%$ 可知，用 $x^* = 10$ 作为 x 的近似值时，其绝对误差限为

$$e(x^*) = 5\% = 0.05.$$

另一方面，由

$$f'(x) = \frac{1}{n}x^{\frac{1}{n}-1} = \frac{1}{nx}\sqrt[n]{x} = \frac{1}{nx}f(x)$$

可得

$$e_r(f(x^*)) = \frac{e(f(x^*))}{f(x^*)} \approx \frac{f'(x^*)e(x^*)}{f(x^*)} = \frac{e(x^*)}{nx^*},$$

从而用 $f(x^*) = \sqrt[n]{x^*}$ 近似代替 $f(x) = \sqrt[n]{x}$ 的相对误差限满足

$$|e_r(\sqrt[n]{x^*})| \approx \left|\frac{e(x^*)}{nx^*}\right| = \frac{0.05}{n \times 10} = \frac{0.005}{n}$$

即相对误差限为 $\dfrac{0.005}{n}$.

例 1.5.6 求方程

$$x^2 - 56 + 1 = 0$$

的两个根，使它至少具有 4 位有效数字 ($\sqrt{783} \approx 27.982$).

解 根据一元二次方程的求根公式可知，方程 $x^2 - 56 + 1 = 0$ 的两个解为

$$x_1 = \frac{56 + \sqrt{56 \times 56 - 4}}{2} = 28 + \sqrt{783}, \quad x_2 = 28 - \sqrt{783},$$

故由 $\sqrt{783} \approx 27.982$ 具有 5 位有效数字可知，该方程至少具有 4 位有效数字的近似根可取为

$$\begin{aligned} x_1 &= 28 + \sqrt{783} \approx 28 + 27.982 = 55.982, \\ x_2 &= 28 - \sqrt{783} = \frac{1}{28 + \sqrt{783}} \approx \frac{1}{55.982} \approx 0.01786. \end{aligned}$$

例 1.5.7 用 4 位三角函数值表，怎样计算才能保证 $1 - \cos 2^\circ$ 有较高的精度？

分析 此题意在考查对“在算法设计中应避免相近数相减”原则的掌握程度. 为此常采用的恒等变形有：泰勒公式、三角变形、分子或分母有理化等. 此题强调用三角函数值表，故我们利用三角恒等变形.

解 方法 1: 直接计算. 由三角函数值表知 $\cos 2° \approx 0.9994$, 故

$$1 - \cos 2° \approx 1 - 0.9994 = 0.0006,$$

从而 $1 - \cos 2°$ 的近似值 0.0006 至多具有 1 位有效数字.

方法 2: 用半角公式，得

$$1 - \cos 2° = 2\sin^2 1°,$$

由三角函数值表知 $\sin 1° \approx 0.0175$, 故

$$1 - \cos 2° \approx 2 \times (0.0175)^2 = 0.0006125.$$

方法 3: 利用三角恒等式，得

$$1 - \cos 2° = \frac{\sin^2 2°}{1 + \cos 2°},$$

由三角函数值表知 $\sin 2° \approx 0.0349$, $\cos 2° \approx 0.9994$, 故

$$1 - \cos 2° \approx \frac{(0.0349)^2}{1 + 0.9994} \approx 0.0006092.$$

比较以上 3 种方法，后两者避免了相近数相减，是可以采用的方法.

例 1.5.8 试给出一种计算积分 $I_n = \mathrm{e}^{-1}\int_0^1 x^n \mathrm{e}^x \mathrm{d}x$ 近似值的稳定递推算法.

分析 利用分部积分公式可得

$$I_n = 1 - nI_{n-1} \quad (n \geqslant 1).$$

虽然从 $I_0 = 1 - \mathrm{e}^{-1}$ 出发，可以建立一种递推算法，但当对 I_0 近似时，因在递推公式中出现 nI_{n-1}, 随着递推过程的进行，导致算法误差迅速增长，因而是一种不稳定的算法. 但当从该递推公式中解出 I_{n-1}, 就得到了误差迅速减小的递推算法，这时允许初始近似有稍大的误差.

解 利用分部积分公式可知，对任意的正整数 n, 有

$$I_n = \mathrm{e}^{-1}\int_0^1 x^n \mathrm{e}^x \mathrm{d}x = \mathrm{e}^{-1}[x^n \mathrm{e}^x]\big|_0^1 - n\mathrm{e}^{-1}\int_0^1 x^{n-1}\mathrm{e}^x \mathrm{d}x = 1 - nI_{n-1},$$

即

$$I_{n-1}=\frac{1}{n}(1-I_n).$$

由上式可知，当 I_n 有误差 $\varepsilon_{n-1}=\frac{1}{n}\varepsilon_n$ (忽略除法运算引入的舍入误差) 时，可依次类推得到 I_{n-k} 的误差为

$$\varepsilon_{n-k}=\frac{\varepsilon_n}{n(n-1)\cdots(n-k+1)}.$$

这说明随着递推过程的进行，初始误差对计算结果的影响越来越小，因而是一种稳定性很好的算法.

下面给出 I_n 的初始近似值，利用积分表达式可得

$$\frac{\mathrm{e}^{-1}}{n+1}=\mathrm{e}^{-1}\int_0^1 x^n\mathrm{d}x<\mathrm{e}^{-1}\int_0^1 x^n\mathrm{e}^x\mathrm{d}x<\mathrm{e}^{-1}\int_0^1 \mathrm{e}x^n\mathrm{d}x=\frac{1}{n+1},$$

故选取

$$I_n\approx\frac{1}{2}\Big(\frac{\mathrm{e}^{-1}}{n+1}+\frac{1}{n+1}\Big),$$

于是误差限满足

$$\varepsilon_n\leqslant\frac{1}{2}\Big(\frac{1}{n+1}-\frac{\mathrm{e}^{-1}}{n+1}\Big).$$

例 1.5.9 设 $S=\frac{1}{2}gt^2$, 假定 g 是准确的，而对 t 的测量有 ± 0.1 秒的误差，证明当 t 增大时， S 的绝对误差增大，而相对误差却减小.

证明 设 S 的近似值为 $S^*=\frac{1}{2}g(t^*)^2$, 则由题意条件可知， S 的绝对误差为

$$e(S)=S-S^*=gt(t-t^*)=gte(t),$$

其相对误差为

$$e_r(S)=\frac{S-S^*}{S}=\frac{2e(t)}{t},$$

于是当对 t 的测量误差 $e(t)$ 固定时，由 $e(S)$ 和 $e_r(S)$ 的表达式可知，当 t 增大时，绝对误差 $e(S)$ 增大，而相对误差 $e_r(S)$ 却减小.

例 1.5.10 序列 $\{x_n\}$ 满足递推关系

$$x_n=10x_{n-1}-1\quad(n=1,2,\cdots),$$

若 $x_0=\sqrt{2}\approx 1.41$ (3 位有效数字), 问计算到 x_{10} 时，其误差有多大？这个计算过程稳定吗？

分析 本题考查了误差估计和算法稳定性的知识.

解 设用 $x_0^*=1.41$ 近似代替 $x_0=\sqrt{2}$ 的绝对误差限为 δ, 则由题意可得

$$|x_0-x_0^*|\leqslant\frac{1}{2}\times10^{-2}=\delta,$$

故由

$$|x_1-x_1^*|=|(10x_0-1)-(10x_0^*-1)|=10|x_0-x_0^*|\leqslant10\delta,$$

$$|x_2-x_2^*|=|(10x_1-1)-(10x_1^*-1)|=10|x_1-x_1^*|\leqslant10^2\delta,$$

可得

$$|x_{10}-x_{10}^*|\leqslant10^{10}\delta=\frac{1}{2}\times10^8.$$

由此可知, 计算到 x_{10} 其误差限为 $10^{10}\delta$, 即若在 x_0 处有误差限为 δ, 则 x_{10} 的误差将扩大 10^{10} 倍, 可见这个计算过程是不稳定的.

例 1.5.11 取 $\sqrt{2}=1.4$, 利用下列算式

$$\frac{1}{(\sqrt{2}+1)^6},\quad(3-2\sqrt{2})^3,\quad\frac{1}{(3+2\sqrt{2})^3},\quad99-70\sqrt{2}$$

计算 $(\sqrt{2}-1)^6$ 的近似值, 问哪一个得到的结果最好?

解 取 $\sqrt{2}=1.4$, 代入已知算式, 得

$$\frac{1}{(\sqrt{2}+1)^6}\approx\frac{1}{(1.4+1)^6}\approx0.0052328,$$

$$(3-2\sqrt{2})^3\approx(3-2\times1.4)^3\approx0.008,$$

$$\frac{1}{(3+2\sqrt{2})^3}\approx\frac{1}{(3+2\times1.4)^3}\approx0.0051253,$$

$$99-70\sqrt{2}\approx99-70\times1.4=1.$$

将 $(\sqrt{2}-1)^6=0.0050506\cdots$ 与上述各式比较可知, 以 $\dfrac{1}{(3+2\times1.4)^3}$ 计算得到的结果最好.

例 1.5.12 对于有效数 $x^*=-3.105$, $x_2^*=0.001$, $x_3^*=0.100$, 估计下列算式

$$y_1^*=x_1^*+x_2^*+x_3^*,\quad y_2^*=x_1^*x_2^*x_3^*,\quad y_3^*=\frac{x_2^*}{x_3^*}$$

的相对误差限.

分析 此题首先需要依据有效数的概念 (末位数字是有效数字) 确定出自变量误差限，然后利用误差传播式进行计算.

解 由有效数的概念可知，近似数的末位数字是有效数字，故绝对误差限为

$$\varepsilon(x_1^*) = \varepsilon(x_2^*) = \varepsilon(x_3^*) = 0.0005,$$

而相对误差限为

$$\varepsilon_r(x_1^*) = 0.00016, \quad \varepsilon_r(x_2^*) = 0.5, \quad \varepsilon_r(x_3^*) = 0.005,$$

从而由传播式得绝对误差限为

$$\varepsilon(y_1^*) = \varepsilon(x_1^*) + \varepsilon(x_2^*) + \varepsilon(x_3^*) = 0.0015,$$

$$\varepsilon(y_2^*) = |x_2^* x_3^*|\varepsilon(x_1^*) + |x_1^* x_3^*|\varepsilon(x_2^*) + |x_1^* x_2^*|\varepsilon(x_3^*) = 0.000156853,$$

$$\varepsilon(y_3^*) = \frac{|x_3^*|\varepsilon(x_2^*) + |x_2^*|\varepsilon(x_3^*)}{(x_3^*)^2} = 0.00505,$$

而相对误差限为

$$\varepsilon_r(y_1^*) = \frac{\varepsilon(y_1^*)}{|y_1^*|} = \frac{0.0015}{|-3.105 + 0.001 + 0.100|} = \frac{0.0015}{3.004} \approx 0.0005,$$

$$\varepsilon_r(y_2^*) = \frac{\varepsilon(y_2^*)}{|y_2^*|} = \frac{1}{|x_1^*|}\varepsilon(x_1^*) + \frac{1}{|x_2^*|}\varepsilon(x_2^*) + \frac{1}{|x_3^*|}\varepsilon(x_3^*) \approx 0.5052,$$

$$\varepsilon_r(y_3^*) = \frac{\varepsilon(y_3^*)}{|y_3^*|} = \frac{|x_3^*|\varepsilon(x_2^*) + |x_2^*|\varepsilon(x_3^*)}{|x_2^* x_3^*|} = 0.505.$$

习 题 1

1.1 设 $x > 0$, 且 x 的相对误差为 δ, 求 $\ln x$ 的误差.

1.2 设 x 的相对误差为 2%, 求 x^n 的相对误差.

1.3 求 $\sqrt{3} = 1.73205\cdots$ 的近似值，使其绝对误差精确到 $\frac{1}{2} \times 10^{-1}$, $\frac{1}{2} \times 10^{-2}$, $\frac{1}{2} \times 10^{-3}$.

1.4 设 $\sqrt{20} = 4.472136$ 具有 7 位有效数字，试确定下列各近似数的有效数字位数:

(1) $\sqrt{20} \approx 4.47$; (2) $\sqrt{20} \approx 4.47164$;

(3) $\sqrt{20} \approx 4.469576$.

1.5 已知 $x_1^* = 1.1021$, $x_2^* = 0.031$, $x_3^* = 385.6$, $x_4^* = 56.430$, 求下列近似值的误差限:

(1) $x_1^* + x_2^* + x_4^*$; (2) $x_1^* x_2^* x_3^*$; (3) $\dfrac{x_2^*}{x_4^*}$.

1.6 正方形的边长为 100cm, 应怎样测量才能使其面积误差不超过 $1\,\text{cm}^2$?

1.7 计算球体积要使相对误差限为 1%, 问度量半径为 R 时允许的相对误差限是多少？

1.8 请给出一种算法计算 x^{256}, 要求乘法次数尽可能少.

第 2 章　非线性方程的数值解法

设一元非线性函数 $f(x) \in C[a,b]$, $x \in \mathbb{R}$, 则非线性方程 $f(x)=0$ 的求解是科学与工程计算中经常遇到的问题.

对方程 $f(x)=0$ 求根大致可分 3 个步骤进行:

(1) 判定根的存在性. 方程是否有根? 如果有, 会有几个根?

(2) 根的隔离. 先求出有根区间, 然后把它分为若干个子区间, 使每个子区间内或者没有根, 或者只有 1 个根. 这样的有根子区间称为隔根区间, 其区间内的任意一点都可以作为根的初始近似值.

(3) 根的精确化. 根据根的初始近似值, 按某种方法逐步精确化, 直到满足精度要求为止.

2.1　根的隔离

根的隔离主要有 3 种方法: 试值法、作图法和扫描法.

试值法就是根据函数的性质, 进行一些试算. 由连续函数的性质可知, 如果 $f(x)$ 在 $[a,b]$ 上连续, 且满足 $f(a)\cdot f(b) \leqslant 0$, 则方程 $f(x)=0$ 在区间 $[a,b]$ 上至少有 1 个实根; 进一步, 如果 $f(x)$ 在 $[a,b]$ 上单调, 则方程 $f(x)=0$ 在 $[a,b]$ 上只有 1 个实根.

例 2.1.1 求方程 $2x^3+3x^2-12x-8=0$ 的隔根区间.

解 设 $f(x)=2x^3+3x^2-12x-8$, 其定义域为 $(-\infty,+\infty)$, 则

$$f'(x)=6x^2+6x-12=6(x-1)(x+2),$$

故当 $x\in(-\infty,-2)$ 时, $f'(x)>0$, 函数单调上升; 当 $x\in(-2,1)$ 时, $f'(x)<0$, 函数单调下降; 当 $x\in(1,+\infty)$ 时, $f'(x)>0$, 函数单调上升, 于是方程 $f(x)=0$ 在每个区间上至多只有 1 个根.

取几个特殊的点计算函数值, 得

$$f(-4)=-40,\ \ f(-3)=1,\ \ f(-1)=5,\ \ f(0)=-8,\ \ f(2)=-4,\ \ f(3)=37,$$

故隔根区间为 $(-4,-3)$, $(-1,0)$ 和 $(2,3)$. 由于 $f(x)$ 为三次多项式, 方程 $f(x)=0$ 至多有 3 个实根. 因此, 这就是方程 $f(x)=0$ 的所有隔根区间.

下面用一个例子来说明作图法.

例 2.1.2 求方程 $x^3-3x-1=0$ 的隔根区间.

解 设 $f(x) = x^3 - 3x - 1$, 其定义域为 $(-\infty, +\infty)$, 则

$$f'(x) = 3x^2 - 3 = 3(x+1)(x-1), \quad f''(x) = 6x,$$

故当 $x < 0$ 时, $f''(x) < 0$; 当 $x > 0$ 时, $f''(x) > 0$. 画出 $f(x)$ 的草图如图 2.1.1 所示, 从图中可大致确定隔根区间为 $(-2, -1)$, $(-1, 1)$ 和 $(1, 2)$.

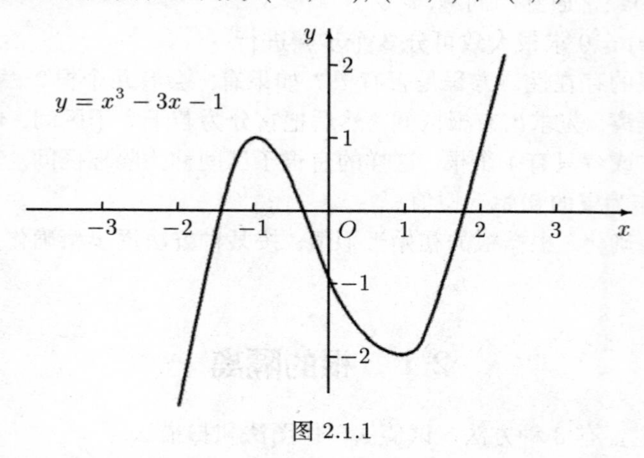

图 2.1.1

扫描法是一种在计算机上较实用的方法. 简单地说, 扫描法就是将有根区间等分为若干个子区间, 然后从有根区间的左端点开始, 一个一个小区间地检验是不是隔根区间. 扫描法又可称为逐次搜索法, 其算法如下:

(1) 输入有根区间的端点 a, b 及子区间长度 h;

(2) $a \Rightarrow x$, $0 \Rightarrow i$;

(3) 若 $f(x) \cdot f(x+h) \leqslant 0$, 则 $i + 1 \Rightarrow i, x \Rightarrow p_i, x + h \Rightarrow q_i$; 输出隔根区间 $[p_i, q_i]$;

(4) $x + h \Rightarrow x$;

(5) 若 $x < b$, 则返回 (3); 否则结束.

对于代数方程

$$f(x) = a_0x^n + a_1x^{n-1} + ... + a_{n-1}x + a_n = 0 \quad (a_0 \neq 0),$$

记 $A = \max(|a_1|, |a_2|, \cdots, |a_n|)$, 则其实根的上、下界分别为 $1 + \dfrac{A}{|a_0|}$ 和 $-\left(1 + \dfrac{A}{|a_0|}\right)$, 由此即可确定其有根区间 $[a, b]$, 其中 $a = -\left(1 + \dfrac{A}{|a_0|}\right)$, $b = 1 + \dfrac{A}{|a_0|}$.

例 2.1.3 求方程 $f(x) = x^3 - 11.1x^2 + 38.8x - 41.77 = 0$ 的隔根区间.

解 根据代数方程有根区间的估算, 对方程 $f(x) = 0$ 的根从 -43 到 43 按步长 1 进行搜索计算, 结果列表如下:

表 2.1.1

x 的取值	0	1	2	3	4	5	6
$f(x)$ 的符号	−	−	+	+	−	−	+

由此可知，方程的隔根区间为 $[1,2]$, $[3,4]$ 和 $[5,6]$.

2.2 二分法

解方程 $f(x)=0$ 的二分法是数值计算的一种常用算法，其基本思想是逐步缩小有根区间，最后得出所求的根的近似值.

设函数 $f(x)$ 在 $[a,b]$ 上连续，且 $f(a)\cdot f(b)<0$, 则根据连续函数的零点定理可知， $f(x)$ 在 (a,b) 内一定有零点，即方程 $f(x)=0$ 在 (a,b) 内一定有实根. 因此假定方程 $f(x)=0$ 在 (a,b) 内有唯一的实根 x^*.

取中点 $x_0=\dfrac{a+b}{2}$ 将有根区间 $[a,b]$ 等分为两部分，然后进行根的搜索，即检查 $f(x_0)$ 与 $f(a)$ 是否同号:

(1) 如果同号，则所求的根 x^* 在 x_0 的右侧，令 $a_1=x_0$, $b_1=b$;

(2) 如果异号，则 x^* 必在 x_0 左侧，这时令 $a_1=a$, $b_1=x_0$(图 2.2.1).

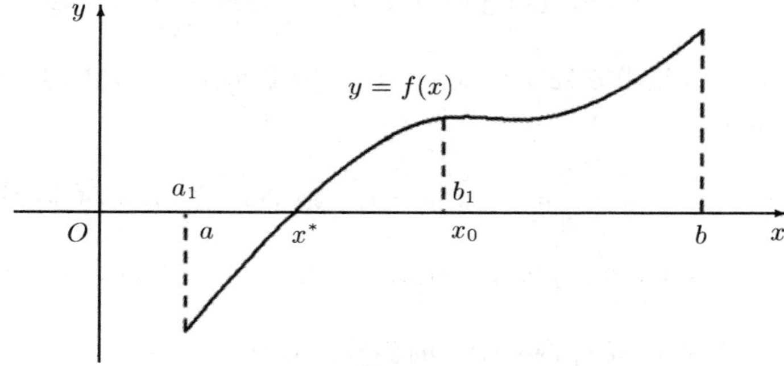

图 2.2.1

不管出现哪一种情形，新的有根区间 $[a_1,b_1]$ 长度仅为 $[a,b]$ 的一半.

对有根区间 $[a_1,b_1]$ 作同样处理，即用中点 $x_1=\dfrac{a_1+b_1}{2}$ 将区间 $[a_1,b_1]$ 再分成两部分，然后作根的搜索，判断所求的根在 x_1 的哪一侧，即又可确定一个新的有根区间 $[a_2,b_2]$, 其长度是 $[a_1,b_1]$ 的一半.

如此反复二分下去，可得到一系列有根区间

$$[a,b]\supset[a_1,b_1]\supset[a_2,b_2]\supset\cdots\supset[a_k,b_k]\supset\cdots\quad(k=1,2,\cdots),$$

其中每个区间长度都是前一个区间长度的一半，故二分 k 次后的有根区间 $[a_k,b_k]$ 的长度为

$$b_k-a_k=\frac{b-a}{2^k}.$$

如果 $k \to \infty$, 即二分过程无限地进行下去，则有根区间最终必收缩于所求的根 x^*.

第 k 次二分后，取有根区间 $[a_k, b_k]$ 的中点 $x_k = \dfrac{a_k + b_k}{2}$ 作为根的近似值，则在二分过程中可以获得一个近似根的序列 $\{x_k\}$, 该序列以根 x^* 为极限.

在实际计算时，不可能也没有必要完成这种无穷过程，因为近似计算的结果允许带有一定的误差，而由

$$|x^* - x_k| \leqslant \frac{b_k - a_k}{2} = \frac{b - a}{2^{k+1}}$$

可知，只要二分足够多次 (即 k 充分大), 便有

$$|x^* - x_k| < \varepsilon,$$

这里 ε 为预定精度. 此时可取 x_k 作为 x^* 满足精度要求的近似根.

由上述讨论可将二分法的算法归结如下：

(1) 输入隔根区间的端点 a, b 及预先给定的精度要求 ε;

(2) $(a+b)/2 \Rightarrow c$;

(3) 若 $f(c) = 0$, 则输出 c, 结束；否则若 $f(a) \cdot f(c) < 0$, 则 $c \Rightarrow b$, 否则 $c \Rightarrow a$;

(4) 若 $b - a < \varepsilon$, 则输出根的近似值 c, 结束；否则转向 (2) 继续.

例 2.2.1 用二分法求方程 $x^3 - x - 1 = 0$ 在区间 $[1.0, 1.5]$ 内的 *1* 个实根，要求误差不超过 0.005.

解 设 $f(x) = x^3 - x - 1$, $a = 1.0$, $b = 1.5$, 则 $f(x)$ 在 $[a, b]$ 内连续可导，且

$$f(a) = f(1) = -1 < 0, \quad f(b) = f(1.5) = 0.875 > 0, \quad f'(x) = 3x^2 - 1 > 0,$$

故方程 $f(x) = 0$ 在区间 $[a, b]$ 内有唯一的实根，记为 x^*.

首先预估所要二分的次数，将 $[a, b]$ 的第 k 次二分中点记为 x_k, 按误差估计式

$$|x^* - x_k| \leqslant \frac{1.5 - 1.0}{2^{k+1}} = \frac{1}{2^{k+2}} < 0.005$$

可知，只要二分 6 次，便能达到所要求的精度.

取 $[a, b]$ 的中点 $x_0 = \dfrac{1.0 + 1.5}{2} = 1.25$, 将区间 $[a, b]$ 二等分得 $[a, x_0]$, $[x_0, b]$, 由

$$f(a) = -1 < 0, \quad f(b) = 0.875 > 0, \quad f(x_0) = f(1.25) = -0.296875 < 0$$

可知，$f(x_0)$ 与 $f(a)$ 同号，故方程 $f(x) = 0$ 的根 x^* 必满足 $x^* \in [x_0, b]$, 这时选取 $a_1 = x_0 = 1.25$, $b_1 = b = 1.5$, 而得到新的有根区间为 $[a_1, b_1]$. 如此反复二分下去，二分过程无须赘述. 二分法的计算结果见表 2.2.1.

表 2.2.1 计算结果

k	a_k	b_k	x_k	$f(x_k)$ 的符号
0	1.0	1.5	1.25	−
1	1.25		1.375	+
2		1.375	1.3225	−
3	1.3125		1.3438	+
4		1.3438	1.3281	+
5		1.3281	1.3203	−
6	1.3203		1.3242	−

二分法的优点是算法简单，且总是收敛的，缺点是收敛太慢，故一般不单独将其用于求根，只用其为根求得一个较好的近似值.

2.3 迭代法及其收敛性

迭代法求根过程分两步，第 1 步先提供根的某个猜测值，即所谓迭代初值，然后再将迭代初值逐步加工成满足精度要求的根.

2.3.1 迭代法的设计思想

对于一般方程 $f(x)=0$, 为了构造迭代法，首先把方程改写成等价的形式

$$x=\varphi(x), \tag{2.3.1}$$

式中 $\varphi(x)$ 称为迭代函数.

若 x^* 满足 $f(x^*)=0$, 则必有 $x^*=\varphi(x^*)$; 反之亦然，称 x^* 为所求方程的根.

选取初始值 x_0, 按照迭代公式

$$x_{k+1}=\varphi(x_k)\quad(k=0,1,2,\cdots)$$

反复计算，便可得到迭代序列 $\{x_k\}$, 若

$$\lim_{k\to\infty}x_k=x^*,$$

则称迭代法收敛，否则称迭代法发散. 这样从初始值 x_0 最后求得 x^* 的过程称为迭代过程，这种求根方法称为迭代法.

再用几何图像来了解迭代方法. 方程 $x=\varphi(x)$ 的求根问题在几何上就是确定曲线 $y=\varphi(x)$ 与直线 $y=x$ 的交点 P^* (图 2.3.1).

对于某个猜测值 x_0, 在曲线 $y=\varphi(x)$ 上得到以 x_0 为横坐标的点 P_0, 而 P_0 的纵坐标为 $\varphi(x_0)=x_1$, 过 P_0 引平行于 x 轴的直线，设交直线 $y=x$ 于点 Q_1, 然后

过 Q_1 再作平行于 y 轴的直线，它与曲线 $y=\varphi(x)$ 的交点记作 P_1. 容易看出，迭代值 x_1 即为点 P_1 的横坐标. 按图 2.3.1 中所示路径继续作下去，在曲线 $y=\varphi(x)$ 上得到点 P_1, P_2, $\cdots$, 其横坐标分别为依公式

$$x_{k+1}=\varphi(x_k)\quad (k=0,\ 1,\ 2,\ \cdots)$$

所确定的迭代值 x_1, x_2, $\cdots$. 如果迭代收敛，则点 P_1, P_2, $\cdots$ 将越来越逼近所求的交点 P^*, 其横坐标 x^* 即为方程 $x=\varphi(x)$ 的根.

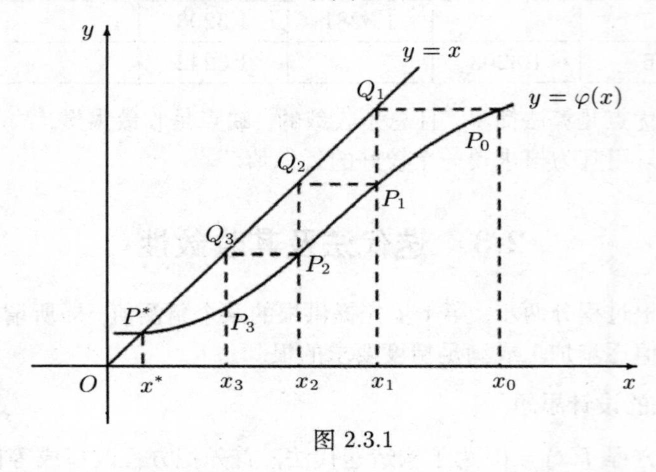

图 2.3.1

例 2.3.1 求方程 $x^3-x-1=0$ 在点 $x_0=1.5$ 附近的近似根, 精度要求为 10^{-4}.

解 (1) 将方程 $x^3-x-1=0$ 改写成等价形式

$$x=\sqrt[3]{x+1},$$

故有迭代公式

$$x_{k+1}=\sqrt[3]{x_k+1}\quad (k=0,\ 1,\ 2,\ \cdots).$$

将初始近似值 $x_0=1.5$ 代入上式，可得迭代序列 x_1, x_2, $\cdots$ (见表 2.3.1).

表 2.3.1 计算结果

k	1	2	3	4	5	6
x_k	1.357209	1.330861	1.325884	1.324939	1.324760	1.324726

由表 2.3.1 可见迭代法是收敛的，$x_6=1.324726$ 就是满足精度要求的 1 个近似根.

(2) 如果将方程 $x^3-x-1=0$ 改写成另一种等价形式

$$x=x^3-1,$$

则迭代公式为

$$x_{k+1} = x_k^3 - 1 \quad (k = 0,\ 1,\ 2,\ \cdots).$$

仍取初始近似值为 $x_0 = 1.5$, 迭代结果见表 2.3.2.

表 2.3.2 计算结果

k	1	2	3	4
x_k	2.375	12.3965	1904.0028	6902441984

由表 2.3.2 可见，继续迭代下去已经没有必要，因为结果显然会越来越大，不可能趋于某个极限，迭代法是发散的．一个发散的迭代过程，即使进行了千百次的迭代，其结果也是毫无价值的.

此例表明随着原方程化为 $x = \varphi(x)$ 的形式不同，对应的迭代公式有的收敛，有的发散，只有收敛的迭代过程才有意义，那么，当 $\varphi(x)$ 满足什么条件时，才能保证迭代收敛呢？

2.3.2 全局收敛性

定理 2.3.1 (压缩映像原理)

设 $\varphi(x)$ 在 $[a,b]$ 上具有连续一阶导数，且满足：

(1) 对任意 $x \in [a,b]$, 总有 $\varphi(x) \in [a,b]$;

(2) 存在 $0 \leqslant L < 1$, 使对任意 $x \in [a,b]$ 成立

$$|\varphi'(x)| \leqslant L, \tag{2.3.2}$$

则 $x = \varphi(x)$ 在 $[a,b]$ 内存在唯一根 x^*, 并且对任意初值 $x_0 \in [a,b]$, 迭代过程

$$x_{k+1} = \varphi(x_k) \quad (k = 0,\ 1,\ 2,\ \cdots)$$

均收敛于方程 $x = \varphi(x)$ 的根 x^*, 且有下列估计式

$$|x^* - x_k| \leqslant \frac{1}{1-L}\,|x_{k+1} - x_k|, \tag{2.3.3}$$

$$|x^* - x_k| \leqslant \frac{L^k}{1-L}\,|x_1 - x_0|, \tag{2.3.4}$$

证明 首先证根的存在性、唯一性.

作辅助函数

$$F(x) = x - \varphi(x),$$

则由 $\varphi(x)$ 在 $[a,b]$ 上连续可知， $F(x)$ 在 $[a,b]$ 上连续，并由条件 (1) 可得

$$F(a) = a - \varphi(a) \leqslant 0 \leqslant b - \varphi(b) = F(b),$$

于是由连续函数的介值定理可知，存在 $x^* \in [a,b]$, 使 $F(x^*) = 0$, 即 $x^* = \varphi(x^*)$.

另一方面，由 $\varphi(x)$ 在 $[a,b]$ 上具有连续一阶导数可知， $F(x)$ 在 $[a,b]$ 上具有连续一阶导数，且当 $x \in (a,b)$ 时，由条件 (2) 可得

$$F'(x) = 1 - \varphi'(x) \geqslant 1 - L > 0,$$

故 $F(x)$ 在 $[a,b]$ 上严格单调上升，从而方程 $F(x)=0$ 在 $[a,b]$ 上至多有 1 个根，即 x^* 是方程 $x=\varphi(x)$ 唯一的根.

下面证明误差估计式以及迭代序列的极限就是方程的根.

由 $\varphi(x)$ 在 $[a,b]$ 上具有连续一阶导数及条件 (2) 可知，对任意的 $x,\ y \in [a,b]$，存在介于 x 与 y 之间的 ξ, 使得

$$|\varphi(x) - \varphi(y)| = |\varphi'(\xi)(x-y)| \leqslant L|x-y|,$$

故当 $x^* = \varphi(x^*)$ 时，迭代序列 $\{x_k\}$ 满足不等式

$$|x^* - x_{k+1}| = |\varphi(x^*) - \varphi(x_k)| \leqslant L|x^* - x_k|,$$

于是由

$$|x_{k+1} - x_k| \geqslant |x_k - x^*| - |x^* - x_{k+1}| \geqslant |x^* - x_k| - L|x^* - x_k|$$

可得

$$|x^* - x_k| \leqslant \frac{1}{1-L}\,|x_{k+1} - x_k|,$$

并由

$$|x_{k+1} - x_k| = |\varphi(x_k) - \varphi(x_{k-1})| \leqslant L|x_k - x_{k-1}|$$

可推得

$$|x^* - x_k| \leqslant \frac{1}{1-L}\,|x_{k+1} - x_k| \leqslant \frac{L^k}{1-L}\,|x_1 - x_0|.$$

另一方面，由 $0 \leqslant L < 1$ 可知， $\lim\limits_{k\to\infty} L^k = 0$, 故由

$$0 \leqslant \lim_{k\to\infty} |x^* - x_k| \leqslant \lim_{k\to\infty} \frac{L^k}{1-L}\,|x_1 - x_0| = 0$$

可得 $\lim\limits_{k\to\infty} |x^* - x_k| = 0$, 从而

$$\lim_{k\to\infty} x_k = x^*.$$

▌

由定理 2.3.1 的式 (2.3.3) 可知， x_k 的误差可以由 $|x_k - x_{k-1}|$ 来控制. 因此只要相邻两次迭代的计算结果的差 $|x_k - x_{k-1}|$ 达到事先给定的精度要求时，就可取 x_k 作为 x^* 的近似值，这种作法常称为“误差的事后估计”.

由定理 2.3.1 的式 (2.3.4) 可知，当 L 接近于 1 时，迭代过程的收敛速度会很慢，而当 L 接近于 0 时，迭代过程的收敛速度会很快．如果能对 L 的大小作出估计，对给定的精度要求，由式 (2.3.4) 可以大概估计出迭代所需的次数．这种作法称为“误差的事先估计”．

据估计式 (2.3.3) 可知，只要相邻两次迭代值 x_k，x_{k+1} 的偏差充分小，就能保证迭代值 x_k(或 x_{k+1}) 足够准确，因此可用 $|x_{k+1}-x_k|$ 来控制迭代过程是否结束．

迭代法的一个突出优点是算法的逻辑结构简单，实现步骤如下：

(1) 输入初始近似值 x_0, 精确度要求 ε, 控制最大迭代次数 M;

(2) $1 \Rightarrow k$;

(3) $\varphi(x_0) \Rightarrow x_1$;

(4) 若 $k < M$ 且 $|x_1 - x_0| \geqslant \varepsilon$, 则 $x_1 \Rightarrow x_0$，$k+1 \Rightarrow k$, 回 (3);

(5) 若 $|x_1 - x_0| < \varepsilon$, 则输出 x_1; 否则，输出迭代失败信息，结束．

迭代失败的原因可能是迭代过程发散，也可能是由于迭代收敛速度太慢，在给定的次数内达不到精确要求．

由于定理 2.3.1 的条件一般难于验证，而且在一个大的区间 $[a,b]$ 上，这些条件也不一定都成立．另外，迭代过程往往就在根的附近进行，因此在实际应用迭代法时，通常首先在根 x^* 的邻近考察．

2.3.3 局部收敛性与收敛阶

定义 2.3.1 称一种迭代过程在根 x^* 邻近收敛是指：如果存在点 x^* 的一个邻域 $\Delta = \{x \mid |x^* - x| < \delta\}$, 迭代过程对于任意初值 $x_0 \in \Delta$ 均收敛．这种在根的邻近所具有的收敛性称为局部收敛性．

定理 2.3.2 设 $\varphi(x)$ 在 $x = \varphi(x)$ 的根 x^* 邻近有连续的一阶导数，且成立

$$|\varphi'(x^*)| < 1,$$

则迭代过程 $x_{k+1} = \varphi(x_k)$ 在 x^* 邻近具有局部收敛性．

证明 由定理的条件可知，$\varphi'(x)$ 在根 x^* 的某邻域内连续，且

$$|\varphi'(x^*)| < 1,$$

故存在充分小邻域 $\Delta = \{x \mid |x - x^*| < \delta\}$ 及常数 L, 使得当 $x \in \Delta$ 时，有

$$|\varphi'(x)| \leqslant L < 1.$$

另一方面，对任意的 $x_0 \in \Delta$, 由微分中值定理可知，存在介于 x^* 与 x_0 之间的一点 ξ, 使得 $\xi \in \Delta$, 且

$$|\varphi(x_0) - x^*| = |\varphi(x_0) - \varphi(x^*)| = |\varphi'(\xi)(x_0 - x^*)| \leqslant L|x_0 - x^*| < \delta,$$

即 $\varphi(x_0) \in \Delta$. 由 x_0 的任意性可知，当 $x_k \in \Delta$ 时，有 $\varphi(x_k) \in \Delta$, 从而由定义 2.3.1 可知，迭代过程 $x_{k+1} = \varphi(x_k)\ (k = 0, 1, 2, \cdots)$ 在根 x^* 邻近具有局部收敛性. ▌

下面讨论迭代序列的收敛速度问题，先看例题.

例 2.3.2 求方程 $x = \mathrm{e}^{-x}$ 在点 $x_0 = 0.5$ 附近的 *1* 个根 x^*, 要求精度为 10^{-5}.

解 按迭代过程

$$x_{k+1} = \mathrm{e}^{-x_k} \quad (k = 0, 1, 2, \cdots)$$

计算 x_k, 得到如下结果 (见表 2.3.3):

表 2.3.3 计算结果

k	x_k	k	x_k	k	x_k	k	x_k
1	0.606531	6	0.564863	11	0.567277	16	0.567135
2	0.545239	7	0.568438	12	0.567067	17	0.567148
3	0.579703	8	0.566409	13	0.567189	18	0.567141
4	0.560065	9	0.567560	14	0.567119		
5	0.571172	10	0.566907	15	0.571157		

由表 2.3.3 可知，迭代 18 次即得到满足精度要求的根 0.567141, 所求根为 0.567143.

例 2.3.3 用几种不同迭代方法求方程 $x^2 - 3 = 0$ 的根 $x^* = \sqrt{3}$.

解 设方程 $x^2 - 3 = 0$ 的几种不同等价形式为 $x = \varphi(x)$, 其根为 $x^* = \sqrt{3}$. 下面仅构造 4 种不同的迭代格式:

迭代格式 1: $\varphi(x) = x^2 + x - 3$, $\varphi'(x) = 2x + 1$, $\varphi'(\sqrt{3}) > 1$, 迭代过程为

$$x_{k+1} = x_k^2 + x_k - 3 \quad (k = 0, 1, 2, \cdots);$$

迭代格式 2: $\varphi(x) = \dfrac{3}{x}$, $\varphi'(x) = -\dfrac{3}{x^2}$, $\varphi'(\sqrt{3}) = -1$, 迭代过程为

$$x_{k+1} = \frac{3}{x_k} \quad (k = 0, 1, 2, \cdots);$$

迭代格式 3: $\varphi(x) = x - \dfrac{1}{4}(x^2 - 3)$, $\varphi'(x) = 1 - \dfrac{1}{2}x$, $\varphi'(\sqrt{3}) < 1$, 迭代过程为

$$x_{k+1} = x_k - \frac{1}{4}(x_k^2 - 3) \quad (k = 0, 1, 2, \cdots);$$

迭代格式 4: $\varphi(x) = \dfrac{1}{2}\left(x + \dfrac{3}{x}\right)$, $\varphi'(x) = \dfrac{1}{2}\left(1 - \dfrac{3}{x^2}\right)$, $\varphi'(\sqrt{3}) = 0$, 迭代过程为

$$x_{k+1} = \frac{1}{2}\left(x_k + \frac{3}{x_k}\right) \quad (k = 0, 1, 2 \cdots).$$

取 $x_0 = 2$, 按上述 4 种迭代格式分别计算 3 步所得的结果如下表所示.

表 2.3.4 计算结果

k	x_k	迭代格式 1	迭代格式 2	迭代格式 3	迭代格式 4
0	x_0	2	2	2	2
1	x_1	3	1.5	1.75	1.75
2	x_2	9	2	1.73475	1.732143
3	x_3	87	1.5	1.732361	1.732051

注意 $\sqrt{3} = 1.7320508\cdots$, 从计算结果看到迭代格式 1 及迭代格式 2 均不收敛，且它们均不满足定理 2.3.2 中的局部收敛条件，迭代格式 3 和迭代格式 4 均满足局部收敛条件，而迭代格式 4 比迭代格式 3 收敛快. 一种迭代格式具有实用价值，不但需要肯定它是收敛的，还要求它收敛得比较快. 所谓迭代过程的收敛速度，是指在接近收敛时迭代误差的下降速度. 为了衡量迭代法收敛速度的快慢可给出以下定义.

定义 2.3.2 设迭代过程 $x_{k+1} = \varphi(x_k)$ 收敛于方程 $x = \varphi(x)$ 的根 x^*, 如果迭代误差 $e_k = x^* - x_k$ 当 $k \to \infty$ 时成立

$$\frac{e_{k+1}}{e_k^p} \to c \quad (\text{常数 } c \neq 0),$$

则称迭代过程是 p 阶收敛的. 特别地， $p = 1$ 时称之为线性收敛， $1 < p < 2$ 时称之为超线性收敛， $p = 2$ 时称之为平方收敛.

定理 2.3.3 对于迭代过程 $x_{k+1} = \varphi(x_k)$, 如果 $\varphi^{(p)}(x)$ 在所求根 x^* 的邻近连续，并且

$$\varphi'(x^*) = \varphi''(x^*) = \cdots = \varphi^{(p-1)}(x^*) = 0, \quad \varphi^{(p)}(x^*) \neq 0, \tag{2.3.5}$$

则该迭代过程在点 x^* 邻近是 p 阶收敛的.

证明 由于 $\varphi'(x^*) = 0$, 据定理 2.3.2 可知，迭代过程 $x_{k+1} = \varphi(x_k)$ 具有局部收敛性.

再将 $\varphi(x_k)$ 在根 x^* 处作泰勒展开，利用条件 (2.3.5), 则有

$$\varphi(x_k) = \varphi(x^*) + \frac{\varphi^{(p)}(\xi)}{p!}(x_k - x^*)^p,$$

其中 ξ 介于 x_k 与 x^* 之间. 注意到 $x_{k+1} = \varphi(x_k)$, $x^* = \varphi(x^*)$, 由上式得

$$x_{k+1} - x^* = \frac{\varphi^{(p)}(\xi)}{p!}(x_k - x^*)^p = \frac{\varphi^{(p)}(\xi)}{p!}e_k^p.$$

因此，当 $k \to \infty$ 时，有

$$\frac{e_{k+1}}{e_k^p} \to \frac{\varphi^{(p)}(x^*)}{p!}.$$

这表明迭代过程 $x_{k+1} = \varphi(x_k)$ 确实为 p 阶收敛. ▮

上述定理告诉我们, 迭代过程的收敛速度依赖于迭代函数 $\varphi(x)$ 的选取. 如果当 $x \in [a, b]$ 时, $\varphi'(x) \neq 0$, 则该迭代过程只可能是线性收敛的.

在例 2.3.3 中, 迭代格式 3 中的 $\varphi'(x^*) \neq 0$, 故它只是线性收敛, 而迭代格式 4 中的 $\varphi'(x^*) = 0$, 而 $\varphi''(x) = \dfrac{6}{x^3}$, $\varphi''(x^*) = \dfrac{2}{\sqrt{3}} \neq 0$, 由定理 2.3.3 可知, $p = 2$, 即该迭代过程为 2 阶收敛的.

2.4 迭代的加速方法

对于收敛的迭代过程, 只要迭代足够多次, 就可以使结果达到任意的精度, 但有时迭代过程收敛缓慢, 从而使计算量变得很大, 因此迭代过程的加速是个重要的课题.

2.4.1 埃特金 (Aitken) 加速法

设 x^* 是方程 $x = \varphi(x)$ 的根, x_k 是 x^* 的某个近似值, 用迭代公式校正 1 次得

$$\overline{x}_{k+1} = \varphi(x_k).$$

假设 $\varphi'(x)$ 在所讨论的范围内改变不大, 其界的估值为常数 L, 则有

$$x^* - \overline{x}_{k+1} \approx L(x^* - x_k), \tag{2.4.1}$$

从而由上式解得

$$x^* \approx \frac{1}{1-L}\overline{x}_{k+1} - \frac{L}{1-L}x_k.$$

这说明如果将迭代值 $\overline{x}_{k+1}$ 与 x_k 加权平均, 可以期望所得到的

$$x_{k+1} = \frac{1}{1-L}\overline{x}_{k+1} - \frac{L}{1-L}x_k$$

是比 $\overline{x}_{k+1}$ 更好的近似根. 这样加工后的计算过程是:
迭代

$$\overline{x}_{k+1} = \varphi(x_k),$$

改进

$$x_{k+1} = \frac{1}{1-L}\overline{x}_{k+1} - \frac{L}{1-L}x_k$$

或合并写成

$$x_{k+1} = \frac{1}{1-L}[\varphi(x_k) - Lx_k] \quad (0 < L < 1).$$

上述加速方案由于其中含有导数 $\varphi'(x)$ 的有关信息而不便于实际应用.

假如将迭代值 $\overline{x}_{k+1}=\varphi(x_k)$ 再迭代 1 次，又得

$$\widetilde{x}_{k+1}=\varphi(\overline{x}_{k+1}).$$

由于

$$x^*-\widetilde{x}_{k+1}\approx L(x^*-\overline{x}_{k+1}),$$

将上式与式 (2.4.1) 联立，消去未知的 L, 有

$$\frac{x^*-\overline{x}_{k+1}}{x^*-\widetilde{x}_{k+1}}\approx\frac{x^*-x_k}{x^*-\overline{x}_{k+1}},$$

从而由上式解得

$$x^*\approx x_k-\frac{(\overline{x}_{k+1}-x_k)^2}{\widetilde{x}_{k+1}-2\overline{x}_{k+1}+x_k}.$$

我们以上式右端得出的结果作为新的改进值，这样构造出的加速公式不再含有关于导数的信息，但是它需要用两次迭代值 $\overline{x}_{k+1}$，$\widetilde{x}_{k+1}$ 进行加工，其具体计算公式如下：

迭代

$$\overline{x}_{k+1}=\varphi(x_k),$$

再迭代

$$\widetilde{x}_{k+1}=\varphi(\overline{x}_{k+1}),$$

改进

$$x_{k+1}=x_k-\frac{(\overline{x}_{k+1}-x_k)^2}{\widetilde{x}_{k+1}-2\overline{x}_{k+1}+x_k}.$$

上述迭代方法称为埃特金加速法.

2.4.2 斯蒂芬森 (Steffensen) 迭代法

埃特金加速法不管原迭代序列 $\{x_k\}$ 是怎样产生的，对 $\{x_k\}$ 进行加速计算，得到序列 $\{\overline{x}_k\}$, 如果把埃特金加速技巧与迭代结合，则可得到如下的迭代法

$$y_k=\varphi(x_k),\quad z_k=\varphi(y_k),$$

$$x_{k+1}=x_k-\frac{(y_k-x_k)^2}{z_k-2y_k+x_k}\quad(k=0,1,2,\cdots),\tag{2.4.2}$$

称为斯蒂芬森迭代法. 它可以这样理解，我们要求 $x=\varphi(x)$ 的根 x^*, 令

$$\varepsilon(x)=\varphi(x)-x.$$

已知 x^* 的近似值 x_k 及 y_k, 其误差分别为

$$\varepsilon(x_k)=\varphi(x_k)-x_k=y_k-x_k,\quad\varepsilon(y_k)=\varphi(y_k)-y_k=z_k-y_k,$$

把误差 $\varepsilon(x)$ “外推到零”，即过点 $(x_k, \varepsilon(x_k))$ 及点 $(y_k, \varepsilon(y_k))$ 作线性插值函数，它与 x 轴交点为式 (2.4.2) 中的 x_{k+1}, 即方程

$$\varepsilon(x_k) + \frac{\varepsilon(y_k) - \varepsilon(x_k)}{y_k - x_k}(x - x_k) = 0$$

的解

$$x_{k+1} = x_k - \frac{\varepsilon(x_k)}{\varepsilon(y_k) - \varepsilon(x_k)}(y_k - x_k) = x_k - \frac{(y_k - x_k)^2}{z_k - 2y_k + x_k}.$$

实际上，式 (2.4.2) 是将迭代法 $x_{k+1} = \varphi(x_k)$ 两步合并成 1 步计算得到的，可将它写成

$$x_{k+1} = \psi(x_k) \quad (k = 0, 1, 2, \cdots), \tag{2.4.3}$$

其中

$$\psi(x) = x - \frac{[\varphi(x) - x]^2}{\varphi(\varphi(x)) - 2\varphi(x) + x}. \tag{2.4.4}$$

对迭代方程 (2.4.3) 有以下局部收敛性定理.

定理 2.4.1 若 x^* 为式 (2.4.4) 定义的方程 $x = \psi(x)$ 的根, 则 x^* 为方程 $x = \varphi(x)$ 的根. 反之，若 x^* 为方程 $x = \varphi(x)$ 的根，且 $\varphi''(x)$ 存在， $\varphi'(x^*) \neq 1$, 则 x^* 是方程 $x = \psi(x)$ 的根，且斯蒂芬森迭代法 (2.4.2) 是 2 阶收敛的.

例 2.4.1 用斯蒂芬森迭代法求解方程 $x^3 - x - 1 = 0$.

解 由例 2.3.1 可知，迭代方程

$$x_{k+1} = x_k^3 - 1 \quad (k = 0, 1, 2, \dots)$$

是发散的. 现用式 (2.4.2) 计算，取 $\varphi(x) = x^3 - 1$, 计算结果如下表所示.

表 2.4.1 计算结果

k	0	1	2	3	4	5
x_k	1.50000	1.41629	1.35565	1.32895	1.32480	1.32472
y_k	2.37500	1.84092	1.49140	1.34710	1.32518	
z_k	12.3965	5.23888	2.31728	1.44435	1.32714	

由表 2.4.1 可知，该迭代过程是收敛的，这说明即使迭代法 $x_{k+1} = \varphi(x_k)$ 不收敛, 用斯蒂芬森迭代法 (2.4.2) 仍可能收敛, 至于原来已收敛的迭代法 $x_{k+1} = \varphi(x_k)$, 由定理 2.4.1 可知, 它可达到 2 阶收敛. 更进一步还可知, 若原迭代法为 p 阶收敛, 则其斯蒂芬森迭代法 (2.4.2) 为 $p+1$ 阶收敛.

例 2.4.2 求方程 $3x^2 - \mathrm{e}^x = 0$ 在区间 $[3, 4]$ 中的根.

解　将原方程改写为 $e^x = 3x^2$, 取对数得等价方程为 $x = \varphi(x)$, 其中

$$\varphi(x) = \ln 3x^2 = 2\ln x + \ln 3.$$

若构造迭代过程

$$x_{k+1} = 2\ln x_k + \ln 3 \quad (k = 0, 1, 2, \cdots),$$

由 $\varphi'(x) = \dfrac{2}{x}$ 可得

$$\max_{3 \leqslant x \leqslant 4} |\varphi'(x)| = \frac{2}{3} < 1,$$

且当 $x \in [3, 4]$ 时， $\varphi(x) \in [3, 4]$, 此迭代法是收敛的.

若取 $x_0 = 3.5$ 迭代 16 次得 $x_{16} = 3.73307$, 有 6 位有效数字. 若用式 (2.4.2) 进行加速，计算结果如下表所示.

表 2.4.2　计算结果

k	0	1	2
x_k	3.50000	3.73444	3.73307
y_k	3.60414	3.73381	
z_k	3.66202	3.73347	

由表 2.4.2 可知，用迭代法 (2.4.2) 计算的第 2 步的结果与 x_{16} 相同，其计算过程仅相当于迭代法 $x_{k+1} = \varphi(x_k)$ 计算到第 4 步. 这说明迭代法 (2.4.2) 的收敛速度比迭代法 $x_{k+1} = \varphi(x_k)$ 快得多.

2.5　牛顿 (Newton) 法

2.5.1　牛顿公式的导出

设方程 $f(x) = 0$ 的近似根为 x_k, 则 $f(x)$ 在点 x_k 附近可用一阶泰勒多项式

$$p(x) = f(x_k) + f'(x_k)(x - x_k)$$

来近似代替，故方程 $f(x) = 0$ 可近似地表示为 $p(x) = 0$. 后者是个线性方程，它的求根是容易的，我们取 $p(x) = 0$ 的根作为 $f(x) = 0$ 的新的近似根，记 x_{k+1}, 则有

$$x_{k+1} = x_k - \frac{f(x_k)}{f'(x_k)}. \tag{2.5.1}$$

这就是著名的牛顿公式，相应的迭代方程为 $x = \varphi(x)$, 其中

$$\varphi(x) = x - \frac{f(x)}{f'(x)}. \tag{2.5.2}$$

在公式 (2.5.1) 中，如果用 $f'(x)$ 的某个估计值 M 替换 $f'(x_k)$，便得到其简化形式

$$x_{k+1} = x_k - \frac{f(x_k)}{M}.$$

我们看到，牛顿法是一种逐步线性化方法，这种方法的基本思想是将非线性方程 $f(x)=0$ 的求根问题归结为求一系列线性方程 $p(x)=0$ 根的问题.

牛顿法有明显的几何解释. 方程 $f(x)=0$ 的根 x^* 在几何上解释为曲线 $y=f(x)$ 与 x 轴的交点的横坐标. 设 x_k 是根 x^* 的某个近似值，过曲线 $y=f(x)$ 上横坐标为 x_k 的点 P_k 引切线，该切线与 x 轴的交点的横坐标记 x_{k+1}(图 2.5.1)，则这样获得的 x_{k+1} 即为按牛顿公式 (2.5.1) 求得的近似根. 由于这种几何背景，牛顿法也称为切线法.

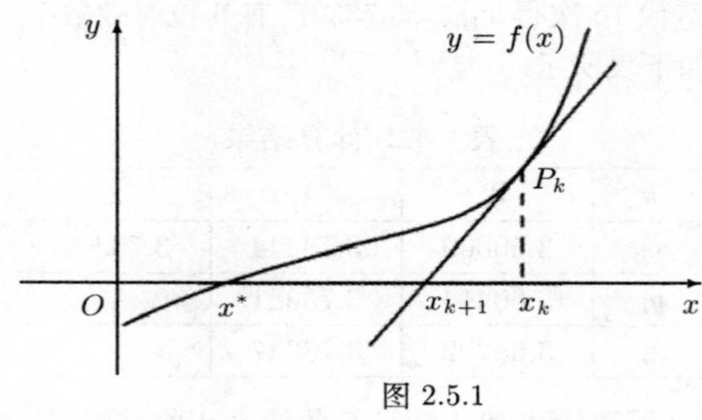

图 2.5.1

牛顿法的算法：

(1) 输入初始近似值 x_0，精度要求 ε，控制最大迭代数 M；

(2) $1 \Rightarrow k,\ x_0 - \dfrac{f(x_0)}{f'(x_0)} \Rightarrow x_1$；

(3) 当 $k < M$ 且 $|x_1 - x_0| \geqslant \varepsilon$ 时，作循环 $x_1 \Rightarrow x_0,\ k+1 \Rightarrow k,\ x_0 - \dfrac{f(x_0)}{f'(x_0)} \Rightarrow x_1$；

(4) 如果 $|x_1 - x_0| < \varepsilon$，则输出 x_1；否则输出迭代失败信息，结束.

2.5.2 牛顿法在单根附近的收敛性

定理 2.5.1 牛顿法在方程 $f(x)=0$ 的单根 x^* 附近至少为平方收敛.

证明 设方程 $f(x)=0$ 的单根为 x^*，相应的迭代方程为 $x=\varphi(x)$，其中

$$\varphi(x) = x - \frac{f(x)}{f'(x)},$$

则

$$\varphi'(x) = \frac{f(x)f''(x)}{[f'(x)]^2},$$

$$\varphi''(x) = \frac{[f'(x)]^2 f''(x) + f(x)f'(x)f'''(x) - 2f(x)[f''(x)]^2}{[f'(x)]^3}.$$

从而当 $f(x)$ 在点 x^* 附近具有三阶连续的导数，且 $f'(x^*) \neq 0$ 时，有

$$\varphi'(x^*) = 0.$$

由定理 2.3.3 可知，牛顿法在方程 $f(x) = 0$ 的单根 x^* 附近至少为平方收敛. ▌

例 2.5.1 用牛顿法解方程 $x\mathrm{e}^x - 1 = 0$.

解 设 $f(x) = x\mathrm{e}^x - 1$, 则方程 $f(x) = 0$ 相应的牛顿公式为

$$x_{k+1} = x_k - \frac{x_k \mathrm{e}^{x_k} - 1}{x_k \mathrm{e}^{x_k} + \mathrm{e}^{x_k}} = x_k - \frac{x_k - \mathrm{e}^{-x_k}}{1 + x_k}.$$

取 $x_0 = 0.5$, 迭代计算所得结果如表 2.5.1 所示.

表 2.5.1 计算结果

k	0	1	2	3
x_k	0.50000	0.57102	0.56716	0.56714

由上面的迭代方程可以看出，所给方程 $x\mathrm{e}^x - 1 = 0$ 实际上是方程 $x = \mathrm{e}^{-x}$ 的等价形式，由表 2.5.1 可以看出，牛顿法收敛得很快.

2.5.3 牛顿法的应用

对于给定正数 c, 应用牛顿法解二次方程

$$x^2 - c = 0$$

可导出求开方值 $\sqrt{c}$ 的计算公式

$$x_{k+1} = \frac{1}{2}\left(x_k + \frac{c}{x_k}\right). \tag{2.5.3}$$

设 x_k 是 $\sqrt{c}$ 的某个近似值，则 $\dfrac{c}{x_k}$ 自然也是 1 个近似值，式 (2.5.3) 表明，它们的算术平均值将是更好的近似值.

例 2.5.2 求 $\sqrt{115}$ 的近似值.

解 取初值 $x_0 = 10$, 按式 (2.5.3) 迭代 3 次便得精度为 10^{-6} 的结果 (见表 2.5.2).

表 2.5.2 计算结果

k	0	1	2	3	4
x_k	10.000000	10.750000	10.723837	10.723805	10.723805

定理 2.5.2 迭代公式 (2.5.3) 对于任意初值 $x_0 > 0$ 为平方收敛.

证明 对式 (2.5.3) 右端施行配方，整理得

$$x_{k+1}-\sqrt{c}=\frac{1}{2x_k}(x_k-\sqrt{c})^2$$

和

$$x_{k+1}+\sqrt{c}=\frac{1}{2x_k}(x_k+\sqrt{c})^2,$$

将上述两式相除，得

$$\frac{x_{k+1}-\sqrt{c}}{x_{k+1}+\sqrt{c}}=\left(\frac{x_k-\sqrt{c}}{x_k+\sqrt{c}}\right)^2.$$

由上式递推可得

$$\frac{x_k-\sqrt{c}}{x_k+\sqrt{c}}=\left(\frac{x_0-\sqrt{c}}{x_0+\sqrt{c}}\right)^{2^k},$$

从而

$$x_k=\frac{1+\left(\frac{x_0-\sqrt{c}}{x_0+\sqrt{c}}\right)^{2^k}}{1-\left(\frac{x_0-\sqrt{c}}{x_0+\sqrt{c}}\right)^{2^k}}\sqrt{c}.$$

由上面的讨论可知，对任意的 $x_0>0$, 有 $\left|\frac{x_0-\sqrt{c}}{x_0+\sqrt{c}}\right|<1$, 从而

$$\lim_{k\to\infty}x_k=\lim_{k\to\infty}\frac{1+\left(\frac{x_0-\sqrt{c}}{x_0+\sqrt{c}}\right)^{2^k}}{1-\left(\frac{x_0-\sqrt{c}}{x_0+\sqrt{c}}\right)^{2^k}}\sqrt{c}=\sqrt{c}.$$

另一方面，由 $x_{k+1}-\sqrt{c}=\frac{1}{2x_k}(x_k-\sqrt{c})^2$ 可知，迭代误差 $e_k=x_k-\sqrt{c}$ 满足

$$\lim_{k\to\infty}\frac{e_{k+1}}{e_k^2}=\lim_{k\to\infty}\frac{1}{2x_k}=\frac{1}{2\sqrt{c}}$$

从而该迭代过程为平方收敛. ∎

2.5.4 简化牛顿法与牛顿下山法

牛顿法的优点是收敛快，缺点一是每步迭代要计算 $f(x_k)$ 及 $f'(x_k)$, 计算量较大，且有时计算 $f'(x_k)$ 较困难，二是初始近似 x_0 只在根 x^* 附近才能保证收敛，如 x_0 给的不合适则可能不收敛. 为克服这两个缺点，通常可采用下述方法.

(1) 简化牛顿法，也称平行弦法. 其迭代公式为

$$x_{k+1}=x_k-\frac{f(x_k)}{M}\quad(M\neq 0,\ k=0,1,\cdots),\tag{2.5.4}$$

迭代函数为

$$\varphi(x) = x - \frac{f(x)}{M}.$$

若 $|\varphi'(x)| = \left|1 - \dfrac{f'(x)}{M}\right| < 1$, 即取

$$0 < \frac{f'(x)}{M} < 2$$

在根 x^* 附近成立，则迭代法 (2.5.4) 局部收敛.

在式 (2.5.4) 中，取 $M = f'(x_0)$, 则称为简化牛顿法，这类方法节省计算量，但只有线性收敛，其几何意义是用平行弦与 x 轴的交点作为 x^* 的近似 (见图 2.5.2).

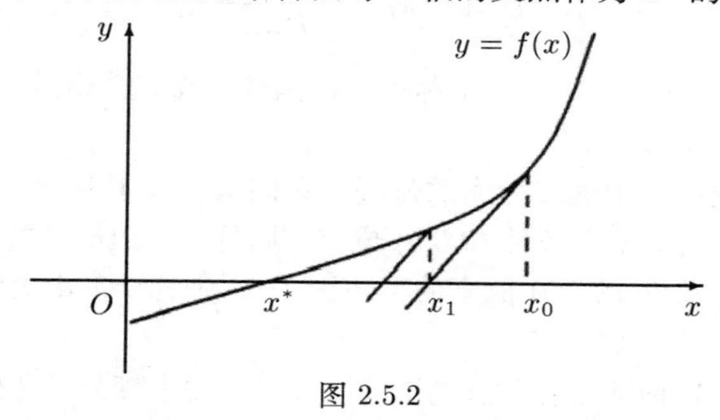

图 2.5.2

(2) 牛顿下山法. 一般地说，牛顿法的收敛性依赖于初值 x_0 的选取，如果 x_0 偏离 x^* 较远，则牛顿法可能发散.

例 2.5.3 用牛顿法求方程 $x^3 - x - 1 = 0$ 在 $x = 1.5$ 附近的 *1* 个根.

解 取迭代初值 $x_0 = 1.5$, 用牛顿公式

$$x_{k+1} = x_k - \frac{x_k^3 - x_k - 1}{3x_k^2 - 1}$$

计算结果见表 2.5.3, 其中 $x_3 = 1.32472$ 的每一位数字都是有效数字.

表 2.5.3 计算结果

k	0	1	2	3
x_k	1.50000	1.34783	1.32520	1.32472

但如果改用 $x_0 = 0.6$ 作为初值，则按式 (2.5.4) 迭代 1 次得 $x_1 = 17.9$, 这个结果反而比 x_0 更偏离了所求的根 x^*.

为了防止迭代发散，对迭代过程再附加一项要求，即保证函数单调下降的条件

$$|f(x_{k+1})| < |f(x_k)|, \tag{2.5.5}$$

满足这一条件的算法称为下山法.

我们将牛顿法与下山法结合起来使用，即在下山法保证函数值稳定下降的前提下，用牛顿法加快收敛速度．为此，我们将牛顿法的计算结果

$$\overline{x}_{k+1} = x_k - \frac{f(x_k)}{f'(x_k)}$$

与前 1 步的近似值 x_k 适当加权平均作为新的改进值 x_{k+1}，即

$$x_{k+1} = \lambda\overline{x}_{k+1} + (1-\lambda)x_k. \tag{2.5.6}$$

或者说，采用如下迭代公式

$$x_{k+1} = x_k - \lambda\frac{f(x_k)}{f'(x_k)}. \tag{2.5.7}$$

称其为牛顿下山法，其中 $0 < \lambda \leqslant 1$ 称为下山因子．我们希望适当选取下山因子 λ，使单调性条件 (2.5.5) 成立．

下山因子的选择是个逐步探索的过程，我们从 $\lambda = 1$ 开始反复将因子 λ 的值减半进行试算，一旦单调性条件 (2.5.5) 成立，则称“下山成功”；反之，如果在上述过程中找不到使条件 (2.5.5) 成立的下山因子 λ，则称“下山失败”，这时需另选初值 x_0 重算．

再考查例 2.5.3，前面已指出，若取 $x_0 = 0.6$，按牛顿公式 (2.5.1) 求得迭代值 $\overline{x} = 17.9$．假如取下山因子 $\lambda = \frac{1}{32}$，由式 (2.5.6) 可求得

$$x_1 = \frac{1}{32}\overline{x}_1 + \frac{31}{32}x_0 = 1.140625.$$

这个结果纠正了 $\overline{x}_1$ 的严重偏差，此时 $f(x_1) = -0.656643$，而 $f(x_0) = -1.384$，显然

$$|f(x_1)| < |f(x_0)|.$$

由 x_1 计算 $x_2, x_3, \cdots$ 时， $\lambda = 1$ 均能使下山条件

$$|f(x_{k+1})| < |f(x_k)|$$

成立．计算结果如下：

$$\begin{aligned} x_2 &= 1.36181, \quad & f(x_2) &= 0.18660, \\ x_3 &= 1.32628, \quad & f(x_3) &= 0.00667, \\ x_4 &= 1.32472, \quad & f(x_4) &= 0.0000086. \end{aligned}$$

由此可知， x_4 即为 x^* 的近似值．一般情况只要能使下山条件

$$|f(x_{k+1})| < |f(x_k)|$$

成立，则可得到 $\lim\limits_{k\to\infty} f(x_k) = 0$，从而使 $\{x_k\}$ 收敛．

2.5.5 重根情形

设 $f(x)=(x-x^*)^m g(x)$, 整数 $m\geqslant 2$, $g(x^*)\neq 0$, 则 x^* 为方程 $f(x)=0$ 的 m 重根，此时有

$$f(x^*)=f'(x^*)=\cdots=f^{(m-1)}(x^*)=0,\quad f^{(m)}(x^*)\neq 0.$$

只要 $f'(x_k)\neq 0$ 仍可用牛顿公式 (2.5.1) 计算近似值，此时迭代函数

$$\varphi(x)=x-\frac{f(x)}{f'(x)}$$

的导数在点 x^* 处满足

$$0<|\varphi'(x^*)|=\left|1-\frac{1}{m}\right|<1,$$

故牛顿法求重根只是线性收敛. 若取

$$\varphi(x)=x-m\frac{f(x)}{f'(x)},$$

则 $\varphi'(x^*)=0$, 故用迭代法

$$x_{k+1}=x_k-m\frac{f(x_k)}{f'(x_k)}\quad (k=0,1,2,\cdots)\tag{2.5.8}$$

求 m 重根时，迭代序列具有 2 阶收敛性，但要知道 x^* 的重数 m.

构造求重根的迭代法，还可令 $\mu(x)=\dfrac{f(x)}{f'(x)}$, 若 x^* 是 $f(x)=0$ 的 m 重根，则

$$\mu(x)=\frac{(x-x^*)g(x)}{mg(x)+(x-x^*)g'(x)},$$

故 x^* 是 $\mu(x)=0$ 的单根. 对它用牛顿法，其迭代函数为

$$\varphi(x)=x-\frac{\mu(x)}{\mu'(x)}=x-\frac{f(x)f'(x)}{[f'(x)]^2-f(x)f''(x)},$$

从而可构造迭代方程

$$x_{k+1}=x_k-\frac{f(x_k)f'(x_k)}{[f'(x_k)]^2-f(x_k)f''(x_k)}\quad (k=0,1,2,\cdots).\tag{2.5.9}$$

它是 2 阶收敛的.

例 2.5.4 已知 $x^*=\sqrt{2}$ 是方程 $x^4-4x^2+4=0$ 的二重根，用上述 3 种方法求根的近似值.

解 设 $f(x)=x^4-4x^2+4$, 则由

$$f(x)=(x^2-2)^2=(x-\sqrt{2})^2(x+\sqrt{2})^2$$

可知，$m=2$, 且

$$f'(x)=4x(x^2-2),\quad f''(x)=4(x^2-2)+8x^2.$$

下面用 3 种方法来计算.

方法 1: 选取牛顿公式为迭代方程

$$x_{k+1}=x_k-\frac{x_k^2-2}{4x_k};$$

方法 2: 用式 (2.5.8) 作为迭代方程

$$x_{k+1}=x_k-\frac{x_k^2-2}{2x_k};$$

方法 3: 用式 (2.5.9) 作为迭代方程

$$x_{k+1}=x_k-\frac{x_k(x_k^2-2)}{x_k^2+2}.$$

取初值 $x_0=1.5$, 分别用上述 3 种迭代方法计算所得结果如表 2.5.4 所示.

表 2.5.4　计算结果

k	x_k	方法 1	方法 2	方法 3
1	x_1	1.458333333	1.416666667	1.411764706
2	x_2	1.436607143	1.414215686	1.414211438
3	x_3	1.425497619	1.414213562	1.414213562

由表 2.5.4 可知，计算 3 步后方法 2 及方法 3 均达到 10 位有效数字，而牛顿法只有线性收敛，要达到同样精度需迭代 30 次.

2.6　弦截法与抛物线法

牛顿法除计算 $f(x_k)$ 外还要计算导数值 $f'(x_k)$, 然而当函数 $f(x)$ 比较复杂时，计算导数值 $f'(x_k)$ 往往较困难，使用牛顿公式是不方便的，为此可以利用已求函数值 $f(x_k)$, $f(x_{k-1}),\cdots$ 来避开导数值 $f'(x_k)$ 的计算. 下面介绍两种常用方法.

2.6.1　弦截法

为避开导数的计算，我们改用差商 $\dfrac{f(x_k)-f(x_0)}{x_k-x_0}$ 替换牛顿公式中的导数，得到下列离散化形式

$$x_{k+1}=x_k-\frac{f(x_k)}{f(x_k)-f(x_0)}(x_k-x_0).\tag{2.6.1}$$

这个公式是根据方程 $f(x)=0$ 的等价方程

$$x = x - \frac{f(x)}{f(x)-f(x_0)}(x-x_0) \tag{2.6.2}$$

建立的迭代公式.

这个公式的几何解释如图 2.6.1 所示，曲线 $y=f(x)$ 上横坐标为 x_k 的点记为 P_k, 则差商 $\dfrac{f(x_k)-f(x_0)}{x_k-x_0}$ 表示弦线 $\overline{P_0P_k}$ 的斜率. 容易看出，按公式 (2.6.1) 求得的 x_{k+1} 实际是弦线 $\overline{P_0P_k}$ 与 x 轴的交点，因此这种算法称为弦截法.

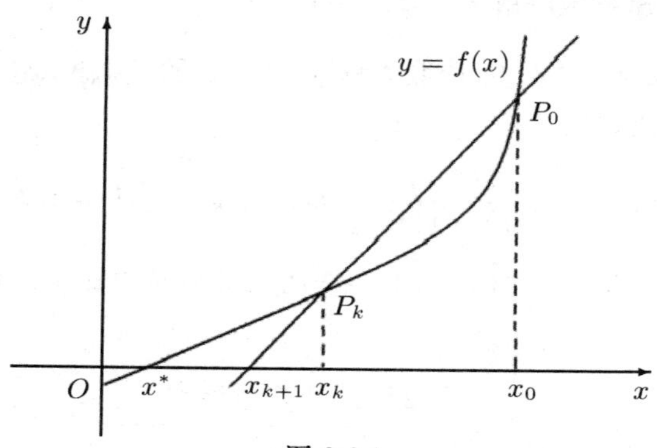

图 2.6.1

考察弦截法的收敛性. 直接对迭代函数

$$\varphi(x) = x - \frac{f(x)}{f(x)-f(x_0)}(x-x_0)$$

求导，得

$$\varphi'(x^*) = 1 + \frac{f'(x^*)}{f(x_0)}(x^*-x_0) = 1 - \frac{f'(x^*)}{\dfrac{f(x^*)-f(x_0)}{x^*-x_0}}.$$

当 x_0 充分接近 x^* 时，$0<|\varphi'(x^*)|<1$, 故由定理 2.3.3 可知，弦截法 (2.6.1) 为线性收敛.

为提高收敛速度，我们改用差商 $\dfrac{f(x_k)-f(x_{k-1})}{x_k-x_{k-1}}$ 替代牛顿公式 (2.5.1) 中的导数 $f'(x_k)$, 而导出如下迭代公式

$$x_{k+1} = x_k - \frac{f(x_k)}{f(x_k)-f(x_{k-1})}(x_k-x_{k-1}) \quad (k=1,2,\cdots). \tag{2.6.3}$$

这种迭代法称为快速弦截法.

快速弦截法的特点在于它在计算 x_{k+1} 时要用到前面两步的信息 x_k, x_{k-1}, 这种迭代法称为两步法. 使用这类方法，在计算前必须提供两个初始值 x_0, x_1. 实现算法如下：

(1) 输入初始近似值 x_0 和 x_1, 精度要求 ε, 控制最大迭代数 M;

(2) $x_1 - \dfrac{f(x_1)}{f(x_1)-f(x_0)}(x_1 - x_0) \Rightarrow x_2,\ 1 \Rightarrow k$;

(3) 当 $k < M$ 且 $|x_1 - x_0| \geqslant \varepsilon$ 时作循环

$$x_1 \Rightarrow x_0,\ x_2 \Rightarrow x_1,\ k+1 \Rightarrow k,\ x_1 - \frac{f(x_1)}{f(x_1)-f(x_0)}(x_1 - x_0) \Rightarrow x_2;$$

(4) 如果 $|x_1 - x_2| < \varepsilon$, 则输出 x_2; 否则输出迭代失败信息，结束.

例 2.6.1 用快速弦截法解方程 $x\mathrm{e}^x - 1 = 0$.

解 设 $f(x) = x\mathrm{e}^x - 1 = 0$, 选取方程 $f(x) = 0$ 的近似根 $x_0 = 0.5$, $x_1 = 0.6$ 作为初始值，用快速弦截法

$$x_{k+1} = x_k - \frac{f(x_k)}{f(x_k)-f(x_{k-1})}(x_k - x_{k-1}) \quad (k = 1, 2, 3, \cdots)$$

计算结果如表 2.6.1 所示. 同例 2.5.1 牛顿法的计算结果比较，可以看出快速弦截法的确收敛得很快.

表 2.6.1 计算结果

k	0	1	2	3	4
x_k	0.50000	0.60000	0.56754	0.56715	0.56714

关于快速弦截法的收敛性，我们不加证明的给出如下定理:

定理 2.6.1 设 x^* 为方程 $f(x) = 0$ 的根， $f(x)$ 在邻域 $\Delta = \{x \mid |x - x^*| < \delta\}$ 内具有二阶连续导数，且对任意 $x \in \Delta$, 有 $f'(x) \neq 0$. 如果初始值 x_0, $x_1 \in \Delta$, 则当邻域 Δ 充分小时，快速弦截法的迭代过程

$$x_{k+1} = x_k - \frac{f(x_k)}{f(x_k)-f(x_{k-1})}(x_k - x_{k-1}) \quad (k = 1, 2, \cdots)$$

按 $p = \dfrac{1+\sqrt{5}}{2}$ 阶收敛到根 x^*, 这里 p 是方程

$$\lambda^2 - \lambda - 1 = 0$$

的正根.

2.6.2 抛物线法

设方程 $f(x) = 0$ 的 3 个近似根为 x_k, x_{k-1}, x_{k-2}, 我们以这三点为节点构造二次插值多项式 $P_2(x)$, 并适当选取 $P_2(x)$ 的 1 个零点 x_{k+1} 作为新的近似根，这样确定的迭代过程称为抛物线法，也称为密勒 (Miller) 法.

在几何图形上，这种方法的基本思想是用抛物线 $y=P_2(x)$ 与 x 轴的交点 x_{k+1} 作为所求根 x^* 的新近似根 (图 2.6.2).

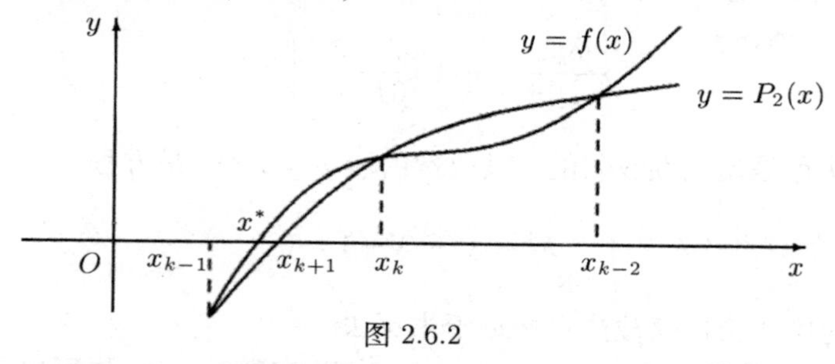

图 2.6.2

现在推导抛物线法的计算公式. 用方程 $f(x)=0$ 的近似根 x_k，x_{k-1}，x_{k-2} 作插值多项式

$$P_2(x)=f(x_k)+f[x_k,x_{k-1}](x-x_k)+f[x_k,x_{k-1},x_{k-2}](x-x_k)(x-x_{k-1}),$$

则 $P_2(x)$ 有两个零点

$$x_{k+1}=x_k-\frac{2f(x_k)}{\omega\pm\sqrt{\omega^2-4f(x_k)f[x_k,x_{k-1},x_{k-2}]}},\tag{2.6.4}$$

式中

$$\omega=f[x_k,x_{k-1}]+f[x_k,x_{k-1},x_{k-2}](x_k-x_{k-1}).$$

为了从式 (2.6.4) 定出 1 个值 x_{k+1}，我们需要讨论根式前正负号的取舍问题.

在 x_k，x_{k-1}，x_{k-2}3 个近似根中，自然假定 x_k 更接近所求的根 x^*，这时，为了保证精度，我们选式 (2.6.4) 中较接近 x_k 的 1 个值作为新的近似根 x_{k+1}. 为此，只要取根式前的符号与 ω 的符号相同即可.

例 2.6.2 用抛物线法求解方程 $x\mathrm{e}^x-1=0$.

解 设 $f(x)=x\mathrm{e}^x-1$，选取方程 $f(x)=0$ 的 3 个近似根 $x_0=0.5$，$x_1=0.6$ 和 $x_2=0.56532$ 作为初始值，计算得

$$f(x_0)=1,\quad f(x_1)=-0.093271,\quad f(x_2)=-0.005031,$$

$$f[x_1,x_0]=2.68910,\quad f[x_2,x_1]=2.83373,\quad f[x_2,x_1,x_0]=2.21418.$$

故

$$\omega=f[x_2,x_1]+f[x_2,x_1,x_0](x_2-x_1)=2.75694,$$

从而由式 (2.6.4) 可得

$$x_3=x_2-\frac{2f(x_2)}{\omega+\sqrt{\omega^2-4f(x_2)f[x_2,x_1,x_0]}}=0.56714.$$

以上计算表明，抛物线法比弦截法收敛得更快.

事实上，在一定条件下可以证明，对于抛物线法，迭代误差有如下渐近关系式

$$\frac{|e_{k+1}|}{|e_k|^{1.840}} \longrightarrow \left|\frac{f'''(x^*)}{6f'(x^*)}\right|^{0.42}.$$

可见抛物线法也是超线性收敛的，其收敛的阶 $p = 1.840$ 是方程

$$\lambda^3 - \lambda^2 - \lambda - 1 = 0$$

的根，收敛速度比快速弦截法更接近于牛顿法.

从式 (2.6.4) 看到，即使 x_{k-2}，x_{k-1}，x_k 均为实数，x_{k+1} 也可以是复数，所以抛物线法适用于求多项式的实根和复根.

2.7 上机实验举例

[实验目的]

在计算机上用迭代法求非线性方程 $f(x) = 0$ 的根.

[实验准备]

1. 理解二分法、牛顿迭代法算法思想;
2. 掌握二分法、牛顿迭代法算法步骤.

[实验内容及步骤]

1. 编制出实现二分法、牛顿迭代算法的程序;
2. 选择不同的初值，观察所需的迭代次数和迭代结果.

程序 1 方程求根的二分法.

```
#include <math.h>
float f(float x)
{   float y;
    y=x*x-2;
    return y;
}
float  rf(float a, float b, float e)
{   float x=(a+b)/2;
    do
    {    if ( f(x) * f(a) >= 0 )
            a=x;
```

```
        else
            b=x;
        x=(a+b)/2;
    }
    while ( fabs(f(x))>=e);
    return x;
}
main ( )
    {   float a=1,b=2, e=0.00001, x;
    x=rf(a,b,e)
    print f("\n% f", x);
}
```

运行实例：

1.41425

程序 2 求非线性方程 1 个实根的牛顿法.

```
#include <stdio.h>
#include <math.h>
int new t(x, eps, js, f)
int js;
double *x, eps;
void (*f)();
{   int k, l;
    double y[2], d, p, x0, x1;
    l=js; k=1; x0=*x;
    (*f)(x0, y);
    d=eps+1.0;
    while ((d >=eps) & &  (l!=0))
    {   if  (fabs(y[1])+1.0==1.0)
            {printf(" err \  n "); return(-1);}
        x1=x0-y[0]/y[1];
        (*f)(x1, y);
        d=fabs(x1-x0); p=fabs(y[0]);
        if  (p>d) d=p;
        x0=x1; l=l-1;
    }
```

```
    *x=x1;
    k=js-1;
    return(k);
}
main( )
{   int  js, k;
    double  x, eps;
    void  newtf(double, double [ ]);
    eps=0.000001; js=60; x=1.5;
    k=newt(& x, eps, js, newtf);
    if  (k>=0)
            printf("k=%d  x=%13.7e \  n", k, x);
    printf("\n");
}
void newtf(x, y)
double x, y[2];
{   y[0]=x*x*(x-1.0)-1.0;
    y[1]=3.0*x*x-2.0*x;
    return;
}
```

运行实例：

k=4, x=1.4655712e+000

2.8 考研题选讲

例 2.8.1 (中科院 2006 年)

试用牛顿法求方程 $x^3-x+0.5=0$ 的所有实根，精确到 4 位有效数字.

解 设 $f(x)=x^3-x+0.5$, 则由

$$f'(x)=3x^2-1=3\left(x^2-\frac{1}{3}\right)$$

可知，当 $|x|<\dfrac{1}{\sqrt{3}}$ 时， $f'(x)<0$, 当 $|x|>\dfrac{1}{\sqrt{3}}$ 时， $f'(x)>0$, 并由

$$f(x)=x^3-x+0.5=x(x^2-1)+0.5$$

可得

$$f\left(\frac{1}{\sqrt{3}}\right)=\frac{1}{\sqrt{3}}\left(\frac{1}{3}-1\right)+0.5=0.115,$$

$$f\left(-\frac{1}{\sqrt{3}}\right)=-\frac{1}{\sqrt{3}}\left(\frac{1}{3}-1\right)+0.5=0.885,$$

$$f(0)=0.5,\quad f(1)=0.5,\quad f(-1)=0.5,\quad f(-2)=-5.5,$$

从而方程 $f(x)=0$ 有唯一实根 $x^*\in(-2,-1)$.

牛顿迭代方程为

$$x_{k+1}=x_k-\frac{f(x_k)}{f'(x_k)}=x_k-\frac{x_k(x_k^2-1)+0.5}{3x_k^2-1}=\frac{2x_k^3-0.5}{3x_k^2-1}\quad(k=0,1,2,\cdots),$$

故取 $x_0=-1.5$, 用牛顿迭代方程计算可得

$$x_1=-1.2609,\ x_2=-1.19623,\ x_3=-1.1915,\ x_4=-1.191487,$$

从而 $x^*\approx-1.191$.

例 2.8.2 (福州大学 2006 年)

分析方程 $(x-1)\mathrm{e}^{x^2}-1=0$ 存在几个根，用迭代法求出这些根，精确至 4 位有效数字，并证明所使用的迭代方程是收敛的.

解 设 $f(x)=(x-1)\mathrm{e}^{x^2}-1$, 则由

$$f'(x)=2x(x-1)\mathrm{e}^{x^2}+\mathrm{e}^{x^2}=2\mathrm{e}^{x^2}\left[\left(x-\frac{1}{2}\right)^2+\frac{1}{4}\right]>0$$

可知， $f(x)$ 在 $(-\infty,+\infty)$ 上严格单调上升，故由

$$f(1)=-1<0,\quad f(2)=(2-1)\mathrm{e}^4-1>0$$

可知，方程 $f(x)=0$ 有唯一根 x^*, 且 $x^*\in(1,2)$.

另一方面，方程 $(x-1)\mathrm{e}^{x^2}-1=0$ 可改写为

$$x=1+\mathrm{e}^{-x^2},$$

故迭代函数可取为

$$\varphi(x)=1+\mathrm{e}^{-x^2}.$$

当 $x\in[1,2]$ 时，由

$$\varphi'(x)=-2x\mathrm{e}^{-x^2}<0,\quad \varphi''(x)=-2\mathrm{e}^{-x^2}+4x^2\mathrm{e}^{-x^2}=2(2x^2-1)\mathrm{e}^{-x^2}>0$$

可知，函数 $\varphi(x)$ 在 $[1,2]$ 上严格单调下降，而导函数 $\varphi'(x)$ 在 $[1,2]$ 上严格单调上升，从而当 $x\in[1,2]$ 时，有

$$1<1+\mathrm{e}^{-4}=\varphi(2)\leqslant\varphi(x)\leqslant\varphi(1)=1+\frac{1}{\mathrm{e}}<2,$$

$$\max_{1\leqslant x\leqslant 2}|\varphi'(x)|\leqslant\max\{|\varphi'(1)|,\ |\varphi'(2)|\}=\frac{2}{\mathrm{e}}<1.$$

综上可知，迭代方程

$$x_{k+1}=1+\mathrm{e}^{-x_k^2}\quad(k=0,1,2,\cdots)$$

对任意 $x_0\in[1,2]$ 均收敛，取 $x_0=1$ 计算可得

$$\begin{aligned}
&x_1=1.36788,\quad x_2=1.15400,\quad x_3=1.26405,\quad x_4=1.20234,\\
&x_5=1.23560,\quad x_6=1.21725,\quad x_7=1.22725,\quad x_8=1.22176,\\
&x_9=1.22476,\quad x_{10}=1.22212,\quad x_{11}=1.22402,\quad x_{12}=1.22353,\\
&x_{13}=1.22380,
\end{aligned}$$

从而方程 $(x-1)\mathrm{e}^{x^2}-1=0$ 的近似值为 $x^*\approx 1.224$.

例 2.8.3 (西北工业大学 2005 年)

考虑如下修正的牛顿公式 (单点斯蒂芬森方法)

$$x_{k+1}=x_k-\frac{f^2(x_k)}{f(x_k+f(x_k))-f(x_k)}.$$

设 $f(x)$ 有二阶连续导数， $f(x^*)=0,\ f'(x^*)\neq 0$, 试证明该方法是 2 阶收敛的.

分析 要证明单点斯蒂芬森方法是 2 阶收敛的，自然要证明

$$\lim_{k\to\infty}\frac{x_{k+1}-x^*}{(x_k-x^*)^2}=c\neq 0.$$

由于迭代方程分母中含有 $f(x_k+f(x_k))$, 故在证明中可能用到泰勒展开式.

另外，由题中 $f'(x^*)\neq 0$ 及 $f(x^*)=0$ 可知， x^* 是 $f(x)=0$ 的单根，有可能用到 $f(x)=(x-x^*)h(x),\ h(x^*)\neq 0$ 的表示式. 利用上述分析结果，通过一定的运算，就可得到题中结论.

证明 由 $f(x)$ 在点 x_k 处的二阶泰勒公式可知，存在介于 x_k 与 $x_k+f(x_k)$ 之间的 ξ, 使得

$$f(x_k+f(x_k))-f(x_k)=f'(x_k)f(x_k)+\frac{f''(\xi)}{2}f^2(x_k),$$

故由修正的牛顿公式可得

$$x_{k+1}-x^*=x_k-x^*-\frac{f(x_k)}{f'(x_k)+\dfrac{1}{2}f(x_k)f''(\xi)}.$$

另一方面，由于 x^* 是方程 $f(x)=0$ 的单根，故可将 $f(x)$ 写为

$$f(x)=(x-x^*)h(x)\quad(h(x^*)\neq 0),$$

于是由

$$f'(x_k)=h(x_k)+(x_k-x^*)h'(x_k)$$

可得

$$\begin{aligned}x_{k+1}-x^*&=x_k-x^*-\frac{(x_k-x^*)h(x_k)}{h(x_k)+(x_k-x^*)h'(x_k)+\dfrac{1}{2}(x_k-x^*)h(x_k)f''(\xi)}\\&=(x_k-x^*)\left[1-\frac{h(x_k)}{h(x_k)+(x_k-x^*)h'(x_k)+\dfrac{1}{2}(x_k-x^*)h(x_k)f''(\xi)}\right]\\&=\frac{(x_k-x^*)^2\left[h'(x_k)+\dfrac{1}{2}h(x_k)f''(\xi)\right]}{h(x_k)+(x_k-x^*)h'(x_k)+\dfrac{1}{2}(x_k-x^*)h(x_k)f''(\xi)}.\end{aligned}$$

由上式可得

$$\lim_{k\to\infty}\frac{x_{k+1}-x^*}{(x_k-x^*)^2}=\frac{h'(x^*)+\dfrac{1}{2}h(x^*)f''(x^*)}{h(x^*)},$$

从而迭代法是 2 阶收敛的.

例 2.8.4 (东北石油大学 2011 年)

设 x^* 为 $\varphi(x)$ 的不动点，$\varphi'(x)$ 在 x^* 的某个邻域连续，且 $|\varphi'(x^*)|<1$, 则迭代法

$$x_{k+1}=\varphi(x_k)\quad(k=0,1,2,\cdots)$$

局部收敛.

解 由 $\varphi'(x)$ 在 x^* 的某个邻域连续及 $|\varphi'(x^*)|<1$ 可知，存在点 x^* 的充分小邻域 $\Delta=\{x\mid |x-x^*|\leqslant\delta\}$ 及常数 L, 使得当 $x\in\Delta$ 时，有

$$|\varphi'(x)|\leqslant L<1,$$

故由微分中值定理可知，当 $x \in \Delta$ 时，存在介于 x^* 与 x 之间的 ξ, 使得

$$\varphi(x) - \varphi(x^*) = \varphi'(\xi)(x - x^*).$$

从而由 $\varphi(x^*) = x^*$ 可知，当 $x, \xi \in \Delta$ 时，有

$$|\varphi(x) - x^*| = |\varphi(x) - \varphi(x^*)| \leqslant L|x - x^*| \leqslant |x - x^*| \leqslant \delta.$$

由定理 2.3.1 可知， $x_{k+1} = \varphi(x_k)$ 对任意的 $x_0 \in \Delta$ 均收敛，即局部收敛.

例 2.8.5 设 $f(x)$ 具有 m 阶连续的导数， x^* 是方程 $f(x) = 0$ 的 m 重根，证明牛顿公式

$$x_{k+1} = x_k - m\frac{f(x_k)}{f'(x_k)} \quad (k = 0, 1, 2, \cdots)$$

在根 x^* 附近具有 2 阶收敛速度.

证明 设 $f(x) = (x - x^*)^m g(x)$, $g(x^*) \neq 0$, 则迭代函数

$$\varphi(x) = x - m\frac{f(x)}{f'(x)} = x - \frac{m(x - x^*)g(x)}{(x - x^*)g'(x) + mg(x)}$$

可导，且由

$$\varphi'(x) = 1 - \frac{mg(x)}{(x - x^*)g'(x) + mg(x)} - (x - x^*)\frac{\mathrm{d}}{\mathrm{d}x}\left[\frac{mg(x)}{(x - x^*)g'(x) + mg(x)}\right]$$

可得 $\varphi'(x^*) = 0$, 从而迭代方程收敛，并由泰勒公式可知，存在介于 x_k 与 x^* 之间的 ξ, 使得

$$x_{k+1} - x^* = \varphi(x_k) - \varphi(x^*) = \frac{\varphi''(\xi)}{2}(x_k - x^*)^2.$$

由上式可得

$$\lim_{k \to \infty} \frac{x_{k+1} - x^*}{(x_k - x^*)^2} = \frac{1}{2}\varphi''(x^*),$$

从而迭代公式在根 x^* 附近具有 2 阶收敛速度.

2.9　经典例题选讲

例 2.9.1 用二分法求方程 $x^2 - x - 1 = 0$ 的正根，要求误差小于 0.05.

解 令 $f(x) = x^2 - x - 1$, 则 $f(x)$ 在 $[0, 2]$ 上连续，且

$$f(0) = -1 < 0, \quad f(2) = 1 > 0,$$

从而由介值定理可知， $f(x)$ 在 $(0, 2)$ 内至少有 1 个实根.

另一方面， $f(x)$ 在 $[0,+\infty)$ 上可导，且

$$f'(x)=2x-1=2\left(x-\frac{1}{2}\right)\quad(0<x<+\infty),$$

故 $f(x)$ 在 $\left[0,\frac{1}{2}\right]$ 单调减少，在 $\left[\frac{1}{2},+\infty\right)$ 上单调增加，从而由

$$f\left(\frac{1}{2}\right)=-\frac{5}{4}<f(x)<-1=f(0)<0\quad\left(0<x<\frac{1}{2}\right)$$

可知， $f(x)$ 在 $(0,2)$ 内有唯一的正根，记为 x^*.

根据二分法，取 $a_0=0$, $b_0=2$, 则误差估计式为

$$|x^*-x_k|<\frac{b_0-a_0}{2^{k+1}}=\frac{1}{2^k}\quad(k=1,2,\cdots).$$

欲使误差小于 0.05, 只需

$$\frac{1}{2^k}<0.05,$$

即 $k\geqslant 5$. 用二分法具体计算结果见表 2.9.1, 从而 x^* 的近似值可取为 $x_5=1.59375$.

表 2.9.1 二分法计算结果

k	0	1	2	3	4	5
a_k	0.00000	1.00000	1.50000	1.50000	1.50000	1.56250
b_k	2.00000	2.00000	2.00000	1.75000	1.62500	1.62500
x_k	1.00000	1.50000	1.75000	1.62500	1.56250	1.59375
$f(x_k)$ 的符号	−	−	+	+	−	−

例 2.9.2 用迭代法求方程 $2^x-4x=0$ 的最小正根，精确到 4 位有效数字.

解 令 $f(x)=2^x-4x$, 则 $f(x)$ 在 $\left[0,\frac{1}{2}\right]$ 上连续，且

$$f(0)=1>0,\quad f\left(\frac{1}{2}\right)=\sqrt{2}-2<0,$$

从而由介值定理可知， $f(x)$ 在 $\left(0,\frac{1}{2}\right)$ 内至少有 1 个实根.

另一方面， $f(x)$ 在 $[0,+\infty)$ 上可导，且

$$f'(x)=2^x\ln-4=\ln 2\left(2^x-\frac{4}{\ln 2}\right)\quad(0<x<+\infty),$$

故 $f(x)$ 在 $\left[0,\log_2\frac{4}{\ln 2}\right]$ 单调减少，在 $\left[\log_2\frac{4}{\ln 2},+\infty\right)$ 上单调增加，从而由

$$\log_2\frac{4}{\ln 2}>\log_2 2=1>\frac{2}{2}$$

可知， $f(x)$ 的最小正根在区间 $\left(0,\frac{1}{2}\right)$ 内，记为 x^*.

令 $\varphi(x) = \frac{1}{4}2^x$, 则方程 $f(x) = 0$ 可改写为

$$x = \varphi(x) = \frac{1}{4}2^x,$$

并由

$$|\varphi'(x)| = \left|\frac{\ln 2}{4}2^x\right| \leqslant \frac{\ln 2}{4}\sqrt{2} < 1 \quad \left(0 < x < \frac{1}{2}\right)$$

可知，迭代格式

$$x_{k+1} = \varphi(x_k) \quad (k = 0, 1, 2, \cdots)$$

收敛，故取 $x_0 = 0$, 代入上式，计算得

$$\begin{aligned} &x_1 = 0.25, &&x_2 = 0.297301, &&x_3 = 0.307211, &&x_4 = 0.309328, \\ &x_5 = 0.30.9783, &&x_6 = 0.309880, &&x_7 = 0.309901. \end{aligned}$$

从而由

$$|x_7 - x_6| = 0.00021 < \frac{1}{2} \times 10^{-4}$$

可知，x^* 的近似值可取为 $x_7 = 0.3099$.

例 2.9.3 设 $f(x) = (x-1)^3(x-2)$, 按下述三种迭代格式计算 $f(x) = 0$ 的近似根，并观察三种方法的收敛速度.

(1) 取 $x_0 = 0.9$, 用牛顿迭代法计算 x_1, x_2;

(2) 取 $x_0 = 0.9$, 用计算重根的牛顿迭代格式计算 x_1, x_2;

(3) 取 $x_0 = 0.9$, $x_1 = 1.1$, 用弦截法计算 x_2, x_3.

解 (1) 将 $x_0 = 0.9$ 代入牛顿迭代格式

$$x_{k+1} = x_k - \frac{f(x_k)}{f'(x_k)} = x_k - \frac{(x_k-1)^3(x_k-2)}{(x_k-1)^2(4x_k-7)} \quad (k = 0, 1, 2, \cdots)$$

得

$$x_1 = x_0 - \frac{f(x_0)}{f'(x_0)} = 0.9 - \frac{(0.9-1)^3(0.9-2)}{(0.9-1)^2(4 \times 0.9 - 7)} \approx 0.93235,$$

$$x_2 = x_1 - \frac{f(x_1)}{f'(x_1)} = 0.93235 - \frac{0.000331}{-0.014976} \approx 0.95446.$$

(2) 由 $x = 1$ 是方程 $f(x) = 0$ 的三重根可知，计算重根的牛顿迭代公式为

$$x_{k+1} = x_k - 3\frac{f(x_k)}{f'(x_k)} = x_k - \frac{3(x_k-1)^3(x_k-2)}{(x_k-1)^2(4x_k-7)} \quad (k = 0, 1, 2, \cdots),$$

将 $x_0=0.9$ 代入上式，得

$$x_1=x_0-3\frac{f(x_0)}{f'(x_0)}=0.9-3\times\frac{0.0011}{-0.034}\approx 0.99706,$$

$$x_2=x_1-3\frac{f(x_1)}{f'(x_1)}=0.93235-3\times\frac{0.000331}{-0.014976}\approx 0.999997.$$

(3) 将 $x_0=0.9$, $x_1=1.1$ 代入弦截法迭代格式

$$x_{k+1}=x_{k-1}-\frac{x_k-x_{k-1}}{f(x_k)-f(x_{k-1}}f(x_{k_1})\quad(k=1,2,\cdots)$$

得

$$x_2=x_0-\frac{x_1-x_0}{f(x_1)-f(x_0)}f(x_0)=0.9-\frac{0.2}{0.0231}\times 0.0011\approx 1.01,$$

$$x_3=x_1-\frac{x_2-x_1}{f(x_2)-f(x_1)}f(x_1)\approx 1.0099,$$

综上可知， $x=1$ 是 $f(x)=0$ 的三重根，用单根牛顿公式计算重根为线性收敛，计算重根的牛顿公式仍为 2 阶，所以收敛较快.

例 2.9.4 设 x^* 是 $\varphi(x)$ 的不动点，且 $\varphi'(x^*)\neq 0$, $\varphi'(x^*)\neq 1$. 如果不动点迭代法 $x_{k+1}=\varphi(x_k)$ 只能是 1 阶收敛，试证明斯蒂芬森迭代法是 2 阶收敛的.

证明 设 $\varphi(x)$ 具有二阶连续导数， $\varphi'(x^*)=\eta$, 则由泰勒公式可知，对于充分接近 x^* 的 x, 存在介于 x 与 x^* 之间的 ξ, 使得

$$\varphi(x)=\varphi(x^*)+\eta(x-x^*)+\frac{\varphi''(\xi)}{2}(x-x^*)^2.$$

不失一般性，只验证 $x^*=0$ 的情形. 事实上，由 $\varphi(x^*)=x^*=0$ 可得

$$\varphi(x)=\eta x+\frac{\varphi''(\xi)}{2}x^2=\eta x+O(x^2),$$

故由 $\eta\neq 0$ 可得

$$\varphi(\varphi(x))=\eta[\eta x+O(x^2)]+O((\eta x+O(x^2))^2)=\eta^2x+O(x^2),$$

从而由斯蒂芬森迭代法

$$x_{k+1}=x_k-\frac{(\varphi(x_k)-x_k)^2}{\varphi(\varphi(x_k))-2\varphi(x_k)+x_k}\quad(k=0,1,2,\cdots)$$

可知，斯蒂芬森迭代法的迭代函数为

$$\psi(x)=x-\frac{(\varphi(x)-x)^2}{\varphi(\varphi(x))-2\varphi(x)+x}=\frac{x\varphi(\varphi(x))-\varphi^2(x)}{\varphi(\varphi(x))-2\varphi(x)+x}.$$

综上可知，对于充分接近 $x^*=0$ 的 x, 有

$$\psi(x)=\frac{x[\eta^2x+O(x^2)]-[\eta x+O(x^2)]^2}{\eta^2x+O(x^2)-2[\eta x+O(x^2)]+x}=\frac{O(x^3)}{(\eta-1)^2x+O(x^2)},$$

故当 $\eta\neq 1$ 时，有

$$\psi(x)=\frac{O(x^3)}{(\eta-1)^2x+O(x^2)}=O(x^2),$$

从而当 $\lim\limits_{k\to\infty}x_k=x^*=0$ 时，有

$$\lim_{k\to\infty}\frac{\psi(x_k)-x^*}{(x_k-x^*)^2}=\lim_{k\to\infty}\frac{\psi(x_k)}{x_k^2}=c\quad(c\neq 0).$$

对于一般情形的 x^*, 同理可证，斯蒂芬森迭代格式

$$x_{k+1}=\psi(x_k)\quad(k=0,1,2,\cdots),$$

有

$$\lim_{k\to\infty}\frac{\psi(x_k)-x^*}{(x_k-x^*)^2}=c\quad(c\neq 0),$$

即斯蒂芬森迭代法具有 2 阶收敛速度.

例 2.9.5 设 x^* 是方程 $p(x)=0$ 的 m 重根，$q(x)=\dfrac{p(x)}{p'(x)}$, 证明：方程 $q(x)=0$ 与方程 $p(x)=0$ 有相同的根，并且方程 $q(x)=0$ 的所有根都是单根.

证明 由 $q(x)=\dfrac{p(x)}{p'(x)}$ 可知，方程 $q(x)=0$ 与方程 $p(x)=0$ 有相同的根.

另一方面，由 x^* 是方程 $p(x)=0$ 的 m $(m\geqslant 1)$ 重根可得

$$p(x)=(x-x^*)^m r(x),\quad r(x^*)\neq 0,$$

故由

$$\begin{aligned}p'(x)&=m(x-x^*)^{m-1}r(x)+(x-x^*)^m r'(x)\\&=[mr(x)+(x-x^*)r'(x)](x-x^*)^{m-1}\end{aligned}$$

可得

$$q(x)=\frac{p(x)}{p'(x)}=\frac{r(x)}{mr(x)+(x-x^*)r'(x)}(x-x^*),$$

从而由

$$\frac{r(x^*)}{mr(x^*)+(x^*-x^*)r'(x^*)}=\frac{1}{m}\neq 0$$

可知，x^* 是方程 $q(x)=0$ 的单根. 这说明方程 $q(x)=0$ 的所有根都是单根.

例 2.9.6 按下述方法计算方程 $e^x + 10x - 3 = 0$ 的近似根，精确到 3 位小数，并比较它们所需的计算量.

(1) 在区间 $[0,1]$ 内用二分法计算；

(2) 取初值 $x_0 = 0$, 用迭代格式 $x_{k+1} = \frac{1}{10}(3 - e^{x_k})$ $(k = 0, 1, 2, \cdots)$ 计算.

解 (1) 设 $f(x) = e^x + 10x - 3$, $a_0 = 0$, $b_0 = 1$, 则 $f(x)$ 在 $[0,1]$ 内连续可导，且

$$f(0) = -2 < 0, \quad f(1) = e + 7 > 0, \quad f'(x) = e^x + 10 > 0,$$

故方程 $f(x) = 0$ 在区间 $[0,1]$ 内有唯一的实根，记为 x^*.

首先预估所要二分的次数. 将 $[a_0, b_0]$ 的第 $k+1$ 次二分区间记为 $[a_k, b_k]$, 其对应的中点记为 x_k, 按误差估计式

$$|x^* - x_k| \leqslant \frac{b_0 - a_0}{2^{k+1}} = \frac{1}{2^{k+1}},$$

要使近似根 x_k 精确到 3 位小数，只需

$$\frac{1}{2^{k+1}} < \frac{1}{2} \times 10^{-4},$$

即 $k \geqslant 14$, 从而需要二分 14 次，便能达到所要求的精度.

用二分法的计算 (表 2.9.2) 得 $x^* \approx x_{14} = 0.0905$.

表 2.9.2 二分法计算结果

k	a_k	b_k	x_k	$f(x_k)$ 的符号
0	0	1	0.5	+
1	0	0.5	0.25	+
2	0	0.25	0.125	+
3	0	0.125	0.0625	−
4	0.625	0.125	0.09375	+
5	0.625	0.09375	0.078125	−
6	0.078125	0.09375	0.089375	−
7	0.089375	0.09375	0.08984375	−
8	0.08984375	0.09375	0.091796875	+
9	0.08984375	0.091796875	0.090820312	+
10	0.08984375	0.090820312	0.090332031	−
11	0.090332031	0.090820312	0.090576171	+
12	0.090332031	0.090576171	0.090454101	−
13	0.090454101	0.090576171	0.090515136	−
14	0.090515136	0.090576171	0.090545653	+

(2) 根据已知条件，迭代函数为

$$\varphi(x)=\frac{1}{10}(3-\mathrm{e}^x),$$

故当 $x\in[0,1]$ 时，由

$$\varphi'(x)=-\frac{1}{10}\mathrm{e}^x<0$$

可知，函数 $\varphi(x)$ 在 $[0,1]$ 上严格单调下降，且

$$|\varphi'(x)|=\left|-\frac{1}{10}\mathrm{e}^x\right|\leqslant\frac{\mathrm{e}}{10}<\frac{1}{2}=L,$$

从而当 $x\in[0,1]$ 时，有

$$0<\frac{1}{10}(3-\mathrm{e})=\varphi(1)\leqslant\varphi(x)\leqslant\varphi(0)=\frac{3}{10}<1,$$

综上可知，迭代方程

$$x_{k+1}=\frac{1}{10}(3-\mathrm{e}^x)\quad(k=0,1,2,\cdots)$$

对任意 $x_0\in[0,1]$ 均收敛.

取 $x_0=0$, 根据迭代公式计算 (见表 2.9.3) 得 $x^*\approx x_5=0.0905$, 其误差满足

$$|x^*-x_5|\leqslant\frac{L}{1-L}|x_5-x_4|=|0.090526468-0.090512617|<\frac{1}{2}\times10^{-4}.$$

表 2.9.3 根据迭代公式计算结果

k	x_k	$\frac{L}{1-L}\|x_k-x_{k-1}\|$
1	0.10000000	0.10000000
2	0.894882908	0.01051709
3	0.090639136	0.00115623
4	0.090512617	0.00012652
5	0.090526468	0.00001385

根据表 2.9.2 和表 2.9.3 可知，方法 (2) 的计算量比方法 (1) 的计算量少 10 次.

例 2.9.7 设 $f(x)$ 为可微函数，且存在常数 m, M, 使得对一切 x, 有

$$0<m\leqslant f'(x)\leqslant M.$$

证明：对任意的 $\lambda\in\left(0,\frac{2}{M}\right)$, 迭代格式

$$x_{k+1}=x_k-\lambda f(x_k)\quad(k=0,1,2,\cdots)$$

均收敛于方程 $f(x)=0$ 的根 x^*.

证明 因为对一切 x, 有

$$0 < m \leqslant f'(x) \leqslant M,$$

所以 $f(x)$ 为严格单调增加的，从而 x^* 是方程 $f(x)=0$ 的唯一的根.

另一方面，对任意的 $\lambda \in \left(0, \dfrac{2}{M}\right)$, 根据迭代格式

$$x_{k+1} = x_k - \lambda f(x_k) \quad (k = 0, 1, 2, \cdots)$$

可知，对应的迭代函数为

$$\varphi(x) = x - \lambda f(x),$$

故由 $0 < m \leqslant f'(x) \leqslant M$ 可得

$$-1 < 1 - \lambda M \varphi'(x) = 1 - \lambda f'(x) < 1 - \lambda m < 1,$$

从而对任意的 $\lambda \in \left(0, \dfrac{2}{M}\right)$, 有

$$|\varphi'(x)| = |1 - \lambda f'(x)| \leqslant \max\{|1 - \lambda M|,\ |1 - \lambda m|\} = L < 1.$$

综上可知，对任意的 $\lambda \in \left(0, \dfrac{2}{M}\right)$, 有

$$|x^* - x_k| \leqslant L^k |x^* - x_0| \to 0 \quad (k \to \infty),$$

从而迭代格式

$$x_{k+1} = x_k - \lambda f(x_k) \quad (k = 0, 1, 2, \cdots)$$

均收敛于方程 $f(x) = 0$ 的根 x^*.

例 2.9.8 设 $f(x)$ 具有二阶连续的导数，并且方程 $f(x) = 0$ 的等价方程可写为

$$x = \varphi(x) = x - p(x)f(x) - q(x)f^2(x),$$

试确定函数 $p(x)$ 和 $q(x)$, 使得迭代格式

$$x_{k+1} = \varphi(x_k) \quad (k = 0, 1, 2, \cdots)$$

至少 3 阶收敛.

解 设 $\varphi(x)$ 具有二阶连续的导数，则

$$\varphi'(x) = 1 - p'(x)f(x) - p(x)f'(x) - q'(x)f^2(x) - 2q(x)f(x)f'(x),$$

$$\begin{aligned}\varphi''(x) = &-[p''(x) + 4q'(x)f'(x) + 2q(x)f''(x) + q''(x)f(x)]f(x)\\ &- 2p'(x)f'(x) - 2q(x)[f'(x)]^2 - p(x)f''(x).\end{aligned}$$

另一方面，设 x^* 为方程 $f(x)=0$ 的根，且迭代数列 $\{x_k\}$ 收敛到 x^*, 则当

$$\begin{cases}\varphi'(x^*)=1-p(x^*)f'(x^*)=0,\\ \varphi''(x^*)=-2p'(x^*)f'(x^*)-2q(x^*)[f'(x^*)]^2-p(x^*)f''(x^*)=0\end{cases}$$

时，迭代格式 $x_{k+1}=\varphi(x_k)\ (k=0,1,2,\cdots)$ 至少 3 阶收敛，从而当 $p(x)$, $q(x)$ 满足方程组

$$\begin{cases}1-p(x)f'(x)=0,\\ -2p'(x)f'(x)-2q(x)[f'(x)]^2-p(x)f''(x)=0,\end{cases}$$

即选取

$$p(x)=\frac{1}{f'(x)},\quad q(x)=\frac{f''(x)}{2[f'(x)]^3}$$

时，迭代格式 $x_{k+1}=\varphi(x_k)\ (k=0,1,2,\cdots)$ 至少 3 阶收敛.

例 2.9.9 研究求 $\sqrt{a}$ 的牛顿公式

$$x_{k+1}=\frac{1}{2}\left(x_k+\frac{a}{x_k}\right)\quad (k=0,1,2\cdots),$$

证明：对任意的 $x_0>0$, 迭代序列 $\{x_k\}_{k=1}^{\infty}$ 单调减少，且 $\sqrt{a}\leqslant x_k\ (k=1,2,\cdots)$.

证明 对任意的 $x_0>0$, 由牛顿公式

$$x_{k+1}=\frac{1}{2}\left(x_k+\frac{a}{x_k}\right)$$

可知，当 $k\geqslant 1$ 时，由 $x_k>0$ 可得

$$x_{k+1}=\frac{1}{2}\left(x_k+\frac{a}{x_k}\right)\geqslant\sqrt{x_k}\sqrt{\frac{a}{x_k}}=\sqrt{a},$$

从而当 $k\geqslant 1$ 时，有

$$x_{k+1}-x_k=\frac{1}{2}\left(x_k+\frac{a}{x_k}\right)-x_k=\frac{1}{2x_k}(a-x_k^2)\leqslant 0,$$

即迭代序列 $\{x_k\}_{k=1}^{\infty}$ 单调减少，且 $\sqrt{a}\leqslant x_k\ (k=1,2,\cdots)$.

例 2.9.10 设 x^* 是方程 $f(x)=0$ 的根，由牛顿公式

$$x_{k+1}=x_k-\frac{f(x_k)}{f'(x_k)}\quad (k=0,1,2\cdots)$$

得到的迭代序列 $\{x_k\}$ 收敛于 x^*, 证明

$$\lim_{k\to\infty}\frac{x_k-x_{k-1}}{(x_{k-1}-x_{k-2})^2}=-\frac{f''(x^*)}{2f'(x^*)}.$$

证明 由牛顿公式

$$x_{k+1}=x_k-\frac{f(x_k)}{f'(x_k)}\quad (k=0,1,2\cdots)$$

可知，当 $k>2$ 时，有

$$\frac{x_k-x_{k-1}}{(x_{k-1}-x_{k-2})^2}=\frac{-\dfrac{f(x_{k-1})}{f'(x_{k-1})}}{\left[-\dfrac{f(x_{k-2})}{f'(x_{k-2})}\right]^2}=-\frac{f(x_{k-1})[f'(x_{k-2})]^2}{[f(x_{k-2})]^2f'(x_{k-1})},$$

从而当 k 充分大时，由 x^* 是方程 $f(x)=0$ 的根及泰勒公式

$$f(x_{k-1})=f(x^*)+f'(\xi_{k-1})(x_{k-1}-x^*),$$

$$f(x_{k-2})=f(x^*)+f'(\xi_{k-2})(x_{k-2}-x^*)$$

可得

$$\frac{x_k-x_{k-1}}{(x_{k-1}-x_{k-2})^2}=-\frac{f'(\xi_{k-1})}{[f'(\xi_{k-2})]^2}\cdot\frac{x_{k-1}-x^*}{(x_{k-2}-x^*)^2}\cdot\frac{[f'(x_{k-2})]^2}{f'(x_{k-1})},$$

其中介于 x_{k-1} 与 x^* 之间的 ξ_{k-1}, 介于 x_{k-2} 与 x^* 之间的 ξ_{k-2}.

另一方面，由迭代序列 $\{x_k\}$ 收敛于 x^* 可得

$$\lim_{k\to\infty}\xi_{k-1}=x^*,\quad \lim_{k\to\infty}\xi_{k-2}=x^*,$$

故有

$$\lim_{k\to\infty}\frac{f'(\xi_{k-1})}{[f'(\xi_{k-2})]^2}\cdot\frac{[f'(x_{k-2})]^2}{f'(x_{k-1})}=\frac{f'(x^*)[f'(x^*)]^2}{[f'(x^*)]^2f'(x^*)}=1,$$

从而由 (见例 2.8.5)

$$\lim_{k\to\infty}\frac{x_{k-1}-x^*}{(x_{k-2}-x^*)^2}=\frac{1}{2}\left[\frac{\mathrm{d}^2}{\mathrm{d}x^2}\left(x-\frac{f(x)}{f'(x)}\right)\right]\Big|_{x=x^*}=\frac{f''(x^*)}{2f'(x^*)}$$

可得

$$\lim_{k\to\infty}\frac{x_k-x_{k-1}}{(x_{k-1}-x_{k-2})^2}=-\frac{f''(x^*)}{2f'(x^*)}.$$

例 2.9.11 设 $f(x)$ 具有 m $(m>1)$ 阶连续的导数， x^* 是方程 $f(x)=0$ 的 m 重根，由牛顿公式

$$x_{k+1}=x_k-\frac{f(x_k)}{f'(x_k)}\quad (k=0,1,2\cdots)$$

得到的迭代序列 $\{x_k\}$ 收敛于 x^*, 证明牛顿公式是线性收敛的.

证明 设 $f(x)=(x-x^*)^m g(x)$, $g(x^*)\neq 0$, 则牛顿公式对应的迭代函数

$$\varphi(x)=x-\frac{f(x)}{f'(x)}=x-\frac{(x-x^*)g(x)}{(x-x^*)g'(x)+mg(x)}$$

可导, 且由

$$\varphi'(x)=1-\frac{mg(x)}{(x-x^*)g'(x)+mg(x)}-(x-x^*)\frac{\mathrm{d}}{\mathrm{d}x}\left[\frac{mg(x)}{(x-x^*)g'(x)+mg(x)}\right]$$

可得

$$\varphi'(x^*)=1-\frac{1}{m}>0,$$

从而由泰勒公式可知, 存在介于 x_k 与 x^* 之间的 ξ_k, 使得

$$x_{k+1}-x^*=\varphi(x_k)-\varphi(x^*)=\varphi(\xi_k)(x_k-x^*).$$

另一方面, 由迭代序列 $\{x_k\}$ 收敛于 x^* 可得 $\lim\limits_{k\to\infty}\xi_k=x^*$, 故有

$$\lim_{k\to\infty}\left|\frac{x_{k+1}-x^*}{x_k-x^*}\right|=\lim_{k\to\infty}|\varphi'(\xi_k)|=|\varphi'(x^*)|=1-\frac{1}{m},$$

从而牛顿公式在根 x^* 附近是线性收敛的.

例 2.9.12 将牛顿法用于方程 $1-\dfrac{a}{x^2}=0$, 导出求 $\sqrt{a}$ 的迭代公式, 并用此公式求 $\sqrt{115}$ 的近似值.

解 设 $f(x)=1-\dfrac{a}{x^2}$, 则由 $f'(x)=\dfrac{2a}{x^3}$ 可知, 牛顿迭代公式为

$$x_{k+1}=x_k-\frac{f(x_k)}{f'(x_k)}=\frac{x_k}{2}\left(3-\frac{x_k^2}{a}\right)\quad(k=0,1,2,\cdots),$$

对应的迭代函数为

$$\varphi(x)=\frac{x}{2}\left(3-\frac{x^2}{a}\right),$$

于是由

$$\varphi'(x)=\frac{3}{2}-\frac{3x^2}{2a},\quad \varphi'(\sqrt{a})=\frac{3}{2}-\frac{3(\sqrt{a})^2}{2a}=0$$

可知, 牛顿迭代法在 $x=\sqrt{a}$ 附近是局部收敛的.

对于 $a=115$, 取 $x_0=10$, 利用牛顿迭代公式计算, 得

$$x_1=10.6521739,\quad x_2=10.7230892,\quad x_3=10.7238052,$$
$$x_4=10.7238053,\quad x_5=10.7238053,$$

从而 $\sqrt{115}\approx 10.7238053$.

例 2.9.13 将牛顿法用于方程 $1-\dfrac{a}{x^n}=0$, 导出求 $\sqrt[n]{a}$ 的迭代公式, 并求

$$\lim_{k\to\infty}\frac{\sqrt[n]{a}-x_{k+1}}{(\sqrt[n]{a}-x_k)^2}.$$

解 设 $f(x)=1-\dfrac{a}{x^n}$, 则由 $f'(x)=\dfrac{na}{x^{n+1}}$ 可知, 牛顿迭代公式为

$$x_{k+1}=x_k-\frac{f(x_k)}{f'(x_k)}=\frac{x_k}{n}\left(n+1-\frac{x_k^n}{a}\right)\quad(k=0,1,2,\cdots),$$

对应的迭代函数为

$$\varphi(x)=\frac{x}{n}\left(n+1-\frac{x^n}{a}\right),$$

故由

$$\varphi'(x)=\frac{n+1}{n}-\frac{(n+1)x^n}{na},\quad \varphi''(x)=-\frac{(n+1)x^{n-1}}{a}$$

可得

$$\varphi'(\sqrt[n]{a})=0,\quad \varphi''(\sqrt[n]{a})=-\frac{n+1}{\sqrt[n]{a}},$$

从而 (见例 2.8.5)

$$\lim_{k\to\infty}\frac{\sqrt[n]{a}-x_{k+1}}{(\sqrt[n]{a}-x_k)^2}=-\frac{1}{2}\varphi''(\sqrt[n]{a})=\frac{n+1}{2\sqrt[n]{a}}.$$

习　题　2

2.1 应用迭代法求解方程

$$x=\frac{1}{4}(\cos x+\sin x),$$

并讨论迭代过程的收敛性.

2.2 改写方程 $x^2=2$ 为

$$x=\frac{x}{2}+\frac{1}{x},$$

用压缩映像原理证明, 这一迭代过程对于任给初始值 $x_0>0$ 均收敛于 $\sqrt{2}$.

2.3 用迭代原理证明

$$\sqrt{2+\sqrt{2+\sqrt{2+\cdots}}}=2.$$

2.4 证明: 解方程 $(x^2-a)^2=0$ 求 $\sqrt{a}$ 的牛顿法

$$x_{k+1}=\frac{3}{4}x_k+\frac{a}{4x_k}\quad(k=0,1,2,\cdots)$$

仅为线性收敛.

2.5 证明：解方程 $(x^3-a)^2=0$ 求 $\sqrt[3]{a}$ 的牛顿法

$$x_{k+1}=\frac{5}{6}x_k+\frac{a}{6x_k^2}\quad(k=0,1,2,\cdots)$$

仅为线性收敛.

2.6 证明：迭代公式

$$x_{k+1}=\frac{2}{3}x_k+\frac{a}{3x_k^2}\quad(k=0,1,2,\cdots)$$

是求解方程 $(x^3-a)^2=0$ 的 2 阶方法.

2.7 设牛顿法的迭代序列 $\{x_k\}$ 收敛到方程 $f(x)=0$ 的某个单根 x^*, 证明误差 $e_k=x_k-x^*$ 的比率为

$$\lim_{k\to\infty}\frac{e_{k+1}}{e_k^2}=\frac{f''(x^*)}{2f'(x^*)}.$$

2.8 试用牛顿法推导求方程 $x^n-a=0$ 的根 $x^*=\sqrt[n]{a}$ 的迭代公式, 并求误差 $e_k=x_k-x^*$ 的比率 $\lim\limits_{k\to\infty}\dfrac{e_{k+1}}{e_k^2}$.

2.9 上机实验习题：

(1) 用二分法求方程 $f(x)=x^3+x^2-3x-3=0$ 在 1.5 附近的根.

(2) 用二分法求方程 $f(x)=x^3-2x-5=0$ 在区间 $[2,3]$ 内的根.

(3) 用牛顿迭代法求 $f(x)=x-\mathrm{e}^{-x}=0$ 在区间 $[0,1]$ 内的根，输出每次的迭代结果并统计所用的迭代次数，取 $\varepsilon=10^{-5}$, $x_0=0.5$.

(4) 求方程 $f(x)=x^3+x^2-3x-3=0$ 在 1.5 附近的根.

第 3 章　方程组与矩阵特征值、特征向量的求解

线性方程组的求解是自然科学和工程技术领域中的常见问题. 线性方程组常用的数值解法有两种:

(1) 迭代法

用某种极限过程去逐步逼近线性方程组精确解的方法. 迭代法具有需要计算机的存储单元较少、程序设计简单、原始系数矩阵在计算过程中始终不变等优点, 但存在收敛性及收敛速度问题. 迭代法是解大型稀疏矩阵方程组尤其是由微分方程离散后得到的大型方程组的重要方法.

(2) 直接法

计算过程中没有舍入误差, 通过有限次算术运算求得方程组精确解的方法. 但实际计算中由于舍入误差的存在和影响, 这种方法也只能求得线性方程组的近似解. 直接法是解低阶稠密矩阵方程组及某些大型稀疏方程组的有效方法.

3.1　向量和矩阵的范数

3.1.1　向量的范数

为了研究迭代过程的收敛性, 需要对向量的 “大小” 引进某种度量. 我们知道, 向量的长度可用来度量其大小, 对于向量 $x=(x_1,x_2,\cdots,x_n)^T$, 其长度为

$$\sqrt{x_1^2+x_2^2+\cdots+x_n^2}.$$

借助于长度可以刻画向量序列的收敛性. 事实上, 设有向量序列 $\{\boldsymbol{x}^{(k)}\}$, 其中

$$\boldsymbol{x}^{(k)}=(x_1^{(k)},x_2^{(k)},\cdots,x_n^{(k)})^T \quad (k=1,2,\cdots)$$

和向量 $\boldsymbol{x}^*=(x_1^*,x_2^*,\cdots,x_n^*)^T$, 则

$$\lim_{k\to\infty} x_i^{(k)}=x_i^* \quad (i=1,2,\cdots,n)$$

的充要条件是 $\lim\limits_{k\to\infty}\boldsymbol{x}^{(k)}=\boldsymbol{x}^*$, 即

$$\lim_{k\to\infty}\sqrt{\sum_{j=1}^{n}(x_j^{(k)}-x_j^*)^2}=0.$$

除长度以外, 还有什么度量可用来刻画向量序列的收敛性？这些度量应当具备哪些基本属性？

定义 3.1.1 设 X 为 n 维列向量全体构成的集合，$\|\cdot\|$ 是从 X 到 $\mathbb{R}$ 的一个映射，且满足

(1) 正定性，即对任意的 $\boldsymbol{x}\in X$, 有 $\|\boldsymbol{x}\|\geqslant 0$, 且

$$\boldsymbol{x}=\boldsymbol{0} \text{ 当且仅当 } \|\boldsymbol{x}\|=0;$$

(2) 绝对齐性，即对任意的 $\lambda\in\mathbb{R}$ 及任意的 $\boldsymbol{x}\in X$, 有

$$\|\lambda\boldsymbol{x}\|=|\lambda|\,\|\boldsymbol{x}\|;$$

(3) 三角不等式，即对任意的 $\boldsymbol{x},\boldsymbol{y}\in X$, 有

$$\|\boldsymbol{x}+\boldsymbol{y}\|\leqslant\|\boldsymbol{x}\|+\|\boldsymbol{y}\|,$$

则称映射 $\|\cdot\|$ 为 X 的一个范数，也称实数 $\|\boldsymbol{x}\|$ 为向量 $\boldsymbol{x}$ 的范数.

按上述范数的定义，在 X 上可定义不同的范数. 对于 $\boldsymbol{x}=(x_1,x_2,\cdots,x_n)^T$, 常用的范数有

(1) 2 – 范数 $\|\boldsymbol{x}\|_2$, 其中

$$\|\boldsymbol{x}\|_2=\sqrt{\sum_{i=1}^{n}x_i^2}=\sqrt{x_1^2+x_2^2+\cdots+x_n^2};$$

(2) 1 – 范数 $\|\boldsymbol{x}\|_1$, 其中

$$\|\boldsymbol{x}\|_1=\sum_{i=1}^{n}|x_i|=|x_1|+|x_2|+\cdots+|x_n|;$$

(3) ∞ – 范数 $\|\boldsymbol{x}\|_\infty$, 其中

$$\|\boldsymbol{x}\|_\infty=\max_{1\leqslant i\leqslant n}|x_i|=\max\{|x_1|,\ |x_2|,\ \cdots,\ |x_n|\}.$$

例 3.1.1 设 $\boldsymbol{x}=(3,-12,0,-4)^T$, 求 $\|\boldsymbol{x}\|_1$, $\|\boldsymbol{x}\|_2$, $\|\boldsymbol{x}\|_\infty$.

解 由范数的定义可得

$$\|\boldsymbol{x}\|_1=|3|+|-12|+|0|+|-4|=19,$$

$$\|\boldsymbol{x}\|_2=\sqrt{3^2+(-12)^2+0^2+(-4)^2}=13,$$

$$\|\boldsymbol{x}\|_\infty=\max\{|3|,\ |-12|,\ |0|,\ |-4|\}=12.$$

事实上， 1 – 范数和 2 – 范数显然是 p – 范数

$$\|\boldsymbol{x}\|_p=\left(\sum_{i=1}^{n}|x_i|^p\right)^{\frac{1}{p}}\quad(p>0)$$

当 $p=1$ 和 $p=2$ 时的特殊情形，而 ∞ – 范数可以理解为 $\|\boldsymbol{x}\|_\infty=\lim\limits_{p\to\infty}\|\boldsymbol{x}\|_p$.

按照不同方式规定的范数，对同一向量 $\boldsymbol{x}$ 其值一般不相同，但在各种范数下考虑向量序列的收敛性时，却表现出明显的一致性，这就是向量范数的等价性.

定义 3.1.2 如果存在正数 c_1, c_2, 使对任意向量 $\boldsymbol{x}$, 有

$$c_1\|\boldsymbol{x}\|_p \leqslant \|\boldsymbol{x}\|_q \leqslant c_2\|\boldsymbol{x}\|_p,$$

则称范数 $\|\cdot\|_p$ 与 $\|\cdot\|_q$ 等价.

容易看出，范数的等价关系具有传递性，即如果范数 $\|\cdot\|_p$ 与 $\|\cdot\|_q$ 等价，且 $\|\cdot\|_q$ 与 $\|\cdot\|_r$ 等价，则 $\|\cdot\|_p$ 与 $\|\cdot\|_r$ 等价. 任何两种 p– 范数 $(p \leqslant \infty)$ 彼此都是等价的. 特别地，前述 3 种常用范数 $\|\cdot\|_1$, $\|\cdot\|_2$ 和 $\|\cdot\|_\infty$ 彼此等价.

定理 3.1.1 $\mathbb{R}^n$ 上的任意两种向量的范数是等价的.

范数的等价性保证了运用具体范数研究收敛性在理论上的合法性.

定理 3.1.2 $\mathbb{R}^n$ 中的向量序列 $\{\boldsymbol{x}^{(k)}\}$ 收敛于向量 $\boldsymbol{x}^*$ 的充要条件是：对于任意给定的 $p\ (0 < p \leqslant \infty)$, 有

$$\lim_{k\to\infty} \|\boldsymbol{x}^{(k)} - \boldsymbol{x}^*\|_p = 0.$$

3.1.2 矩阵的范数

定义 3.1.3 设 $\|\cdot\|$ 为 $\mathbb{R}^n$ 上的范数，对于给定的 n 阶方阵 A 及非零的 n 维列向量 $\boldsymbol{x}$, 称比值 $\dfrac{\|A\boldsymbol{x}\|}{\|\boldsymbol{x}\|}$ 的上确界 (所有上界中的最小者) 为矩阵 A 的范数，记为 $\|A\|$, 即

$$\|A\| = \sup_{\boldsymbol{x}\neq 0} \frac{\|A\boldsymbol{x}\|}{\|\boldsymbol{x}\|}.$$

由定义 3.1.3 可知，对于任意向量 $\boldsymbol{x}$, 有

$$\|A\boldsymbol{x}\| \leqslant \|A\|\,\|\boldsymbol{x}\|.$$

容易证明，矩阵范数具有下列基本性质：

(1) 正定性，即对任意 n 阶矩阵 A, 有 $\|A\| \geqslant 0$, 且

$$A = 0 \text{ 当且仅当 } \|A\| = 0;$$

(2) 绝对齐性，即对任意实数 λ 和任意 n 阶矩阵 A, 有

$$\|\lambda A\| = |\lambda|\,\|A\|;$$

(3) 三角不等式，即对任意两个 n 阶矩阵 A 和 B, 有

$$\|A + B\| \leqslant \|A\| + \|B\|;$$

(4) 相容性，即对任意两个 n 阶矩阵 A 和 B, 有

$$\|AB\| \leqslant \|A\|\,\|B\|.$$

附带指出，由于

$$\|A\| = \sup_{\boldsymbol{x}\neq 0}\frac{\|A\boldsymbol{x}\|}{\|\boldsymbol{x}\|} = \sup_{\boldsymbol{x}\neq 0}\left\|A\left(\frac{\boldsymbol{x}}{\|\boldsymbol{x}\|}\right)\right\|,\quad \left\|\frac{\boldsymbol{x}}{\|\boldsymbol{x}\|}\right\| = 1,$$

故矩阵范数亦可等价地定义为

$$\|A\| = \sup_{\|\boldsymbol{x}\|=1}\|A\boldsymbol{x}\|.$$

我们看到，矩阵范数和向量范数是相互对应的，有什么样的向量范数，相应地就有什么样的矩阵范数．相应于向量的 p – 范数，今后将记

$$\|A\|_p = \sup_{\|\boldsymbol{x}\|_p=1}\|A\boldsymbol{x}\|_p,$$

称之为矩阵的 p – 范数，称 $\|A\|_\infty$ 为矩阵 A 的行范数，称 $\|A\|_1$ 为矩阵 A 的列范数，称 $\|A\|_2$ 为矩阵 A 的 2– 范数或谱范数．

定理 3.1.3 对任意 n 阶矩阵 $A=(a_{ij})_{n\times n}$, 下列等式

$$\|A\|_\infty = \max_{1\leqslant i\leqslant n}\sum_{j=1}^{n}|a_{ij}|,\quad \|A\|_1 = \max_{1\leqslant j\leqslant n}\sum_{i=1}^{n}|a_{ij}|,\quad \|A\|_2 = \sqrt{\lambda_1}$$

成立，其中 λ_1 是 A^TA 的最大特征值．

定理 3.1.4 $\mathbb{R}^{n\times n}$ 上的任意两种矩阵的范数是等价的．

例 3.1.2 设 $A=\begin{pmatrix}1 & 1\\ -2 & 2\end{pmatrix}$, 而 I 为 2 阶单位矩阵，计算 $\|A\|_\infty$, $\|A\|_1$, $\|A\|_2$.

解 由定理 3.1.3 可得

$$\|A\|_\infty = \max(|1|+|1|,|-2|+|2|) = 4,$$

$$\|A\|_1 = \max(|1|+|-2|,|1|+|2|) = 3.$$

另一方面，由 A 的表达式可得

$$A^TA = \begin{pmatrix}1 & -2\\ 1 & 2\end{pmatrix}\begin{pmatrix}1 & 1\\ -2 & 2\end{pmatrix} = \begin{pmatrix}5 & -3\\ -3 & 5\end{pmatrix},$$

故 A^TA 的特征方程为

$$|\lambda I - A^TA| = \left|\begin{pmatrix}\lambda-5 & 3\\ 3 & \lambda-5\end{pmatrix}\right| = (\lambda-5)^2 - 9 = 0.$$

由 A^TA 的特征方程解得特征根为 $\lambda_1 = 8$, $\lambda_2 = 2$, 从而

$$\|A\|_2 = \sqrt{8} = 2\sqrt{2}.$$

定义 3.1.4 设 $\{A^{(k)}\}$ 为 $\mathbb{R}^{n\times n}$ 中的矩阵序列， $1 \in \mathbb{R}^{n\times n}$, 其中

$$A = (a_{ij})_{(n\times n)}, \quad A^{(k)} = (a_{ij}^{(k)})_{(n\times n)} \quad (k = 1, 2, \cdots).$$

如果

$$\lim_{k\to\infty} a_{ij}^{(k)} = a_{ij} \quad (i,\ j = 1, 2, \cdots, n),$$

则称 $A^{(k)}$ 收敛于矩阵 A, 记为 $\lim\limits_{k\to\infty} A^{(k)} = A$.

定理 3.1.5 设 $\{A^{(k)}\}$ 为 $\mathbb{R}^{n\times n}$ 中的一矩阵序列， $A \in \mathbb{R}^{n\times n}$, 则 $\lim\limits_{k\to\infty} A^{(k)} = A$ 的充要条件是

$$\lim_{k\to\infty} \|A^{(k)} - A\| = 0,$$

其中 $\|A\|$ 为任一种矩阵范数.

由上述定理易见，讨论矩阵序列的收敛性时，可不指明使用的是何种范数，证明时，也只需就某一种范数进行即可.

3.1.3 谱半径

定义 3.1.5 设 $A \in \mathbb{R}^{n\times n}$, 其特征值为 λ_i $(i = 1, 2, \cdots, n)$, 则称数

$$\rho(A) = \max_{1\leqslant i\leqslant n} |\lambda_i|$$

为 A 的谱半径.

定理 3.1.6 设 $A \in \mathbb{R}^{n\times n}$, 则

$$\rho(A) \leqslant \|A\|,$$

其中 $\|A\|$ 为 A 的任一种矩阵范数.

定理 3.1.7 设 $A \in \mathbb{R}^{n\times n}$, 则 $\lim\limits_{k\to\infty} A^k = 0$ 的充分必要条件是 $\rho(A) < 1$.

3.1.4 矩阵的条件数

定义 3.1.6 设 A 为非奇异阵，称数

$$\mathrm{cond}(A) = \|A^{-1}\|\,\|A\|$$

为矩阵 A 的条件数.

当 A 的条件数相对较大，即 $\mathrm{cond}(A) \gg 1$ 时，则方程组 $A\boldsymbol{x} = \boldsymbol{b}$ 是“病态”的；当 A 的条件数相对较小时，则方程组 $A\boldsymbol{x} = \boldsymbol{b}$ 是“良态”的.

3.2 迭代法

迭代法的一个突出优点是算法简单，因而编制程序比较容易. 但迭代法也有缺点，它要求方程组的系数矩阵具有某种特殊性质 (譬如是所谓对角占优阵)，以保证迭代过程的收敛性. 发散的迭代过程是没有实用价值的.

下面举简例，以便了解迭代法的思想.

例 3.2.1 求解方程组

$$\begin{cases} 8x_1 - 3x_2 + 2x_3 = 20, \\ 4x_1 + 11x_2 - x_3 = 33, \\ 6x_1 + 3x_2 + 12x_3 = 36. \end{cases}$$

解 将原方程组记为 $A\boldsymbol{x} = \boldsymbol{b}$, 其中

$$A = \begin{pmatrix} 8 & -3 & 2 \\ 4 & 11 & -1 \\ 6 & 3 & 12 \end{pmatrix}, \quad \boldsymbol{x} = \begin{pmatrix} x_1 \\ x_2 \\ x_3 \end{pmatrix}, \quad \boldsymbol{b} = \begin{pmatrix} 20 \\ 33 \\ 36 \end{pmatrix}.$$

容易知道，方程组的精确解是 $x^* = (3,\ 2,\ 1)^T$.

现将原方程组改写为

$$\begin{cases} x_1 = \quad \dfrac{3}{8}x_2 - \dfrac{1}{4}x_3 + \dfrac{5}{2}, \\ x_2 = -\dfrac{4}{11}x_1 + \dfrac{1}{11}x_3 + 3, \\ x_3 = -\dfrac{1}{2}x_1 - \dfrac{1}{4}x_2 + 3, \end{cases} \tag{3.2.1}$$

则此方程组可表示为如下的矩阵形式

$$\boldsymbol{x} = B_0\boldsymbol{x} + \boldsymbol{f},$$

其中

$$B_0 = \begin{pmatrix} 0 & \dfrac{3}{8} & -\dfrac{1}{4} \\ -\dfrac{4}{11} & 0 & \dfrac{1}{11} \\ -\dfrac{1}{2} & -\dfrac{1}{4} & 0 \end{pmatrix}, \quad \boldsymbol{f} = \begin{pmatrix} \dfrac{5}{2} \\ 3 \\ 3 \end{pmatrix}.$$

我们任取初始值，例如取 $\boldsymbol{x}^{(0)} = (0\ \ 0\ \ 0)^T$, 将其代入方程组 (3.2.1) 的右端，得到新的向量

$$\boldsymbol{x}^{(1)} = \begin{pmatrix} x_1^{(1)} \\ x_2^{(1)} \\ x_3^{(1)} \end{pmatrix} = \begin{pmatrix} \dfrac{5}{2} \\ 3 \\ 3 \end{pmatrix},$$

即求得原方程组的 1 个近似解，但一般不满足原方程.

再将 $x^{(1)}$ 代入方程组 (3.2.1) 的右端，得到新的向量 $x^{(2)}$, 反复利用这个计算程序，得到一向量序列

$$\boldsymbol{x}^{(0)}=\begin{pmatrix}x_1^{(0)}\\x_2^{(0)}\\x_3^{(0)}\end{pmatrix},\quad \boldsymbol{x}^{(1)}=\begin{pmatrix}x_1^{(1)}\\x_2^{(1)}\\x_3^{(1)}\end{pmatrix},\quad \boldsymbol{x}^{(2)}=\begin{pmatrix}x_1^{(2)}\\x_2^{(2)}\\x_3^{(2)}\end{pmatrix},\quad \cdots$$

和一般的计算公式 (迭代公式)

$$\begin{cases}x_1^{(k+1)}=\dfrac{3}{8}x_2^{(k)}-\dfrac{1}{4}x_3^{(k)}+\dfrac{5}{2},\\ x_2^{(k+1)}=-\dfrac{4}{11}x_1^{(k)}+\dfrac{1}{11}x_3^{(k)}+3,\\ x_3^{(k+1)}=-\dfrac{1}{2}x_1^{(k)}-\dfrac{1}{4}x_2^{(k)}+3,\end{cases}$$

其矩阵形式为

$$\boldsymbol{x}^{(k+1)}=B_0\boldsymbol{x}^{(k)}+\boldsymbol{f},$$

其中 k $(k=0,1,2,\cdots)$ 表示迭代次数，迭代到第 10 次有

$$\boldsymbol{x}^{(10)}=\begin{pmatrix}3.000032\\1.999838\\0.9998813\end{pmatrix}.$$

从此例看出，由迭代法产生的向量序列 $\boldsymbol{x}^{(k)}$ 逐步逼近方程组的精确解 $\boldsymbol{x}^*$.

3.2.1 迭代法的一般形式

设 n 阶线性方程组

$$A\boldsymbol{x}=\boldsymbol{b} \tag{3.2.2}$$

的系数矩阵 A 是非奇异的，构造其同解方程组

$$\boldsymbol{x}=B\boldsymbol{x}+\boldsymbol{f}, \tag{3.2.3}$$

其中 $B\in\mathbb{R}^{n\times n}$, $\boldsymbol{f}\in\mathbb{R}^n$.

对于给定方程组 $\boldsymbol{x}=B\boldsymbol{x}+\boldsymbol{f}$, 设有唯一解 $\boldsymbol{x}^*$, 则

$$\boldsymbol{x}^*=B\boldsymbol{x}^*+\boldsymbol{f}. \tag{3.2.4}$$

又设 $\boldsymbol{x}^{(0)}$ 为任取的初始向量，按下述公式构造向量序列

$$\boldsymbol{x}^{(k+1)}=B\boldsymbol{x}^{(k)}+\boldsymbol{f}\quad (k=0,1,2\cdots),$$

其中 k 表示迭代次数.

定义 3.2.1 对于给定的方程组 $\boldsymbol{x}=B\boldsymbol{x}+\boldsymbol{f}$, 用公式

$$\boldsymbol{x}^{(k+1)}=B\boldsymbol{x}^{(k)}+\boldsymbol{f}\quad(k=0,1,2\cdots)$$

逐步代入求近似解的方法称为迭代法, B 称为迭代矩阵, 这里 B 与 k 的取值无关. 如果 $\lim\limits_{k\to\infty}\boldsymbol{x}^{(k)}$ 存在, 其极限值为 $\boldsymbol{x}^*$, 则称此迭代法收敛, 此时 $\boldsymbol{x}^*$ 就是方程组的解, 否则称此迭代法发散.

由以上讨论可见迭代法的关键在于:

(1) 如何构造迭代公式

$$\boldsymbol{x}^{(k+1)}=B\boldsymbol{x}^{(k)}+\boldsymbol{f}\quad(k=0,1,2\cdots),$$

不同的迭代公式对应不同的迭代法;

(2) 迭代法产生的迭代向量序列 $\{\boldsymbol{x}^{(k)}\}$ 的收敛条件是什么.

对于任何 1 个方程组 $\boldsymbol{x}=B\boldsymbol{x}+\boldsymbol{f}$ (由 $A\boldsymbol{x}=\boldsymbol{b}$ 变形得到的等价方程组), 由迭代法产生的向量序列 $\{\boldsymbol{x}^{(k)}\}$ 是否一定逐步逼近方程组的解 $\boldsymbol{x}^*$ 呢？回答是不一定. 例如考虑用迭代法解方程组

$$\begin{cases}x_1=2x_2+5,\\x_2=3x_1+5,\end{cases}$$

其迭代公式选为

$$\boldsymbol{x}^{(k+1)}=B\boldsymbol{x}^{(k)}+\boldsymbol{f}\quad(k=0,1,2\cdots),$$

其中

$$B=\begin{pmatrix}0&2\\3&0\end{pmatrix},\quad \boldsymbol{f}=\begin{pmatrix}5\\5\end{pmatrix},$$

此时迭代法不收敛. 原因将在讨论迭代法的收敛性时给出, 这里暂时不讨论.

设 n 阶矩阵 $A=(a_{ij})\in R^{n\times n}$ 是非奇异的, 下面研究如何建立解方程 $A\boldsymbol{x}=\boldsymbol{b}$ 的各种迭代法.

将矩阵 A 分解为

$$A=M-N,\tag{3.2.5}$$

其中 M 为可选择的非奇异矩阵, 且使 $M\boldsymbol{x}=\boldsymbol{d}$ 容易求解, 一般选择为 A 的某种近似, 称 M 为分裂矩阵. 于是求解 $A\boldsymbol{x}=\boldsymbol{b}$ 转化为求解 $M\boldsymbol{x}=N\boldsymbol{x}+\boldsymbol{b}$, 即求解 $A\boldsymbol{x}=\boldsymbol{b}$ 等价于求解方程

$$\boldsymbol{x}=M^{-1}N\boldsymbol{x}+M^{-1}\boldsymbol{b}.$$

此时可构造迭代法

$$\begin{cases}\boldsymbol{x}^{(0)}, & \text{初始向量},\\ \boldsymbol{x}^{(k+1)}=B\boldsymbol{x}^{(k)}+\boldsymbol{f}, & k=0,1,\cdots,\end{cases}\tag{3.2.6}$$

其中

$$B = M^{-1}N = M^{-1}(M - A) = I - M^{-1}A, \quad \boldsymbol{f} = M^{-1}\boldsymbol{b}.$$

称矩阵 $B = I - M^{-1}A$ 为迭代法的迭代矩阵. 选取不同的矩阵 M 就得到解方程 $A\boldsymbol{x} = \boldsymbol{b}$ 的各种迭代法.

设 $a_{ii} \neq 0\ (i = 1, 2, \cdots, n)$, 并将 $A = (a_{ij})$ 写为对角矩阵 D 与下三角矩阵 L 及上三角矩阵 U 之和

$$A = D + L + U, \tag{3.2.7}$$

其中

$$D = \begin{pmatrix} a_{11} & & & \\ & a_{22} & & \\ & & \ddots & \\ & & & a_{nn} \end{pmatrix}, \quad L = \begin{pmatrix} 0 & & & \\ a_{21} & 0 & & \\ \vdots & \ddots & \ddots & \\ a_{n1} & \cdots & a_{nn-1} & 0 \end{pmatrix},$$

$$U = \begin{pmatrix} 0 & a_{12} & \cdots & a_{1n} \\ & \ddots & \ddots & \vdots \\ & & 0 & a_{n-1n} \\ & & & 0 \end{pmatrix}.$$

3.2.2 雅可比 (Jacobi) 迭代法

雅可比迭代法也称简单迭代法, 下面通过 1 个例子来说明雅可比迭代法的基本思想.

例 3.2.2 解线性方程组

$$\begin{cases} 10x_1 - 2x_2 - x_3 = 3, \\ -2x_1 + 10x_2 - x_3 = 15, \\ -x_1 - 2x_2 + 5x_3 = 10, \end{cases}$$

精度要求为 10^{-3}.

解 从原方程组的 3 个方程中分别解出 x_1, x_2, x_3, 得到其同解方程组

$$\begin{cases} x_1 = 0.2x_2 + 0.1x_3 + 0.3, \\ x_2 = 0.2x_1 + 0.1x_3 + 1.5, \\ x_3 = 0.2x_1 + 0.4x_2 + 2, \end{cases}$$

故由此方程组可得迭代公式

$$\begin{cases} x_1^{(k+1)} = 0.2x_2^{(k)} + 0.1x_3^{(k)} + 0.3, \\ x_2^{(k+1)} = 0.2x_1^{(k)} + 0.1x_3^{(k)} + 1.5, \\ x_3^{(k+1)} = 0.2x_1^{(k)} + 0.4x_2^{(k)} + 2 \quad (k = 0, 1, 2, \cdots). \end{cases}$$

任取一初始向量 $\boldsymbol{x}^{(0)}=\begin{pmatrix}0\\0\\0\end{pmatrix}$, 依次代入上式，得到迭代序列 $\{\boldsymbol{x}^{(k)}\}$, 见表 3.2.1.

表 3.2.1 计算结果

k	$x_1^{(k)}$	$x_2^{(k)}$	$x_3^{(k)}$
0	0	0	0
1	0.3000	1.5000	2.0000
2	0.8000	1.7600	2.6600
3	0.9180	1.9260	2.8640
4	0.9716	1.9700	2.9540
5	0.9894	1.9897	2.9823
6	0.9963	1.9961	2.9938
7	0.9986	1.9986	2.9977
8	0.9995	1.9995	2.9992
9	0.9998	1.9998	2.9998

与非线性方程的迭代法类似，可用相邻两次迭代向量差的范数来估计近似值的误差，即

$$\|\boldsymbol{x}^{(9)}-\boldsymbol{x}^{(8)}\|_\infty=\max_{1\leqslant i\leqslant 3}|x_i^{(9)}-x_i^{(8)}|=0.0006<10^{-3},$$

故取 $x^{(9)}=\begin{pmatrix}0.9998\\1.9998\\2.9998\end{pmatrix}$ 为原方程组的满足精度要求的近似解，精确解是 $\begin{pmatrix}1\\2\\3\end{pmatrix}$.

为了更方便地使用雅可比迭代法，根据前面的讨论，我们给出一种表示迭代矩阵和迭代公式的方法.

设 n 阶矩阵 $A=(a_{ij})$ 是非奇异的，且 $a_{ii}\neq 0\ (i=1,2,\cdots,n)$, 选取分裂矩阵 M 为由 A 的主对角元素构成的对角阵 D, 则 A 可分解为

$$A=M-N=D-(-L-U),$$

从而由式 (3.2.6) 和式 (3.2.7) 可得到解方程组 $A\boldsymbol{x}=\boldsymbol{b}$ 的雅可比迭代法

$$\begin{cases}\boldsymbol{x}^{(0)}, & (\text{初始向量}),\\ \boldsymbol{x}^{(k+1)}=B\boldsymbol{x}^{(k)}+\boldsymbol{f} & (k=0,1,2\cdots),\end{cases}\tag{3.2.8}$$

其中

$$B=I-D^{-1}A=-D^{-1}(L+U),\quad \boldsymbol{f}=D^{-1}\boldsymbol{b}.$$

称 $-D^{-1}(L+U)$ 为解方程组 $A\boldsymbol{x}=\boldsymbol{b}$ 的雅可比迭代阵，记为 $\boldsymbol{J}$.

另一方面，我们考查一般形式的线性方程组

$$\sum_{j=1}^{n} a_{ij}x_j = b_i \quad (i=1,2,\cdots,n), \tag{3.2.9}$$

从上式中解出变量 x_i, 得

$$x_i = \frac{1}{a_{ii}}\Big(b_i - \sum_{\substack{j=1\\ j\neq i}}^{n} a_{ij}x_j\Big) \quad (i=1,2,\cdots,n).$$

据此建立迭代公式

$$x_i^{(k+1)} = \frac{1}{a_{ii}}\Big(b_i - \sum_{\substack{j=1\\ j\neq i}}^{n} a_{ij}x_j^{(k)}\Big) \quad (i=1,2,\cdots,n). \tag{3.2.10}$$

称其为解方程组 (3.2.9) 的雅可比迭代公式.

雅可比迭代法的算法：

(1) 输入系数矩阵 A, 右端向量 $\boldsymbol{b}$, 精确要求 ε, 控制最大迭代次数 m 及迭代初始值 $x_1^{(0)}=y_1$, $x_2^{(0)}=y_2$, $\cdots$, $x_n^{(0)}=y_n$.

(2) $\text{mark}=1$

对 $i=1,2,\cdots,n$, 若 $a_{ii}=0$, 则 $\text{mark}=0$.

(3) 若 $\text{mark}=0$, 则输出奇异信息；否则

a. $k=0$

b. 对 $i=1,2,\cdots,n$ 作 $y_i \Rightarrow x_i$

c. $k=k+1$

d. 对 $i=1,2,\cdots,n$ 作 $\frac{1}{a_{ii}}\Big(b_i - \sum_{\substack{j=1\\ j\neq i}}^{n} a_{ij}x_j\Big) \Rightarrow y_i$

e. 若 $\max\limits_{1\leqslant i\leqslant n}|y_i - x_i| > \varepsilon$ 且 $k<m$, 则返回 b

f. 若 $\max\limits_{1\leqslant i\leqslant n}|y_i - x_i| \leqslant \varepsilon$, 则输出 $y_1,y_2,\cdots,y_n$ 和 k; 否则输出失败信息.

说明：m 用于控制最大迭代次数. 迭代 m 次后仍未达到精度要求，便认为迭代失败. 出现这种情况，有可能是迭代发散；也有可能是迭代收敛速度太慢，在给定的次数内未达到精度要求.

3.2.3 高斯 – 塞德尔 (Gauss–Seidel) 迭代法

为了更直观地了解高斯 – 塞德尔迭代法，我们先看 1 个例子.

例 3.2.3 求解方程组

$$\begin{cases} 10x_1 - 2x_2 - x_3 = 3, \\ -2x_1 + 10x_2 - x_3 = 15, \\ -x_1 - 2x_2 + 5x_3 = 10, \end{cases}$$

精度要求为 10^{-3}.

解 从原方程组的 3 个方程中分别解出 x_1, x_2, x_3, 得到其同解方程组

$$\begin{cases} x_1 = 0.2x_2 + 0.1x_3 + 0.3, \\ x_2 = 0.2x_1 + 0.1x_3 + 1.5, \\ x_3 = 0.2x_1 + 0.4x_2 + 2, \end{cases}$$

故由此方程组可得迭代公式

$$\begin{cases} x_1^{(k+1)} = 0.2x_2^{(k)} + 0.1x_3^{(k)} + 0.3, \\ x_2^{(k+1)} = 0.2x_1^{(k+1)} + 0.1x_3^{(k)} + 1.5, \\ x_3^{(k+1)} = 0.2x_1^{(k+1)} + 0.4x_2^{(k+1)} + 2 \quad (k = 0, 1, 2, \cdots). \end{cases}$$

任取一初始向量 $\boldsymbol{x}^{(0)} = \begin{pmatrix} 0 \\ 0 \\ 0 \end{pmatrix}$, 依次代入上式, 得到迭代序列 $\{\boldsymbol{x}^{(k)}\}$, 见表 3.2.2.

表 3.2.2 计算结果

k	$x_1^{(k)}$	$x_2^{(k)}$	$x_3^{(k)}$
0	0	0	0
1	0.3000	1.5600	2.6840
2	0.8804	1.9445	2.9539
3	0.9843	1.9923	2.9938
4	0.9978	1.9989	2.9991
5	0.9997	1.9999	2.9999
6	1.0000	2.0000	3.0000

用相邻两次迭代向量差的范数来估计近似值的误差, 即

$$\|\boldsymbol{x}^{(6)} - \boldsymbol{x}^{(5)}\|_\infty = \max_{1 \leqslant i \leqslant 3} |x_i^{(6)} - x_i^{(5)}| = 0.0003 < 10^{-3},$$

故取 $x^{(6)} = \begin{pmatrix} 1.0000 \\ 2.0000 \\ 3.0000 \end{pmatrix}$ 为原方程组的满足精度要求的近似解, 精确解是 $\begin{pmatrix} 1 \\ 2 \\ 3 \end{pmatrix}$.

由此例可以看出, 高斯 - 塞德尔迭代法比雅可比迭代法收敛速度快一些. 下面我们给出迭代矩阵和迭代公式的表示方法.

设 $a_{ii} \neq 0\ (i = 1, 2, \cdots, n)$, 选取分裂矩阵 M 为 $A = (a_{ij})$ 的下三角部分, 即

$$M = D + L,$$

则 A 可分解为

$$A = M - N = (D + L) - (-U),$$

从而由式 (3.2.6) 和式 (3.2.7) 可得到解方程组 $A\boldsymbol{x}=\boldsymbol{b}$ 的高斯 – 塞德尔迭代法

$$\begin{cases} \boldsymbol{x}^{(0)} \quad (\text{初始向量}), \\ \boldsymbol{x}^{(k+1)} = B\boldsymbol{x}^{(k)} + \boldsymbol{f} \quad (k=0,1,2\cdots), \end{cases} \tag{3.2.11}$$

其中

$$B = I-(D+L)^{-1}A = -(D+L)^{-1}U, \quad \boldsymbol{f} = (D+L)^{-1}\boldsymbol{b}.$$

称 $-(D+L)^{-1}U$ 为解方程组 $A\boldsymbol{x}=\boldsymbol{b}$ 的高斯 – 塞德尔迭代阵，记为 $\boldsymbol{G}$.

另一方面，记 $\boldsymbol{x}^{(k)} = \left(x_1^{(k)} \ \ x_2^{(k)} \ \ \cdots \ \ x_n^{(k)}\right)^T$, 则由式 (3.2.11) 可得

$$(D+L)\boldsymbol{x}^{(k+1)} = -U\boldsymbol{x}^{(k)} + \boldsymbol{b}$$

或

$$D\boldsymbol{x}^{(k+1)} = -L\boldsymbol{x}^{(k+1)} - U\boldsymbol{x}^{(k)} + \boldsymbol{b},$$

即

$$a_{ii}x_i^{(k+1)} = b_i - \sum_{j=1}^{i-1} a_{ij}x_j^{(k+1)} - \sum_{j=i+1}^{n} a_{ij}x_j^{(k)} \quad (i=1,2,\cdots,n),$$

于是解方程组 $A\boldsymbol{x}=\boldsymbol{b}$ 的高斯 – 塞德尔迭代法计算公式为

$$\begin{cases} x_1^{(k+1)} = \dfrac{1}{a_{11}}\left(b_1 - \sum\limits_{j=2}^{n} a_{1j}x_j^{(k)}\right), \\ x_i^{(k+1)} = \dfrac{1}{a_{ii}}\left(b_i - \sum\limits_{j=1}^{i-1} a_{ij}x_j^{(k+1)} - \sum\limits_{j=i+1}^{n} a_{ij}x_j^{(k)}\right) \quad (2 \leqslant i \leqslant n-1), \\ x_n^{(k+1)} = \dfrac{1}{a_{nn}}\left(b_n - \sum\limits_{j=1}^{n-1} a_{nj}x_j^{(k+1)}\right) \quad (k=0,1,2,\cdots), \end{cases}$$

或

$$x_i^{(k+1)} = x_i^{(k)} + \Delta x_i \quad (i=1,2,\cdots,n,\ k=0,1,2,\cdots), \tag{3.2.12}$$

其中

$$\Delta x_i = \frac{1}{a_{ii}}\left(b_i - \sum_{j=1}^{i-1} a_{ij}x_j^{(k+1)} - \sum_{j=i}^{n} a_{ij}x_j^{(k)}\right).$$

雅可比迭代法不使用变量的最新信息计算 $x_i^{(k+1)}$, 而由高斯 – 塞德尔迭代公式 (3.2.12) 可知，计算 $\boldsymbol{x}^{(k+1)}$ 的第 i 个分量 $x_i^{(k+1)}$ 时，利用了已经计算出的最新分量 $x_j^{(k+1)}$ $(j=1,2,\cdots,i-1)$. 高斯 – 塞德尔迭代法可看作雅可比迭代法的一种改进. 由式 (3.2.12) 可知，高斯 – 塞德尔迭代法每迭代 1 次只需计算 1 次矩阵与向量的乘法.

高斯 – 塞德尔迭代法的算法：

(1) 输入系数矩阵 A, 右端向量 $\boldsymbol{b}$, 精度要求 ε, 控制最大迭代次数 m 及迭代初始值 $\boldsymbol{x}=(x_1,x_2,\cdots,x_n)^T$.

(2) mark $= 1$

对 $i = 1, 2, \cdots, n$,

若 $a_{ii} = 0$, 则 mark $= 0$.

(3) 若 mark $= 0$, 则输出奇异信息；否则

a. $k = 0$

b. 对 $i = 1, 2, \cdots, n$ 作 $x_i \Rightarrow y_i$

c. $k = k + 1$

d. 对 $i = 1, 2, \cdots, n$ 作 $\dfrac{1}{a_{ii}}\Big(b_i - \sum\limits_{\substack{j=1 \\ j \neq i}}^{n} a_{ij} x_j\Big) \Rightarrow x_i$

e. 若 $\max\limits_{1 \leqslant i \leqslant n} |y_i - x_i| > \varepsilon$ 且 $k < m$, 则返回 b

f. 若 $\max\limits_{1 \leqslant i \leqslant n} |y_i - x_i| \leqslant \varepsilon$, 则输出 $x_1, x_2, \cdots, x_n$ 和 k；否则输出失败信息.

以上介绍了求解线性方程组的两种迭代法. 一般地说，高斯 – 塞德尔迭代法要比雅可比迭代法好；但情况并不总是这样，有时高斯 – 塞德尔迭代比雅可比迭代收敛得慢，甚至可以举出雅可比迭代收敛但高斯 – 塞德尔迭代反而发散的例子.

3.2.4 超松弛迭代法

使用迭代法的困难所在是计算量难以估计，有时迭代过程虽然收敛，但由于收敛速度缓慢，使计算量变得很大而失去使用价值. 因此，迭代过程的加速具有重要意义.

所谓松弛法，实质上是高斯 – 塞德尔迭代法的一种加速方法. 这种方法将前 1 步的结果 $x_i^{(k)}$ 与高斯 – 塞德尔方法的迭代值 $\widetilde{x}_i^{(k+1)}$ 适当加权平均，期望获得更好的近似值 $x_i^{(k+1)}$. 其具体公式如下：

$$\begin{cases} \text{迭代} \quad \widetilde{x}_i^{(k+1)} = \dfrac{1}{a_{ii}}\Big(b_i - \sum\limits_{j=1}^{i-1} a_{ij} x_j^{(k+1)} - \sum\limits_{j=i+1}^{n} a_{ij} x_j^{(k)}\Big), \\ \text{加速} \quad x_i^{(k+1)} = \omega \widetilde{x}_i^{(k+1)} + (1-\omega) x_i^{(k)} \quad (i = 1, 2, \cdots, n), \end{cases} \tag{3.2.13}$$

或合并表示为

$$x_i^{(k+1)} = (1-\omega) x_i^{(k)} + \frac{\omega}{a_{ii}}\Big(b_i - \sum_{j=1}^{i-1} a_{ij} x_j^{(k+1)} - \sum_{j=i+1}^{n} a_{ij} x_j^{(k)}\Big) \quad (i = 1, 2, \cdots, n) \tag{3.2.14}$$

或

$$x_i^{(k+1)} = x_i^{(k)} + \frac{\omega}{a_{ii}}\Big(b_i - \sum_{j=1}^{i-1} a_{ij} x_j^{(k+1)} - \sum_{j=i}^{n} a_{ij} x_j^{(k)}\Big) \quad (i = 1, 2, \cdots, n) \tag{3.2.15}$$

式中系数 ω 称为松弛因子. 高斯 - 塞德尔迭代公式 (3.2.12) 是取松弛因子 $\omega=1$ 的特殊情形. 可以证明, 为了保证迭代过程收敛, 必须要求 $0<\omega<2$.

由于迭代值 $\widetilde{x}_i^{(k+1)}$ 通常比 $x_i^{(k)}$ 精确, 所以在加速公式 (3.2.13) 中加大 $\widetilde{x}_i^{(k+1)}$ 的比重, 以尽可能扩大它的效果, 为此取松弛因子 $1<\omega<2$, 即采用所谓超松弛法. 超松弛法简称为 SOR(Successive Over-Relaxation) 方法.

逐次超松弛迭代法的收敛速度与 ω 的取值有关.

(1) 当 $\omega=1$ 时, 它就是高斯 - 塞德尔迭代法. 因此, 可选取 ω 的值使逐次超松弛迭代法比高斯 - 塞德尔迭代法的收敛速度快, 从而起到加速作用;

(2) 当 $\omega<1$ 时, 称式 (3.2.15) 为低松弛迭代法;

(3) 当 $\omega>1$ 时, 称式 (3.2.15) 为超松弛迭代法.

松弛因子 ω 的取值对迭代公式 (3.2.15) 的收敛速度影响极大. 实际计算时, 可以根据方程组的系数矩阵的性质, 或结合实践计算的经验来选取松弛因子.

定理 3.2.1 设 n 阶矩阵 $A=(a_{ij})$ 满足 $a_{ii}\neq 0\ (i=1,2,\cdots,n)$, 且解 n 阶线性方程组 $A\boldsymbol{x}=\boldsymbol{b}$ 的逐次超松弛迭代收敛, 则 $0<\omega<2$.

定理 3.2.2 设 $A=(a_{ij})$ 为 n 阶对称正定阵, 则当 $0<\omega<1$ 时, 解 n 阶线性方程组 $A\boldsymbol{x}=\boldsymbol{b}$ 的逐次超松弛迭代法收敛.

推论 3.2.3 设 $A=(a_{ij})$ 为 n 阶对称正定阵, 则解 n 阶线性方程组 $A\boldsymbol{x}=\boldsymbol{b}$ 的高斯 - 塞德尔迭代法收敛.

使式 (3.2.15) 收敛最快的松弛因子称为最佳松弛因子. 在实际计算中, 最佳松弛因子很难事先确定, 一般可用试算法选取近似最优值.

例 3.2.4 用 SOR 方法解方程组

$$\begin{cases}-4x_1+x_2+x_3+x_4=1,\\ x_1-4x_2+x_3+x_4=1,\\ x_1+x_2-4x_3+x_4=1,\\ x_1+x_2+x_3-4x_4=1,\end{cases}$$

它的精确解为 $\boldsymbol{x}^*=(-1,-1,-1,-1)^T$.

解 取 $x_i^{(0)}=0\ (i=1,2\cdots)$, 由式 (3.2.14) 可得迭代公式

$$\begin{cases}x_1^{(k+1)}=x_1^{(k)}-\dfrac{\omega}{4}(1+4x_1^{(k)}-x_2^{(k)}-x_3^{(k)}-x_4^{(k)}),\\ x_2^{(k+1)}=x_2^{(k)}-\dfrac{\omega}{4}(1-x_1^{(k+1)}+4x_2^{(k)}-x_3^{(k)}-x_4^{(k)}),\\ x_3^{(k+1)}=x_3^{(k)}-\dfrac{\omega}{4}(1-x_1^{(k+1)}-x_2^{(k+1)}+4x_3^{(k)}-x_4^{(k)}),\\ x_4^{(k+1)}=x_4^{(k)}-\dfrac{\omega}{4}(1-x_1^{(k+1)}-x_2^{(k+1)}-x_3^{(k+1)}+4x_4^{(k)}).\end{cases}$$

取 $\omega = 1.3$, 第 11 次迭代结果为

$$\begin{cases} x_1^{(11)} = -0.99999646, \\ x_2^{(11)} = -1.00000310, \\ x_3^{(11)} = -0.99999953, \\ x_4^{(11)} = -0.99999912, \end{cases}$$

且

$$\|\boldsymbol{x}^{(11)} - \boldsymbol{x}^*\|_2 \leqslant 0.46 \times 10^{-5}.$$

对 ω 取其他值，迭代次数见表 3.2.3, 从此例看到，松弛因子选择得好，会使 SOR 迭代法的收敛大大加速，本例中 $\omega = 1.3$ 是最佳松弛因子.

表 3.2.3 计算结果

松弛因子 ω	误差满足 $\|\boldsymbol{x}^{(k)} - \boldsymbol{x}^*\| < 10^{-5}$ 的迭代次数
1.0	22
1.1	17
1.2	12
1.3	11
1.4	14
1.5	17
1.6	23
1.7	33
1.8	53
1.9	109

3.2.5 迭代法的收敛性

对于给定的迭代方程

$$\boldsymbol{x} = B\boldsymbol{x} + b,$$

迭代矩阵 B 满足什么条件时, 由迭代法产生的向量序列 $\{x^{(k)}\}$ 收敛到方程的解 $\boldsymbol{x}^*$.

引进误差向量

$$\boldsymbol{\varepsilon}^{(k)} = \boldsymbol{x}^{(k)} - \boldsymbol{x}^* \quad (k = 0, 1, 2, \cdots),$$

得到误差向量的递推公式

$$\varepsilon^{(k+1)} = B\varepsilon^{(k)} = B^k \varepsilon^{(0)} \quad (k = 0, 1, \cdots).$$

由前面讨论可知，研究迭代法收敛性问题就是要研究迭代法矩阵 B 满足什么条件时，有 $\lim\limits_{k\to\infty} B^k = 0$, 这里是指当 $k \to \infty$ 时， B^k 趋于零矩阵.

定理 3.2.4 (迭代法基本定理)

设方程组 $\boldsymbol{x} = B\boldsymbol{x} + \boldsymbol{f}$ 的迭代公式为

$$\boldsymbol{x}^{(k+1)} = B\boldsymbol{x}^{(k)} + \boldsymbol{f} \quad (k = 0, 1, 2, \cdots),$$

迭代序列为 $\{\boldsymbol{x}^{(k)}\}$, 则对任意选取的初始向量 $\boldsymbol{x}^{(0)}$, 迭代序列 $\{\boldsymbol{x}^{(k)}\}$ 收敛的充要条件是矩阵 B 的谱半径 $\rho(B) < 1$.

证明 设 $A = I - B$, 方程组 $A\boldsymbol{x} = \boldsymbol{f}$ 有唯一解, 记为 $\boldsymbol{x}^*$.

充分性: 设 $\rho(B) < 1$, 则由 $\boldsymbol{x}^*$ 是方程组 $A\boldsymbol{x}^* = \boldsymbol{f}$ 的解可得

$$\boldsymbol{x}^* = B\boldsymbol{x}^* + \boldsymbol{f},$$

误差向量

$$\boldsymbol{x}^{(k)} - \boldsymbol{x}^* = \varepsilon^{(k)} = B^k\varepsilon^{(0)} = B^k(\boldsymbol{x}^{(0)} - \boldsymbol{x}^*),$$

从而由 $\rho(B) < 1$ 及定理 3.2.4 可得

$$\lim_{k\to\infty}(\boldsymbol{x}^{(k)} - \boldsymbol{x}^*) = \lim_{k\to\infty} B^k(\boldsymbol{x}^{(0)} - \boldsymbol{x}^*) = 0.$$

由此可知, 对任意选取的初始向量 $\boldsymbol{x}^{(0)}$, 有

$$\lim_{k\to\infty} \boldsymbol{x}^{(k)} = \boldsymbol{x}^*.$$

必要性: 设对任意选取初始向量 $\boldsymbol{x}^{(0)}$ 及对应迭代法

$$\boldsymbol{x}^{(k+1)} = B\boldsymbol{x}^{(k)} + \boldsymbol{f} \quad (k = 0, 1, 2, \cdots)$$

的迭代序列 $\{\boldsymbol{x}^{(k)}\}$, 有

$$\lim_{k\to\infty} \boldsymbol{x}^{(k)} = \boldsymbol{x}^*,$$

则

$$\lim_{k\to\infty} B^k(\boldsymbol{x}^{(0)} - \boldsymbol{x}^*) = \lim_{k\to\infty}(\boldsymbol{x}^{(k)} - \boldsymbol{x}^*) = 0,$$

从而由 $\boldsymbol{x}^{(0)}$ 的任意性可得

$$\lim_{k\to\infty} B^k = 0.$$

由定理 3.2.4 可知, $\rho(B) < 1$.

推论 3.2.5 设 A 为非奇异矩阵, 按式 (3.2.7) 可表示为 $A = D + L + U$, 且 D 为非奇异对角阵, 则解方程组 $A\boldsymbol{x} = \boldsymbol{b}$ 的迭代法有如下结论:

(1) 雅可比迭代法收敛的充要条件是 $\rho(\boldsymbol{J}) < 1$, 其中

$$\boldsymbol{J} = -D^{-1}(L + U);$$

(2) 高斯－塞德尔迭代法收敛的充要条件是 $\rho(\boldsymbol{G})<1$, 其中

$$\boldsymbol{G}=-(D+L)^{-1}U;$$

(3) SOR 方法收敛的充要条件是 $\rho(\boldsymbol{L}_\omega)<1$, 其中

$$\boldsymbol{L}_\omega=(D+\omega L)^{-1}(D-\omega D-\omega U).$$

例 3.2.5 讨论用雅可比方法解方程组

$$\begin{cases}8x_1-\ \ 3x_2+\ \ 2x_3=20,\\4x_1+11x_2-\quad x_3=33,\\6x_1+\ \ 3x_2+12x_3=36\end{cases}$$

的收敛性.

解 迭代矩阵 $\boldsymbol{J}$ 的特征方程为

$$\det(\lambda I-\boldsymbol{J})=\lambda^3+0.034090909\lambda+0.39772727=0,$$

解得特征根为

$$\lambda_1=-0.3082,\quad \lambda_2=0.1541+\mathrm{i}0.3245,\quad \lambda_3=0.1541-\mathrm{i}0.3245,$$

从而由

$$|\lambda_1|=0.30821<1,\quad |\lambda_2|=|\lambda_3|=|0.1541+\mathrm{i}0.3245|<1$$

可得 $\rho(\boldsymbol{J})<1$. 由推论 3.2.5 可知，用雅可比迭代法解此方程组是收敛的.

例 3.2.6 讨论用雅可比迭代法

$$\boldsymbol{x}^{(k+1)}=B\boldsymbol{x}^{(k)}+\boldsymbol{f}\quad (k=0,1,2,\cdots)$$

解方程组 $\boldsymbol{x}=B\boldsymbol{x}+\boldsymbol{f}$ 的收敛性，其中 $B=\begin{pmatrix}0&2\\3&0\end{pmatrix}$, $\boldsymbol{f}=\begin{pmatrix}5\\5\end{pmatrix}$.

解 迭代矩阵 $\boldsymbol{J}$ 的特征方程为

$$\det(\lambda I-\boldsymbol{J})=\lambda^2-6=0,$$

解得特征根为

$$\lambda_1=\sqrt{6},\quad \lambda_2=-\sqrt{6},$$

从而由 $\rho(B)>1$ 可知，用雅可比迭代法解此方程组不收敛.

迭代法的基本定理在理论上是重要的，但在实际求矩阵全部特征值时是有困难的. 利用不等式 $\rho(B)\leqslant\|B\|$, 我们可以建立判别迭代法收敛的充分条件.

定理 3.2.6 (迭代法收敛的充分条件)

设方程组 $\boldsymbol{x} = B\boldsymbol{x} + \boldsymbol{f}$ 的迭代方程为

$$\boldsymbol{x}^{(k+1)} = \boldsymbol{B}x^{(k)} + \boldsymbol{f} \quad (k = 0, 1, 2, \cdots),$$

并且 n 阶矩阵 B 的某种范数满足 $\|B\| = q < 1$, 则该迭代法收敛, 即对任意初始向量 $\boldsymbol{x}^{(0)}$, 有

$$\lim_{k\to\infty} \boldsymbol{x}^{(k)} = \boldsymbol{x}^*,$$

其中 x^* 为方程组 $\boldsymbol{x} = B\boldsymbol{x} + \boldsymbol{f}$ 的唯一解, 并且下列不等式成立:

$$\|\boldsymbol{x}^* - \boldsymbol{x}^{(k)}\| \leqslant q^k \|\boldsymbol{x}^* - \boldsymbol{x}^{(0)}\|;$$

$$\|\boldsymbol{x}^* - \boldsymbol{x}^{(k)}\| \leqslant \frac{q}{1-q} \|\boldsymbol{x}^{(k)} - \boldsymbol{x}^{(k-1)}\|;$$

$$\|\boldsymbol{x}^* - \boldsymbol{x}^{(k)}\| \leqslant \frac{q^k}{1-q} \|\boldsymbol{x}^{(1)} - \boldsymbol{x}^{(0)}\|.$$

在科学及工程计算中, 常常要求系数矩阵具有某些特性的方程组 $A\boldsymbol{x} = \boldsymbol{b}$ 的解. 例如, A 具有对角占优性质, 或 A 为不可约阵, 或 A 是对称正定阵等, 下面讨论用基本迭代法解这些方程组的收敛性.

定义 3.2.2 对于给定的矩阵 $A = (a_{ij})_{n\times n}$, 如果 A 的元素满足

$$|a_{ii}| > \sum_{\substack{j=1 \\ j\neq i}}^{n} |a_{ij}| \quad (i = 1, 2, \cdots, n),$$

则称 A 为严格对角占优矩阵; 如果 A 的元素满足

$$|a_{ii}| \geqslant \sum_{\substack{j=1 \\ j\neq i}}^{n} |a_{ij}| \quad (i = 1, 2, \cdots, n),$$

且上式至少有 1 个严格不等式成立, 则称 A 为弱对角占优矩阵.

定义 3.2.3 设 A 为 n 阶矩阵, 如果存在正交矩阵 P, 使得

$$P^T A P = \begin{pmatrix} A_{11} & A_{12} \\ O & A_{22} \end{pmatrix}$$

$$= \begin{pmatrix} d_{11} & \cdots & d_{1r} & d_{1\,r+1} & \cdots & d_{1n} \\ \vdots & & \vdots & \vdots & & \vdots \\ d_{r1} & \cdots & d_{rr} & d_{r\,r+1} & \cdots & d_{rn} \\ 0 & \cdots & 0 & d_{r+1\,r+1} & \cdots & d_{1n} \\ \vdots & & \vdots & \vdots & & \vdots \\ 0 & \cdots & 0 & d_{n\,r+1} & \cdots & d_{nn} \end{pmatrix} \quad (1 \leqslant r < n),$$

则称 A 为可约矩阵; 否则称 A 为不可约矩阵.

由定义 3.2.3 可知，如果 A 所有元素都非零，则 A 为不可约矩阵．容易验证，下列矩阵

$$A=\begin{pmatrix} b_1 & c_1 & & & \\ a_2 & b_2 & c_2 & & \\ & \ddots & \ddots & \ddots & \\ & & a_{n-1} & b_{n-1} & c_{n-1} \\ & & & a_n & b_n \end{pmatrix},\quad B=\begin{pmatrix} 4 & -1 & -1 & 0 \\ -1 & 4 & 0 & -1 \\ -1 & 0 & 4 & -1 \\ 0 & -1 & -1 & 4 \end{pmatrix}$$

都是不可约矩阵，其中 a_i, b_i, c_i 都不为零．如果 A 为可约矩阵，则 A 可经过若干次初等变换后化为如下的对角形分块矩阵

$$P^TAP=\begin{pmatrix} A_{11} & A_{12} \\ O & A_{22} \end{pmatrix},$$

这说明方程组 $A\boldsymbol{x}=\boldsymbol{b}$ 可化为两个低阶方程组求解，即方程组 $A\boldsymbol{x}=\boldsymbol{b}$ 可化为

$$P^TAP(P^T\boldsymbol{x})=P^T\boldsymbol{b}.$$

如果引入如下记号

$$P^T\boldsymbol{x}=\begin{pmatrix} \boldsymbol{y}_1 \\ \boldsymbol{y}_2 \end{pmatrix},\quad \boldsymbol{y}_1=\begin{pmatrix} y_1 \\ \vdots \\ y_r \end{pmatrix},\quad \boldsymbol{y}_2=\begin{pmatrix} y_{r+1} \\ \vdots \\ y_n \end{pmatrix},$$

$$P^T\boldsymbol{b}=\begin{pmatrix} \boldsymbol{d}_1 \\ \boldsymbol{d}_2 \end{pmatrix},\quad \boldsymbol{d}_1=\begin{pmatrix} d_1 \\ \vdots \\ d_r \end{pmatrix},\quad \boldsymbol{d}_2=\begin{pmatrix} d_{r+1} \\ \vdots \\ d_n \end{pmatrix},$$

则求解方程组 $A\boldsymbol{x}=\boldsymbol{b}$ 转化为求解方程组

$$\begin{cases} A_{11}\boldsymbol{y}_1+A_{12}\boldsymbol{y}_2=\boldsymbol{d}_1, \\ \qquad\qquad A_{22}\boldsymbol{y}_2=\boldsymbol{d}_2, \end{cases}$$

从而由上式第 2 个方程组求出 $\boldsymbol{y}_2$, 再代入第 1 个方程组求出 $\boldsymbol{y}_1$ 即可．

下面不加证明地给出几个定理．

定理 3.2.7 (对角占优定理)

严格对角占优矩阵和不可约弱对角占优矩阵均为非奇异矩阵．

定理 3.2.8 如果 A 为严格对角占优阵，则解方程组 $A\boldsymbol{x}=\boldsymbol{b}$ 的雅可比迭代法、高斯 - 塞德尔迭代法均收敛．

定理 3.2.9 如果 A 为弱对角占优阵且为不可约矩阵，则解方程组 $A\boldsymbol{x}=\boldsymbol{b}$ 的雅可比迭代法、高斯 - 塞德尔迭代法均收敛.

SOR 方法解方程组 $A\boldsymbol{x}=\boldsymbol{b}$ 时，需要选择松弛因子 ω, 下面的定理说明在什么范围内取松弛因子 ω 值， SOR 方法才可能收敛.

定理 3.2.10 (SOR 方法收敛的必要条件)
如果解方程组 $A\boldsymbol{x}=\boldsymbol{b}$ 的 SOR 迭代法收敛，则其松弛因子满足 $0<\omega<2$.

定理 3.2.11 如果 A 为对称正定矩阵， ω 是 SOR 方法解方程组 $A\boldsymbol{x}=\boldsymbol{b}$ 的松弛因子，且 $0<\omega<2$, 则解方程组 $A\boldsymbol{x}=\boldsymbol{b}$ 的 SOR 迭代法收敛.

定理 3.2.12 如果 A 为严格对角占优矩阵或不可约弱对角占优矩阵, ω 是 SOR 方法解方程组 $A\boldsymbol{x}=\boldsymbol{b}$ 的松弛因子，且 $0<\omega\leqslant 1$, 则解方程组 $A\boldsymbol{x}=\boldsymbol{b}$ 的 SOR 迭代法收敛.

SOR 迭代法的算法:

设 A 为对称正定矩阵或为严格对角占优阵或为不可约弱对角占优矩阵等，用 SOR 迭代法求解方程组 $A\boldsymbol{x}=\boldsymbol{b}$, 数组 $x(n)$ 存放 $\boldsymbol{x}^{(0)}$ 及 $\boldsymbol{x}^{(k)}$, 用 $p_0=\max\limits_{1\leqslant i\leqslant n}|\Delta x_i|<\varepsilon$ 控制迭代终止，用 N_0 表示最大迭代次数.

(1) $k\leftarrow 0$

(2) $x_i\leftarrow 0.0\ (i=1,2,\cdots,n)$

(3) $k\leftarrow k+1$

(4) $p_0\leftarrow 0.0$

(5) 对于 $i=1,2,\cdots,n$

  a. $p\leftarrow \Delta x_i=\omega*\dfrac{1}{a_{ii}}\Big(b_i-\sum\limits_{j=1}^{i-1}a_{ij}x_j-\sum\limits_{j=i}^{n}a_{ij}x_j\Big)$

  b. 如果 $|p|>p_0$, 则 $p_0\leftarrow|p|$

  c. $x_i\leftarrow x_i+p$

(6) 输出 p_0

(7) 如果 $p_0<\varepsilon$, 则输出 k, ω, $\boldsymbol{x}$, 停机

(8) 如果 $k<N_0$, 则转 (3)

(9) 输出 N_0 及有关信息

注 可用 $\|\boldsymbol{r}^{(k)}\|_\infty<\varepsilon$ 来控制迭代终止，其中 $\boldsymbol{r}^{(k)}=\boldsymbol{b}-A\boldsymbol{x}^{(k)}$.

3.3　解非线性方程组的牛顿迭代法

考虑方程组

$$\begin{cases} f_1(x_1, x_2, \cdots, x_n) = 0, \\ f_2(x_1, x_2, \cdots, x_n) = 0, \\ \cdots\cdots\cdots\cdots\cdots\cdots, \\ f_n(x_1, x_2, \cdots, x_n) = 0, \end{cases} \tag{3.3.1}$$

其中 $f_1, f_2, \cdots, f_n$ 均为 $(x_1, x_2, \cdots, x_n)$ 的多元函数. 若引入向量记号

$$\boldsymbol{x} = \begin{pmatrix} x_1 \\ x_2 \\ \vdots \\ x_n \end{pmatrix}, \quad \boldsymbol{F} = \begin{pmatrix} f_1 \\ f_2 \\ \vdots \\ f_n \end{pmatrix},$$

则方程组 (3.3.1) 可写成

$$F(\boldsymbol{x}) = 0. \tag{3.3.2}$$

当 $n \geqslant 2$, 且 $f_i\ (i = 1, 2, \cdots, n)$ 中至少有 1 个是自变量 $x_i\ (i = 1, 2, \cdots, n)$ 的非线性函数时, 则称方程组 (3.3.1) 为非线性方程组.

非线性方程组求根问题是前面介绍的方程 (即 $n = 1$) 求根的直接推广, 实际上只要将前面介绍的单变量函数 $f(x)$ 看成向量函数 $\boldsymbol{F}(\boldsymbol{x})$, 则可将单变量方程求根方法推广到方程组 (3.3.2).

事实上, 若已给出方程组 (3.3.2) 的 1 个近似根 $\boldsymbol{x}^{(k)} = (x_1^{(k)}, x_2^{(k)}, \cdots, x_n^{(k)})^T$, 将函数 $\boldsymbol{F}(\boldsymbol{x})$ 的分量 $f_i(\boldsymbol{x})\ (i = 1, \cdots, n)$ 在 $\boldsymbol{x}^{(k)}$ 用多元函数泰勒展开, 并取其线性部分, 则可表示为

$$\boldsymbol{F}(\boldsymbol{x}) \approx \boldsymbol{F}(\boldsymbol{x}^{(k)}) + \boldsymbol{F}'(\boldsymbol{x}^{(k)})(\boldsymbol{x} - \boldsymbol{x}^{(k)}).$$

令上式右端为零, 得到线性方程组

$$\boldsymbol{F}'(\boldsymbol{x}^{(k)})(\boldsymbol{x} - \boldsymbol{x}^{(k)}) = -\boldsymbol{F}(\boldsymbol{x}^{(k)}), \tag{3.3.3}$$

其中

$$\boldsymbol{F}'(\boldsymbol{x}) = \begin{pmatrix} \dfrac{\partial f_1(\boldsymbol{x})}{\partial x_1} & \dfrac{\partial f_1(\boldsymbol{x})}{\partial x_2} & \cdots & \dfrac{\partial f_1(\boldsymbol{x})}{\partial x_n} \\ \dfrac{\partial f_2(\boldsymbol{x})}{\partial x_1} & \dfrac{\partial f_2(\boldsymbol{x})}{\partial x_2} & \cdots & \dfrac{\partial f_2(\boldsymbol{x})}{\partial x_n} \\ \cdots & \cdots & \cdots & \cdots \\ \dfrac{\partial f_n(\boldsymbol{x})}{\partial x_1} & \dfrac{\partial f_n(\boldsymbol{x})}{\partial x_2} & \cdots & \dfrac{\partial f_n(\boldsymbol{x})}{\partial x_n} \end{pmatrix}. \tag{3.3.4}$$

称式 (3.3.4) 右端矩阵为 $\boldsymbol{F}(\boldsymbol{x})$ 的雅可比矩阵.

求解线性方程组 (3.3.3), 其解记为 $\boldsymbol{x}^{(k+1)}$, 则得到迭代方程

$$\boldsymbol{x}^{(k+1)}=\boldsymbol{x}^{(k)}-[\boldsymbol{F}'(\boldsymbol{x}^{(k)})]^{-1}\boldsymbol{F}(\boldsymbol{x}^{(k)})\quad(k=0,1,2,\cdots),\tag{3.3.5}$$

这就是解非线性方程组 (3.3.2) 的牛顿迭代法.

例 3.3.1 给定初值 $\boldsymbol{x}^{(0)}=(1.5,1.0)^T$, 用牛顿法求解方程组

$$\begin{cases}f_1(x_1,x_2)=x_1+2x_2-3=0,\\ f_2(x_1,x_2)=2x_1^2+x_2^2-5=0.\end{cases}$$

解 作向量函数

$$\boldsymbol{F}(\boldsymbol{x})=\begin{pmatrix}f_1(x_1,x_2)\\ f_2(x_1,x_2)\end{pmatrix}=\begin{pmatrix}x_1+2x_2-3\\ 2x_1^2+x_2^2-5\end{pmatrix},$$

则 $\boldsymbol{F}(\boldsymbol{x})$ 的雅可比矩阵为

$$\boldsymbol{F}'(\boldsymbol{x})=\begin{pmatrix}\dfrac{\partial f_1}{\partial x_1} & \dfrac{\partial f_1}{\partial x_2}\\ \dfrac{\partial f_2}{\partial x_1} & \dfrac{\partial f_2}{\partial x_2}\end{pmatrix}=\begin{pmatrix}1 & 2\\ 4x_1 & 2x_2\end{pmatrix},$$

并且当 $2x_2-8x_1\neq 0$ 时，其 $\boldsymbol{F}'(\boldsymbol{x})$ 的逆矩阵为

$$[\boldsymbol{F}'(\boldsymbol{x})]^{-1}=\frac{1}{2x_2-8x_1}\begin{pmatrix}2x_2 & -2\\ -4x_1 & 1\end{pmatrix},$$

从而由牛顿法 (3.3.5) 得到迭代方程

$$\boldsymbol{x}^{(k+1)}=\boldsymbol{x}^{(k)}-\frac{1}{2x_2^{(k)}-8x_1^{(k)}}\begin{pmatrix}2x_2^{(k)} & -2\\ -4x_1^{(k)} & 1\end{pmatrix}\begin{pmatrix}x_1^{(k)}+2x_2^{(k)}-3\\ 2(x_1^{(k)})^2+(x_2^{(k)})^2-5\end{pmatrix},$$

即

$$\begin{cases}x_1^{(k+1)}=x_1^{(k)}-\dfrac{(x_2^{(k)})^2-2(x_1^{(k)})^2+x_1^{(k)}x_2^{(k)}-3x_2^{(k)}+5}{x_2^{(k)}-4x_1^{(k)}},\\[2ex] x_2^{(k+1)}=x_2^{(k)}-\dfrac{(x_2^{(k)})^2-2(x_1^{(k)})^2-8x_1^{(k)}x_2^{(k)}+12x_2^{(k)}-5}{2(x_2^{(k)}-4x_1^{(k)})}\end{cases}\quad(k=0,1,2,\cdots).$$

将给定初值 $\boldsymbol{x}^{(0)}=(1.5,1.0)^T$ 代入迭代方程，逐次迭代得到

$$\boldsymbol{x}^{(1)}=\begin{pmatrix}1.5\\ 0.75\end{pmatrix},\quad \boldsymbol{x}^{(2)}=\begin{pmatrix}1.488095\\ 0.755952\end{pmatrix},\quad \boldsymbol{x}^{(3)}=\begin{pmatrix}1.488034\\ 0.755983\end{pmatrix},$$

其中 $\boldsymbol{x}^{(3)}$ 的每一位都是有效数字.

3.4 消去法

求解线性方程组的另一类重要方法是直接法. 最基本的一种直接法是消去法, 消去法解方程组是一种古老的方法, 但用在计算机上仍然十分有效. 消去法的基本思想是, 通过对方程组 $A\boldsymbol{x} = \boldsymbol{b}$ 作初等变换, 将方程组的系数矩阵 A 化为对角阵或上三角阵的过程, 而当系数矩阵 A 为对角阵或上三角阵时, 此方程组即可求解. 本节将介绍约当 (Jordan) 消去法和高斯消去法.

3.4.1 约当消去法

例 3.4.1 用消去法求解方程组

$$\begin{cases} 2x_1 - x_2 + 3x_3 = 1, \\ 4x_1 + 2x_2 + 5x_3 = 4, \\ x_1 + 2x_2 = 7. \end{cases}$$

解 先将方程组的第 1 个方程中 x_1 的系数化为 1, 并消去其余方程中的 x_1, 得

$$\begin{cases} x_1 - 0.5x_2 + 1.5x_3 = 0.5, \\ 4x_2 - x_3 = 2, \\ 2.5x_2 - 1.5x_3 = 6.5, \end{cases}$$

再将上面方程组的第 2 个方程中 x_2 的系数化为 1, 并消去其余方程中的 x_2, 得

$$\begin{cases} x_1 + 1.375x_3 = 0.75, \\ x_2 - 0.25x_3 = 0.5, \\ -0.875x_3 = 5.25, \end{cases}$$

最后将上面方程组的第 3 个方程中 x_3 的系数化为 1, 并消去其余方程中的 x_3, 得到所求的解

$$\begin{cases} x_1 = 9, \\ x_2 = -1, \\ x_3 = -6. \end{cases}$$

上述算法就是所谓的约当消去法, 其特点是, 它的每 1 步仅在 1 个方程中保留某个变元, 而从其余的各个方程中消去该变元, 这样经过反复消元后, 所给方程组最终被加工成 1 个方程仅含 1 个变元的形式, 从而得出所求的解.

3.4.2 高斯消去法

高斯消去法是约当消去法的一种改进, 它较约当消去法进一步节省了计算量. 为了说明高斯消去法的计算步骤, 再求解 3.4.1 的方程组.

事实上，先将原方程组的第 1 个方程中 x_1 的系数化为 1, 并消去其余方程中的 x_1, 得

$$\begin{cases} x_1 - 0.5x_2 + 1.5x_3 = 0.5, \\ \qquad 4x_2 - \quad x_3 = 2, \\ \quad 2.5x_2 - 1.5x_3 = 6.5, \end{cases}$$

再将上面方程组的第 2 个方程中 x_2 的系数化为 1, 并消去第 3 个方程中的 x_2 后，再将第 3 个方程中 x_3 的系数化为 1, 得

$$\begin{cases} x_1 - 0.5x_2 + \ 1.5x_3 = 0.5, \\ \qquad\quad x_2 - 0.25x_3 = 0.5, \\ \qquad\qquad\qquad x_3 = -6, \end{cases}$$

最后将上面方程组中的第 3 个回代到第 2 个方程，然后将第 2 个方程得到的结果和第 3 个方程再回代到第 1 个方程，即得到解

$$\begin{cases} x_1 \qquad\qquad = 9, \\ \quad x_2 \qquad = -1, \\ \qquad\quad x_3 = -6. \end{cases}$$

高斯消去法分消元过程和回代过程两个环节，现就一般形式的方程组

$$\sum_{j=1}^{n} a_{ij}x_j = b_i \quad (i = 1, 2, \cdots, n) \tag{3.4.1}$$

给出高斯消去法的计算公式.

首先对方程组进行消元. 消元过程的第 1 步与约当消去法相同，即将所给方程组 (3.4.1) 加工成如下形式

$$\begin{cases} x_1 + \sum\limits_{j=2}^{n} a_{1j}^{(1)} x_j = b_1^{(1)}, \\ \qquad \sum\limits_{j=2}^{n} a_{ij}^{(1)} x_j = b_i^{(1)} \quad (i = 2, 3, \cdots, n). \end{cases}$$

我们保留其中的第 1 个方程

$$x_1 + \sum_{j=2}^{n} a_{1j}^{(1)} x_j = b_1^{(1)},$$

剩下的是关于变元 x_j $(j = 2, 3, \cdots, n)$ 的 $n-1$ 阶方程组 (较原方程组降了 1 阶)

$$\sum_{j=2}^{n} a_{ij}^{(1)} x_j = b_i^{(1)} \quad (i = 2, 3, \cdots, n),$$

再将所得到的方程组施行消元，使之变成

$$\begin{cases} x_2 + \sum\limits_{j=3}^{n} a_{2j}^{(2)} x_j = b_2^{(2)}, \\ \qquad \sum\limits_{j=3}^{n} a_{ij}^{(2)} x_j = b_i^{(2)} \quad (i = 3, 4, \cdots, n). \end{cases}$$

如此继续下去，这样经过 $k-1$ 步消元以后，我们依次得出 $k-1$ 个方程

$$x_i + \sum_{j=i+1}^{n} a_{ij}^{(i)} x_j = b_i^{(i)} \quad (i=1,2,\cdots,k-1)$$

和关于变元 x_j $(j=k,k+1,\cdots,n)$ 的 $n-k+1$ 阶方程组

$$\sum_{j=k}^{n} a_{ij}^{(k-1)} x_j = b_i^{(k-1)} \quad (i=k,k+1,\cdots,n).$$

第 k 步将上面的 $n-k+1$ 阶方程组加工成

$$\begin{cases} x_k + \sum\limits_{j=k+1}^{n} a_{kj}^{(k)} x_j = b_k^{(k)}, \\ \qquad \sum\limits_{j=k+1}^{n} a_{ij}^{(k)} x_j = b_i^{(k)} \quad (i=k+1,k+2,\cdots,n), \end{cases}$$

其中

$$\begin{cases} a_{kj}^{(k)} = \dfrac{a_{kj}^{(k-1)}}{a_{kk}^{(k-1)}} \quad (j=k+1,k+2,\cdots,n), \\ b_k^{(k)} = \dfrac{b_k^{(k-1)}}{a_{kk}^{(k-1)}}, \\ a_{ij}^{(k)} = a_{ij}^{(k-1)} - a_{ik}^{(k-1)} \cdot a_{kj}^{(k)} \quad (i,j=k+1,k+2,\cdots,n), \\ b_i^{(k)} = b_i^{(k-1)} - a_{ik}^{(k-1)} \cdot b_k^{(k)} \quad (i=k+1,k+2,\cdots,n). \end{cases} \tag{3.4.2}$$

上述消元过程直到第 n 步后，所给方程组 (3.4.1) 被加工成下列形式

$$x_i + \sum_{j=i+1}^{n} a_{ij}^{(i)} x_j = b_i^{(i)} \quad (i=1,2,\cdots,n). \tag{3.4.3}$$

下面对方程组进行回代过程. 方程组 (3.4.3) 的求解很方便，只需对方程组

$$\begin{cases} x_1 + a_{12}^{(1)} x_2 + a_{13}^{(1)} x_3 + \cdots + a_{1n-1}^{(1)} x_{n-1} + a_{1n}^{(1)} x_n = b_1^{(1)}, \\ \qquad x_2 + a_{23}^{(2)} x_3 + \cdots + a_{2n-1}^{(2)} x_{n-1} + a_{2n}^{(2)} x_n = b_2^{(2)}, \\ \qquad \cdots\cdots \quad \cdots\cdots \quad \cdots\cdots \quad \cdots\cdots \quad \cdots, \\ \qquad\qquad x_{n-1} + a_{n-1}^{(n-1)} x_n = b_{n-1}^{(n-1)}, \\ \qquad\qquad\qquad x_n = b_n^{(n)} \end{cases}$$

自下而上逐步回代得

$$\begin{cases} x_n = b_n^{(0)}, \\ x_i = b_i^{(i)} - \sum\limits_{j=i+1}^{n} a_{ij}^{(i)} x_j \quad (i=n-1,\cdots,1). \end{cases} \tag{3.4.4}$$

综上所述, 高斯消去法的计算过程是, 先用初值按式 (3.4.2) 计算系数 $a_{ij}^{(k)}$, $b_i^{(k)}$, 然后再按式 (3.4.4) 求得解 x_i, 其算法如下:

(1) 消元过程:

当 $k=1,2,\cdots,n-1$ 时

a. 对 $i=k+1,k+2,\cdots,n$ 作 $l=\dfrac{a_{ik}}{a_{kk}}$

b. 对 $j=k+1,k+2,\cdots,n+1$ 作 $a_{ij}-la_{kj}\Rightarrow a_{ij}$

(2) 回代过程:

对 $k=n,n-1,\cdots,1$ 作 $\dfrac{1}{a_{kk}}\Big(a_{k,n+1}-\sum\limits_{j=k+1}^{n}a_{kj}x_j\Big)\Rightarrow x_k$

3.4.3 主元素消去法

再考察高斯消去法的消元过程，我们看到，其第 k 步要用 $a_{kk}^{(k-1)}$ 作分母，这就要求保证它们全不为 0.

一般线性方程组使用高斯消去法求解时, 即使 $a_{kk}^{(k-1)}$ 不为 0 但其绝对值很小, 舍入误差的影响也会严重地损失精度，实际计算时必须预防这类情况发生.

例 3.4.2 用高斯消去法求解方程组

$$\begin{cases}10^{-5}x_1+x_2=1,\\ \quad\quad\ \ x_1+x_2=2.\end{cases}$$

解 先将方程组的第 1 个方程除以 10^{-5}, 然后消去第 2 个方程中的 x_1, 得

$$\begin{cases}x_1+\quad\quad 10^5x_2=10^5,\\ \quad\quad (1-10^5)x_2=2-10^5.\end{cases}$$

取 4 位浮点十进制进行计算，则由 ($\triangleq$ 表示对阶舍入的计算过程)

$$1-10^5\triangleq -10^5,\quad 2-10^5\triangleq -10^5$$

可知，这时上面方程的形式为

$$\begin{cases}x_1+10^5x_2=10^5,\\ \quad\quad\quad\ \ x_2\ \ =1.\end{cases}$$

由此回代解出 $x_1=0,\ x_2=1$.

这个结果严重失真. 追其根源，是由于所用的除数太小，使得原方程组在消元过程中“吃掉”原方程组的第 2 个方程. 避免这类失误的一种有效方法是，在消元前先调整方程的次序. 例如，将例 3.4.2 中的方程组改写为

$$\begin{cases}\quad\quad\ \ x_1+x_2=2,\\ 10^{-5}x_1+x_2=1.\end{cases}$$

再进行消元，得

$$\begin{cases}x_1+\quad\quad\quad\quad x_2=2,\\ \quad\quad (1-10^{-5})x_2=1-2\times10^{-5}.\end{cases}$$

由 ($\triangleq$ 表示对阶舍入的计算过程)

$$1 - 10^{-5} \triangleq 1, \quad 1 - 2 \times 10^{-5} \triangleq 1$$

可知，这是上面的方程组的形式为

$$\begin{cases} x_1 + x_2 = 2, \\ \qquad\ x_2 = 1. \end{cases}$$

由此回代解出 $x_1 = x_2 = 1$. 这个结果是正确的.

为何上述两种解法计算结果相差如此之大？原因就在于第一种解法进行消元时用了绝对值较小的主元素 $a_{11} = 0.00001$ 作除数，因此带来了较大的误差. 而第二种解法交换方程顺序后，用绝对值较大的主元素作除数，便有较好的稳定性.

我们在高斯消去法的消元过程中运用上述技巧，为此再考察第 k 步所要加工的方程组. 我们检查该方程组中变元 x_k 的各个系数 $a_{kk}^{(k-1)}, a_{k+1,k}^{(k-1)}, \cdots, a_{nk}^{(k-1)}$，从中挑选出按绝对值最大者，称之为第 k 步的主元素. 设主元素在第 l $(k \leqslant l \leqslant n)$ 个方程，即 $|a_{lk}^{(k-1)}| = \max\limits_{k \leqslant i \leqslant n} |a_{ik}^{(k-1)}|$, 若 $l \neq k$, 则我们先将第 l 个方程与第 k 个方程互易位置，使得新的 $a_{kk}^{(k-1)}$ 成为主元素，然后再着手消元，这一过程称为选主元素.

主元素消去法的基本思想是在逐次消元时总是选绝对值最大的元素作为主元素，常用的主元素消去法有列主元素消去法和全主元素消去法. 所谓列主元素消去法，简称列主元法，就是在第 k 次消元之前在 $a_{ik}^{(k-1)}$ $(i = k, k+1, \cdots, n)$ 中选出绝对值最大的元素，经行交换，将它置于 $a_{kk}^{(k-1)}$ 处再进行消元. 所谓全主元素消去法，简称全主元法，就是在第 k 次消元之前在 $a_{ij}^{(k-1)}$ $(i, j = k, k+1, \cdots, n)$ 中选出绝对值最大的元素，经行交换、列交换，将它置于 $a_{kk}^{(k-1)}$ 处，再进行消元.

可以证明，列主元法在计算过程中的舍入误差是基本能控制的，且其选主元的工作量相对较小，所以列主元法最常用.

列主元高斯消去法的算法：

(1) 消元过程：

对于 $k = 1, 2, \cdots, n-1$ 作

a. 选主元，即确定 r, 使得 $|a_{rk}| = \max\limits_{k \leqslant i \leqslant n} |a_{ik}|$

b. 若 a_{rk}=0 (说明系数矩阵奇异), 则输出奇异信息，然后结束

c. 若 $r \neq k$, 则交换增广矩阵的第 k 行和第 r 行，

即对 $j = k, k+1, \cdots, n+1$ 作 $a_{kj} \Leftrightarrow a_{rj}$

d. 对 $i = k+1, k+2, \cdots, n$, 计算 $l = \dfrac{a_{ik}}{a_{kk}}$,

对 $j = k+1, k+2, \cdots, n+1$ 作 $a_{ij} - l a_{kj} \Rightarrow a_{ij}$

(2) 回代过程：

对于 $k = n, n-1, \cdots, 1$ 作 $\dfrac{1}{a_{kk}}\left(a_{k,n+1} - \sum\limits_{j=k+1}^{n} a_{kj} x_j\right) \Rightarrow x_k$

现举一例，用以说明列主元高斯消去法的计算过程.

例 3.4.3 用列主元高斯消去法解方程组

$$\begin{cases} x_1 - \ \ x_2 - \ \ x_3 = -4, \\ 3x_1 - 4x_2 + 5x_3 = -12, \\ x_1 + \ \ x_2 + 2x_3 \ \ = 11. \end{cases}$$

解 消元过程列表如下 (表 3.4.1):

表 3.4.1 消元过程

	x_1	x_2	x_3	右端项	说明
(1)	1	−1	1	−4	
(2)	**3**	−4	5	−12	在第一列上选主元 3
(3)	1	1	2	11	
(4)	**3**	−4	5	−12	$(1) \longleftrightarrow (2)$
(5)	1	−1	1	−4	计算 $l_{21} = \frac{1}{3} = 0.33333$
(6)	1	1	2	11	$l_{31} = \frac{1}{3} = 0.33333$
(7)	3	−4	5	−12	$(5) - (4) \times l_{21}$
(8)	0	0.33332	−0.66665	0.00004	$(6) - (4) \times l_{31}$
(9)	0	**2**.33332	0.33335	14.99996	在第二列的子列上选主元 2.33332
(10)	3	−4	5	−12	
(11)	0	**2**.33332	0.33335	14.99996	$(8) \longleftrightarrow (9)$
(12)	0	0.33332	−0.66665	0.00004	计算 $l_{32} = \frac{0.33332}{2.33332} = 0.14285$
(13)	3	−4	5	−12	
(14)	0	2.33332	0.33335	14.99996	
(15)	0	0	−0.71427	−2.14270	$(12) - (11) \times l_{32}$

回代得

$$x_1 = -0.99972, \quad x_2 = 6.00002, \quad x_3 = 2.99985.$$

这里精确解是 $x_1 = -1$, $x_2 = 6$, $x_3 = 3$.

列主元高斯消去法在高斯消去法的基础上增加了选主元及行交换的操作，而运算次数并无改变，故其运算量仍约为 $\frac{n^3}{3}$.

定理 3.4.1 设方程组 $A\boldsymbol{x} = \boldsymbol{b}$ 的系数矩阵 $A = (a_{ij})_{n \times n}$ 为 n 阶实矩阵.

(1) 如果 $a_{kk}^{(k)} \neq 0 \ (k = 1, 2, \cdots, n)$, 则可通过高斯消去法将方程组 $A\boldsymbol{x} = \boldsymbol{b}$ 约化为等价的三角形方程组.

(2) 如果 A 为非奇异矩阵，则可通过高斯消去法 (及交换两行的初等变换) 将方程组 $A\boldsymbol{x}=\boldsymbol{b}$ 约化为等价的三角形方程组.

高斯消去法对于某些简单的矩阵可能会失效. 例如，当给定方程组的系数矩阵为 $A=\begin{pmatrix}0&1\\1&0\end{pmatrix}$ 情形时，需要对算法 1 进行修改，首先研究原来矩阵 A 在什么条件下才能保证 $a_{kk}^{(k)}\neq 0\ (k=1,2,\cdots,n)$. 下面的定理给出了这个条件.

定理 3.4.2 约化的主元素 $a_{ii}^{(i)}\neq 0\ (i=1,2,\cdots,k)$ 的充要条件是矩阵 A 的顺序主子式 $D_i\neq 0\ (i=1,2,\cdots,k)$, 即

$$D_i=\begin{vmatrix}a_{11}&a_{12}&\cdots&a_{1i}\\a_{21}&a_{22}&\cdots&a_{2i}\\\cdots&\cdots&\cdots&\cdots\\a_{i1}&a_{i2}&\cdots&a_{ii}\end{vmatrix}\neq 0\quad (i=1,2,\cdots,k).$$

推论 3.4.3 如果矩阵 A 的顺序主子式 $D_k\neq 0\ (k=1,2,\cdots,n-1)$, 则

$$a_{11}^{(1)}=D_1,\quad a_{kk}^{(k)}=\frac{D_k}{D_{k-1}}\quad (k=2,3,\cdots,n).$$

值得指出的是，有些特殊类型的方程组，可以保证 $|a_{kk}^{(k-1)}|$ 不会很小，从而不需要选主元.

定理 3.4.4 如果方程组 $A\boldsymbol{x}=\boldsymbol{b}$ 的系数矩阵 $A=(a_{ij})$ 是对角占优的，则用高斯消去法所得的各元素 $a_{kk}^{(k-1)}\ (k=1,2,\cdots,n)$ 全不为 0.

定理 3.4.5 如果方程组 $A\boldsymbol{x}=\boldsymbol{b}$ 的系数矩阵 $A=(a_{ij})$ 是对称的，并且是对角占优的，则用高斯消去法所得的各元素 $a_{kk}^{(k-1)}\ (k=1,2,\cdots,n)$ 全是主元素.

3.4.4　矩阵的 LU 分解

高斯消去法实质上产生了一个将 A 分解为两个三角形矩阵相乘的因式分解，于是我们得到如下重要定理，它在解方程组的直接法中起着重要作用.

定理 3.4.6 (矩阵的 LU 分解)

如果 n 阶矩阵 A 的顺序主子式 $D_i\neq 0\ (i=1,2,\cdots,n-1)$, 则 A 可分解为一个单位下三角矩阵 L 和一个上三角矩阵 U 乘积，且这种分解是唯一的.

证明 根据以上高斯消去法的矩阵分析，$A=LU$ 的存在性已经得到证明，现仅在 A 为非奇矩阵的假定下来证明唯一性，当 A 为奇异矩阵的情况留作练习.

假设存在单位下三角矩阵 L, L_1 和上三角矩阵 U, U_1, 使得

$$A=LU=L_1U_1,$$

则由 A 为非奇矩阵可知， L, U 和 L_1, U_1 均为非奇矩阵，故

$$L^{-1}L_1 = UU_1^{-1}.$$

上式右边为上三角矩阵，左边为单位下三角矩阵，从而上式两边都必须等于单位矩阵，故

$$U = U_1, \quad L = L_1.$$

▌

例 3.4.4 对于方程组 $A\boldsymbol{x} = \boldsymbol{b}$ 的系数矩阵

$$A = \begin{pmatrix} 1 & 1 & 1 \\ 0 & 4 & -1 \\ 2 & -2 & 1 \end{pmatrix},$$

由高斯消去法， $M_{21} = 0$, $M_{31} = 2$, $M_{32} = -1$, 故

$$A = \begin{pmatrix} 1 & 0 & 0 \\ 0 & 1 & 0 \\ 2 & -1 & 1 \end{pmatrix} \begin{pmatrix} 1 & 1 & 1 \\ 0 & 4 & -1 \\ 0 & 0 & -2 \end{pmatrix} = LU.$$

下面我们给出矩阵的直接 LU 分解法.

由定理 3.4.6 可知，当矩阵 A 的各阶顺序主子式均不为零时， A 的 LU 分解可以由高斯消去法的消元过程导出，也可以根据矩阵乘法公式直接得到.

设矩阵 $A = (a_{ij})$ 可分解为 $A = LU$, 其中

$$U = \begin{pmatrix} u_{11} & u_{12} & \cdots & u_{1n} \\ & u_{22} & \cdots & u_{2n} \\ & & \ddots & \vdots \\ & & & u_{nn} \end{pmatrix}, \quad L = \begin{pmatrix} 1 & & & \\ l_{21} & 1 & & \\ \vdots & \ddots & \ddots & \\ l_{n1} & \cdots & l_{nn-1} & 1 \end{pmatrix},$$

则由矩阵乘法公式可得

$$a_{1j} = u_{1j} \quad (j = 1, 2, \cdots, n),$$
$$a_{i1} = l_{i1}u_{11} \quad (i = 2, 3, \cdots, n),$$

从而

$$u_{1j} = a_{1j} \quad (j = 1, 2, \cdots, n),$$
$$l_{i1} = \frac{a_{i1}}{u_{11}} \quad (i = 2, 3, \cdots, n).$$

这样便确定了 U 的第一行元素和 L 的第一列元素.

假设已确定出 U 的前 $k-1$ 行和 L 的前 $k-1$ 列，则由矩阵乘法公式有

$$a_{kj}=\sum_{r=1}^{n}l_{kr}u_{rj},$$

当 $r>k$ 时，$l_{kr}=0$, 且 $l_{kk}=1$, 故

$$a_{kj}=\sum_{r=1}^{k-1}l_{kr}u_{rj}+u_{kj},$$

于是

$$u_{kj}=a_{kj}-\sum_{r=1}^{k-1}l_{kr}u_{rj}\quad(j=k,k+1,\cdots,n).$$

由此可算出 U 的第 k 行.

同理可推出 L 的第 k 列的计算公式

$$l_{ik}=\frac{1}{u_{kk}}\Big(a_{ik}-\sum_{r=1}^{k-1}l_{ir}u_{rk}\Big)\quad(i=k+1,k+2,\cdots,n).$$

综上可知，按照 U 的第一行、L 的第一列、U 的第二行、L 的第二列、$\cdots$、U 的第 $n-1$ 行、L 的第 $n-1$ 列、U 的第 n 行的顺序即可算出 L 和 U, 于是线性方程组 $A\boldsymbol{x}=\boldsymbol{b}$ 可写为

$$LU\boldsymbol{x}=\boldsymbol{b}.$$

令 $U\boldsymbol{x}=\boldsymbol{y}$, 则可得到一个下三角形方程组

$$L\boldsymbol{y}=\boldsymbol{b},$$

该方程组的解为

$$y_i=b_i-\sum_{j=1}^{i-1}l_{ij}y_j\quad(i=1,2,\cdots,n).$$

然后再求解上三角形方程组

$$U\boldsymbol{x}=\boldsymbol{y},$$

即可得到原方程组的解

$$x_i=\frac{1}{u_{ii}}\Big(y_i-\sum_{j=i+1}^{n}u_{ij}x_j\Big)\quad(i=n,n-1,\cdots,1).$$

这种利用矩阵 A 的 LU 分解来求解线性方程组 $A\boldsymbol{x}=\boldsymbol{b}$ 的方法称为 LU 分解法.

例 3.4.5 用 LU 分解法求解线性方程组 $A\boldsymbol{x}=\boldsymbol{b}$, 其中

$$A=\begin{pmatrix}5&7&9&10\\6&8&10&9\\7&10&8&7\\5&7&6&5\end{pmatrix},\quad \boldsymbol{x}=\begin{pmatrix}x_1\\x_2\\x_3\\x_4\end{pmatrix},\quad \boldsymbol{b}=\begin{pmatrix}31\\33\\32\\23\end{pmatrix}.$$

解 首先对系数矩阵 A 作 LU 分解.

事实上，由 $u_{1j}=a_{1j}\ (j=1,2,3,4)$ 可知，U 的第一行元素为

$$u_{11}=5,\quad u_{12}=7,\quad u_{13}=9,\quad u_{14}=10,$$

由 $l_{i1}=\dfrac{a_{i1}}{u_{11}}\ (i=2,3,4)$ 可知，L 的第一列元素为

$$l_{21}=\frac{a_{21}}{u_{11}}=\frac{6}{5}=1.2,\quad l_{31}=\frac{a_{31}}{u_{11}}=\frac{7}{5}=1.4,\quad l_{41}=\frac{a_{41}}{u_{11}}=\frac{5}{5}=1.$$

由 $u_{2j}=a_{2j}-\sum\limits_{r=1}^{2-1}l_{2r}u_{rj}\ (j=2,3,4)$ 可得 U 的第二行元素

$$\begin{aligned}u_{22}&=a_{22}-l_{21}u_{12}=8-1.2\times7=-0.4,\\u_{23}&=a_{23}-l_{21}u_{13}=10-1.2\times9=-0.8,\\u_{24}&=a_{24}-l_{21}u_{14}=9-1.2\times10=-3,\end{aligned}$$

由 $l_{i2}=\dfrac{1}{u_{22}}\Big(a_{i2}-\sum\limits_{r=1}^{2-1}l_{ir}u_{r2}\Big)\ (i=3,4)$ 可得 L 的第二列元素

$$\begin{aligned}l_{32}&=\frac{a_{32}-l_{31}u_{12}}{u_{22}}=\frac{10-1.4\times7}{-0.4}=-0.5,\\l_{42}&=\frac{a_{42}-l_{41}u_{12}}{u_{22}}=\frac{7-1\times7}{-0.4}=0.\end{aligned}$$

由 $u_{3j}=a_{3j}-\sum\limits_{r=1}^{3-1}l_{3r}u_{rj}\ (j=3,4)$ 可得 U 的第三行元素

$$\begin{aligned}u_{33}&=a_{33}-l_{31}u_{13}-l_{32}u_{23}=8-1.4\times9-(-0.5)\times(-0.8)=-5,\\u_{34}&=a_{34}-l_{31}u_{14}-l_{32}u_{24}=7-1.4\times10-(-0.5)\times(-3)=-8.5,\end{aligned}$$

由 $l_{i3}=\dfrac{1}{u_{33}}\Big(a_{i3}-\sum\limits_{r=1}^{3-1}l_{ir}u_{r3}\Big)\ (i=4)$ 可得 L 的第三列元素

$$l_{43}=\frac{a_{43}-l_{41}u_{13}-l_{42}u_{23}}{u_{33}}=\frac{6-1\times9-0\times(-0.8)}{-5}=0.6.$$

最后由 $u_{4j}=a_{4j}-\sum\limits_{r=1}^{4-1}l_{4r}u_{rj}\ (j=4)$ 可得 U 的第四行元素

$$\begin{aligned}u_{44}&=a_{44}-l_{41}u_{14}-l_{42}u_{24}-l_{43}u_{34}\\&=5-1\times10-0\times(-3)-0.6\times(-8.5)=0.1,\end{aligned}$$

从而所求的 LU 分解矩阵为

$$L=\begin{pmatrix}1&0&0&0\\1.2&1&0&0\\1.4&-0.5&1&0\\1&0&0.6&1\end{pmatrix},\quad U=\begin{pmatrix}5&7&9&10\\0&-0.4&-0.8&-3\\0&0&-5&-8.5\\0&0&0&0.1\end{pmatrix}.$$

下面求解方程组

$$\begin{pmatrix} 1 & 0 & 0 & 0 \\ 1.2 & 1 & 0 & 0 \\ 1.4 & -0.5 & 1 & 0 \\ 1 & 0 & 0.6 & 1 \end{pmatrix}\begin{pmatrix} y_1 \\ y_2 \\ y_3 \\ y_4 \end{pmatrix} = \begin{pmatrix} 31 \\ 33 \\ 32 \\ 23 \end{pmatrix},$$

由 $y_i = b_i - \sum\limits_{j=1}^{i-1} l_{ij} y_j \ (i = 1,2,3,4)$ 可得方程组 $L\boldsymbol{y} = \boldsymbol{b}$ 的解为

$$\boldsymbol{y} = \begin{pmatrix} y_1 \\ y_2 \\ y_3 \\ y_4 \end{pmatrix} = \begin{pmatrix} 31 \\ -4.2 \\ -13.5 \\ 0.1 \end{pmatrix}.$$

最后求解方程组

$$\begin{pmatrix} 5 & 7 & 9 & 10 \\ 0 & -0.4 & -0.8 & -3 \\ 0 & 0 & -5 & -8.5 \\ 0 & 0 & 0 & 0.1 \end{pmatrix}\begin{pmatrix} x_1 \\ x_2 \\ x_3 \\ x_4 \end{pmatrix} = \begin{pmatrix} 31 \\ -4.2 \\ -13.5 \\ 0.1 \end{pmatrix},$$

由 $x_i = \dfrac{1}{u_{ii}}\left(y_i - \sum\limits_{j=i+1}^{n} u_{ij} x_j\right) \ (i = 4,3,2,1)$ 可得方程组 $A\boldsymbol{x} = \boldsymbol{b}$ 的解为

$$\boldsymbol{x} = \begin{pmatrix} x_1 \\ x_2 \\ x_3 \\ x_4 \end{pmatrix} = \begin{pmatrix} 1 \\ 1 \\ 1 \\ 1 \end{pmatrix}.$$

LU 分解法的算法:

(1) 矩阵分解 $A = LU$

当 $k = 1,2,\cdots,n$ 时

a. 对 $j = k, k+1, \cdots, n$, 作 $\left(a_{kj} - \sum\limits_{r=1}^{k-1} l_{rk} u_{rj}\right) \Rightarrow u_{kj}$

b. 对 $i = k+1, k+2 \cdots, n$, 作 $\dfrac{1}{u_{kk}}\left(a_{ik} - \sum\limits_{r=1}^{k-1} l_{ir} u_{rk}\right) \Rightarrow l_{ik}$

(2) 解方程组 $L\boldsymbol{y} = \boldsymbol{b}$

对 $i = 1,2,\cdots,n$, 作 $\left(b_i - \sum\limits_{k=1}^{i-1} l_{ik} y_k\right) \Rightarrow y_i$

(3) 解方程组 $U\boldsymbol{x} = \boldsymbol{y}$

对 $i = n, n-1, \cdots, 1$, 作 $\dfrac{1}{u_{ii}}\left(y_i - \sum\limits_{k=i+1}^{n} u_{ik} x_k\right) \Rightarrow x_i$

若需节省存储单元, 也可将 L 存于原系数矩阵下三角中 (对角元 1 不存), 将 U 存于原系数矩阵上三角中.

3.5 追赶法

在一些实际问题中，例如解常微分方程边值问题，解热传导方程以及船体数学放样中建立三次样条函数等，都会得到解系数矩阵为对角占优的三对角方程组.

在数值计算中，譬如三次样条插值，或用差分方法解常微分方程边值问题，我们曾碰到了下列形式的方程组

$$\begin{cases} b_1x_1 + c_1x_2 = f_1, \\ a_2x_1 + b_2x_2 + c_2x_3 = f_2, \\ \cdots\ \cdots\ \cdots\ \cdots\ \cdots\ \cdots\ \cdots, \\ a_{n-1}x_{n-2} + b_{n-1}x_{n-1} + c_{n-1}x_n = f_{n-1}, \\ a_nx_{n-1} + b_nx_n = f_n, \end{cases} \tag{3.5.1}$$

用矩阵可将上面的方程组写成

$$A\boldsymbol{x} = \boldsymbol{f},$$

其中

$$A = \begin{pmatrix} b_1 & c_1 & & & \\ a_2 & b_2 & c_2 & & \\ & \ddots & \ddots & \ddots & \\ & & a_{n-1} & b_{n-1} & c_{n-1} \\ & & & a_n & b_n \end{pmatrix}, \quad \boldsymbol{x} = \begin{pmatrix} x_1 \\ x_2 \\ \vdots \\ x_{n-1} \\ x_n \end{pmatrix}, \quad \boldsymbol{f} = \begin{pmatrix} f_1 \\ f_2 \\ \vdots \\ f_{n-1} \\ f_n \end{pmatrix}. \tag{3.5.2}$$

这里系数矩阵 A 是一种特殊的稀疏阵，其非零元素集中分布在主对角线及其相邻两条次对角线上，称其为三对角阵，此时方程组 (3.5.1) 称为三对角方程组.

定理 3.5.1 假设对角占优矩阵 A 是由式 (3.5.2) 确定的三对角阵，即成立

$$|b_1| > |c_1|, \quad |b_i| > |a_i| + |c_i| \ \ (i = 2, 3, \cdots, n-1), \quad |b_n| > |a_n|,$$

则 A 是非奇异的，并且方程组 $A\boldsymbol{x} = \boldsymbol{f}$ 有唯一解.

由定理 3.5.1 可知，对角占优的三对角方程组有唯一解. 下面针对这种特殊形式的方程组提供一种行之有效的算法 —— 追赶法.

设方程组 (3.5.1) 的系数矩阵是对角占优阵, 现用高斯消去法求解方程组 (3.5.1).

(1) 消元过程.

先用方程组 (3.5.1) 的第一个方程消去第 2 个方程中的 x_1 项，再用所得的第 2 个方程消去第 3 个方程中的 x_2 项，这样顺序作下去，可将方程组 (3.5.1) 加工成如

下形式

$$\begin{cases} x_1 + u_1 x_2 = y_1, \\ x_2 + u_2 x_3 = y_2, \\ \cdots\cdots\cdots\cdots, \\ x_{n-1} + u_{n-1} x_n = y_{n-1}, \\ x_n = y_n, \end{cases} \tag{3.5.3}$$

其中系数

$$\begin{cases} u_1 = \dfrac{c_1}{b_1}, \\ y_1 = \dfrac{f_1}{b_1}, \\ u_i = \dfrac{c_i}{b_i - u_{i-1} a_i} \quad (i = 2, 3, \cdots, n-1), \\ y_i = \dfrac{f_i - y_{i-1} a_i}{b_i - u_{i-1} a_i} \quad (i = 2, 3, \cdots, n). \end{cases} \tag{3.5.4}$$

(2) 回代过程.

这样归结得出的方程组 (3.5.3) 实际上是一组递推关系式，它的求解公式为

$$x_n = y_n, \quad x_i = y_i - u_i x_{i+1} \quad (i = n-1, n-2, \cdots, 1). \tag{3.5.5}$$

综上所述，解方程组 (3.5.1) 的追赶法分“追”和“赶”两个环节:

(1) 追的过程 (消元过程).

按式 (3.5.4) 顺序 $u_1 \to u_2 \to \cdots \to u_{n-1}$，$y_1 \to y_2 \to \cdots \to y_n$ 计算方程组 (3.5.3) 系数和右端项.

(2) 赶的过程 (回代过程).

按式 (3.5.5) 逆序 $x_n \to x_{n-1} \to \cdots \to x_1$ 求出解.

可以看到,虽然追赶法的原理与高斯消去法相同,但由于它考虑到方程组 (3.5.1) 的具体特点,计算时将系数中的大量零元素撇开,从而大大地节省了计算量. 易知,上述追赶法的计算量仅为 $5n$ 次乘除法.

需要补充说明的是，为使追赶法的计算过程不致中断，必须保证式 (3.5.4) 的分母全不为 0. 据定理 3.4.4 可得

定理 3.5.2 假设对角占优矩阵 A 是由式 (3.5.2) 确定的三对角阵，则式 (3.5.4) 的分母 $d_1 = b_1$，$d_i = b_i - u_{i-1} a_i$ $(i = 2, 3, \cdots, n)$ 全不为 0.

在实际编制程序时，可用数据单元 c_i 和 d_i 分别存放中间结果 u_i 和 y_i, 在回代过程中又可将求得的解 x_i 再存进单元 d_i 而摈弃其中的老值 y_i.

由追赶法计算公式的推导过程可以看到，追赶法的关键在于，将所给方程组 (3.5.1) 加工成方程组 (3.5.3), 据此我们给出追赶法的矩阵解释.

事实上，利用矩阵分解可直接从 (3.5.1) 的系数矩阵 A 得出 (3.5.3) 的系数矩阵

$$U=\begin{pmatrix}1 & u_1 & & \\ & \ddots & \ddots & \\ & & 1 & u_{n-1} \\ & & & 1\end{pmatrix}. \tag{3.5.6}$$

矩阵 U 是比 A 更为简单的稀疏矩阵，其非零元素集中分布在主对角线及它上面的一条次对角线上，且主对角线上元素全为 1. 这种矩阵称为单位上二对角阵.

定理 3.5.3 假设对角占优矩阵 A 是由式 (3.5.2) 确定的三对角阵，则它可唯一地分解成矩阵 L 和 U 的乘积，即

$$A=LU,$$

其中 U 为形如 (3.5.6) 的单位上二对角阵，而 L 则为如下的下二对角阵

$$L=\begin{pmatrix}d_1 & & & \\ a_2 & d_2 & & \\ & \ddots & \ddots & \\ & & a_n & d_n\end{pmatrix},$$

这里矩阵 L 的非零元素集中分布在主对角线及它下面的一条次对角线上，且次对角线的元素与所给矩阵 (3.5.2) 相同.

对应于矩阵 $A=LU$ 的上述分解，方程组 $A\boldsymbol{x}=\boldsymbol{f}$ 可分解成

$$L\boldsymbol{y}=\boldsymbol{f}$$

和

$$U\boldsymbol{x}=\boldsymbol{y}$$

两个方程组来求解. 由

$$\begin{cases}d_1y_1=f_1, \\ a_iy_{i-1}+d_iy_i=f_i \quad (i=2,3,\cdots,n)\end{cases}$$

得方程组 $L\boldsymbol{y}=\boldsymbol{f}$ 的解为

$$y_1=\frac{f_1}{d_1},\quad y_i=\frac{f_i-a_iy_{i-1}}{d_i} \quad (i=2,3,\cdots,n).$$

而方程组 $U\boldsymbol{x}=\boldsymbol{y}$ 的求解公式已由式 (3.5.5) 给出.

上面的讨论表明，追赶法的一追一赶两个过程，其实质是将所给三对角方程组归结为下二对角方程组与上二对角方程组来求解.

再审视追赶法的计算公式，不难看出，这类方法可划分为预处理、追的过程与赶的过程三个步骤：

第 1 步：预处理生成方程组 (3.5.3) 的系数 u_i 及其除数 d_i.

事实上, 按式 (3.5.4) 可交替生成 d_i 与 u_i, 即 $d_1 \to u_1 \to d_2 \to \cdots \to u_{n-1} \to d_n$, 计算公式为

$$\begin{cases} d_1 = b_1, \\ u_i = \dfrac{c_i}{d_i}, \\ d_{i+1} = b_{i+1} - a_{i+1}u_i \quad (i = 1, 2, \cdots, n-1). \end{cases}$$

第 2 步：追的过程顺序生成方程组 (3.5.3) 的右端 y_i, 即 $y_1 \to y_2 \to \cdots \to y_n$, 根据式 (3.5.4) 计算公式为

$$\begin{cases} y_1 = \dfrac{f_1}{d_1}, \\ y_i = \dfrac{f_i - a_i y_{i-1}}{d_i} \quad (i = 2, 3, \cdots, n). \end{cases}$$

第 3 步：赶的过程逆序得出方程组 (3.5.3) 的解 x_i, 即 $x_n \to x_{n-1} \to \cdots \to x_1$, 其计算公式按式 (3.5.5) 为

$$\begin{cases} x_n = y_n, \\ x_i = y_i - u_i x_{i+1} \quad (i = n-1, n-2, \cdots, 1). \end{cases}$$

3.6 平方根法

用有限元法解结构力学问题时, 最后归结为求解线性方程组, 系数矩阵大多具有对称正定性质. 所谓平方根法, 就是利用对称正定矩阵的三角分解而得到的求解对称正定方程组一种有效方法, 目前在计算机上广泛应用平方根法解此类方程组.

我们知道, 线性方程组 $A\boldsymbol{x} = \boldsymbol{b}$ 求解的难易程度取决于系数矩阵 A 的特征, 而当 A 是三角阵时, 方程组 (即三角方程组) 的求解特别方便.

科学与工程的实际计算中常遇到系数矩阵 A 为对称正定矩阵的情形, 这类方程组通过某种矩阵分解方法, 容易归结为三角方程组来求解.

首先考察正定对称阵与三角阵的联系.

定理 3.6.1 设 A 为对称的正定矩阵, 则存在下三角阵 L, 使得

$$A = LL^T, \tag{3.6.1}$$

其中

$$A = \begin{pmatrix} a_{11} & a_{21} & \cdots & a_{n1} \\ a_{21} & a_{22} & \cdots & a_{n2} \\ \vdots & \vdots & \ddots & \vdots \\ a_{n1} & a_{n2} & \cdots & a_{nn} \end{pmatrix}, \quad L = \begin{pmatrix} l_{11} & 0 & \cdots & 0 \\ l_{21} & l_{22} & \cdots & 0 \\ \vdots & \vdots & \ddots & \vdots \\ l_{n1} & l_{n2} & \cdots & l_{nn} \end{pmatrix}.$$

如果限定 L 的主对角线元素取正值, 则这种分解是唯一的.

证明 将矩阵关系式 $A=LL^T$ 直接展开，得

$$a_{11}=l_{11}^2,$$
$$a_{21}=l_{21}l_{11},\quad a_{22}=l_{21}^2+l_{22}^2,$$
$$a_{31}=l_{31}l_{11},\quad a_{32}=l_{31}l_{21}+l_{32}l_{22},\quad a_{33}=l_{31}^2+l_{32}^2+l_{33}^2,\cdots.$$

据此可逐行求出分解矩阵 L 的元素 $l_{11}\to l_{21}\to l_{22}\to l_{31}\to l_{32}\to\cdots$, 计算公式为

$$\begin{cases} l_{ij}=\dfrac{1}{l_{jj}}\Big(a_{ij}-\sum\limits_{k=1}^{j-1}l_{ik}l_{jk}\Big) & (j=1,2,\cdots,i-1), \\ l_{ii}=\Big(a_{ii}-\sum\limits_{k=1}^{j-1}l_{ik}^2\Big)^{\frac{1}{2}} & (i=1,2,\cdots,n). \end{cases} \tag{3.6.2}$$

剩下的问题是需要进一步说明计算过程不会中断，由于 A 的 k 阶顺序主子式对应的矩阵 A_k 可以相应地分解成

$$A_k=L_kL_k^T,$$

这里 L_k 是 L 的 k 阶顺序主子式对应的矩阵，因此

$$\det(A_k)=\big[\det(L_k)\big]^2=\prod_{i=1}^{k}l_{ii}^2.$$

我们知道，对于对称正定阵 A, 有 $\det(A_k)>0$, 故有

$$l_{kk}^2=\frac{\det(A_k)}{\det(A_{k-1})}>0\quad(k=2,3,\cdots,n).$$

又 $l_{11}^2=a_{11}=\det(A_1)>0$, 所以 l_{kk} $(k=1,2,\cdots,n)$ 全是非零实数，如果限定它们取正值，则按计算公式 (3.6.2) 可唯一地确定矩阵 L. ▌

如果 A 为对称的正定阵，则称方程组 $A\boldsymbol{x}=\boldsymbol{b}$ 为对称正定方程组. 基于矩阵分解式 (3.6.1), 对称正定方程组 $A\boldsymbol{x}=\boldsymbol{b}$ 可归结为两个三角方程组

$$L\boldsymbol{y}=\boldsymbol{b}$$

和

$$L^T\boldsymbol{x}=\boldsymbol{y}$$

来求解. 由

$$\begin{cases} l_{11}y_1=b_1, \\ l_{21}y_1+l_{22}y_2=b_2, \\ \cdots\cdots\cdots\cdots\cdots\quad\cdots, \\ l_{n1}y_1+l_{n2}y_2+\cdots+l_{nn}y_n=b_n \end{cases}$$

可按顺序 $y_1\to y_2\to\cdots\to y_n$ 求得方程组 $L\boldsymbol{y}=\boldsymbol{b}$ 的解

$$y_i=\frac{1}{l_{ii}}\Big(b_i-\sum_{k=1}^{i-1}l_{ik}y_k\Big)\quad(i=1,2,\cdots,n).$$

而由

$$\begin{cases} l_{11}x_1 + l_{21}x_2 + \cdots + l_{n1}x_n = y_1, \\ \qquad\quad l_{22}x_2 + \cdots + l_{n2}x_n = y_2, \\ \qquad\qquad\qquad \cdots\cdots\cdots \quad \cdots, \\ \qquad\qquad\qquad\qquad l_{nn}x_n = y_n \end{cases}$$

可按逆序 $x_n \to x_{n-1} \to \cdots \to x_1$ 求得方程组 $L^T\boldsymbol{x} = \boldsymbol{y}$ 的解

$$x_i = \frac{1}{l_{ii}}\Big(y_i - \sum_{k=i+1}^{n} l_{ki}x_k\Big) \quad (i = n, n-1, \cdots, 1).$$

由于矩阵分解公式 (3.6.2) 中含有开平方运算，故将上述求解算法称为平方根法.

上述平方根法由于含有开方运算，因而计算量比较大. 为避免开方运算，我们改用单位三角阵作为分解阵. 类似定理 3.6.1 不难证明:

定理 3.6.2 设 $A = (a_{ij})$ 为对称的正定矩阵，则存在一个对角阵 D 和一个单位下三角阵 L, 使得 $A = LDL^T$.

由定理 3.6.2 可知，如果记

$$D = \begin{pmatrix} d_{11} & 0 & \cdots & 0 \\ 0 & d_{22} & \cdots & 0 \\ \vdots & \vdots & \ddots & \vdots \\ 0 & 0 & \cdots & d_{nn} \end{pmatrix}, \quad L = \begin{pmatrix} 1 & 0 & \cdots & 0 \\ l_{21} & 1 & \cdots & 0 \\ \vdots & \vdots & \ddots & \vdots \\ l_{n1} & l_{n2} & \cdots & 1 \end{pmatrix},$$

对称的正定矩阵 $A = (a_{ij})$ 的分解计算公式为

$$\begin{cases} l_{ij} = \dfrac{1}{d_{jj}}\Big(a_{ij} - \sum\limits_{k=1}^{j-1} d_{kk}l_{ik}l_{jk}\Big) \quad (j = 1, 2, \cdots, i-1), \\ d_{ii} = a_{ii} - \sum\limits_{k=1}^{i-1} d_{kk}l_{ik}^2 \quad (i = 1, 2, \cdots, n), \end{cases}$$

据此可逐行计算 $d_{11} \to l_{21} \to d_{22} \to l_{31} \to l_{32} \to d_{33} \to \cdots$.

运用这种矩阵分解方法，方程组 $A\boldsymbol{x} = \boldsymbol{b}$ 可归结为求解两个三角方程组

$$L\boldsymbol{y} = \boldsymbol{b}$$

和

$$L^T\boldsymbol{x} = D^{-1}\boldsymbol{y},$$

其计算公式分别为

$$y_i = b_i - \sum_{k=1}^{i-1} l_{ik}y_k \quad (i = 1, 2, \cdots, n)$$

和

$$x_i = \frac{y_i}{d_{ii}} - \sum_{k=i+1}^{n} l_{ki}x_k \quad (i = n, n-1, \cdots, 1).$$

上述求解方程组的算法称为改进的平方根法，亦称为乔累斯基 (Cholesky) 方法，这种方法总的计算量约为 $\frac{1}{6}n^3$ 次乘除法，即仅为高斯消去法计算量的一半.

3.7 矩阵分解方法

由前面的讨论可知，三对角阵 A 可以分解为两个二对角阵的乘积 $A=\widetilde{L}U$, 需要注意的是，这种分解方式是不对称的，其中 U 为单位上二对角阵，而下二对角阵 $\widetilde{L}$ 一般不是单位的. 自然亦可考察另一种分解方式 $A=L\widetilde{U}$, 这里 L 为单位下二对角阵，而上二对角阵 $\widetilde{U}$ 通常不是单位的. 为了统一三对角阵

$$A=\begin{pmatrix} b_1 & c_1 & & & \\ a_2 & b_2 & c_2 & & \\ & \ddots & \ddots & \ddots & \\ & & a_{n-1} & b_{n-1} & c_{n-1} \\ & & & a_n & b_n \end{pmatrix}$$

的两种分解方式 $\widetilde{L}U$ 与 $L\widetilde{U}$, 我们将三对角阵 A 分解成如下形式

$$A=LDU,$$

其中 L 和 U 分别是单位下二对角阵和单位上二对角阵，而 D 为对角阵，即

$$A=\begin{pmatrix} 1 & & & \\ l_2 & 1 & & \\ & \ddots & \ddots & \\ & & l_n & 1 \end{pmatrix}\begin{pmatrix} d_1 & & & \\ & d_2 & & \\ & & \ddots & \\ & & & d_n \end{pmatrix}\begin{pmatrix} 1 & u_1 & & \\ & \ddots & \ddots & \\ & & 1 & u_{n-1} \\ & & & 1 \end{pmatrix}.$$

注意到

$$LD=\begin{pmatrix} d_1 & & & \\ d_1l_2 & d_2 & & \\ & \ddots & \ddots & \\ & & d_{n-1}l_n & d_n \end{pmatrix}$$

等同于 $A=\widetilde{L}U$ 的分解矩阵 $\widetilde{L}$, 故有

$$d_{i-1}l_i=a_i \quad (i=2,3,\cdots,n),$$

因此同样可以逐行生成分解阵 L, D, U 的各个元素，取代分解公式，这里有

$$\begin{cases} d_1=b_1, \\ u_i=\dfrac{c_i}{d_i}, \\ d_{i+1}=b_{i+1}-u_ia_{i+1}, \\ l_{i+1}=\dfrac{a_{i+1}}{d_i} \quad (i=1,2,\cdots,n-1). \end{cases}$$

仿照前面的作法，基于三对角阵 A 的对称分解 $A = LDU$, 所给方程组

$$A\boldsymbol{x} = \boldsymbol{f}$$

可归结为两个二对角方程组

$$(LD)\boldsymbol{y} = \boldsymbol{f}$$

与

$$U\boldsymbol{x} = \boldsymbol{y}$$

来求解. 容易看出，这样设计出的算法即为前述追赶法.

下面讨论一般矩阵的三角分解.

设 n 阶方阵 $A = (a_{ij})$ 有 LDU 分解，即

$$A = LDU,$$

这里 L 与 U 分别是单位下三角阵与单位上三角阵， D 为对角阵，即

$$A = \begin{pmatrix} 1 & & & \\ l_{21} & 1 & & \\ \vdots & \ddots & \ddots & \\ l_{n1} & \cdots & l_{n\,n-1} & 1 \end{pmatrix} \begin{pmatrix} d_1 & & & \\ & d_2 & & \\ & & \ddots & \\ & & & d_n \end{pmatrix} \begin{pmatrix} 1 & u_{12} & \cdots & u_{1n} \\ & \ddots & \ddots & \vdots \\ & & 1 & u_{n-1\,n} \\ & & & 1 \end{pmatrix}, \tag{3.7.1}$$

则所给方程组 $A\boldsymbol{x} = \boldsymbol{b}$ 可归结为上三角方程组

$$L\boldsymbol{y} = \boldsymbol{b}$$

和下三角方程组

$$U\boldsymbol{x} = D^{-1}\boldsymbol{y}$$

来求解. 这两个方程组的求解是容易的. 问题在于，分解式 (3.7.1) 中的 n^2 个元素 l_{ij}, d_i, u_{ij} 该如何确定呢?

为了剖析矩阵分解的计算过程，我们具体考察如下的 3 阶方阵

$$\begin{pmatrix} a_{11} & a_{12} & a_{13} \\ a_{21} & a_{22} & a_{23} \\ a_{31} & a_{32} & a_{33} \end{pmatrix} = \begin{pmatrix} 1 & 0 & 0 \\ l_{21} & 1 & 0 \\ l_{31} & l_{32} & 1 \end{pmatrix} \begin{pmatrix} d_1 & 0 & 0 \\ 0 & d_2 & 0 \\ 0 & 0 & d_3 \end{pmatrix} \begin{pmatrix} 1 & u_{12} & u_{13} \\ 0 & 1 & u_{23} \\ 0 & 0 & 1 \end{pmatrix}.$$

按矩阵乘法规则展开有

$$\begin{aligned} &a_{11} = d_1, & &a_{12} = d_1 u_{12}, & &a_{13} = d_1 u_{13}, \\ &a_{21} = d_1 l_{21}, & &a_{22} = d_1 l_{21} u_{12} + d_2, & &a_{23} = d_1 l_{21} u_{12} + d_2 u_{23}, \\ &a_{31} = d_1 l_{31}, & &a_{32} = d_1 l_{31} u_{12} + d_2 l_{32}, & &a_{33} = d_1 l_{31} u_{13} + d_2 l_{32} u_{23} + d_3, \end{aligned} \tag{3.7.2}$$

这样归结出的是关于未知变元 d_1, u_{12}, $u_{13}, \cdots$ 的非线性方程组.

为要求解 n 阶线性方程组，运用上述矩阵分解方法所归结出的竟然是一个 n 阶非线性方程组，这样处理合适吗？其实这种疑惑是多余的．事实上，如果对分解公式 (3.7.2) 设定计算顺序，譬如按如下箭头

$$d_1 \to u_{12} \to u_{13} \to l_{21} \to d_2 \to u_{23} \to l_{31} \to l_{32} \to d_3$$

指引的方向逐步计算，那么它的每 1 步计算都是显式的．

这一事实具有普遍意义．一般地，按矩阵公式 (3.7.1) 可以对 $i = 1, 2, \cdots$ 逐行显式地求出分解阵 L, D, U 的各个元素

$$\cdots \to l_{i1} \to l_{i2} \to \cdots \to l_{i,i-1} \to d_i \to u_{i,i+1} \to u_{i,i+2} \to \cdots \to u_{in} \to \cdots.$$

对于矩阵分解 $A = LDU$, 令 $\widetilde{U} = DU$, 则有 $A = L\widetilde{U}$; 而若取 $\widetilde{L} = LD$, 则有 $A = \widetilde{L}U$. 这是两种不同的矩阵分解方式，通常称 $A = L\widetilde{U}$ 为矩阵 A 的 Doolittle 分解，而称 $A = \widetilde{L}U$ 为 Crout 分解.

现在导出 Crout 分解 $A = \widetilde{L}U$ 的计算公式，这里 $\widetilde{L}$ 为下三角阵，而 U 则为单位上三角阵.

先考察 $n = 3$ 的情形

$$\begin{pmatrix} a_{11} & a_{12} & a_{13} \\ a_{21} & a_{22} & a_{23} \\ a_{31} & a_{32} & a_{33} \end{pmatrix} = \begin{pmatrix} l_{11} & 0 & 0 \\ l_{21} & l_{22} & 0 \\ l_{31} & l_{32} & l_{33} \end{pmatrix} \begin{pmatrix} 1 & u_{12} & u_{13} \\ 0 & 1 & u_{23} \\ 0 & 0 & 1 \end{pmatrix},$$

按矩阵乘法规则展开，有

$$\begin{aligned} &a_{11} = l_{11}, \quad a_{12} = l_{11}u_{12}, \quad && a_{13} = l_{11}u_{13}, \\ &a_{21} = l_{21}, \quad a_{22} = l_{21}u_{12} + l_{22}, \quad && a_{23} = l_{21}u_{13} + l_{22}u_{23}, \\ &a_{31} = l_{31}, \quad a_{32} = l_{31}u_{12} + l_{32}, \quad && a_{33} = l_{31}u_{13} + l_{32}u_{23} + l_{33}. \end{aligned}$$

据此可逐行定出分解阵的各个元素

$$l_{11} \to u_{12}, u_{13} \to l_{21}, l_{22} \to u_{23} \to l_{31}, l_{32}, l_{33},$$

其计算公式为

$$\begin{aligned} &l_{11} = a_{11}, \quad u_{12} = \frac{a_{12}}{l_{11}}, \quad && u_{13} = \frac{a_{13}}{l_{11}}, \\ &l_{21} = a_{21}, \quad l_{22} = a_{22} - l_{21}u_{12}, \quad && u_{23} = \frac{a_{23} - l_{21}u_{13}}{l_{22}}, \\ &l_{31} = a_{31}, \quad l_{32} = a_{32} - l_{31}u_{12}, \quad && l_{33} = a_{33} - l_{31}u_{13} - l_{32}u_{23}. \end{aligned}$$

推广到 n 阶方阵 $A=(a_{ij})_{n\times n}$ 的一般情形，其 Crout 分解具有如下形式

$$\begin{pmatrix} a_{11} & a_{12} & \cdots & a_{1n} \\ a_{21} & a_{22} & \cdots & a_{2n} \\ \cdots & \cdots & \cdots & \cdots \\ a_{n1} & a_{n2} & \cdots & a_{nn} \end{pmatrix} = \begin{pmatrix} l_{11} & & & \\ l_{21} & l_{22} & & \\ \vdots & \vdots & \ddots & \\ l_{n1} & l_{n2} & \cdots & l_{nn} \end{pmatrix} \begin{pmatrix} 1 & u_{12} & \cdots & u_{1n} \\ & \ddots & \ddots & \vdots \\ & & 1 & u_{n-1\,n} \\ & & & 1 \end{pmatrix},$$

按矩阵乘法规则展开，有

$$a_{ij} = (l_{i1} \quad \cdots \quad l_{ii} \quad 0 \quad \cdots \quad 0) \begin{pmatrix} u_{1j} \\ \vdots \\ u_{j-1\,j} \\ 1 \\ 0 \\ \vdots \\ 0 \end{pmatrix}. \tag{3.7.3}$$

分别考察其下三角部分与上三角部分．当 $j \leqslant i$ 时，按式 (3.7.3) 有

$$a_{ij} = \sum_{k=1}^{j-1} l_{ik}u_{kj} + l_{ij},$$

据此可定出分解阵 $\widetilde{L}$ 的第 i 行

$$l_{ij} = a_{ij} - \sum_{k=1}^{j-1} l_{ik}u_{kj} \quad (j=1,2,\cdots,i).$$

此外，当 $j>i$ 时，按式 (3.7.3) 有

$$a_{ij} = \sum_{k=1}^{i-1} l_{ik}u_{kj} + l_{ii}u_{ij},$$

据此可定出分解阵 U 的第 i 行

$$u_{ij} = \frac{1}{l_{ii}}\Big(a_{ij} - \sum_{k=1}^{i-1} l_{ik}u_{kj}\Big) \quad (j=i+1,i+2,\cdots,n).$$

进一步基于上述 Crout 分解 $A=\widetilde{L}U$ 求解所给方程组 $A\boldsymbol{x}=\boldsymbol{b}$，它可化归为两个三角方程组

$$\widetilde{L}\boldsymbol{y}=\boldsymbol{b}$$

和

$$U\boldsymbol{x}=\boldsymbol{y}$$

来求解. 前者 $\widetilde{L}y = \boldsymbol{b}$ 是下三角方程组

$$\sum_{j=1}^{i} l_{ij} y_i = b_i \quad (i = 1, 2, \cdots, n),$$

回代解出

$$y_1 = \frac{b_1}{l_{11}}, \quad y_i = \frac{1}{l_{ii}}\Big(b_i - \sum_{j=1}^{i-1} l_{ij} y_j\Big) \quad (i = 1, 2, \cdots, n).$$

后者 $U\boldsymbol{x} = \boldsymbol{y}$ 是单位上三角方程组

$$x_i + \sum_{j=i+1}^{n} u_{ij} x_j = y_i \quad (i = 1, 2, \cdots, n),$$

回代解出

$$x_n = y_n, \quad x_i = y_i - \sum_{j=i+1}^{n} u_{ij} x_j \quad (i = n-1, \cdots, 1).$$

综上所述, 用 Crout 分解方法 $A = \widetilde{L}U$ 求解方程组 $A\boldsymbol{x} = \boldsymbol{b}$, 其计算步骤如下:

第 1 步: 对 $i = 1, 2, \cdots, n$ 执行

$$l_{ij} = a_{ij} - \sum_{k=1}^{j-1} l_{ik} u_{kj} \quad (j = 1, 2, \cdots, i)$$

与

$$u_{ij} = \frac{1}{l_{ii}}\Big(a_{ij} - \sum_{k=1}^{i-1} l_{ik} u_{kj}\Big) \quad (j = i+1, i+2, \cdots, n),$$

逐行求出分解阵 $\widetilde{L}$ 的各个元素

$$l_{ij} \quad (j = 1, 2, \cdots, i)$$

与分解阵 U 的各个元素

$$u_{ij} \quad (j = i+1, i+2, \cdots, n).$$

第 2 步: 按

$$y_1 = \frac{b_1}{l_{11}}, \quad y_i = \frac{1}{l_{ii}}\Big(b_i - \sum_{j=1}^{i-1} l_{ij} y_j\Big) \quad (i = 1, 2, \cdots, n)$$

顺序得出方程组 $\widetilde{L}y = \boldsymbol{b}$ 的解 $y_1 \to y_2 \to \cdots \to y_n$. 这是个追的过程.

第 3 步: 按

$$x_n = y_n, \quad x_i = y_i - \sum_{j=i+1}^{n} u_{ij} x_j \quad (i = n-1, \cdots, 1)$$

逆序求出方程组 $U\boldsymbol{x} = \boldsymbol{y}$ 的解 $x_n \to x_{n-1} \to \cdots \to x_1$. 这是个赶的过程.

可以看到, 求解一般方程组的矩阵分解方法, 其设计机理与设计方法同三对角方程组的追赶法如出一辙.

下面给出 Doolittle 分解的计算公式.

考察 n 阶方阵 $A=(a_{ij})_{n\times n}$ 的 Doolittle 分解 $A=L\widetilde{U}$, 即

$$\begin{pmatrix} a_{11} & a_{12} & \cdots & a_{1n} \\ a_{21} & a_{22} & \cdots & a_{2n} \\ \cdots & \cdots & \cdots & \cdots \\ a_{n1} & a_{n2} & \cdots & a_{nn} \end{pmatrix} = \begin{pmatrix} 1 & & & \\ l_{21} & 1 & & \\ \vdots & \ddots & \ddots & \\ l_{n1} & \cdots & l_{n\,n-1} & 1 \end{pmatrix} \begin{pmatrix} u_{11} & u_{12} & \cdots & u_{1n} \\ & u_{22} & \cdots & u_{2n} \\ & & \ddots & \vdots \\ & & & u_{nn} \end{pmatrix}$$

按矩阵乘法规则展开，有

$$a_{ij} = (l_{i1} \quad \cdots \quad l_{i\,i-1} \quad 1 \quad 0 \quad \cdots \quad 0) \begin{pmatrix} u_{1j} \\ \vdots \\ u_{jj} \\ 0 \\ \vdots \\ 0 \end{pmatrix}.$$

分别考察 A 的下三角部分与上三角部分. 当 $j<i$ 时，依上式有

$$a_{ij} = \sum_{k=1}^{j} l_{ik} u_{kj},$$

而当 $j \geqslant i$ 时，有

$$a_{ij} = \sum_{k=1}^{i-1} l_{ik} u_{kj} + u_{ij},$$

据此可定出 L 与 $\widetilde{U}$ 的第 i 行

$$l_{ij} = \frac{1}{u_{jj}}\Big(a_{ij} - \sum_{k=1}^{j-1} l_{ik} u_{kj}\Big) \quad (j=1,2,\cdots,i-1),$$

$$u_{ij} = a_{ij} - \sum_{k=1}^{i-1} l_{ik} u_{kj} \quad (j=i,i+1,\cdots,n).$$

基于上述 Doolittle 分解 $A=L\widetilde{U}$, 方程组 $A\boldsymbol{x}=\boldsymbol{b}$ 可化归为两个三角方程组

$$L\boldsymbol{y}=\boldsymbol{b}$$

和

$$\widetilde{U}\boldsymbol{x}=\boldsymbol{y}$$

来求解，其求解公式分别是

$$y_i = b_i - \sum_{j=1}^{i-1} l_{ij} y_j \quad (i=1,2,\cdots,n)$$

和

$$x_i = \frac{1}{u_{ii}}\Big(y_i - \sum_{j=i+1}^{n} u_{ij} x_j\Big) \quad (i=n,n-1,\cdots,1).$$

3.8 矩阵的特征值与特征向量的计算

在工程技术和科学计算中，经常会遇到计算矩阵的特征值和特征向量的问题. 首先回顾一下有关概念和结论.

定义 3.8.1 设 A 为 n 阶实方阵，若存在一个常数 λ 和一个非零 n 维向量 $\boldsymbol{x}$，使得 $A\boldsymbol{x}=\lambda\boldsymbol{x}$，即

$$\begin{pmatrix} a_{11} & a_{12} & \cdots & a_{1n} \\ a_{21} & a_{22} & \cdots & a_{2n} \\ \cdots & \cdots & \cdots & \cdots \\ a_{n1} & a_{n2} & \cdots & a_{nn} \end{pmatrix} \begin{pmatrix} x_1 \\ x_2 \\ \vdots \\ x_n \end{pmatrix} = \lambda \begin{pmatrix} x_1 \\ x_2 \\ \vdots \\ x_n \end{pmatrix}$$

成立，则称 λ 为矩阵 A 的特征值，称 $\boldsymbol{x}$ 为矩阵 A 的对应于特征值 λ 的特征向量.

若 $\boldsymbol{x}$ 为矩阵 A 的对应于特征值 λ 的特征向量，则对任意的 $\alpha\neq 0$，有

$$A(\alpha\boldsymbol{x})=\alpha A\boldsymbol{x}=\alpha\lambda\boldsymbol{x}=\lambda(\alpha\boldsymbol{x}),$$

即 $\alpha\boldsymbol{x}$ 亦为矩阵 A 的对应于特征值 λ 的特征向量.

常规的算法是由特征方程 $|\lambda I-A|=0$，即

$$\begin{vmatrix} \lambda-a_{11} & -a_{12} & \cdots & -a_{1n} \\ -a_{21} & \lambda-a_{22} & \cdots & -a_{2n} \\ \cdots & \cdots & \cdots & \cdots \\ -a_{n1} & -a_{n2} & \cdots & \lambda-a_{nn} \end{vmatrix}=0$$

求得矩阵 A 的 n 个特征值 $\lambda_1,\lambda_2,\cdots,\lambda_n$，再由方程组 $(\lambda_i I-A)\boldsymbol{x}=0$，即

$$\begin{pmatrix} \lambda_i-a_{11} & -a_{12} & \cdots & -a_{1n} \\ -a_{21} & \lambda_i-a_{22} & \cdots & -a_{2n} \\ \cdots & \cdots & \cdots & \cdots \\ -a_{n1} & -a_{n2} & \cdots & \lambda_i-a_{nn} \end{pmatrix} \begin{pmatrix} x_1 \\ x_2 \\ \vdots \\ x_n \end{pmatrix}=0$$

解得矩阵 A 的对应于特征值 $\lambda_i\ (i=1,2,\cdots,n)$ 的特征向量 $\boldsymbol{x}$.

该方法需计算行列式值及解非线性方程和齐次线性方程组，故当 n 较大时运算量很大，难以实现. 因此，研究求 n 阶实方阵的特征值与特征向量的数值方法就显得很有必要了.

3.8.1 乘幂法

矩阵 A 的绝对值最大的特征值称为主特征值. 设 n 阶实方阵 A 有 n 个线性无关的特征向量 $\boldsymbol{x}_1,\boldsymbol{x}_2,\cdots,\boldsymbol{x}_n$，对应的特征值为 $\lambda_1,\lambda_2,\cdots,\lambda_n$，且

$$|\lambda_1|>|\lambda_2|\geqslant|\lambda_3|\geqslant\cdots\geqslant|\lambda_n|,$$

则对任一非零 n 维向量 $\boldsymbol{z}^{(0)}$, 均有不全为零的 $\alpha_1,\alpha_2,\cdots,\alpha_n$, 使

$$\boldsymbol{z}^{(0)}=\alpha_1\boldsymbol{x}_1+\alpha_2\boldsymbol{x}_2+\cdots+\alpha_n\boldsymbol{x}_n.$$

对上式不断左乘 A, 得到一个向量序列 $\{\boldsymbol{z}^{(k)}\}$, 其中

$$\begin{aligned}\boldsymbol{z}^{(k)}=A^k\boldsymbol{z}^{(0)}&=\alpha_1A^k\boldsymbol{x}_1+\alpha_2A^k\boldsymbol{x}_2+\cdots+\alpha_nA^k\boldsymbol{x}_n\\&=\alpha_1\lambda_1^k\boldsymbol{x}_1+\alpha_2\lambda_2^k\boldsymbol{x}_2+\cdots+\alpha_n\lambda_n^k\boldsymbol{x}_n\quad(k=1,2,\cdots).\end{aligned}$$

另一方面，由条件 $|\lambda_1|>|\lambda_2|\geqslant|\lambda_3|\geqslant\cdots\geqslant|\lambda_n|\geqslant 0$ 可得

$$\lim_{k\to\infty}\left(\frac{\lambda_i}{\lambda_1}\right)^k=0\quad(i=2,3,\cdots,n),$$

于是

$$\lim_{k\to\infty}\frac{\boldsymbol{z}^{(k)}}{\lambda_1^k}=\lim_{k\to\infty}\left[\alpha_1\boldsymbol{x}_1+\alpha_2\left(\frac{\lambda_2}{\lambda_1}\right)^k\boldsymbol{x}_2+\cdots+\alpha_n\left(\frac{\lambda_n}{\lambda_1}\right)^k\boldsymbol{x}_n\right]=\alpha_1\boldsymbol{x}_1.$$

上式表明，当 $k\to\infty$ 时，$\left\{\dfrac{\boldsymbol{z}^{(k)}}{\lambda_1^k}\right\}$ 收敛于 A 的对应于主特征值 λ_1 的特征向量 $\alpha_1\boldsymbol{x}_1$, 其收敛速度取决于比值 $\left|\dfrac{\lambda_2}{\lambda_1}\right|$, 这个比值称为收敛率. 收敛率越小，收敛速度越快，如果收敛率接近于 1, 收敛速度就很慢.

对于充分大的 k, 有

$$\boldsymbol{z}^{(k)}=\lambda_1^k\alpha_1\boldsymbol{x}_1,$$

所以 $\boldsymbol{z}^{(k)}$ 也可作为对应于特征值 λ_1 的近似特征向量.

用 $[\boldsymbol{x}]_i$ 表示 n 维向量 $\boldsymbol{x}$ 的第 i $(i=1,2,\cdots,n)$ 个分量，则有

$$\begin{aligned}\frac{[\boldsymbol{z}^{(k+1)}]_i}{[\boldsymbol{z}^{(k)}]_i}&=\frac{[A^{k+1}\boldsymbol{z}^{(0)}]_i}{[A^k\boldsymbol{z}^{(0)}]_i}\\&=\frac{\lambda_1^{k+1}\left[\alpha_1\boldsymbol{x}_1+\alpha_2\left(\frac{\lambda_2}{\lambda_1}\right)^{k+1}\boldsymbol{x}_2+\cdots+\alpha_n\left(\frac{\lambda_n}{\lambda_1}\right)^{k+1}\boldsymbol{x}_n\right]_i}{\lambda_1^k\left[\alpha_1\boldsymbol{x}_1+\alpha_2\left(\frac{\lambda_2}{\lambda_1}\right)^k\boldsymbol{x}_2+\cdots+\alpha_n\left(\frac{\lambda_n}{\lambda_1}\right)^k\boldsymbol{x}_n\right]_i}\\&=\lambda_1\frac{\left[\alpha_1\boldsymbol{x}_1+\alpha_2\left(\frac{\lambda_2}{\lambda_1}\right)^{k+1}\boldsymbol{x}_2+\cdots+\alpha_n\left(\frac{\lambda_n}{\lambda_1}\right)^{k+1}\boldsymbol{x}_n\right]_i}{\left[\alpha_1\boldsymbol{x}_1+\alpha_2\left(\frac{\lambda_2}{\lambda_1}\right)^k\boldsymbol{x}_2+\cdots+\alpha_n\left(\frac{\lambda_n}{\lambda_1}\right)^k\boldsymbol{x}_n\right]_i},\end{aligned}$$

故有

$$\lim_{k\to\infty}\frac{[\boldsymbol{z}^{(k+1)}]_i}{[\boldsymbol{z}^{(k)}]_i}=\lambda_1.$$

上式表明，序列 $\left\{\dfrac{[\boldsymbol{z}^{(k+1)}]_i}{[\boldsymbol{z}^{(k)}]_i}\right\}$ 收敛于 A 的主特征值 λ_1, 其收敛率仍为 $\left|\dfrac{\lambda_2}{\lambda_1}\right|$.

由上式易知，当 $|\lambda_1| < 1$ 或 $|\lambda_1| > 1$ 时，向量序列 $\{\boldsymbol{z}^{(k)}\}$ 中的非零分量随 k 的增大而趋于零或无穷大，在计算机上计算时会出现“下溢出”或“上溢出”．为了避免这种现象的发生，就需要对每次算得的向量 $\boldsymbol{z}^{(k)}$ 进行规范化处理——用 $\boldsymbol{z}^{(k)}$ 除以绝对值最大的分量 $\max(|\boldsymbol{z}^{(k)}|)$，于是得到乘幂法

$$\begin{cases} \boldsymbol{y}^{(k)} = A\boldsymbol{z}^{(k-1)}, \\ m_k = \max(\boldsymbol{y}^{(k)}), \\ \boldsymbol{z}^{(k)} = \dfrac{1}{m_k}\boldsymbol{y}^{(k)} \quad (k=1,2,\cdots), \end{cases}$$

其中 $\max(\boldsymbol{y}^{(k)})$ 表示 $\boldsymbol{y}^{(k)}$ 的分量中绝对值最大的分量.

例如，若 $\boldsymbol{y}^{(k)} = (1,-6,3)^T$，则 $\max(\boldsymbol{y}^{(k)}) = -6$，此时，

$$\boldsymbol{z}^{(k)} = \frac{\boldsymbol{y}^{(k)}}{m_k} = \frac{A\boldsymbol{z}^{(k-1)}}{m_k} = \frac{A}{m_k}\cdot\frac{A\boldsymbol{z}^{(k-2)}}{m_{k-1}} = \frac{A^k\boldsymbol{z}^{(0)}}{m_k m_{k-1}\cdots m_2 m_1},$$

$$m_k = \max(\boldsymbol{y}^{(k)}) = \max(A\boldsymbol{z}^{(k-1)}) = \max\left(\frac{A^k\boldsymbol{z}^{(0)}}{m_{k-1}m_{k-2}\cdots m_2 m_1}\right),$$

故有

$$\max(A^k\boldsymbol{z}^{(0)}) = m_k m_{k-1}\cdots m_2 m_1 = \prod_{i=1}^{k} m_i,$$

于是

$$\boldsymbol{z}^{(k)} = \frac{A^k\boldsymbol{z}^{(0)}}{\max(A^k\boldsymbol{z}^{(0)})} = \frac{A^k(\alpha_1\boldsymbol{x}_1 + \alpha_2\boldsymbol{x}_2 + \cdots + \alpha_n\boldsymbol{x}_n)}{\max(A^k(\alpha_1\boldsymbol{x}_1 + \alpha_2\boldsymbol{x}_2 + \cdots + \alpha_n\boldsymbol{x}_n))}.$$

另一方面，由已知 $A\boldsymbol{x}_i = \lambda_i\boldsymbol{x}_i\ (i=1,2,\cdots,n)$，得

$$A^k\boldsymbol{x}_i = A^{k-1}(A\boldsymbol{x}_i) = A^{k-1}(\lambda_i\boldsymbol{x}_i) = \lambda_i A^{k-1}\boldsymbol{x}_i = \lambda_i^k\boldsymbol{x}_i \quad (i=1,2,\cdots,n),$$

故有

$$\begin{aligned} \boldsymbol{z}^{(k)} &= \frac{\alpha_1\lambda_1^k\boldsymbol{x}_1 + \alpha_2\lambda_2^k\boldsymbol{x}_2 + \cdots + \alpha_n\lambda_n^k\boldsymbol{x}_n}{\max(\alpha_1\lambda_1^k\boldsymbol{x}_1 + \alpha_2\lambda_2^k\boldsymbol{x}_2 + \cdots + \alpha_n\lambda_n^k\boldsymbol{x}_n)} \\ &= \frac{\alpha_1\boldsymbol{x}_1 + \alpha_2\left(\dfrac{\lambda_2}{\lambda_1}\right)^k\boldsymbol{x}_2 + \cdots + \alpha_n\left(\dfrac{\lambda_n}{\lambda_1}\right)^k\boldsymbol{x}_n}{\max\left(\alpha_1\boldsymbol{x}_1 + \alpha_2\left(\dfrac{\lambda_2}{\lambda_1}\right)^k\boldsymbol{x}_2 + \cdots + \alpha_n\left(\dfrac{\lambda_n}{\lambda_1}\right)^k\boldsymbol{x}_n\right)}, \end{aligned}$$

从而

$$\lim_{k\to\infty}\boldsymbol{z}^{(k)} = \frac{\alpha_1\boldsymbol{x}_1}{\max(\alpha_1\boldsymbol{x}_1)} = \frac{\boldsymbol{x}_1}{\max(\boldsymbol{x}_1)}.$$

上式表明，当 $k\to\infty$ 时，序列 $\{\boldsymbol{z}^{(k)}\}$ 收敛于矩阵 A 的对应于主特征值 λ_1 的特征向量 $\dfrac{\boldsymbol{x}_1}{\max(\boldsymbol{x}_1)}$，其收敛率为 $\left|\dfrac{\lambda_2}{\lambda_1}\right|$.

又由 $\boldsymbol{y}^{(k)} = A\boldsymbol{z}^{(k-1)}$ 可得

$$\begin{aligned}\boldsymbol{y}^{(k)} &= A\Big[\frac{\alpha_1\lambda_1^{k-1}\boldsymbol{x}_1 + \alpha_2\lambda_2^{k-1}\boldsymbol{x}_2 + \cdots + \alpha_n\lambda_n^{k-1}\boldsymbol{x}_n}{\max(\alpha_1\lambda_1^{k-1}\boldsymbol{x}_1 + \alpha_2\lambda_2^{k-1}\boldsymbol{x}_2 + \cdots + \alpha_n\lambda_n^{k-1}\boldsymbol{x}_n)}\Big] \\ &= \lambda_1\frac{\alpha_1\boldsymbol{x}_1 + \alpha_2\left(\frac{\lambda_2}{\lambda_1}\right)^k\boldsymbol{x}_2 + \cdots + \alpha_n\left(\frac{\lambda_n}{\lambda_1}\right)^k\boldsymbol{x}_n}{\max\left(\alpha_1\boldsymbol{x}_1 + \alpha_2\left(\frac{\lambda_2}{\lambda_1}\right)^{k-1}\boldsymbol{x}_2 + \cdots + \alpha_n\left(\frac{\lambda_n}{\lambda_1}\right)^{k-1}\boldsymbol{x}_n\right)},\end{aligned}$$

故有

$$\begin{aligned}m_k &= \max(\boldsymbol{y}^{(k)}) \\ &= \lambda_1\frac{\max\left(\alpha_1\boldsymbol{x}_1 + \alpha_2\left(\frac{\lambda_2}{\lambda_1}\right)^k\boldsymbol{x}_2 + \cdots + \alpha_n\left(\frac{\lambda_n}{\lambda_1}\right)^k\boldsymbol{x}_n\right)}{\max\left(\alpha_1\boldsymbol{x}_1 + \alpha_2\left(\frac{\lambda_2}{\lambda_1}\right)^{k-1}\boldsymbol{x}_2 + \cdots + \alpha_n\left(\frac{\lambda_n}{\lambda_1}\right)^{k-1}\boldsymbol{x}_n\right)},\end{aligned}$$

于是

$$\lim_{k\to\infty} m_k = \lambda_1.$$

上式表明，当 $k\to\infty$ 时，$\{m_k\}$ 收敛于 A 的主特征值 λ_1, 它的收敛率也是 $\left|\frac{\lambda_2}{\lambda_1}\right|$.

乘幂法的算法:

(1) 输入实方阵 A, 非零初始向量 $\boldsymbol{z}$, 精度要求 ε 和控制最大迭代次数 r;

(2) $k=0,\ m1=\max(\boldsymbol{z})$;

(3) $A\boldsymbol{z}\Rightarrow\boldsymbol{y}$;

(4) $m=\max(\boldsymbol{y})$;

(5) $\boldsymbol{z}=\frac{1}{m}\boldsymbol{y}$;

(6) $k=k+1$;

(7) 若 $|m-m1|<\varepsilon$, 则输出主特征值 m 及其对应的特征向量 $\boldsymbol{z}$;
否则，如果 $k<r$, 则作 $m\Rightarrow m1$, 然后转 (3);
否则，输出迭代失败信息.

迭代失败有可能是由于所选取的初始向量 $\boldsymbol{z}^{(0)}$ 在表示为 $\boldsymbol{z}^{(0)}=\sum\limits_{i=1}^{n}\alpha_i\boldsymbol{x}_i$ 时，$\alpha_1=0$ 或 $\alpha_1\approx 0$. 遇到这种情况，只能另换初始向量; 也有可能是由于收敛率接近于 1, 收敛速度就很慢，这时便需要采用加速技术.

3.8.2 原点位移法

设 $B=A-pI$, 其中 p 为可选择的常数 —— 位移量，I 为 n 阶单位阵. 若 A 的特征值为 $\lambda_1,\lambda_2,\cdots,\lambda_n$, 对应的特征向量为 $\boldsymbol{x}_1,\boldsymbol{x}_2,\cdots,\boldsymbol{x}_n$, 则

$$B\boldsymbol{x}_i=(A-pI)\boldsymbol{x}_i=(\lambda_i-p)\boldsymbol{x}_i\quad(i=1,2,\cdots,n),$$

即 B 的特征值为 $\lambda_1-p,\lambda_2-p,\cdots,\lambda_n-p$, 对应的特征向量仍为 $\boldsymbol{x}_1,\boldsymbol{x}_2,\cdots,\boldsymbol{x}_n$. 因此，若要计算 A 的主特征值，就应适当地选取位移量 p, 使 λ_1-p 是 B 的主特征值，且

$$\frac{1}{|\lambda_1-p|}\max_{2\leqslant i\leqslant n}|\lambda_i-p|<\frac{\lambda_2}{\lambda_1},$$

然后对 B 使用乘幂法，即可使收敛过程得到加速. 这种方法称为原点位移法.

例如，设 4 阶实方阵 A 的特征值为

$$\lambda_1=14,\quad \lambda_2=13,\quad \lambda_3=12,\quad \lambda_4=11.$$

若直接使用乘幂法，其收敛率 $\left|\frac{\lambda_2}{\lambda_1}\right|=\frac{13}{14}\approx 0.928571$, 接近于 1, 收敛速度一定很慢. 若选取位移量 $p=12$, 则 $B=A-pI=A-12I$ 的特征值为

$$\mu_1=\lambda_1-p=2,\ \mu_2=\lambda_2-p=1,\ \mu_3=\lambda_3-p=0,\ \mu_4=\lambda_4-p=-1,$$

于是用乘幂法计算 B 的主特征值时，其收敛率 $\left|\frac{\mu_2}{\mu_1}\right|=\frac{1}{2}=0.5$, 一定会使收敛速度得到大幅度的提高.

原点位移法虽然简单，但对 A 的特征值的大致分布一无所知的情况下，位移量 p 难以选择，所以实际计算时并不能直接使用该方法，然而这种加速思想却是重要的，常在其他一些加速收敛技术中体现出来.

3.8.3 反幂法

设非奇异矩阵 A 的特征值为 $\lambda_1,\lambda_2,\cdots,\lambda_n$, 对应的特征向量为 $\boldsymbol{x}_1,\boldsymbol{x}_2,\cdots,\boldsymbol{x}_n$, 即有

$$A\boldsymbol{x}_i=\lambda_i\boldsymbol{x}_i\quad(i=1,2,\cdots,n),$$

于是

$$\boldsymbol{x}_i=A^{-1}A\boldsymbol{x}_i=A^{-1}(\lambda_i\boldsymbol{x}_i)=\lambda_iA^{-1}\boldsymbol{x}_i\quad(i=1,2,\cdots,n),$$

即

$$A^{-1}\boldsymbol{x}_i=\frac{1}{\lambda_i}\boldsymbol{x}_i\quad(i=1,2,\cdots,n).$$

由上式可知，A^{-1} 的特征值为 $\frac{1}{\lambda_1},\frac{1}{\lambda_2},\cdots,\frac{1}{\lambda_n}$, 对应的特征向量仍为 $\boldsymbol{x}_1,\boldsymbol{x}_2,\cdots,\boldsymbol{x}_n$. 此时，若 A 的特征值满足 $|\lambda_1|\geqslant|\lambda_2|\geqslant\cdots\geqslant|\lambda_{n-1}|>|\lambda_n|$ 时， A^{-1} 的特征值满足

$$\left|\frac{1}{\lambda_n}\right|>\left|\frac{1}{\lambda_{n-1}}\right|\geqslant\cdots\geqslant\left|\frac{1}{\lambda_2}\right|\geqslant\left|\frac{1}{\lambda_1}\right|.$$

任取初始向量 $\boldsymbol{z}^{(0)}$, 对 A^{-1} 用乘幂法

$$\begin{cases} \boldsymbol{y}^{(k)} = A^{-1}\boldsymbol{z}^{(k-1)}, \\ m_k = \max(\boldsymbol{y}^{(k)}), \\ z^{(k)} = \dfrac{1}{m_k}\boldsymbol{y}^{(k)} \quad (k=1,2,\cdots), \end{cases}$$

则必有

$$\lim_{k\to\infty} m_k = \frac{1}{\lambda_n}, \quad \lim_{k\to\infty} \boldsymbol{z}^{(k)} = \frac{\boldsymbol{x}_n}{\max(\boldsymbol{x}_n)}.$$

由此求得 A^{-1} 的主特征值 $\dfrac{1}{\lambda_n}$ 及其特征向量 $\dfrac{\boldsymbol{x}_n}{\max(\boldsymbol{x}_n)}$, 也就是求出了 A 的绝对值最小的特征值 λ_n 及其对应的特征向量 $\dfrac{\boldsymbol{x}_n}{\max(\boldsymbol{x}_n)}$. 这种方法称为反幂法, 其收敛率为 $\left|\dfrac{\lambda_n}{\lambda_{n-1}}\right|$.

在反幂法中, 需要已知 A 的逆矩阵 A^{-1}, 为了避免求 A^{-1}, 可以通过解线性方程组 $A\boldsymbol{y}^{(k)} = \boldsymbol{z}^{(k-1)}$ 来求得 $\boldsymbol{y}^{(k)}$.

反幂法的算法:

(1) 输入实方阵 A, 非零初始向量 $\boldsymbol{z}$, 精度要求 ε 和控制最大迭代次数 r;

(2) $k=0$, $m1 = \max(\boldsymbol{z})$;

(3) 通过解线性方程组 $A\boldsymbol{y} = \boldsymbol{z}$ 求得 $\boldsymbol{y}$;

(4) $m = \max(\boldsymbol{y})$;

(5) $\boldsymbol{z} = \dfrac{1}{m}\boldsymbol{y}$;

(6) $k = k+1$;

(7) 若 $|m - m1| < \varepsilon$, 则输出 A 的绝对值最小的特征值 m 及其对应的特征向量 $\boldsymbol{z}$;

否则, 如果 $k < r$, 则作 $m \Rightarrow m1$, 然后转 (3);

否则, 输出迭代失败信息.

每迭代 1 次就要解一次线性方程组, 所以可事先对 A 进行 LU 分解 $A = LU$, 则每次迭代只需解两个三角形方程组

$$\begin{cases} L\boldsymbol{v}^{(k)} = \boldsymbol{z}^{(k-1)}, \\ U\boldsymbol{y}^{(k)} = \boldsymbol{v}^{(k)}. \end{cases}$$

反幂法主要用于已知矩阵的绝对值最小特征值的近似值后, 再求它所对应的特征向量, 并改进这个特征值.

如果已知 A 的特征值 λ_m 的 1 个近似值 $\overline{\lambda}_m$, 则通常有

$$0 < |\lambda_m - \overline{\lambda}_m| \ll |\lambda_i - \overline{\lambda}_m| \quad (i \neq m).$$

按原点位移法, 取位移量 $p = \overline{\lambda}_m$, 则 $A - \overline{\lambda}_m I$ 的特征值是 $\lambda_i - \overline{\lambda}_m$ $(i = 1, 2, \cdots, n)$,

对应的特征向量仍为 $\boldsymbol{x}_1, \boldsymbol{x}_2, \cdots, \boldsymbol{x}_n$, 而 $A-\overline{\lambda}_m I$ 的绝对值最小的特征值为 $\lambda_m-\overline{\lambda}_m$.

选取非零初始向量 $\boldsymbol{z}^{(0)}$, 然后对 $A-\overline{\lambda}_m I$ 使用反幂法

$$\begin{cases} (A-\overline{\lambda}_m I)\boldsymbol{y}^{(k)} = |bmz^{(k-1)}, \\ m_k = \max(\boldsymbol{y}^{(k)}), \\ \boldsymbol{z}^{(k)} = \dfrac{1}{m_k}\boldsymbol{y}^{(k)} \quad (k=1,2,\cdots), \end{cases}$$

则有

$$\lim_{k\to\infty} m_k = \frac{1}{\lambda_m-\overline{\lambda}_m}, \quad \lim_{k\to\infty} \boldsymbol{z}^{(k)} = \frac{\boldsymbol{x}_m}{\max(\boldsymbol{x}_m)},$$

其收敛率为 $\dfrac{|\lambda_m\overline{\lambda}_m|}{\min\limits_{i\neq m}|\lambda_i-\overline{\lambda}_m}|$. 这个比值一般很小, 所以迭代过程收敛很快, 往往只需迭代 2 到 3 次就可以达到较高的精度. 于是, 当 k 较大时, 有

$$\boldsymbol{z}^{(k)} = \frac{\boldsymbol{x}_m}{\max(\boldsymbol{x}_m)}, \quad m_k = \frac{1}{\lambda_m-\overline{\lambda}_m},$$

即

$$\boldsymbol{z}^{(k)} = \frac{\boldsymbol{x}_m}{\max(\boldsymbol{x}_m)}, \quad \lambda_m = \overline{\lambda}_m + \frac{1}{m_k}.$$

3.9 上机实验举例

[实验目的]

1. 通过本试验使同学了解如何用迭代法求线性方程组 $Ax=b$ 的近似解;
2. 熟悉求解线性方程组直接法的有关理论和方法.

[实验准备]

1. 理解解线性方程组迭代法的基本思想;
2. 理解掌握雅可比迭代法及高斯 - 塞德尔迭代法;
3. 熟悉解线性方程组的直接法中的消去法和列主元消去法;
4. 编制列主元消去法程序.

[实验内容及步骤]

1. 设计出雅可比迭代法的算法程序;
2. 设计出高斯 - 塞德尔迭代法的算法程序;
3. 设计 Gauss 列主元消去法解方程组的算法, 包括选主元、换行、消元和回代 4 个模块的构造及算法的程序设计.

程序 1 雅可比迭代.

```
#include <stdio.h>
#include <stdlib.h>
#include <conio.h>
#include <math.h>
#define MAX_n 100
#define PRECISION 0.000001
#define MAX_Number 1000
void VectorInput(float x[ ], int n)
{
    int i;
    for (i = 1; i <= n; ++i)
        {  printf("x[%d] =", i);
           scanf("%f" & x[i]);
        }
}
void MatrixInput(float A[ ][MAX_ n], int m, int n)
{
    int i, j;
    printf("\n===Begin input Matrix elements===\n");
    for (i = 1; i <= m; ++i)
        { printf ("Input_ Line %d :", i);
          for (j = 1; j <= n; ++j)
              scanf("%f", & A[i][j]);
        }
}
void VectorOutput (float x[ ], int n)
{
    int i;
    for (i = 1; i <= n; ++i)
       printf ("\nx[%d] = %f", i, x[i]);
}
int IsSatisfyPrecision(float x1[ ], float x2[ ], int n)
{
    int i;
    for (i = 1; i <= n; ++i)
```

```
        if (fabs(x1[i] − x2[i]) > PRECISION)
        return 1;
        return 0;
}
int Jacobi_ (float A[ ][MAX_ n], float x[ ], int n)
{
    float x_ former[MAX_ n];
    int i, j, k;
    printf("\ nInput vector x0 :  \ n");
    VectorInput(x, n);
    k=0;
    do {
        for (i = 1; i <= n; + + i)
            {
                printf ("\ nx[%d] = %f", i, x[i]);
                x_ former[i] = x[i];
            }
        printf("\n");
        for (i = 1; i <= n; + + i)
            {
                x[i] = A[i][n + 1];
                for (j = 1; j <= n; + + j)
                    if (j! = i)x[i]− = A[i][j] ∗ x_former[j];
                    if (fabs(A[i][i]) > PRECISION)
                        x[i]/ = A[i][i];
                    else
                        return 1;
            }
        ++k;
    }
    while (IsSatisfyPrecision(x, x_ former, n) && k < MAX_ Number);
    if (k >= MAX_ Number)
        return 1;
    else
        {
```

```
            printf ("\ nJacobi %d times !", k);
            return 0;
        }
}
void main( )
{
    int n;
    float A[MAX_ n][MAX_ n], x[MAX_n];
    printf ("\ nInput n =");
    scanf("%d", &n);
    if (n >= MAX_ n - 1)
        {
            printf ("\n\007n must < %d!", MAX_ n);
            exit(0);
        }
    MatrixInput(A, n, n+1);
    if (Jacobi_ (A, x, n)) printf ("\nJacobi Failed!";
    else
        {
            printf ("\nOutput Solution :");
            VectorOutput(x, n);
        }
    printf("\n\n\007 \n");
    getch();
}
```

运行实例：

```
Input n=3
=== Begin input Matrix elements ===
Input_Line 1:2 -1 -1 4
Input_Line 2:3 4 -2 11
Input_Line 3:3 -2 4 11
Input vector x
x[1] = 0
x[2] = 0
x[3] = 0
```

⋮

Jacobi 103 times!

Output Solution:

$x[1] = 2.999999$

$x[2] = 0.999999$

$x[3] = 0.999999$

程序 2 高斯 – 塞德尔迭代.

```
#include ¡math.h¿
#include <stdio.h>
int gsdl(a, b, n, x, eps)
int n;
double a[ ], b[ ], x[ ], eps;
{    int i, j, u, v;
     double p, t, s, q;
     for (i = 0; i <= n - 1; i + +)
        {  u = i * n + i; p = 0.0; x[i] = 0.0;
           for (j = 0; j <= n - 1; j + +)
              {   if (i! = j)
                     {  v = i * n + j; p = p + fabs(a[v]); }
              }
           if (p >= fabs(a[u]))
              {    printf("fail\n");  return(-1); }
        }
     p = eps + 1.0;
     while (p >= eps)
        {  p = 0.0;
           for (i = 0; i <= n - 1; i + +)
              {   t = x[i]; s = 0.0;
                  for (j = 0; j <= n - 1; j + +)
                     {  if (j! = i)
                       {   s = s + a[i * n + j] * x[j]; }
                       x[i] = (b[i] - s)/a[i * n + i];
                       q = fabs(x[i] - t)/(1.0 + fabs(x[i]));
                       if (q > p)
```

```
                        { p = q; }
                    }
                }
            }
    return(1);
}
main( )
{   int i;
    double eps;
    static double a[4][4] = { {7.0, 2.0, 1.0, −2.0}, {9.0, 15.0, 3.0, −2.0},
                              {−2.0, −2.0, 11.0, 5.0}, {1.0, 3.0, 2.0, 13.0} };
    static double x[5], b[4] = {4.0, 7.0, −1.0, 0.0};
    eps=0.000001;
    if (gsdl(a, b, 4, x, eps) > 0)
     {   for (i = 0; i <= 3; i++)
              {   printf("x(%d) = %13.7e\n", i, x[i]); }
     }
```

运行实例：

$x(0) = 4.9793130e-001$

$x(1) = 1.4449392e-001$

$x(2) = 6.2858050e-002$

$x(3) = -8.1317628e-002$

程序 3 列主元高斯消去法.

```
#include <stdlib.h>
#include <math.h>
#include <stdio.h>
#define N  5
int gauss(a, x)
double a[ ] [N + 1], x[ ];
{   int i, j, k, l, n = N − 1;
    double d, t, s;
    for (k = 1; k < n; k++)
    {    for(l = k, i = k + 1; i <= n; i++)
            if (fabs(a[l][k]) < fabs(a[i][k]))
                l=i;
```

```
        if (a[kl][k] == 0)
            return 0;
        if (l! = k)
            for (j = k; j <= n + 1; j + +)
            {   t=a[l][j]; a[l][j]=a[k][j]; a[k][j]=t; }
      for(i = k + 1; i <= n; i + +)
        for(d = a[i][k]/a[k][k], j = k + 1; j <= n + 1; j + +)
            a[i][j]- = d * a[k][j];
    }
    x[n] = a[n][n + 1]/a[n][n];
    for(i = n - 1; i > 0; i - -)
        {
          for(s = 0,j = i + 1; j <= n; j + +)
            s+ = a[i][j] * x[j];
          x[i] = (a[i][n + 1] - s)/a[i][i];
        }
    return 1;
}
main( )
{   int i;
    static double a[N][N + 1] = { {0, 0.2368, 0.2471, 0.2568, 1.2671, 1.8471},
                                  {0,0.1968, 0.2071, 1.2168, 0.2271,1.7471},
                                  {0,0.1581, 1.1675, 0.1768, 0.1871,1.6471},
                                  {0,1.1161, 0.1254, 0.1397, 0.1490,1.5471} };
    if (gauss(a, x)! = 0)
        for (i = 1; i <= N - 1; i + +)
            printf("x(%d) = %e\n", i, x[i]);
    else
        printf("Error!");
}
```

运行实例：

$x(1) = 1.040577\text{e} + 000$

$x(2) = 9.870508\text{e} - 001$

$x(3) = 9.350403\text{e} - 001$

$x(4) = 8.812823\text{e} - 001$

程序 4 求解三对角线方程组的追赶法.

```
#include <math.h>
#include <stdio.h>
int trde(b, n, m, d)
int n, m;
double b[ ], d[ ];
{   int k, j;
    double s;
    if (m! = (3 * n - 2))
      {   printf("err\n"); return(-2); }
    for (k = 0; k <= n - 2; k + +)
      {   j = 3 * k; s = b[j];
          if (fabs(s) + 1.0 == 1.0)
           {   printf("fail\n"); return(0); }
          b[j + 1] = b[j + 1]/s;
           d[k] = d[k]/s;
           b[j + 3] = b[j + 3] - b[j + 2] * b[j + 1];
           d[k + 1] = d[k + 1] - b[j + 2] * d[k];
      }
    s = b[3 * n - 3];
    if (fabs(s) + 1.0 == 1.0)
      {   printf("fail\n"); return(0); }
    d[n - 1] = d[n - 1]/s;
    for (k = n - 2; k >= 0; k - -)
    d[k] = d[k] - b[3 * k + 1] * d[k + 1];
    return(2);
}
main( )
{   int i;
    static double b[13]={13.0, 12.0, 11.0, 10.0, 9.0, 8.0, 7.0, 6.0, 5.0, 4.0, 3.0, 2.0, 1.0};
    static double d[5] = {3.0, 0.0, -2.0, 6.0, 8.0};
    if (trde(b, 5, 13, d) > 0)
      {   for (i = 0; i <= 4; i + +) }
              {   printf("x(%d) = %13.7e\n", i, d[i]); }
      }
```

```
}
```

运行实例：

$x(0) = 5.7183673e + 000$

$x(1) = -5.9448980e + 000$

$x(2) = -3.8367347e - 001$

$x(3) = 8.0408163e + 000$

$x(4) = -8.0816327e + 000$

程序 5 LU 分解法求方程组的解.

```
#include <stdio.h>
#include <stdlib.h>
#include <conio.h>
#include <math.h>
#define max_n 100
#define precision 0.000001
void  matrixinput(float a[ ][max_n],  int m,  int n)
{
     int  i, j;  float  ftmp;
     printf("\n===begin input matrix elements===\ n");
     for (i = 1;  i <= m;  ++i)
         {
             printf("input_line %d :", i);
             for (j = 1;  j <= n;  ++j)
            {
                 scanf("%f", &ftmp);
                 a[i][j] = ftmp;
            }
         }
}
int  lu_de_no_select(float a[ ][max_n],  int  n)
{
     int i, k, r;
     for (r = 1;  r < n;  ++r)
         {
            for (i = r + 1;  i <= n;  ++i)
```

```
            {
                if (fabs(a[r][r]) < precision)
                 {    return 1; }
                for (k = 1; k < r; ++k)
                 {
                        a[i][r]-= a[i][k] * a[k][r];
                        a[i][r]/= a[r][r];
                 }
                for (i = r + 1; i <= n; ++i)
                 {
                        for (k = 1; k <= r; ++k)
                            {    a[r + 1][i]-= a[r + 1][k] * a[k][i]; }
                 }
            }
        }
    return 0;
}
int lowtriangle_1(float l[ ][max_n], int n)
{
    int i, j;
    for (i = 1; i <= n; ++i)
        {
            if (fabs(l[i][i] < precision)
                {    return 1; }
                    for (j = 1; j < i; ++j)
                     {    l[i][n + 1]-= l[i][j] * l[j][n + 1];
                          l[i][n + 1]/= l[i][i];
                     }
                }
    return 0;
}
int uptriangle(float u[ ][max_n],int n)
{
    int i, j;
    for (i = n; i > 0; --i)
```

```
        {
            if (fabs(u[i][i]) < precision)
              {    return 1; }
                  for (j = i + 1; j <= n; ++j)
                    {    u[i][n + 1]-= u[i][j] * u[j][n + 1];
                         u[i][n + 1]/= u[i][i];
                    }
              }
    return 0;
}
void  matrixonecolumnoutput(float a[ ][max_n], int n, int k)
{
    int i;
    for (i = 1; i <= n; ++i)
      { printf("\nx[%d] = %f", i, a[i][k]); }
}
void main( )
{
    int n;
    float a[max_n][max_n];
    printf("\ninput n =");
    scanf("%d", &n);
    if (n >= max_n - 1)
      {
          printf("\n\007n must<%d!",max_n);
          exit(0);
      }
    matrixinput(a, n, n + 1);
    if (lu_de_no_select(a, n))
      {    printf("\nlu failt!"); }
    else
      {
          lowtriangle_1(a, n); }
          if (uptriangle(a, n))
            {    printf("\nlu failt!"); }
```

```
        else
         {   matrixonecolumnoutput(a,n,n+1); }
        printf("\ noutput l: ");
        lowtriamatrixoutput(a, n);
        printf("\ nourput u: ");
        uptriamatrixoutput(a, n);
    }
  printf("\n\n\007\n");
  getch( );
}
```

运行实例 (注意，输入的是方程组的增广系数矩阵):

```
Input n=3
===Begin input Matrix elements===
Input_ Line 1 : 2  -1  -1   4
Input_ Line 2 : 3   4  -2  11
Inpur_ Line 3 : 3  -2   4  11
x[1] = 3.000000
x[2] = 1.000000
x[3] = 1.000000
```

3.10 考研题选讲

例 3.10.1 (四川大学 2006 年)

用雅可比迭代法和高斯 - 塞德尔迭代法求解线性方程组

$$\begin{pmatrix} a_{11} & a_{12} \\ a_{21} & a_{22} \end{pmatrix} \begin{pmatrix} x_1 \\ x_2 \end{pmatrix} = \begin{pmatrix} b_1 \\ b_2 \end{pmatrix},$$

其中 $a_{11}a_{22} \neq 0$. 并证明这两种方法要么同时收敛，要么同时发散.

本题考查了用雅可比迭代法和高斯 - 塞德尔迭代法求解线性方程组及它们的收敛性.

解 (1) 雅可比迭代矩阵 $\boldsymbol{J}$ 的特征方程为

$$\begin{vmatrix} a_{11}\lambda & a_{12} \\ a_{21} & a_{22}\lambda \end{vmatrix} = 0,$$

将行列式展开，得到

$$a_{11}a_{22}\lambda^2 = a_{12}a_{21}, \quad \lambda^2 = \frac{a_{12}a_{21}}{a_{11}a_{22}} = c,$$

故有

$$\begin{cases} \lambda_{1,2} = \pm\sqrt{c}, & c > 0, \\ \lambda_{1,2} = 0, & c = 0, \\ \lambda_{1,2} = \pm\sqrt{c}\,\mathrm{i}, & c < 0, \end{cases}$$

从而

$$\rho(\boldsymbol{J}) = \sqrt{|c|}.$$

雅可比迭代法收敛的充分必要条件为 $\rho(\boldsymbol{J}) < 1$, 即 $|c| < 1$.

(2) 高斯 - 塞德尔迭代矩阵 $\boldsymbol{G}$ 的特征方程为

$$\begin{vmatrix} a_{11}\lambda & a_{12} \\ a_{21}\lambda & a_{22}\lambda \end{vmatrix} = 0,$$

将行列式展开，得到

$$\lambda(a_{11}a_{22}\lambda - a_{12}a_{21}) = 0,$$

故有

$$\lambda_1 = 0, \quad \lambda_2 = \frac{a_{12}a_{21}}{a_{11}a_{22}} = c,$$

从而

$$\rho(\boldsymbol{G}) = |c|.$$

高斯 - 塞德尔迭代收敛的充分必要条件为 $\rho(\boldsymbol{G}) < 1$, 即 $|c| < 1$.

由 (1) 及 (2) 知，当 $|c| < 1$ 时两种方法同时收敛，当 $|c| \geqslant 1$ 时两种方法同时发散.

例 3.10.2 (大连理工大学 2005 年)

给定线性方程组

$$\begin{pmatrix} 5 & -3 & 2 \\ 1 & -1 & 8 \\ 2 & -3 & 20 \end{pmatrix} \begin{pmatrix} x_1 \\ x_2 \\ x_3 \end{pmatrix} = \begin{pmatrix} 4 \\ 1 \\ -7 \end{pmatrix},$$

试写出高斯 - 塞德尔迭代格式，并分析其收敛性.

本题考查了高斯 - 塞德尔迭代法求解线性方程组及它的收敛性.

解 (1) 所给方程组的高斯 - 塞德尔迭代格式为

$$\begin{cases} x_1^{(k+1)} = \dfrac{4}{5} + \dfrac{3}{5}x_2^{(k)} - \dfrac{2}{5}x_3^{(k)}, \\ x_2^{(k+1)} = -1 + x_1^{(k+1)} + 8x_3^{(k)}, \\ x_3^{(k+1)} = -\dfrac{7}{20} - \dfrac{1}{10}x_1^{(k+1)} + \dfrac{3}{20}x_2^{(k+1)} \quad (k = 0, 1, 2, \cdots). \end{cases}$$

(2) 迭代矩阵 $\boldsymbol{G}$ 的特征方程为

$$\begin{vmatrix} 5\lambda & -3 & 2 \\ \lambda & -\lambda & 8 \\ 2\lambda & -3\lambda & 20\lambda \end{vmatrix} = 0,$$

按第一列展开，得

$$5\lambda(-20\lambda^2 + 24\lambda) - \lambda(-60\lambda + 6\lambda) + 2\lambda(-24 + 2\lambda) = 0,$$

整理得

$$-\lambda(100\lambda^2 - 178\lambda + 48) = 0,$$

解得

$$\lambda_1 = 0, \quad \lambda_2 = \frac{8.9 + \sqrt{(8.9)^2 - 48}}{10}, \quad \lambda_2 = \frac{8.9 - \sqrt{(8.9)^2 - 48}}{10},$$

从而由 $\rho(\boldsymbol{G}) = \lambda_2 > 1$ 可知，迭代格式发散.

例 3.10.3 (西北工业大学 2006 年)

给定线性方程组

$$\begin{cases} -2x_1 + 2x_2 + 3x_3 = 12, \\ -4x_1 + 2x_2 + x_3 = 12, \\ x_1 + 2x_2 + 3x_3 = 16. \end{cases}$$

(1) 用列主元三角分解法求解所给线性方程组;

(2) 写出高斯 - 塞德尔迭代格式，并分析该迭代格式是否收敛.

本题考查的是列主元消去法.

解 (1) 首先对所给方程组的增广矩阵作初等变换

$$\begin{pmatrix} -2 & 2 & 3 & 12 \\ -4 & 2 & 1 & 12 \\ 1 & 2 & 3 & 16 \end{pmatrix} \longrightarrow \begin{pmatrix} -4 & 2 & 1 & 12 \\ -2 & 2 & 3 & 12 \\ 1 & 2 & 3 & 16 \end{pmatrix} \longrightarrow \begin{pmatrix} -4 & 2 & 1 & 12 \\ 0 & 1 & \dfrac{5}{2} & 6 \\ 1 & 2 & 3 & 16 \end{pmatrix}$$

$$\longrightarrow \begin{pmatrix} -4 & 2 & 1 & 12 \\ 0 & 1 & \dfrac{5}{2} & 6 \\ 0 & \dfrac{5}{2} & \dfrac{13}{4} & 19 \end{pmatrix} \longrightarrow \begin{pmatrix} -4 & 2 & 1 & 12 \\ 0 & \dfrac{5}{2} & \dfrac{13}{4} & 19 \\ 0 & 1 & \dfrac{5}{2} & 6 \end{pmatrix} \longrightarrow \begin{pmatrix} -4 & 2 & 1 & 12 \\ 0 & \dfrac{5}{2} & \dfrac{13}{4} & 19 \\ 0 & 0 & \dfrac{6}{5} & -\dfrac{2}{5} \end{pmatrix},$$

由此可得原方程组的等价三角方程组为

$$\begin{cases} -4x_1 + 2x_2 + x_3 = 12, \\ \dfrac{5}{2}x_2 + \dfrac{13}{4}x_3 = 19, \\ \dfrac{6}{5}x_3 = -\dfrac{8}{5}. \end{cases}$$

回代得

$$x_3 = -\frac{4}{3}, \quad x_2 = \frac{28}{3}, \quad x_1 = \frac{4}{3}.$$

(2) 高斯 - 塞德尔迭代格式为

$$\begin{cases} x_1^{(k+1)} = -6 + x_2^{(k)} + \dfrac{3}{2}x_3^{(k)}, \\ x_2^{(k+1)} = 6 + 2x_1^{(k+1)} - \dfrac{1}{2}x_3^{(k)}, \\ x_3^{(k+1)} = \dfrac{16}{3} - \dfrac{1}{3}x_1^{(k+1)} - \dfrac{2}{3}x_2^{(k+1)} \quad (k = 0, 1, 2, \cdots), \end{cases}$$

迭代矩阵 $\boldsymbol{G}$ 的特征方程为

$$\begin{vmatrix} -2\lambda & 2 & 3 \\ -4\lambda & 2\lambda & 1 \\ \lambda & 2\lambda & 3\lambda \end{vmatrix} = 0,$$

按第一列展开，得

$$-2\lambda(6\lambda^2 - 2\lambda) + 4\lambda(6\lambda - 6\lambda) + \lambda(2 - 6\lambda) = 0,$$

整理得

$$-2\lambda(6\lambda^2 + \lambda - 1) = 0,$$

解得

$$\lambda_1 = 0, \quad \lambda_2 = -\frac{1}{2}, \quad \lambda_3 = \frac{1}{3},$$

从而由 $\rho(\boldsymbol{G}) = |\lambda_2| = \dfrac{1}{2} < 1$ 可知，高斯 - 塞德尔迭代收敛.

例 3.10.4 (四川师范大学 2005 年)

设 n 阶矩阵 Q 是对称正定，则

$$f(\boldsymbol{x}) = \sqrt{\boldsymbol{x}^T Q \boldsymbol{x}}$$

是向量 $\boldsymbol{x}$ 的一个范数.

根据范数的定义，应该检验 $f(\boldsymbol{x})$ 是否满足范数的三个条件. 在具体检验过程中再考虑是否需要其他数学结论.

解 (1) 验证非负性.

对任意向量 $\boldsymbol{x}$, 由 Q 是对称的正定矩阵可知, 二次型 $\boldsymbol{x}^TQ\boldsymbol{x} \geqslant 0$, 并 $\boldsymbol{x}^TQ\boldsymbol{x}=0$ 当且仅当 $\boldsymbol{x}=0$, 从而 $f(\boldsymbol{x}) \geqslant 0$, 并 $f(\boldsymbol{x})=0$ 当且仅当 $\boldsymbol{x}=0$.

(2) 验证绝对齐性.

对任意实数 c, 有

$$f(c\boldsymbol{x})=\sqrt{(c\boldsymbol{x})^TQ(c\boldsymbol{x})}=\sqrt{c^2\boldsymbol{x}^TQ\boldsymbol{x}}=|c|\sqrt{\boldsymbol{x}^TQ\boldsymbol{x}}=|c|f(\boldsymbol{x}).$$

(3) 证明三角不等式.

对任意向量 $\boldsymbol{x}$ 与 $\boldsymbol{y}$, 由 Q 是对称的正定矩阵可得

$$\boldsymbol{x}^TQ\boldsymbol{y}=(\boldsymbol{x}^TQ\boldsymbol{y})^T=\boldsymbol{y}^TQ^T\boldsymbol{x}=\boldsymbol{y}^TQ\boldsymbol{x},$$

故有

$$\begin{aligned} f(\boldsymbol{x}+\boldsymbol{y}) &= \sqrt{(\boldsymbol{x}+\boldsymbol{y})^TQ(\boldsymbol{x}+\boldsymbol{y})} \\ &= \sqrt{\boldsymbol{x}^TQ\boldsymbol{x}+\boldsymbol{x}^TQ\boldsymbol{y}+\boldsymbol{y}^TQ\boldsymbol{x}+\boldsymbol{y}^TQ\boldsymbol{y}} \\ &= \sqrt{\boldsymbol{x}^TQ\boldsymbol{x}+2\boldsymbol{x}^TQ\boldsymbol{y}+\boldsymbol{y}^TQ\boldsymbol{y}}. \end{aligned}$$

另一方面, 由 Q 是对称的正定矩阵可知, 存在可逆矩阵 B, 使得 $Q=B^TB$, 故有

$$\boldsymbol{x}^TQ\boldsymbol{y}=\boldsymbol{x}^T(B^TB)\boldsymbol{y}=(B\boldsymbol{x})^T(B\boldsymbol{y}),$$

从而由柯西 – 施瓦茨 (Cauchy–Schwarz) 不等式 $|(\boldsymbol{x},\boldsymbol{y})| \leqslant \|\boldsymbol{x}\|_2\,\|\boldsymbol{y}\|_2$ 可得

$$\boldsymbol{x}^TQ\boldsymbol{y}=(B\boldsymbol{x})^T(B\boldsymbol{y}) \leqslant \sqrt{(B\boldsymbol{x})^T(B\boldsymbol{x})}\cdot\sqrt{(B\boldsymbol{y})^T(B\boldsymbol{y})}=\sqrt{\boldsymbol{x}^TQ\boldsymbol{x}}\cdot\sqrt{\boldsymbol{y}^TQ\boldsymbol{y}}.$$

综上可知, 对任意向量 $\boldsymbol{x}$ 与 $\boldsymbol{y}$, 有

$$\begin{aligned} f(\boldsymbol{x}+\boldsymbol{y}) &= \sqrt{\boldsymbol{x}^TQ\boldsymbol{x}+2\boldsymbol{x}^TQ\boldsymbol{y}+\boldsymbol{y}^TQ\boldsymbol{y}} \\ &\leqslant \sqrt{\boldsymbol{x}^TQ\boldsymbol{x}+2\sqrt{\boldsymbol{x}^TQ\boldsymbol{x}}\cdot\sqrt{\boldsymbol{y}^TQ\boldsymbol{y}}+\boldsymbol{y}^TQ\boldsymbol{y}} \\ &= \boldsymbol{x}^TQ\boldsymbol{x}+\boldsymbol{y}^TQ\boldsymbol{y}=f(\boldsymbol{x})+f(\boldsymbol{y}). \end{aligned}$$

由 (1)—(3) 可知, $f(\boldsymbol{x})=\sqrt{\boldsymbol{x}^TQ\boldsymbol{x}}$ 是向量 $\boldsymbol{x}$ 的一个范数.

例 3.10.5 (华中科技大学 2005 年)

给出计算下列三角线性方程组

$$\begin{pmatrix} b_1 & c_1 & 0 & \cdots & 0 & 0 & 0 \\ a_2 & b_2 & c_2 & \cdots & 0 & 0 & 0 \\ 0 & a_3 & b_3 & \cdots & 0 & 0 & 0 \\ \vdots & \vdots & \vdots & & \vdots & \vdots & \vdots \\ 0 & 0 & 0 & \cdots & a_{n-1} & b_{n-1} & c_{n-1} \\ 0 & 0 & 0 & \cdots & 0 & a_n & b_n \end{pmatrix} \begin{pmatrix} x_1 \\ x_2 \\ x_3 \\ \vdots \\ x_{n-1} \\ x_n \end{pmatrix} = \begin{pmatrix} d_1 \\ d_2 \\ d_3 \\ \vdots \\ d_{n-1} \\ d_n \end{pmatrix}$$

的“追赶法”算法，并分析其运算量，其中

$$a_1 = 0,\quad c_n = 0,\quad |b_i| > |a_i| + |c_i|\quad (i = 1, 2, \cdots, n).$$

本题考查了“追赶法”解对角线型方程组.

解 对方程组的增广矩阵作初等变换，由 $b_i \neq 0\ (i = 1, 2, \cdots, n)$ 可得

$$\begin{pmatrix} b_1 & c_1 & 0 & \cdots & 0 & 0 & 0 & d_1 \\ a_2 & b_2 & c_2 & \cdots & 0 & 0 & 0 & d_2 \\ 0 & a_3 & b_3 & \cdots & 0 & 0 & 0 & d_3 \\ \vdots & \vdots & \vdots & & \vdots & \vdots & \vdots & \vdots \\ 0 & 0 & 0 & \cdots & a_{n-1} & b_{n-1} & c_{n-1} & d_{n-1} \\ 0 & 0 & 0 & \cdots & 0 & a_n & b_n & d_n \end{pmatrix}$$

$$\longrightarrow \begin{pmatrix} u_1 & c_1 & 0 & \cdots & 0 & 0 & 0 & y_1 \\ 0 & u_2 & c_2 & \cdots & 0 & 0 & 0 & y_2 \\ 0 & 0 & u_3 & \cdots & 0 & 0 & 0 & y_3 \\ \vdots & \vdots & \vdots & & \vdots & \vdots & \vdots & \vdots \\ 0 & 0 & 0 & \cdots & 0 & u_{n-1} & c_{n-1} & y_{n-1} \\ 0 & 0 & 0 & \cdots & 0 & 0 & u_n & y_n \end{pmatrix},$$

其中

$$u_1 = b_1,\quad y_1 = d_1,\quad u_i = b_i - \frac{c_{i-1}a_i}{u_{i-1}},\quad y_i = d_i - \frac{y_{i-1}a_i}{u_{i-1}}\quad (i = 2, 3, \cdots, n).$$

由此可将原三对角方程组化为如下同解的二对角方程组

$$\begin{pmatrix} u_1 & c_1 & 0 & \cdots & 0 & 0 & 0 \\ 0 & u_2 & c_2 & \cdots & 0 & 0 & 0 \\ 0 & 0 & u_3 & \cdots & 0 & 0 & 0 \\ \vdots & \vdots & \vdots & & \vdots & \vdots & \vdots \\ 0 & 0 & 0 & \cdots & 0 & u_{n-1} & c_{n-1} \\ 0 & 0 & 0 & \cdots & 0 & 0 & u_n \end{pmatrix} \begin{pmatrix} x_1 \\ x_2 \\ x_3 \\ \vdots \\ x_{n-1} \\ x_n \end{pmatrix} = \begin{pmatrix} y_1 \\ y_2 \\ y_3 \\ \vdots \\ y_{n-1} \\ y_n \end{pmatrix},$$

回代得到

$$x_n = \frac{y_n}{u_n},\quad x_i = \frac{y_i - c_i x_{i+1}}{u_i}\quad (i = n-1, n-1, \cdots, 2, 1).$$

上述过程可归纳为“追”的过程，即由 $u_1 = b_1$，$y_1 = d_1$，并对 $i = 2, 3, \cdots, n$ 依次计算

$$u_i = b_i - c_{i-1}\frac{a_i}{u_{i-1}},\quad y_i = d_i - y_{i-1}\frac{a_i}{u_{i-1}};$$

“赶”过程, 即由 $x_n = \dfrac{y_n}{u_n}$, 并对 $i = n-1, n-2, \cdots, 2, 1$ 依次计算

$$x_i = \frac{y_i - c_i x_{i+1}}{u_i}.$$

这里“追”的过程计算量为: 乘除次数 $M_1 = 3(n-1)$, 加减次数 $S_1 = 2(n-1)$; “赶”的过程计算量为: 乘除次数 $M_2 = 1 + 2(n-1)$, 加减次数 $S_2 = n-1$. 追赶过程总次数为: 乘除次数 $M = 5n-4$, 加减次数 $S = 3n-3$.

例 3.10.6 (东北石油大学 2011 年)

设 A 为对称的正定阵, 方程组 $A\boldsymbol{x} = \boldsymbol{b}$ 对应的迭代公式为

$$\boldsymbol{x}^{(k+1)} = \boldsymbol{x}^{(k)} + \omega(\boldsymbol{b} - A\boldsymbol{x}^{(k)}) \quad (k = 0, 1, 2, \cdots),$$

试证明当 $0 < \omega < \dfrac{2}{\beta}$ 时, 上述迭代法收敛, 其中 $0 < \alpha \leqslant \lambda(A) \leqslant \beta$.

证明 将已知的迭代格式改写成

$$\boldsymbol{x}^{(k+1)} = (E - \omega A)\boldsymbol{x}^{(k)} + \omega\boldsymbol{b} \quad (k = 0, 1, 2, \cdots),$$

故迭代矩阵 $B = E - \omega A$, 其特征值 $u = 1 - \omega\lambda(A)$.

又因为 $0 < \alpha \leqslant \lambda(A) \leqslant \beta$, 故当 $0 < \omega < \dfrac{2}{\beta}$ 时, 有

$$0 < \omega < \frac{2}{\lambda(A)},$$

从而

$$|u| = |1 - \omega\lambda(A)| < 1.$$

由 $\rho(B) = |u| < 1$ 及收敛的充分必要条件可知, 迭代格式收敛.

例 3.10.7 (哈尔滨工业大学 2007 年)

分别给出雅可比迭代法和高斯 – 塞德尔迭代法求解方程组

$$\begin{pmatrix} a & 1 \\ 1 & a \end{pmatrix} \begin{pmatrix} x_1 \\ x_2 \end{pmatrix} = \begin{pmatrix} b_1 \\ b_2 \end{pmatrix} \quad (a \neq 0)$$

时, 对任意初始向量都收敛的充要条件.

解 设方程组得系数矩阵为 A, 并将 A 分解为

$$A = \begin{pmatrix} a & 1 \\ 1 & a \end{pmatrix} = \begin{pmatrix} 0 & 0 \\ 1 & 0 \end{pmatrix} + \begin{pmatrix} a & 0 \\ 0 & a \end{pmatrix} + \begin{pmatrix} 0 & 1 \\ 0 & 0 \end{pmatrix} = L + D + U.$$

(1) 对任意的初始向量 $\boldsymbol{x}^{(0)}$, 方程组 $A\boldsymbol{x} = \boldsymbol{b}$ 的雅可比迭代格式为

$$\boldsymbol{x}^{(k+1)} = \boldsymbol{J}\boldsymbol{x}^{(k)} + \boldsymbol{f} \quad (k = 0, 1, 2 \cdots),$$

其中 $\boldsymbol{J}=E-D^{-1}A=-D^{-1}(L+U)$, $\quad \boldsymbol{f}=D^{-1}\boldsymbol{b}$, 并由

$$\boldsymbol{J}=E-D^{-1}A=\begin{pmatrix}1 & 0\\ 0 & 1\end{pmatrix}-\begin{pmatrix}a^{-1} & 0\\ 0 & a^{-1}\end{pmatrix}\begin{pmatrix}a & 1\\ 1 & a\end{pmatrix}=\begin{pmatrix}0 & -a^{-1}\\ -a^{-1} & 0\end{pmatrix}$$

可知，迭代阵 $\boldsymbol{J}$ 的特征方程为

$$|\lambda E-\boldsymbol{J}|=\begin{vmatrix}\lambda & a^{-1}\\ a^{-1} & \lambda\end{vmatrix}=\left(\lambda^2-\frac{1}{a^2}\right)=0,$$

解得特征值为 $\lambda_{1,2}=\pm\dfrac{1}{a}$, 从而矩阵 $\boldsymbol{J}$ 的谱半径 $\rho(\boldsymbol{J})=\dfrac{1}{|a|}$.

综上可知，雅可比迭代收敛的充要条件是 $|a|>1$.

(2) 对任意的初始向量 $\boldsymbol{x}^{(0)}$, 方程组 $A\boldsymbol{x}=\boldsymbol{b}$ 的高斯–塞德尔迭代格式为

$$\boldsymbol{x}^{(k+1)}=\boldsymbol{G}\boldsymbol{x}^{(k)}+\boldsymbol{f}\quad(k=0,1,\cdots),$$

其中

$$\boldsymbol{G}=E-(D+L)^{-1}A=-(D+L)^{-1}U,\ \boldsymbol{f}=(D+L)^{-1}\boldsymbol{b},$$

并由

$$(D+L)^{-1}=\begin{pmatrix}a & 0\\ 1 & a\end{pmatrix}^{-1}=\begin{pmatrix}a^{-1} & 0\\ -a^{-2} & a^{-1}\end{pmatrix},$$

$$\boldsymbol{G}=-(D+L)^{-1}U=-\begin{pmatrix}a^{-1} & 0\\ -a^{-2} & a^{-1}\end{pmatrix}\begin{pmatrix}0 & 1\\ 0 & 0\end{pmatrix}=\begin{pmatrix}0 & -a^{-1}\\ 0 & a^{-2}\end{pmatrix}$$

可知，迭代阵 $\boldsymbol{G}$ 的特征方程为

$$|\lambda E-\boldsymbol{G}|=\begin{vmatrix}\lambda & a^{-1}\\ 0 & \lambda-a^{-2}\end{vmatrix}=\lambda\left(\lambda-\frac{1}{a^2}\right)=0,$$

解得特征值为 $\lambda_1=0$, $\lambda_2=\dfrac{1}{a^2}$, 从而矩阵 $\boldsymbol{G}$ 的谱半径 $\rho(\boldsymbol{G})=\dfrac{1}{a^2}$.

综上可知，高斯–塞德尔迭代收敛的充要条件是 $|a|>1$.

3.11 经典例题选讲

例 3.11.1 计算向量 $\boldsymbol{x}=(1,-2,1.5)^T$ 的范数 $\|\boldsymbol{x}\|_1$, $\|\boldsymbol{x}\|_2$ 和 $\|\boldsymbol{x}\|_\infty$.

解 设 $x_1=1$, $x_2=-2$, $x_3=1.5$, 则由向量范数定义，得

$$\|\boldsymbol{x}\|_1=\sum_{k=1}^{3}|x_k|=|1|+|-2|+|1.5|=4.5,$$

$$\|\boldsymbol{x}\|_2=\left(\sum_{k=1}^{3}x_k^2\right)^{\frac{1}{2}}=\sqrt{1^2+(-2)^2+(1.5)^2}=\sqrt{7.25}=2.69258,$$

$$\|\boldsymbol{x}\|_\infty=\max_{1\leqslant k\leqslant 3}\{|x_k|\}=\max\{|1|,\ |-2|,\ |1.5|\}=2.$$

例 3.11.2 求矩阵 $A=\begin{pmatrix}1&1&1&1\\-1&1&-1&1\\-1&-1&1&1\\1&-1&-1&1\end{pmatrix}$ 的范数 $\|A\|_1$, $\|A\|_2$ 和 $\|A\|_\infty$.

解 设 $A=(a_{ij})_{4\times4}$, 则由定理 3.1.3 可得

$$\|A\|_\infty=\max_{1\leqslant i\leqslant 4}\sum_{j=1}^{4}|a_{ij}|=|1|+|1|+|1|+|1|=4,$$

$$\|A\|_1=\max_{1\leqslant j\leqslant 4}\sum_{i=1}^{4}|a_{ij}|=|1|+|1|+|1|+|1|=4.$$

另一方面, 由 A 的表达式可得

$$A^TA=\begin{pmatrix}1&-1&-1&1\\1&1&-1&-1\\1&-1&1&-1\\1&1&1&1\end{pmatrix}\begin{pmatrix}1&1&1&1\\-1&1&-1&1\\-1&-1&1&1\\1&-1&-1&1\end{pmatrix}=\begin{pmatrix}4&0&0&0\\0&4&0&0\\0&0&4&0\\0&0&0&4\end{pmatrix},$$

故 A^TA 的特征值为 $\lambda=4$, 从而

$$\|A\|_2=\sqrt{\lambda}=\sqrt{4}=2.$$

例 3.11.3 求矩阵 $A=\begin{pmatrix}1.1&-2\\2.5&-3.5\end{pmatrix}$ 的范数 $\|A\|_1$, $\|A\|_2$ 和 $\|A\|_\infty$.

解 设 $A=(a_{ij})_{2\times2}$, 则由定理 3.1.3 可得

$$\|A\|_\infty=\max_{1\leqslant i\leqslant 2}\sum_{j=1}^{2}|a_{ij}|=\max\{|1.1|+|-2|,\ |2.5|+|3.5|\}=6,$$

$$\|A\|_1=\max_{1\leqslant j\leqslant 2}\sum_{i=1}^{2}|a_{ij}|=\max\{|1.1|+|2.5|,\ |-2|+|3.5|=5.5.$$

另一方面, 由 A 的表达式可得

$$A^TA=\begin{pmatrix}1.1&2.5\\-2&-3.5\end{pmatrix}\begin{pmatrix}1.1&-2\\2.5&-3.5\end{pmatrix}=\begin{pmatrix}7.46&-10.95\\10.95&16.25\end{pmatrix},$$

故 A^TA 的特征值为 $\lambda_1=23.6542$, $\lambda_2=0.05591$, 从而

$$\|A\|_2=\sqrt{\lambda_1}=\sqrt{23.6542}=4.86355.$$

例 3.11.4 求矩阵 A, B 的条件数 $\mathrm{cond}_2(A)$, $\mathrm{cond}_1(B)$, 其中

$$A=\begin{pmatrix}1&1&1&1\\-1&1&-1&1\\-1&-1&1&1\\1&-1&-1&1\end{pmatrix},\quad B=\begin{pmatrix}1&0\\0&10^{-10}\end{pmatrix}.$$

解 设 I 为单位阵, 则由 A 的表达式可得

$$A^TA=\begin{pmatrix}1&-1&-1&1\\1&1&-1&-1\\1&-1&1&-1\\1&1&1&1\end{pmatrix}\begin{pmatrix}1&1&1&1\\-1&1&-1&1\\-1&-1&1&1\\1&-1&-1&1\end{pmatrix}=\begin{pmatrix}4&0&0&0\\0&4&0&0\\0&0&4&0\\0&0&0&4\end{pmatrix}=4I,$$

故 A^TA 的特征值为 $\lambda=4$, 从而

$$\|A\|_2=\sqrt{\lambda}=\sqrt{4}=2.$$

另一方面, 由 $A^TA=4I$ 可得 $A^{-1}=\frac{1}{4}A^T$, 故

$$(A^{-1})^TA^{-1}=\frac{1}{16}AA^T=\frac{1}{4}I,$$

从而

$$\|A^{-1}\|_2=\sqrt{\frac{1}{4}}=\frac{1}{2}.$$

综上可知, 矩阵 A 的条件数为

$$\mathrm{cond}_2(A)=\|A\|_2\,\|A^{-1}\|_2=1.$$

由矩阵 B 的表达式可得

$$B^{-1}=\begin{pmatrix}1&0\\0&10^{10}\end{pmatrix},$$

从而矩阵 B 的条件数为

$$\mathrm{cond}_1(B)=\|B\|_1\,\|B^{-1}\|_1=1\times10^{10}=10^{10}.$$

例 3.11.5 设 A, B 均为 n 阶矩阵, 证明 $\mathrm{cond}(A)\leqslant\mathrm{cond}(A)\cdot\mathrm{cond}(B)$.

证明 由条件数的定义可得

$$\begin{aligned}\mathrm{cond}(AB)&=\|AB\|\,\|(AB)^{-1}\|=\|AB\|\,\|B^{-1}A^{-1}\|\\&\leqslant\|A\|\,\|B\|\,\|B^{-1}\|\,\|A^{-1}\|=\mathrm{cond}(A)\cdot\mathrm{cond}(B).\end{aligned}$$

例 3.11.6 设 A 为正交矩阵，证明 $\mathrm{cond}_2(A)=1$.

证明 设 I 为单位阵，则由 A 是正交矩阵可得

$$AA^T=A^TA=I,\quad A^{-1}=A^T,\quad (A^{-1})^TA^{-1}=AA^T=I,$$

故由 AA^T 和 $(A^{-1})^TA^{-1}$ 的特征值均为 $\lambda=1$ 可得

$$\|A\|_2=\sqrt{\lambda}=1,\quad \|A^{-1}\|_2=\sqrt{\lambda}=1,$$

从而

$$\mathrm{cond}_2(A)=\|A\|_2\,\|A^{-1}\|_2=1.$$

例 3.11.7 讨论用雅可比迭代法求解方程组

$$\begin{cases} x_1+2x_2-2x_3=5, \\ x_1+x_2+x_3=1, \\ 2x_1+2x_2+x_3=3 \end{cases}$$

的收敛性. 如果收敛，取初始向量 $\boldsymbol{x}^{(0)}=(0,0,0)^T$ 求解，当 $\|\boldsymbol{x}^{(k+1)}-\boldsymbol{x}^{(k)}\|_\infty<10^{-5}$ 时迭代终止.

分析 本题中收敛性的讨论是常规的，求解过程中的计算也是基本的.

解 设方程组的系数矩阵为 A, 对应的雅可比迭代矩阵为 B, 则

$$B=\begin{pmatrix}1&0&0\\0&1&0\\0&0&1\end{pmatrix}-\begin{pmatrix}1&0&0\\0&1&0\\0&0&1\end{pmatrix}^{-1}\begin{pmatrix}1&2&-2\\1&1&1\\2&2&1\end{pmatrix}=\begin{pmatrix}0&-2&2\\-1&0&-1\\-2&-2&0\end{pmatrix},$$

故由特征方程

$$|\lambda I-B|=\begin{vmatrix}\lambda&2&-2\\1&\lambda&1\\2&2&\lambda\end{vmatrix}=\lambda^3=0$$

解得其特征值为 $\lambda_1=\lambda_2=\lambda_3=0$, 从而由 $\rho(B)<1$ 可知，雅可比迭代格式

$$\begin{cases} x_1^{(k+1)}=-2x_2^{(k)}+2x_3^{(k)}+5, \\ x_2^{(k+1)}=-x_1^{(k)}-x_3^{(k)}+1, \qquad (k=0,1,2,\cdots) \\ x_3^{(k+1)}=-2x_1^{(k)}-2x_2^{(k)}+3 \end{cases}$$

对任意初始向量 $\boldsymbol{x}^{(0)}$ 都收敛.

取 $\boldsymbol{x}^{(0)}=(0,0,0)^T$, 代入迭代公式计算，得

$$\boldsymbol{x}^{(1)}=(5,1,3)^T,\ \boldsymbol{x}^{(2)}=(9,-7,-9)^T,\ \boldsymbol{x}^{(3)}=(1,1,-1)^T,\ \boldsymbol{x}^{(4)}=(1,1,-1)^T,$$

从而 $\boldsymbol{x}^{(4)}$ 是满足要求的解，且是精确解 $x_1=x_2=1,\ x_3=-1$.

例 3.11.8 对方程组

$$\begin{cases} -x_1+8x_2=7, \\ -x_1+9x_3=8, \\ 9x_1-x_2-x_3=7 \end{cases}$$

作简单调整，使得用高斯 - 塞德尔迭代法求解时对任意初始向量都收敛，并取初始向量 $\boldsymbol{x}^{(0)}=(0,0,0)$ 求近似解 $\boldsymbol{x}^{(k+1)}$，使得 $\|\boldsymbol{x}^{(k+1)}-\boldsymbol{x}^{(k)}\|<10^{-3}$.

分析 高斯 - 塞德尔方法的收敛条件有好几种，由于检验充要条件不是很方便，一般总是先考虑使用简单的几个充分条件. 观察本方程组的系数可以发现，有几个系数的绝对值相对较大，因而有可能调整方程组中各方程的次序，使该方程组化为主对角线严格占优的形式，从而使高斯 - 塞德尔方法收敛.

解 将方程组中的第 3 个方程与第 2 个方程对换，再与第 1 个方程对换，得

$$\begin{cases} 9x_1-\ x_2-\ x_3=7, \\ -x_1+8x_2 \qquad\quad =7, \\ -x_1+\qquad\ 9x_3=8, \end{cases}$$

故此方程组是主对角线严格对角占优，从而高斯 - 塞德尔迭代法

$$\begin{cases} x_1^{(k+1)}=\dfrac{1}{9}x_2^{(k)}+\dfrac{1}{9}x_3^{(k)}+\dfrac{7}{9}, \\ x_2^{(k+1)}=\dfrac{1}{8}x_1^{(k+1)}+\dfrac{7}{8}, \\ x_3^{(k+1)}=\dfrac{1}{9}x_1^{(k+1)}+\dfrac{8}{9} \end{cases} \qquad (k=0,1,2,\cdots)$$

对任意初始向量 $\boldsymbol{x}^{(0)}$ 都收敛.

取初始向量 $\boldsymbol{x}^{(0)}=(0,0,0)^T$，代入迭代公式计算，得

$$\boldsymbol{x}^{(1)}=(0.7778,0.9722,0.9753)^T,\quad \boldsymbol{x}^{(2)}=(0.9942,0.9993,0.9994)^T,$$
$$\boldsymbol{x}^{(3)}=(0.9999,0.9999,0.9999)^T,\quad \boldsymbol{x}^{(4)}=(1.0000,1.0000,1.0000)^T,$$

并由 $\|\boldsymbol{x}^{(4)}-\boldsymbol{x}^{(3)}\|=10^{-4}<10^{-3}$ 可知， $\boldsymbol{x}^{(4)}$ 是满足要求的解，且是精确解.

例 3.11.9 证明：迭代格式

$$\boldsymbol{x}^{(k+1)}=B\boldsymbol{x}^{(k)}+\boldsymbol{b}\quad (k=0,1,2,\cdots)$$

对任意初始向量 $\boldsymbol{x}^{(0)}$ 都收敛，并取 $\boldsymbol{x}^{(0)}=(0,0,0)^T$，计算 $\boldsymbol{x}^{(4)}$，其中

$$B=\begin{pmatrix} 0 & \dfrac{1}{2} & -\dfrac{\sqrt{2}}{2} \\ \dfrac{1}{2} & 0 & \dfrac{1}{2} \\ \dfrac{\sqrt{2}}{2} & \dfrac{1}{2} & 0 \end{pmatrix},\quad \boldsymbol{b}=\begin{pmatrix} -\dfrac{1}{2} \\ 1 \\ -\dfrac{1}{2} \end{pmatrix}.$$

分析 因为 $\|B\|_1 = 1$ 和 $\|B\|_\infty = 1$, 所以考虑 B 的谱半径是否小于 1.

解 由 B 的特征方程

$$|\lambda I - B| = \begin{pmatrix} \lambda & -\frac{1}{2} & \frac{\sqrt{2}}{2} \\ -\frac{1}{2} & \lambda & -\frac{1}{2} \\ -\frac{\sqrt{2}}{2} & -\frac{1}{2} & \lambda \end{pmatrix} = \lambda^3 = 0$$

解得其特征值为 $\lambda_1 = \lambda_2 = \lambda_3 = 0$, 从而由 $\rho(B) < 1$ 可知，迭代格式

$$\begin{cases} x_1^{(k+1)} = \frac{1}{2}x_2^{(k)} - \frac{\sqrt{2}}{2}x_3^{(k)} - \frac{1}{2}, \\ x_2^{(k+1)} = \frac{1}{2}x_1^{(k)} + \frac{1}{2}x_3^{(k)} + 1, \\ x_3^{(k+1)} = \frac{\sqrt{2}}{2}x_1^{(k)} - \frac{1}{2}x_2^{(k)} - \frac{1}{2} \end{cases}$$

对任意初始向量 $\boldsymbol{x}^{(0)}$ 都收敛.

取 $\boldsymbol{x}^{(0)} = (0,0,0)^T$, 代入迭代公式计算，得

$$\boldsymbol{x}^{(1)} = \left(-\frac{1}{2}, 1, -\frac{1}{2}\right)^T, \quad \boldsymbol{x}^{(2)} = \left(\frac{\sqrt{2}}{4}, \frac{1}{2}, -\frac{\sqrt{2}}{4}\right)^T,$$
$$\boldsymbol{x}^{(3)} = (0,1,0)^T, \qquad \boldsymbol{x}^{(4)} = (0,1,0)^T.$$

例 3.11.10 讨论当松弛因子 $\omega = 1.25$ 时，用 SOR 方法求解方程组

$$\begin{cases} 4x_1 + 3x_2 = 16, \\ 3x_1 + 4x_2 - x_3 = 20, \\ -x_2 + 4x_3 = -12 \end{cases}$$

的收敛性. 如果收敛，取 $\boldsymbol{x}^{(0)} = (0,0,0)^T$ 迭代求近似解 $\boldsymbol{x}^{(k+1)}$, 使得

$$\|\boldsymbol{x}^{(k+1)} - \boldsymbol{x}^{(k)}\|_\infty < \frac{1}{2} \times 10^{-4}.$$

解 设方程组的系数矩阵为 A, 则由

$$A = \begin{pmatrix} 4 & 3 & 0 \\ 3 & 4 & -1 \\ 0 & -1 & 4 \end{pmatrix}$$

可知， A 为对称阵，并由 A 的顺序主子式

$$|4| > 0, \quad \begin{vmatrix} 4 & 3 \\ 3 & 4 \end{vmatrix} = 7 > 0, \quad \begin{vmatrix} 4 & 3 & -1 \\ 3 & 4 & 0 \\ 0 & -1 & 4 \end{vmatrix} = 24 > 0$$

可知，A 为正定阵，从而当 $\omega=1.25$ 时，SOR 方法的迭代格式

$$\begin{cases} x_1^{(k+1)}=x_1^{(k)}+\dfrac{1.25}{4}(16-4x_1^{(k)}-3x_2^{(k)}),\\ x_2^{(k+1)}=x_2^{(k)}+\dfrac{1.25}{4}(20-3x_1^{(k+1)}-4x_2^{(k)}+x_3^{(k)}), \quad (k=0,1,2,\cdots)\\ x_3^{(k+1)}=x_3^{(k)}+\dfrac{1.25}{4}(-12+x_2^{(k+1)}-4x_3^{(k)}) \end{cases}$$

对任意的初始向量 $\boldsymbol{x}^{(0)}$ 都收敛.

取 $x^{(0)}=(0,0,0)^T$, 代入迭代公式计算，得

$$\boldsymbol{x}^{(1)}=\begin{pmatrix}5.00000\\1.56250\\-3.26172\end{pmatrix},\ \boldsymbol{x}^{(2)}=\begin{pmatrix}2.28516\\2.69775\\-2.09152\end{pmatrix},\ \boldsymbol{x}^{(3)}=\begin{pmatrix}1.89957\\2.77963\\-2.35849\end{pmatrix},\cdots,$$

$$\boldsymbol{x}^{(11)}=\begin{pmatrix}1.50005\\3.33331\\-2.16667\end{pmatrix},\ \boldsymbol{x}^{(12)}=\begin{pmatrix}1.50001\\3.33333\\-2.16667\end{pmatrix},$$

从而由

$$\|\boldsymbol{x}^{(12)}-\boldsymbol{x}^{(11)}\|_\infty=0.00004<\frac{1}{2}\times10^{-4}$$

可知，方程组的近似解为 $x_1^{(k+1)}=1.50001$, $x_2^{(k+1)}=3.33333$, $x_3^{(k+1)}=-2.16667$.

例 3.11.11 对于给定的方程组 $A\boldsymbol{x}=\boldsymbol{b}$, 其中

$$A=\begin{pmatrix}1&\frac{1}{2}&\frac{1}{2}\\\frac{1}{2}&1&\frac{1}{2}\\\frac{1}{2}&\frac{1}{2}&1\end{pmatrix},$$

证明：用雅可比迭代法解此方程组发散，而用高斯 – 塞德尔迭代法收敛.

分析 要证雅可比方法发散，必须考虑收敛的充要条件 (而不是充分条件), 这里应该求出雅可比方法的迭代矩阵，并说明其谱半径不小于 1; 而要证高斯 – 塞德尔方法收敛，可先考虑充分条件的使用 (当充分条件不具备讨再考虑使用充要条件). 由于系数矩阵 A 对称，故只要它正定即可说明高斯 – 塞德尔方法收敛.

证明 设雅可比方法的迭代矩阵为 B, A 的对角线元素构成的对角阵为 D, 则

$$B=I-D^{-1}A=\begin{pmatrix}0&-\frac{1}{2}&-\frac{1}{2}\\-\frac{1}{2}&0&-\frac{1}{2}\\-\frac{1}{2}&-\frac{1}{2}&0\end{pmatrix},$$

故由 B 的特征方程

$$|\lambda I-B|=\begin{vmatrix}\lambda & \frac{1}{2} & \frac{1}{2}\\ \frac{1}{2} & \lambda & \frac{1}{2}\\ \frac{1}{2} & \frac{1}{2} & \lambda\end{vmatrix}=\left(\lambda-\frac{1}{2}\right)^2(\lambda+1)=0$$

解得特征值为 $\lambda_1=\lambda_2=\dfrac{1}{2}$, $\lambda_3=-1$, 从而由 $\rho(B)=1$ 可知，雅可比方法发散.

另一方面， A 为对称阵，且 A 的顺序主子式满足

$$|1|>0,\quad \begin{vmatrix}1 & \frac{1}{2}\\ \frac{1}{2} & 1\end{vmatrix}=\frac{3}{4}>0,\quad \begin{vmatrix}1 & \frac{1}{2} & \frac{1}{2}\\ \frac{1}{2} & 1 & \frac{1}{2}\\ \frac{1}{2} & \frac{1}{2} & 1\end{vmatrix}=\frac{1}{2}>0,$$

故 A 为正定阵，从而高斯 – 塞德尔方法收敛.

例 3.11.12 对于给定的方程组 $A\boldsymbol{x}=\boldsymbol{b}$, 其中

$$A=\begin{pmatrix}1 & 2 & -2\\ 1 & 1 & 1\\ 2 & 2 & 1\end{pmatrix},\quad \boldsymbol{x}=\begin{pmatrix}x_1\\ x_2\\ x_3\end{pmatrix},\quad \boldsymbol{b}=\begin{pmatrix}b_1\\ b_2\\ b_3\end{pmatrix},$$

证明：用雅可比迭代法解此方程组发散，而用高斯 – 塞德尔迭代法收敛.

证明 设雅可比方法的迭代矩阵为 B,A 的对角线元素构成的对角阵为 D, 则

$$B=I-D^{-1}A=\begin{pmatrix}0 & -2 & 2\\ -1 & 0 & -1\\ -2 & -2 & 0\end{pmatrix},$$

故由 B 的特征方程

$$|\lambda I-B|=\begin{vmatrix}\lambda & 2 & -2\\ 1 & \lambda & 1\\ 2 & 2 & \lambda\end{vmatrix}=\lambda^3=0$$

解得特征值为 $\lambda_1=\lambda_2=\lambda_3=0$, 从而由 $\rho(B)<1$ 可知，雅可比方法收敛.

设高斯 – 塞德尔方法的迭代矩阵为 $\boldsymbol{G}$, 则

$$\boldsymbol{G}=\begin{pmatrix}1 & 0 & 0\\ 0 & 1 & 0\\ 0 & 0 & 1\end{pmatrix}-\begin{pmatrix}1 & 0 & 0\\ 1 & 1 & 0\\ 2 & 2 & 1\end{pmatrix}^{-1}\begin{pmatrix}1 & 2 & -2\\ 1 & 1 & 1\\ 2 & 2 & 1\end{pmatrix}=\begin{pmatrix}0 & -2 & 2\\ 0 & 2 & -3\\ 0 & 0 & 2\end{pmatrix},$$

故由 $\boldsymbol{G}$ 的特征方程

$$|\lambda I-\boldsymbol{G}|=\begin{vmatrix}\lambda & 2 & -2\\ 0 & \lambda-2 & 3\\ 0 & 0 & \lambda-2\end{vmatrix}=\lambda(\lambda-2)^2=0$$

解得 $\lambda_1=0,\ \lambda_2=\lambda_3=2$, 从而由 $\rho(B)>1$ 可知，高斯 – 塞德尔方法发散.

例 3.11.13 对于给定的方程组 $A\boldsymbol{x}=\boldsymbol{b}$, 其中

$$A=\begin{pmatrix}3 & 0 & -2\\ 0 & 2 & 1\\ -2 & 1 & 2\end{pmatrix},\quad \boldsymbol{x}=\begin{pmatrix}x_1\\ x_2\\ x_3\end{pmatrix},\quad \boldsymbol{b}=\begin{pmatrix}b_1\\ b_2\\ b_3\end{pmatrix},$$

试讨论用雅可比方法和高斯 – 塞德尔方法解此方程组的收敛性. 如果收敛，比较哪种方法收敛较快.

分析 若要说明一个迭代方法发散，一般应说明该方法迭代矩阵的谱半径不小于 1. 如果本题两种方法都收敛，但要比较收敛速度，一般应比较两种方法迭代阵谱半径的大小. 总之，应该求出每种方法的迭代矩阵的谱半径.

解 设雅可比方法的迭代矩阵为 B, A 的对角线元素构成的对角阵为 D, 则

$$B=I-D^{-1}A=\begin{pmatrix}0 & 0 & \dfrac{2}{3}\\ 0 & 0 & -\dfrac{1}{2}\\ 1 & -\dfrac{1}{2} & 0\end{pmatrix},$$

故由 B 的特征方程

$$|\lambda I-B|=\begin{vmatrix}\lambda & 0 & -\dfrac{2}{3}\\ 0 & \lambda & \dfrac{1}{2}\\ -1 & \dfrac{1}{2} & \lambda\end{vmatrix}=\lambda\left(\lambda^2-\frac{11}{12}\right)=0$$

解得特征值为

$$\lambda_1=\sqrt{\frac{11}{12}},\quad \lambda_2=-\sqrt{\frac{11}{12}},\quad \lambda_3=0,$$

从而由 $\rho(B)=\sqrt{\dfrac{11}{12}}<1$ 可知，雅可比方法收敛.

设高斯 – 塞德尔方法的迭代矩阵为 $\boldsymbol{G}$, 则

$$\boldsymbol{G}=\begin{pmatrix}1 & 0 & 0\\ 0 & 1 & 0\\ 0 & 0 & 1\end{pmatrix}-\begin{pmatrix}3 & 0 & 0\\ 0 & 2 & 0\\ -2 & 1 & 2\end{pmatrix}^{-1}\begin{pmatrix}3 & 0 & -2\\ 0 & 2 & 1\\ -2 & 1 & 2\end{pmatrix}=\begin{pmatrix}0 & 0 & \dfrac{2}{3}\\ 0 & 0 & -\dfrac{1}{2}\\ 0 & 0 & \dfrac{11}{12}\end{pmatrix},$$

故由 $\boldsymbol{G}$ 的特征方程

$$|\lambda I-\boldsymbol{G}|=\begin{vmatrix}\lambda & 0 & -\dfrac{2}{3}\\ 0 & \lambda & \dfrac{1}{2}\\ 0 & 0 & \lambda-\dfrac{11}{12}\end{vmatrix}=\lambda^2\left(\lambda-\frac{11}{12}\right)^2=0$$

解得特征值为

$$\lambda_1=0=\lambda_2=0,\quad \lambda_3=\frac{11}{12},$$

从而由 $\rho(B)=\dfrac{11}{12}<1$ 可知，高斯 - 塞德尔方法收敛.

另一方面，由 $\rho(B)<\rho(\boldsymbol{G})$ 可知，求解该方程组时，高斯 - 塞德尔方法比雅可比方法收敛快.

例 3.11.14 试确定常数 $a\ (a\neq 0)$ 的取值范围，使得求解方程组 $A\boldsymbol{x}=\boldsymbol{b}$ 的雅可比迭代法对任意初始向量都收敛，其中

$$A=\begin{pmatrix}a & 1 & 3\\ 1 & a & 2\\ -3 & 2 & a\end{pmatrix},\quad \boldsymbol{x}=\begin{pmatrix}x_1\\ x_2\\ x_3\end{pmatrix},\quad \boldsymbol{b}=\begin{pmatrix}b_1\\ b_2\\ b_3\end{pmatrix}.$$

分析 本题的另一种说法是常数 a 在什么范围以外雅可比方法不是关于任意初始向量都收敛，只要涉及到不收敛，一般应该按收敛的充要条件去讨论. 因此，首先应求迭代矩阵的谱半径.

解 设雅可比方法的迭代矩阵为 B, 则当 $a\neq 0$ 时，有

$$B=\begin{pmatrix}1 & 0 & 0\\ 0 & 1 & 0\\ 0 & 0 & 1\end{pmatrix}-\begin{pmatrix}a & 0 & 0\\ 0 & a & 0\\ 0 & 0 & a\end{pmatrix}^{-1}\begin{pmatrix}a & 1 & 3\\ 1 & a & 2\\ -3 & 2 & a\end{pmatrix}=\begin{pmatrix}0 & -\dfrac{1}{a} & -\dfrac{3}{a}\\ -\dfrac{1}{a} & 0 & -\dfrac{2}{a}\\ \dfrac{3}{a} & -\dfrac{2}{a} & 0\end{pmatrix},$$

故由 B 的特征方程

$$|\lambda I-B|=\begin{vmatrix}\lambda & \dfrac{1}{a} & \dfrac{3}{a}\\ \dfrac{1}{a} & \lambda & \dfrac{2}{a}\\ -\dfrac{3}{a} & \dfrac{2}{a} & \lambda\end{vmatrix}=\lambda\left(\lambda^2+\frac{4}{a^2}\right)=0$$

解得特征值为

$$\lambda_1=0,\quad \lambda_2=-\frac{2}{|a|}\,\mathrm{i},\quad \lambda_3=\frac{2}{|a|}\,\mathrm{i}$$

从而当 $\rho(B)=\dfrac{2}{|a|}<1$, 即 $|a|>2$ 时，雅可比迭代法对任意初始向量都收敛.

例 3.11.15 分别用 Doolittle 和 Crout 分解法求解方程组 $A\boldsymbol{x}=\boldsymbol{b}$, 其中

$$A=\begin{pmatrix}2&1&1\\1&3&2\\1&2&2\end{pmatrix},\quad \boldsymbol{x}=\begin{pmatrix}x_1\\x_2\\x_3\end{pmatrix},\quad \boldsymbol{b}=\begin{pmatrix}4\\6\\5\end{pmatrix}.$$

解 (1) 设

$$L=\begin{pmatrix}1&0&0\\l_{21}&1&0\\l_{31}&l_{32}&1\end{pmatrix},\quad \widetilde{U}=\begin{pmatrix}u_{11}&u_{12}&u_{13}\\0&u_{22}&u_{23}\\0&0&u_{33}\end{pmatrix},$$

则按矩阵 A 的 Doolittle 分解 $A=L\widetilde{U}$, 得

$$\begin{pmatrix}2&1&1\\1&3&2\\1&2&2\end{pmatrix}=\begin{pmatrix}1&0&0\\l_{21}&1&0\\l_{31}&l_{32}&1\end{pmatrix}\begin{pmatrix}u_{11}&u_{12}&u_{13}\\0&u_{22}&u_{23}\\0&0&u_{33}\end{pmatrix}$$
$$=\begin{pmatrix}u_{11}&u_{12}&u_{13}\\l_{21}u_{11}&l_{21}u_{12}+u_{22}&l_{21}u_{13}+u_{23}\\l_{31}u_{11}&l_{31}u_{12}+l_{32}u_{22}&l_{31}u_{13}+l_{32}u_{23}+u_{33}\end{pmatrix},$$

故依次解得

$$u_{11}=2,\quad u_{12}=1,\quad u_{13}=1,\quad l_{21}=\frac{1}{2},\quad l_{31}=\frac{1}{2},$$
$$u_{22}=\frac{5}{2},\quad u_{23}=\frac{3}{2},\quad l_{32}=\frac{3}{5},$$
$$u_{33}=\frac{3}{5},$$

从而

$$L=\begin{pmatrix}1&0&0\\\frac{1}{2}&1&0\\\frac{1}{2}&\frac{3}{5}&1\end{pmatrix},\quad \widetilde{U}=\begin{pmatrix}2&1&1\\0&\frac{5}{2}&\frac{3}{2}\\0&0&\frac{3}{5}\end{pmatrix}.$$

令 $\boldsymbol{y}=(y_1,y_2,y_3)^T$, 则由方程组

$$\begin{pmatrix}1&0&0\\\frac{1}{2}&1&0\\\frac{1}{2}&\frac{3}{5}&1\end{pmatrix}\begin{pmatrix}y_1\\y_2\\y_3\end{pmatrix}=\begin{pmatrix}4\\6\\5\end{pmatrix}$$

解得

$$y_1=4,\quad y_2=4,\quad y_3=\frac{3}{5},$$

从而由方程组

$$\begin{pmatrix} 2 & 1 & 1 \\ 0 & \frac{5}{2} & \frac{3}{2} \\ 0 & 0 & \frac{3}{5} \end{pmatrix}\begin{pmatrix} x_1 \\ x_2 \\ x_3 \end{pmatrix} = \begin{pmatrix} 4 \\ 4 \\ \frac{3}{5} \end{pmatrix}$$

解得原方程组 $A\boldsymbol{x} = \boldsymbol{b}$ 的解为 $x_1 = x_2 = x_3 = 1$.

另一方面，设

$$\widetilde{L} = \begin{pmatrix} l_{11} & 0 & 0 \\ l_{21} & l_{22} & 0 \\ l_{31} & l_{32} & l_{33} \end{pmatrix}, \quad U = \begin{pmatrix} 1 & u_{12} & u_{13} \\ 0 & 1 & u_{23} \\ 0 & 0 & 1 \end{pmatrix},$$

则按矩阵 A 的 Crout 分解 $A = \widetilde{L}U$, 得

$$\begin{aligned} \begin{pmatrix} 2 & 1 & 1 \\ 1 & 3 & 2 \\ 1 & 2 & 2 \end{pmatrix} &= \begin{pmatrix} l_{11} & 0 & 0 \\ l_{21} & l_{22} & 0 \\ l_{31} & l_{32} & l_{33} \end{pmatrix}\begin{pmatrix} 1 & u_{12} & u_{13} \\ 0 & 1 & u_{23} \\ 0 & 0 & 1 \end{pmatrix} \\ &= \begin{pmatrix} l_{11} & l_{11}u_{12} & l_{11}u_{13} \\ l_{21} & l_{21}u_{12} + l_{22} & l_{21}u_{13} + l_{22}u_{23} \\ l_{31} & l_{31}u_{12} + l_{32} & l_{31}u_{13} + l_{32}u_{23} + l_{33} \end{pmatrix}, \end{aligned}$$

故依次解得

$$\begin{aligned} l_{11} = 2, \quad l_{21} = 1, \quad l_{31} = 1, \quad u_{12} = \frac{1}{2}, \quad u_{13} = \frac{1}{2}, \\ l_{22} = \frac{5}{2}, \quad l_{32} = \frac{3}{2}, \qquad u_{23} = \frac{3}{5}, \\ l_{33} = \frac{3}{5}, \end{aligned}$$

从而

$$\widetilde{L} = \begin{pmatrix} 2 & 0 & 0 \\ 1 & \frac{5}{2} & 0 \\ 1 & \frac{3}{2} & \frac{3}{5} \end{pmatrix}, \quad U = \begin{pmatrix} 1 & \frac{1}{2} & \frac{1}{2} \\ 0 & 1 & \frac{3}{5} \\ 0 & 0 & 1 \end{pmatrix}.$$

令 $\boldsymbol{y} = (y_1, y_2, y_3)^T$, 则由方程组 $\widetilde{L}\boldsymbol{y} = \boldsymbol{b}$, 即由

$$\begin{pmatrix} 2 & 0 & 0 \\ 1 & \frac{5}{2} & 0 \\ 1 & \frac{3}{2} & \frac{3}{5} \end{pmatrix}\begin{pmatrix} y_1 \\ y_2 \\ y_3 \end{pmatrix} = \begin{pmatrix} 4 \\ 6 \\ 5 \end{pmatrix}$$

解得

$$y_1 = 2, \quad y_2 = \frac{8}{5}, \quad y_3 = 1,$$

从而由方程组

$$\begin{pmatrix} 1 & \frac{1}{2} & \frac{1}{2} \\ 0 & 1 & \frac{3}{5} \\ 0 & 0 & 1 \end{pmatrix} \begin{pmatrix} x_1 \\ x_2 \\ x_3 \end{pmatrix} = \begin{pmatrix} 2 \\ \frac{8}{5} \\ 1 \end{pmatrix}$$

解得原方程组 $A\boldsymbol{x} = \boldsymbol{b}$ 的解为 $x_1 = x_2 = x_3 = 1$.

例 3.11.16 用高斯列主元素消去法解方程组 $A\boldsymbol{x} = \boldsymbol{b}$, 其中

$$A = \begin{pmatrix} -3 & 2 & 6 \\ 10 & -7 & 0 \\ 5 & -1 & 5 \end{pmatrix}, \quad \boldsymbol{x} = \begin{pmatrix} x_1 \\ x_2 \\ x_3 \end{pmatrix}, \quad \boldsymbol{b} = \begin{pmatrix} 4 \\ 7 \\ 6 \end{pmatrix}.$$

分析 首先按列选主元素，再对增广矩阵进行初等行变换，从而化原方程组为上三角方程组，最后回代求解即可.

解 对增广矩阵按列选主元素后，再进行高斯消去过程，得

$$\begin{pmatrix} -3 & 2 & 6 & 4 \\ 10 & -7 & 0 & 7 \\ 5 & -1 & 5 & 6 \end{pmatrix} \longrightarrow \begin{pmatrix} 10 & -7 & 0 & 7 \\ -3 & 2 & 6 & 4 \\ 5 & -1 & 5 & 6 \end{pmatrix} \longrightarrow \begin{pmatrix} 10 & -7 & 0 & 7 \\ 0 & -\frac{1}{10} & 6 & \frac{61}{10} \\ 0 & \frac{5}{2} & 5 & \frac{5}{2} \end{pmatrix}$$

$$\longrightarrow \begin{pmatrix} 10 & -7 & 0 & 7 \\ 0 & \frac{5}{2} & 5 & \frac{5}{2} \\ 0 & -\frac{1}{10} & 6 & \frac{61}{10} \end{pmatrix} \longrightarrow \begin{pmatrix} 10 & -7 & 0 & 7 \\ 0 & \frac{5}{2} & 5 & \frac{5}{2} \\ 0 & 0 & \frac{31}{5} & \frac{31}{5} \end{pmatrix} \longrightarrow \begin{pmatrix} 10 & -7 & 0 & 7 \\ 0 & 1 & 2 & 1 \\ 0 & 0 & 1 & 1 \end{pmatrix},$$

最后回代求解，得

$$\begin{pmatrix} 10 & -7 & 0 & 7 \\ 0 & 1 & 2 & 1 \\ 0 & 0 & 1 & 1 \end{pmatrix} \longrightarrow \begin{pmatrix} 10 & -7 & 0 & 7 \\ 0 & 1 & 0 & -1 \\ 0 & 0 & 1 & 1 \end{pmatrix} \longrightarrow \begin{pmatrix} 1 & 0 & 0 & 0 \\ 0 & 1 & 0 & -1 \\ 0 & 0 & 1 & 1 \end{pmatrix},$$

从而方程组的解为 $x_1 = 0$, $x_2 = 1$, $x_3 = 1$.

例 3.11.17 用平方根分解法解方程组

$$\begin{cases} 0.01x_1 + 0.02x_2 - 0.02x_3 = -0.07, \\ 0.02x_1 + 0.13x_2 + 0.11x_3 = -0.02, \\ -0.02x_1 + 0.11x_2 + 0.65x_3 = 1.06. \end{cases}$$

解 设

$$A = \begin{pmatrix} 0.01 & 0.02 & -0.02 \\ 0.02 & 0.13 & 0.11 \\ -0.02 & 0.11 & 0.65 \end{pmatrix}, \quad \boldsymbol{b} = \begin{pmatrix} -0.07 \\ -0.02 \\ 1.06 \end{pmatrix}, \quad L = \begin{pmatrix} l_{11} & 0 & 0 \\ l_{21} & l_{22} & 0 \\ l_{31} & l_{32} & l_{33} \end{pmatrix},$$

则按矩阵 A 的平方根分解 $A=LL^T$, 得

$$\begin{pmatrix} 0.01 & 0.02 & -0.02 \\ 0.02 & 0.13 & 0.11 \\ -0.02 & 0.11 & 0.65 \end{pmatrix} = \begin{pmatrix} l_{11} & 0 & 0 \\ l_{21} & l_{22} & 0 \\ l_{31} & l_{32} & l_{33} \end{pmatrix} \begin{pmatrix} l_{11} & l_{21} & l_{31} \\ 0 & l_{22} & l_{32} \\ 0 & 0 & l_{33} \end{pmatrix}$$

$$= \begin{pmatrix} l_{11}^2 & l_{11}l_{21} & l_{11}l_{31} \\ l_{11}l_{21} & l_{21}^2+l_{22}^2 & l_{21}l_{31}+l_{22}l_{32} \\ l_{11}l_{31} & l_{21}l_{31}+l_{22}l_{32} & l_{31}^2+l_{32}^2+l_{33}^2 \end{pmatrix}$$

故依次解得

$$l_{11}=0.1,\ l_{21}=0.2,\ l_{31}=-0.2,\ l_{22}=0.3,\ l_{32}=0.5,\ l_{33}=0.6,$$

从而

$$L = \begin{pmatrix} 0.1 & 0 & 0 \\ 0.2 & 0.3 & 0 \\ -0.2 & 0.5 & 0.6 \end{pmatrix}.$$

令 $\boldsymbol{y}=(y_1,y_2,y_3)^T$, 则由方程组

$$\begin{pmatrix} 0.1 & 0 & 0 \\ 0.2 & 0.3 & 0 \\ -0.2 & 0.5 & 0.6 \end{pmatrix} \begin{pmatrix} y_1 \\ y_2 \\ y_3 \end{pmatrix} = \begin{pmatrix} -0.07 \\ -0.02 \\ 1.06 \end{pmatrix}$$

解得

$$y_1=-0.7,\quad y_2=0.4,\quad y_3=1.2,$$

从而由方程组

$$\begin{pmatrix} 0.1 & 0.2 & -0.2 \\ 0 & 0.3 & 0.5 \\ 0 & 0 & 0.6 \end{pmatrix} \begin{pmatrix} x_1 \\ x_2 \\ x_3 \end{pmatrix} = \begin{pmatrix} -0.7 \\ 0.4 \\ 1.2 \end{pmatrix}$$

解得原方程组 $A\boldsymbol{x}=\boldsymbol{b}$ 的解为

$$\boldsymbol{x} = \begin{pmatrix} x_1 \\ x_2 \\ x_3 \end{pmatrix} = \begin{pmatrix} 1 \\ -2 \\ 2 \end{pmatrix}.$$

例 3.11.18 用矩阵的三角分解法解方程组

$$\begin{pmatrix} 1 & 0 & 2 & 0 \\ 0 & 1 & 0 & 1 \\ 1 & 2 & 4 & 3 \\ 0 & 1 & 0 & 3 \end{pmatrix} \begin{pmatrix} x_1 \\ x_2 \\ x_3 \\ x_4 \end{pmatrix} = \begin{pmatrix} 5 \\ 3 \\ 17 \\ 7 \end{pmatrix}$$

分析 只需按矩阵的三角分解过程 (如 Doolittle 分解) 计算即可.

解 按方程组系数矩阵的 Doolittle 分解，得

$$\begin{pmatrix}1&0&2&0\\0&1&0&1\\1&2&4&3\\0&1&0&3\end{pmatrix}=\begin{pmatrix}1&0&0&0\\l_{21}&1&0&0\\l_{31}&l_{32}&1&0\\l_{41}&l_{42}&l_{43}&1\end{pmatrix}\begin{pmatrix}u_{11}&u_{12}&u_{13}&u_{14}\\0&u_{22}&u_{23}&u_{24}\\0&0&u_{33}&u_{34}\\0&0&0&u_{44}\end{pmatrix},$$

故由矩阵乘法规则分别求出 u_{ij} 和 l_{ij}, 得下三角矩阵

$$\begin{pmatrix}1&0&0&0\\l_{21}&1&0&0\\l_{31}&l_{32}&1&0\\l_{41}&l_{42}&l_{43}&1\end{pmatrix}=\begin{pmatrix}1&0&0&0\\0&1&0&0\\1&2&1&0\\0&1&0&1\end{pmatrix}$$

和上三角矩阵

$$\begin{pmatrix}u_{11}&u_{12}&u_{13}&u_{14}\\0&u_{22}&u_{23}&u_{24}\\0&0&u_{33}&u_{34}\\0&0&0&u_{44}\end{pmatrix}=\begin{pmatrix}1&0&2&0\\0&1&0&1\\0&0&2&1\\0&0&0&2\end{pmatrix},$$

从而由下三角方程组

$$\begin{pmatrix}1&0&0&0\\l_{21}&1&0&0\\l_{31}&l_{32}&1&0\\l_{41}&l_{42}&l_{43}&1\end{pmatrix}\begin{pmatrix}y_1\\y_2\\y_3\\y_4\end{pmatrix}=\begin{pmatrix}5\\3\\17\\7\end{pmatrix}$$

解得

$$y_1=5,\quad y_2=3,\quad y_3=6,\quad y_4=4,$$

再由上三角方程组

$$\begin{pmatrix}1&0&2&0\\0&1&0&1\\0&0&2&1\\0&0&0&2\end{pmatrix}\begin{pmatrix}x_1\\x_2\\x_3\\x_4\end{pmatrix}=\begin{pmatrix}5\\3\\6\\4\end{pmatrix}$$

解得原方程组的解为

$$x_1=1,\quad x_2=1,\quad x_3=2,\quad x_4=2.$$

例 3.11.19 设 $A=(a_{ij})$ 为正定对称矩阵， $L=(l_{ij})$ 为下三角矩阵，且 A 的平方根分解为 $A=LL^T$, 证明：

$$|l_{ij}|\leqslant\sqrt{a_{ii}}\quad(j=1,2,\cdots,i).$$

证明 由 $A=(a_{ij})$ 为正定对称矩阵可得

$$a_{ii}\geqslant 0 \quad (i=1,2,\cdots,n),$$

并按 A 的平方根分解 $A=LL^T$, 得

$$\begin{pmatrix} a_{11} & a_{12} & \cdots & a_{1n} \\ a_{21} & a_{22} & \cdots & a_{2n} \\ \vdots & \vdots & & \vdots \\ a_{n1} & a_{n2} & \cdots & a_{nn} \end{pmatrix}=\begin{pmatrix} l_{11} & & & \\ l_{21} & l_{22} & & \\ \vdots & \vdots & \ddots & \\ l_{n1} & l_{n2} & \cdots & l_{nn} \end{pmatrix}\begin{pmatrix} l_{11} & l_{21} & \cdots & l_{n1} \\ & l_{22} & \cdots & l_{n2} \\ & & \ddots & \vdots \\ & & & l_{nn} \end{pmatrix}$$

故由矩阵乘法规则可知，当 $1\leqslant j\leqslant i$ 时，有

$$a_{ii}=(l_{i1}\quad l_{i2}\quad \cdots \quad l_{ii}\quad 0\quad \cdots \quad 0)\begin{pmatrix} l_{i1} \\ l_{i2} \\ \vdots \\ l_{ii} \\ 0 \\ \vdots \\ 0 \end{pmatrix}=\sum_{j=1}^{i} l_{ij}l_{ij}=\sum_{j=1}^{i} l_{ij}^2,$$

从而

$$|l_{ij}|\leqslant \sqrt{a_{ii}} \quad (j=1,2,\cdots,i).$$

例 3.11.20 用追赶法求解三对角方程组

$$\begin{pmatrix} 2 & 1 & 0 & 0 \\ 1 & 3 & 1 & 0 \\ 0 & 1 & 1 & 1 \\ 0 & 0 & 2 & 1 \end{pmatrix}\begin{pmatrix} x_1 \\ x_2 \\ x_3 \\ x_4 \end{pmatrix}=\begin{pmatrix} 1 \\ 2 \\ 2 \\ 0 \end{pmatrix}.$$

分析 追赶法是求解三对角方程组的有效实用方法，其计算公式可由三角分解法直接得到.

解 将三对角方程组的系数矩阵作三角分解，得

$$\begin{aligned}\begin{pmatrix} 2 & 1 & 0 & 0 \\ 1 & 3 & 1 & 0 \\ 0 & 1 & 1 & 1 \\ 0 & 0 & 2 & 1 \end{pmatrix}&=\begin{pmatrix} l_{11} & 0 & 0 & 0 \\ l_{21} & l_{22} & 0 & 0 \\ 0 & l_{32} & l_{33} & 0 \\ 0 & 0 & l_{43} & l_{44} \end{pmatrix}\begin{pmatrix} 1 & u_{12} & 0 & 0 \\ 0 & 1 & u_{23} & 0 \\ 0 & 0 & 1 & u_{34} \\ 0 & 0 & 0 & 1 \end{pmatrix}\\ &=\begin{pmatrix} l_{11} & l_{11}u_{12} & 0 & 0 \\ l_{21} & l_{21}u_{12}+l_{22} & l_{22}u_{23} & 0 \\ 0 & l_{32} & l_{32}u_{23}+l_{33} & l_{33}u_{34} \\ 0 & 0 & l_{43} & l_{43}u_{34}+l_{44} \end{pmatrix},\end{aligned}$$

故依次计算可得

$$l_{11}=2,\quad l_{21}=1,\quad u_{12}=\frac{1}{2},\quad l_{22}=\frac{5}{2},\quad l_{32}=1,$$
$$u_{23}=\frac{2}{5},\quad l_{33}=\frac{3}{5}\quad l_{43}=2\quad u_{34}=\frac{5}{3}\quad u_{44}=-\frac{7}{3},$$

即

$$\begin{pmatrix} l_{11} & 0 & 0 & 0 \\ l_{21} & l_{22} & 0 & 0 \\ 0 & l_{32} & l_{33} & 0 \\ 0 & 0 & l_{43} & l_{44} \end{pmatrix}=\begin{pmatrix} 2 & 0 & 0 & 0 \\ 1 & \frac{5}{2} & 0 & 0 \\ 0 & 1 & \frac{3}{5} & 0 \\ 0 & 0 & 2 & -\frac{7}{3} \end{pmatrix}$$

和

$$\begin{pmatrix} 1 & u_{12} & 0 & 0 \\ 0 & 1 & u_{23} & 0 \\ 0 & 0 & 1 & u_{34} \\ 0 & 0 & 0 & 1 \end{pmatrix}=\begin{pmatrix} 1 & \frac{1}{2} & 0 & 0 \\ 0 & 1 & \frac{2}{5} & 0 \\ 0 & 0 & 1 & \frac{5}{3} \\ 0 & 0 & 0 & 1 \end{pmatrix},$$

从而由方程组

$$\begin{pmatrix} 2 & 0 & 0 & 0 \\ 1 & \frac{5}{2} & 0 & 0 \\ 0 & 1 & \frac{3}{5} & 0 \\ 0 & 0 & 2 & -\frac{7}{3} \end{pmatrix}\begin{pmatrix} y_1 \\ y_2 \\ y_3 \\ y_4 \end{pmatrix}=\begin{pmatrix} 1 \\ 2 \\ 2 \\ 0 \end{pmatrix}$$

解得

$$y_1=\frac{1}{2},\quad y_2=\frac{3}{5},\quad y_3=\frac{7}{3},\quad y_4=2,$$

再由方程组

$$\begin{pmatrix} 1 & \frac{1}{2} & 0 & 0 \\ 0 & 1 & \frac{2}{5} & 0 \\ 0 & 0 & 1 & \frac{5}{3} \\ 0 & 0 & 0 & 1 \end{pmatrix}\begin{pmatrix} x_1 \\ x_2 \\ x_3 \\ x_4 \end{pmatrix}=\begin{pmatrix} \frac{1}{2} \\ \frac{3}{5} \\ \frac{7}{3} \\ 2 \end{pmatrix}$$

解得原方程组的解

$$x_4=2,\quad x_3=-1,\quad x_2=1,\quad x_1=0.$$

例 3.11.21 用追赶法 (Crout 分解) 求解三对角方程组

$$\begin{cases} 10x_1 + 5x_2 = 5, \\ 2x_1 + 2x_2 + x_3 = 3, \\ x_2 + 10x_3 + 5x_4 = 27, \\ 2x_3 + x_4 = 6. \end{cases}$$

解 将方程组的系数矩阵作 Crout 分解，得

$$\begin{pmatrix} 10 & 5 & 0 & 0 \\ 2 & 2 & 1 & 0 \\ 0 & 1 & 10 & 5 \\ 0 & 0 & 2 & 1 \end{pmatrix} = \begin{pmatrix} l_{11} & 0 & 0 & 0 \\ l_{21} & l_{22} & 0 & 0 \\ 0 & l_{32} & l_{33} & 0 \\ 0 & 0 & l_{43} & l_{44} \end{pmatrix} \begin{pmatrix} 1 & u_{12} & 0 & 0 \\ 0 & 1 & u_{23} & 0 \\ 0 & 0 & 1 & u_{34} \\ 0 & 0 & 0 & 1 \end{pmatrix}$$

$$= \begin{pmatrix} l_{11} & l_{11}u_{12} & 0 & 0 \\ l_{21} & l_{21}u_{12} + l_{22} & l_{22}u_{23} & 0 \\ 0 & l_{32} & l_{32}u_{23} + l_{33} & l_{33}u_{34} \\ 0 & 0 & l_{43} & l_{43}u_{34} + l_{44} \end{pmatrix}$$

故以此计算可得

$$l_{11} = 10, \quad l_{21} = 2, \quad u_{12} = \frac{1}{2}, \quad l_{22} = 1, \quad l_{32} = 1,$$
$$u_{23} = 1, \quad l_{33} = 9, \quad l_{43} = 2, \quad u_{34} = \frac{5}{9} \quad l_{44} = -\frac{1}{9},$$

即

$$\begin{pmatrix} l_{11} & 0 & 0 & 0 \\ l_{21} & l_{22} & 0 & 0 \\ 0 & l_{32} & l_{33} & 0 \\ 0 & 0 & l_{43} & l_{44} \end{pmatrix} = \begin{pmatrix} 10 & 0 & 0 & 0 \\ 2 & 1 & 0 & 0 \\ 0 & 1 & 9 & 0 \\ 0 & 0 & 2 & -\frac{1}{9} \end{pmatrix}$$

和

$$\begin{pmatrix} 1 & u_{12} & 0 & 0 \\ 0 & 1 & u_{23} & 0 \\ 0 & 0 & 1 & u_{34} \\ 0 & 0 & 0 & 1 \end{pmatrix} = \begin{pmatrix} 1 & \frac{1}{2} & 0 & 0 \\ 0 & 1 & 1 & 0 \\ 0 & 0 & 1 & \frac{5}{9} \\ 0 & 0 & 0 & 1 \end{pmatrix},$$

从而由方程组

$$\begin{pmatrix} 10 & 0 & 0 & 0 \\ 2 & 1 & 0 & 0 \\ 0 & 1 & 9 & 0 \\ 0 & 0 & 2 & -\frac{1}{9} \end{pmatrix} \begin{pmatrix} y_1 \\ y_2 \\ y_3 \\ y_4 \end{pmatrix} = \begin{pmatrix} 5 \\ 3 \\ 27 \\ 6 \end{pmatrix}$$

解得

$$y_1 = \frac{1}{2}, \quad y_2 = 2, \quad y_3 = \frac{25}{9}, \quad y_4 = -4,$$

再由方程组

$$\begin{pmatrix} 1 & \frac{1}{2} & 0 & 0 \\ 0 & 1 & 1 & 0 \\ 0 & 0 & 1 & \frac{5}{9} \\ 0 & 0 & 0 & 1 \end{pmatrix}\begin{pmatrix} x_1 \\ x_2 \\ x_3 \\ x_4 \end{pmatrix}=\begin{pmatrix} \frac{1}{2} \\ 2 \\ \frac{25}{9} \\ -4 \end{pmatrix}$$

解得原方程组的解

$$x_1=2,\quad x_2=-3,\quad x_3=5,\quad x_4=-4.$$

例 3.11.22 举例说明：非奇异矩阵不一定都有三角分解.

分析 一般举例要尽量简单，但一个恰当的例子往往需要经过几次反复的“失败–修正”后才能确定下来.

解 考虑矩阵

$$A=\begin{pmatrix} 0 & 1 \\ 1 & 0 \end{pmatrix},$$

显然 A 为非奇异矩正. 如果 A 有三角分解，不妨设

$$\begin{pmatrix} 0 & 1 \\ 1 & 0 \end{pmatrix}=\begin{pmatrix} l_{11} & 0 \\ l_{21} & l_{22} \end{pmatrix}\begin{pmatrix} u_{11} & u_{12} \\ 0 & u_{22} \end{pmatrix}$$

则 l_{11}, l_{21}, l_{22}, u_{11}, u_{12}, u_{22} 应满足方程组

$$\begin{cases} l_{11}u_{11}=0, \\ l_{11}u_{12}=1, \\ l_{21}u_{11}=1, \\ l_{22}u_{22}=0, \end{cases}$$

故由方程组

$$\begin{cases} l_{11}u_{11}=0, \\ l_{21}u_{11}=1 \end{cases}$$

解得 $l_{11}=0$, 但由方程组

$$\begin{cases} l_{11}u_{11}=0, \\ l_{11}u_{12}=1 \end{cases}$$

解得 $l_{11}\neq 0$. 这显然矛盾，此矛盾说明并非所有非奇异矩阵都有三角分解.

例 3.11.23 用 LDL^T 分解求解方程组

$$\begin{cases} x_1-x_2+0.5x_3+0.2x_4=0.8, \\ -x_1+3x_2-1.5x_3-0.6x_4=-1.2, \\ 0.5x_1-1.5x_2+4.75x_3+1.1x_4=-0.6, \\ 0.2x_1-0.6x_2+1.1x_3+5.28x_4=2.5. \end{cases}$$

解 设 $A=(a_{ij})$ 为方程组的系数矩阵， $D=(d_{ij})$ 为对角矩阵， $L=(l_{ij})$ 为单位下三角矩阵，则由

$$DL^T=\begin{pmatrix}d_{11}&0&0&0\\0&d_{22}&0&0\\0&0&d_{33}&0\\0&0&0&d_{44}\end{pmatrix}\begin{pmatrix}1&l_{21}&l_{31}&l_{41}\\0&1&l_{32}&l_{42}\\0&0&1&l_{43}\\0&0&0&1\end{pmatrix}$$

$$=\begin{pmatrix}d_{11}&d_{11}l_{21}&d_{11}l_{31}&d_{11}l_{41}\\0&d_{22}&d_{22}l_{32}&d_{22}l_{42}\\0&0&d_{33}&d_{33}l_{43}\\0&0&0&d_{44}\end{pmatrix}$$

可知，矩阵 A 按 LDL^T 的分解可写为

$$\begin{pmatrix}1&-1&0.5&0.2\\-1&3&-1.5&-0.6\\0.5&-1.5&4.75&1.1\\0.2&-0.6&1.1&5.28\end{pmatrix}=\begin{pmatrix}1&0&0&0\\l_{21}&1&0&0\\l_{31}&l_{32}&1&0\\l_{41}&l_{42}&l_{43}&1\end{pmatrix}\begin{pmatrix}d_{11}&d_{11}l_{21}&d_{11}l_{31}&d_{11}l_{41}\\0&d_{22}&d_{22}l_{32}&d_{22}l_{42}\\0&0&d_{33}&d_{33}l_{43}\\0&0&0&d_{44}\end{pmatrix}$$

故由矩阵乘法规则可得

$$\begin{aligned}&d_{11}=1,\quad l_{21}=-1,\quad l_{31}=0.5,\quad l_{41}=0.2\quad d_{22}=2,\\&l_{32}=-0.5,\quad l_{42}=-0.2,\quad d_{33}=4,\quad l_{44}=0.2\quad d_{44}=5,\end{aligned}$$

从而

$$L=\begin{pmatrix}1&0&0&0\\-1&1&0&0\\0.5&-0.5&1&0\\0.2&-0.2&0.2&1\end{pmatrix},\quad D=\begin{pmatrix}1&0&0&0\\0&2&0&0\\0&0&4&0\\0&0&0&5\end{pmatrix}.$$

令 $\boldsymbol{z}=DL^T\boldsymbol{x}$, 解方程组

$$\begin{pmatrix}1&0&0&0\\-1&1&0&0\\0.5&-0.5&1&0\\0.2&-0.2&0.2&1\end{pmatrix}\begin{pmatrix}z_1\\z_2\\z_3\\z_4\end{pmatrix}=\begin{pmatrix}0.8\\-1.2\\-0.6\\2.5\end{pmatrix}$$

得 $z_1=0.8,\ z_2=-0.4,\ z_3=-1.2,\ z_4=2.5$.

令 $\boldsymbol{y}=L^T\boldsymbol{x}$, 解方程组

$$\begin{pmatrix}1&0&0&0\\0&2&0&0\\0&0&4&0\\0&0&0&5\end{pmatrix}\begin{pmatrix}y_1\\y_2\\y_3\\y_4\end{pmatrix}=\begin{pmatrix}0.8\\-0.4\\-1.2\\2.5\end{pmatrix}$$

得 $y_1=0.8,\ y_2=-0.2,\ y_3=-0.3,\ y_4=0.5.$

解方程组

$$\begin{pmatrix}1&-1&0.5&0.2\\0&1&-0.5&-0.2\\0&0&1&0.2\\0&0&0&1\end{pmatrix}\begin{pmatrix}x_1\\x_2\\x_3\\x_4\end{pmatrix}=\begin{pmatrix}0.8\\-0.2\\-0.3\\0.5\end{pmatrix}$$

得原方程组的解 $x_1=0.6,\ x_2=-0.3,\ x_3=-0.4,\ z_4=0.5.$

习 题 3

3.1 写出求解线性方程组

$$\begin{cases}12x_1-\ \ x_2+3x_3=45,\\-2x_1+3x_2\qquad\ \ =-3,\\\ \ 3x_1+\ \ x_2-5x_3\ =13\end{cases}$$

的高斯－塞德尔迭代格式，并判断其敛散性.

3.2 写出求解线性方程组

$$\begin{pmatrix}-18&3&-1\\12&-3&3\\1&4&10\end{pmatrix}\begin{pmatrix}x_1\\x_2\\x_3\end{pmatrix}=\begin{pmatrix}15\\6\\-15\end{pmatrix}$$

的高斯－塞德尔迭代格式，并分析该迭代格式的收敛性.

3.3 写出求解线性方程组

$$\begin{pmatrix}a&c&0\\c&b&a\\0&a&c\end{pmatrix}\begin{pmatrix}x_1\\x_2\\x_3\end{pmatrix}=\begin{pmatrix}d_1\\d_2\\d_3\end{pmatrix}$$

的高斯－塞德尔迭代格式，并分析该迭代格式的收敛性，其中 $a,\ b,\ c,\ d_1,\ d_2,\ d_3$ 均为已知常数，且 $abc\neq 0$.

3.4 设 $\boldsymbol{x}\in\mathbb{R}^n,\ \boldsymbol{f}\in\mathbb{R}^n,\ B\in\mathbb{R}^{n\times n}$, 且 $\|B\|<1$, 证明方程组

$$\boldsymbol{x}=B\boldsymbol{x}+\boldsymbol{f}$$

有唯一解 $\boldsymbol{x}^*$, 进一步证明对任意的 $\boldsymbol{x}^{(0)}\in\mathbb{R}^n$, 迭代格式

$$\boldsymbol{x}^{(k+1)}=B\boldsymbol{x}^{(k)}+\boldsymbol{f}\quad(k=0,1,2,\cdots)$$

均收敛，并满足

$$\|\boldsymbol{x}^{(k+1)}-\boldsymbol{x}^*\|\leqslant\|B\|\,\|\boldsymbol{x}^{(k)}-\boldsymbol{x}^*\|\quad(k=0,1,2\cdots).$$

3.5 已知矩阵 $A=\begin{pmatrix}3&-3\\4&6\end{pmatrix}$, 求 $\|A\|_\infty$ 和 $\|A\|_2$.

3.6 用列主元高斯消去法解线性方程组

$$\begin{cases} 3x_1 + x_2 - x_3 = 13, \\ 12x_1 - 3x_2 + x_3 = 45, \\ 4x_2 + 3x_3 = -3. \end{cases}$$

3.7 已知

$$\boldsymbol{x} = \begin{pmatrix} 5 \\ 2 \\ -1 \end{pmatrix}, \quad A = \begin{pmatrix} 1 & 3 & 1 \\ 6 & -2 & 2 \\ 3 & 2 & 7 \end{pmatrix},$$

求 $\|\boldsymbol{x}\|_2$, $\|\boldsymbol{x}\|_\infty$ 和 $\|A\|_1$.

3.8 将线性方程组

$$\begin{pmatrix} 2 & 1 \\ 1 & 1 \end{pmatrix} \begin{pmatrix} x_1 \\ x_2 \end{pmatrix} = \begin{pmatrix} 6 \\ 9 \end{pmatrix}$$

的第 1 个方程乘以 λ ($\lambda \neq 0$) 后，得到方程组

$$\begin{pmatrix} 2\lambda & \lambda \\ 1 & 1 \end{pmatrix} \begin{pmatrix} x_1 \\ x_2 \end{pmatrix} = \begin{pmatrix} 6\lambda \\ 9 \end{pmatrix},$$

并将该方程组的系数矩阵记为 $A(\lambda)$.

(1) 求 $\mathrm{Cond}\,(A(\lambda))_\infty$;

(2) 求 λ 使得 $\mathrm{Cond}\,(A(\lambda))_\infty$ 取最小值;

(3) 说明你所得的结果有何意义.

3.9 上机实验习题:

(1) 用雅可比迭代法求解方程组 (精确到 10^{-4})

$$\begin{cases} 5x_1 + 2x_2 + x_3 = -12, \\ -x_1 + 4x_2 + 2x_3 = 20, \\ 2x_1 - 3x_2 + 10x_3 = 3. \end{cases}$$

(2) 用高斯 - 塞德尔迭代法求解方程组 (精确到 10^{-4})

$$\begin{cases} -10.01x_1 + 9.05x_2 + 0.12x_3 = 1.43, \\ 1.22x_1 - 4.33x_2 + 2.67x_3 = 3.22, \\ 1.25x_1 - 3.69x_2 - 12.37x_3 = 0.58. \end{cases}$$

(3) 用追赶法解三对角方程组

$$\begin{pmatrix} 2 & -1 & & \\ -1 & 3 & -2 & \\ & -2 & 4 & -2 \\ & & -2 & 5 \end{pmatrix} \begin{pmatrix} x_1 \\ x_2 \\ x_3 \\ x_4 \end{pmatrix} = \begin{pmatrix} 3 \\ 1 \\ 0 \\ -5 \end{pmatrix}.$$

第 4 章　插值与拟合

插值问题是数值计算中基础而又核心的问题，在科学观察和实验以及日常生活中均有着极为广泛的用途．插值法有很丰富的历史渊源，其实它的发展始于人们对天体的早期研究，那时人们对天体运动的认识是从对天体的周期性观察中获得的．早在数千年前，由于经典的牛顿力学尚未诞生，因而人们无法用解析式描述日月五星的运行规律．我们的祖先凭借插值方法，利用对日月五星运行规律的有限个观测值获得了比较完整的日月五星的运行规律．许多数学家的名字都与插值有关：泰勒、拉格朗日 (Lagrange)、牛顿、埃尔米特 (Hermite)、高斯、贝塞尔 (Bessel)、斯特灵 (Stirling) 等．今天，当我们尚未认识到某一事物的本质时，也常从其观测值出发，利用插值技术以加深或拓展对该事物的认识．

插值的任务就是根据已知的观测点，为物理量建立一个简单、连续的解析模型，以便能够根据该模型预知 (或推测) 该物理量在非观测点 (当然是我们感兴趣的点) 处的特性．

许多实际问题都用函数 $y=f(x)$ 来表示某种内在规律的数量关系，其中相当一部分函数是通过实验或观测得到的．虽然 $f(x)$ 在某个区间 $[a,b]$ 上是存在的，有的还是连续的，但却只能给出 $[a,b]$ 上一系列点 x_i 的函数值 $y_i=f(x_i)$ $(i=0,1,\cdots,n)$，这只是一张函数表．有的函数虽有解析表达式，但由于计算复杂，使用不方便，通常也造一张函数表，如大家熟悉的三角函数表、对数表、平方根和立方根表等等．为了研究函数的变化规律，往往需要求出不在表上的函数值．因此，我们希望根据给定的函数表作一个既能反映函数 $f(x)$ 的特性，又便于计算的简单函数 $P(x)$，用 $P(x)$ 近似代替 $f(x)$(如图 4.1)．通常选一类较简单的函数 (如代数多项式或分段代数多项式) 作为 $P(x)$，并使

$$P(x_i)=f(x_i)\quad(i=0,1,\cdots,n)$$

成立．这样确定的 $P(x)$ 就是我们希望得到的插值函数．

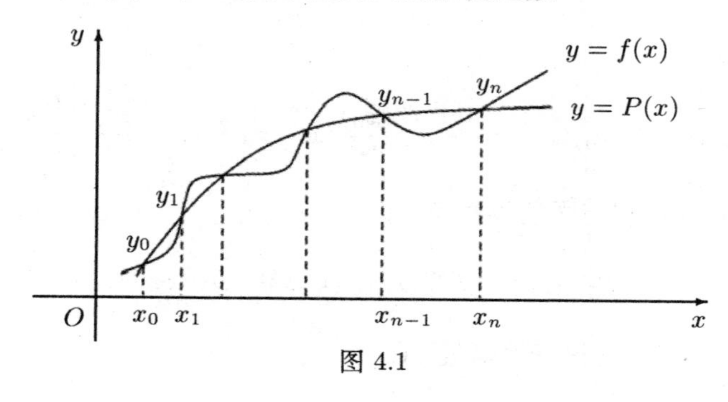

图 4.1

例如，在现代机械工业中用计算机程序控制加工机械零件，根据设计可给出零件外形曲线的某些型值点 (x_i, y_i) $(i=0,1,\cdots,n)$，加工时为控制每步走刀方向及步数，就要算出零件外形曲线其他点的函数值，才能加工出外表光滑的零件，这就是求插值函数的问题. 下面我们给出有关插值方法的定义.

设函数 $y=f(x)$ 在区间 $[a,b]$ 上有定义，且已知在节点

$$a \leqslant x_0 < x_1 < \cdots < x_n \leqslant b$$

上的值

$$y_0 = f(x_0), \quad y_1 = f(x_1), \quad \cdots, \quad y_n = f(x_n).$$

若存在一简单函数 $P(x)$，使

$$P(x_i) = y_i \quad (i=0,1,\cdots,n)$$

成立，则称 $P(x)$ 为 $f(x)$ 的插值函数，点 $x_0, x_1, \cdots, x_n$ 称为插值节点，包含插值节点的区间 $[a,b]$ 称为插值区间，求插值函数 $P(x)$ 的方法称为插值法. 若 $P(x)$ 是次数不超过 n 的实系数多项式，即

$$P(x) = a_0 + a_1 x + a_2 x^2 + \cdots + a_n x^n,$$

则称 $P(x)$ 为插值多项式，相应的插值法称为多项式插值法. 若 $P(x)$ 为分段函数，则称为分段插值. 若 $P(x)$ 为三角多项式，则称为三角插值. 本章主要讨论多项式插值与分段插值.

从几何上看，插值法就是求曲线 $y=P(x)$，使其通过给定的 $n+1$ 个点

$$(x_i, y_i) \quad (i=0,1,\cdots,n),$$

并用它近似已知曲线 $y=f(x)$，见图 4.1.

4.1 泰勒插值

已知泰勒多项式

$$P_n(x) = f(x_0) + f'(x_0)(x-x_0) + \frac{f''(x_0)}{2!}(x-x_0)^2 + \cdots + \frac{f^{(n)}(x_0)}{n!}(x-x_0)^n$$

与 $f(x)$ 在点 x_0 处具有相同的导数值，即

$$P_n^{(k)}(x_0) = f^{(k)}(x_0) \quad (k=0,1,\cdots,n),$$

则 $P_n(x)$ 在点 x_0 邻近会很好地逼近 $f(x)$.

所谓泰勒插值问题是指:

问题 1 对于给定的 $f(x)$ 及其定义域内的一点 x_0, 求作 n 次多项式 $P_n(x)$, 使满足条件

$$P_n^{(k)}(x_0) = f^{(k)}(x_0) \quad (k = 0, 1, \cdots, n), \tag{4.1.1}$$

这里 $f^{(k)}(x_0)$ $(k = 0, 1, \cdots, n)$ 为一组已给数据.

注 在本章中, 所谓“n 次多项式”常常泛指次数不超过 n 的多项式.

容易看出, 对于给定的函数 $f(x)$, 若导数值 $f^{(k)}(x_0)$ $(k = 0, 1, \cdots, n)$ 已给, 则上述泰勒插值问题的解就是泰勒多项式 (4.1.1). 下述泰勒定理则是众所周知的.

定理 4.1.1 设 $f(x)$ 在含有点 x_0 的区间 $[a, b]$ 内具有直到 $n+1$ 阶导数, 则当 $x \in [a, b]$ 时, 对于由式 (4.1.1) 给出的 $P_n(x)$, 成立

$$f(x) - P_n(x) = \frac{f^{(n+1)}(\xi)}{(n+1)!}(x - x_0)^{n+1}, \tag{4.1.2}$$

其中 ξ 介于 x_0 与 x 之间.

例 4.1.1 求作 $f(x) = \sqrt{x}$ 在点 $x_0 = 100$ 处的一次和二次泰勒多项式, 利用它们计算 $\sqrt{115}$ 的近似值并估计误差.

解 因为 $f(x)$ 在区间 $[50, 120]$ 上具有任意阶导数, 且

$$f^{(0)}(x) = f(x) = \sqrt{x}, \qquad f'(x) = \frac{1}{2\sqrt{x}},$$
$$f''(x) = -\frac{1}{4x\sqrt{x}}, \qquad f'''(x) = \frac{3}{8x^2\sqrt{x}} > 0,$$

所以

$$f(x_0) = 10, \quad f'(x_0) = \frac{1}{20}, \quad f''(x_0) = -\frac{1}{4000},$$

从而 $f(x)$ 在点 x_0 处的一次泰勒多项式为

$$P_1(x) = f(x_0) + f'(x_0)(x - x_0) = 10 + \frac{1}{20}(x - 100) = 5 + 0.05x.$$

用 $P_1(x)$ 作为 $f(x)$ 的近似表达式, 得

$$\sqrt{115} = f(115) \approx P_1(115) = 5 + 0.05 \times 115 = 10.75,$$

据定理 4.1.1 可估计出误差, 由 $|f''(\xi)| < |f''(x_0)|$ 可得

$$|f(115) - P_1(115)| = \left|\frac{f''(\xi)}{2}(115 - 100)^2\right| < \frac{1}{8000} \times 225 = 0.028125,$$

故近似值 $P_1(115) = 10.75$ 与精确值 $\sqrt{115} = 10.723805\cdots$ 比较，近似值 10.75 的误差大约等于 0.026195, 因而它有 3 位有效数字.

修正 $P_1(x)$ 可进一步得出二次泰勒多项式

$$P_2(x) = f(x_0) + f'(x_0)(x - x_0) + \frac{f''(x_0)}{2}(x - x_0)^2,$$

据此可得出新的近似值

$$\sqrt{115} = f(115) \approx P_2(115) = 10.75 - \frac{1}{8000}(115 - 100)^2 = 10.721875,$$

误差为

$$\begin{aligned}|f(115) - P_2(115)| &= \left|\frac{f'''(\xi)}{3!}(115 - 110)^3\right| \\ &< \frac{f'''(x_0)}{3!} \times 3375 = \frac{3375}{1600000}.\end{aligned}$$

这个结果有 4 位有效数字.

4.2　拉格朗日插值

上节泰勒插值要求提供 $f(x)$ 在点 x_0 处的各阶导数值，这项要求很苛刻，函数 $f(x)$ 的表达式必须相当简单才行. 如果仅仅给出了一系列节点 $x_0, x_1, x_2, \cdots, x_n$ 上的函数值 $f(x_i)$ $(i = 0, 1, 2, \cdots, n)$, 则插值问题可表述如下：

问题 2　对于给定的 $f(x)$ 及其定义域内 $n+1$ 个互不相同的点 $x_0, x_1, x_2, \cdots, x_n$, 求作 n 次多项式 $P_n(x)$, 使得满足条件

$$P_n(x_i) = f(x_i) \quad (i = 0, 1, 2, \cdots, n). \tag{4.2.1}$$

这就是所谓拉格朗日插值, 点 x_i $(i = 0, 1, 2, \cdots, n)$ 称为插值节点. 用几何语言来表述，就是通过曲线 $y = f(x)$ 上给定的 $n+1$ 个点 $(x_i, f(x_i))$ $(i = 0, 1, 2, \cdots, n)$, 求作一条 n 次代数曲线 $y = P_n(x)$, 作为曲线 $y = f(x)$ 的近似代替.

首先讨论拉格朗日插值问题的存在唯一性.

设所求的插值多项式为

$$P_n(x) = a_0 + a_1 x + a_2 x^2 + \cdots + a_n x^n,$$

则由条件 (4.2.1) 具体写出来是关于系数 $a_0, a_1, \cdots, a_n$ 的线性方程组

$$\begin{cases} a_0 + a_1 x_0 + a_2 x_0^2 + \cdots + a_n x_0^n = f(x_0), \\ a_0 + a_1 x_1 + a_2 x_1^2 + \cdots + a_n x_1^n = f(x_1), \\ \cdots\cdots\cdots\cdots\cdots\cdots\cdots\cdots\cdots\cdots, \\ a_0 + a_1 x_n + a_2 x_n^2 + \cdots + a_n x_n^n = f(x_n), \end{cases}$$

其系数行列式就是范德蒙行列式

$$V=\begin{vmatrix} 1 & x_0 & x_0^2 & \cdots & x_0^n \\ 1 & x_1 & x_1^2 & \cdots & x_1^n \\ \cdots & \cdots & \cdots & \cdots & \cdots \\ 1 & x_n & x_n^2 & \cdots & x_n^n \end{vmatrix},$$

可以证明，如果节点 $x_0, x_1, \cdots, x_n$ 互不相同，则行列式 $V \neq 0$, 因之可得

定理 4.2.1 (拉格朗日插值定理)

对于给定的 $f(x)$ 及其定义域内 $n+1$ 个互不相同的点 $x_0, x_1, x_2, \cdots, x_n$, 存在唯一的 n 次多项式

$$P_n(x)=a_0+a_1x+a_2x^2+\cdots+a_nx^n,$$

使得

$$P_n(x_i)=f(x_i) \quad (i=0,1,2,\cdots,n).$$

以上关于插值问题可解性的论证是构造性的，通过求解线性方程组即可确定插值函数 $P_n(x)$. 问题在于这种算法的计算量大，不便于实际应用.

插值多项式的构造能否回避求解线性方程组呢？回答是肯定的，下面给出不用求解线性方程组来构造插值多项式的方法.

4.2.1 线性插值

首先考察线性插值的简单情形.

问题 3 对于给定的 $f(x)$ 及其定义域内 2 个互不相同的点 x_0, x_1, 求作一次多项式 $P_1(x)$, 使得满足条件

$$P_1(x_0)=f(x_0), \quad P_1(x_1)=f(x_1).$$

从几何图形上看，$y=P_1(x)$ 表示通过两点 $(x_0, f(x_0))$, $(x_1, f(x_1))$ 的直线. 因此，一次插值亦称为线性插值.

上述简单的线性插值是我们所熟悉的，它的解 $P_1(x)$ 可表为下列点斜式方程

$$P_1(x)=f(x_0)+\frac{f(x_1)-f(x_0)}{x_1-x_0}(x-x_0). \tag{4.2.2}$$

如果记 $y_0=f(x_0)$, $y_1=f(x_1)$, 我们知道，插值公式 (4.2.2) 可表为下列对称式

$$P_1(x)=\frac{x-x_1}{x_0-x_1}y_0+\frac{x-x_0}{x_1-x_0}y_1.$$

若令

$$l_0(x)=\frac{x-x_1}{x_0-x_1}, \quad l_1(x)=\frac{x-x_0}{x_1-x_0},$$

则有

$$P_1(x) = y_0 l_0(x) + y_1 l_1(x),$$

这里的 $l_0(x)$ 和 $l_1(x)$ 分别可以看作是满足条件

$$l_0(x_0) = 1, \quad l_0(x_1) = 0; \quad l_1(x_0) = 0, \quad l_1(x_1) = 1$$

的插值多项式，这两个特殊的插值多项式称为问题 3 的插值基函数.

可见插值问题 3 的解 $P_1(x)$ 可以通过插值基函数 $l_0(x)$ 和 $l_1(x)$ 组合得出，且组合系数恰为所给数据 y_0, y_1.

例 4.2.1 已知 $\sqrt{100} = 10$, $\sqrt{121} = 11$, 求 $\sqrt{115}$.

解 设 $f(x) = \sqrt{x}$, 取 $x_0 = 100$, $x_1 = 121$, 则由 $f(x_0) = 10$, $f(x_1) = 11$ 可知，过两点 $(x_0, f(x_0))$, $(x_1, f(x_1))$ 的线性插值函数为

$$P_1(x) = f(x_0) + \frac{f(x_1) - f(x_0)}{x_1 - x_0}(x - x_0) = 10 + \frac{1}{21}(x - 100).$$

将 $x = 115$ 代入上式，得

$$\sqrt{115} = f(115) \approx P_1(115) = 10 + \frac{1}{21}(115 - 100) = 10.71428.$$

这个结果有 3 位有效数字 (试与例 4.1.1 的结果相比较).

4.2.2 抛物插值

线性插值仅仅利用了两个节点上的信息，精度自然很低，为了提高精度，我们进一步考察下述二次插值.

问题 4 对于给定的 $f(x)$ 及其定义域内 3 个互不相同的点 x_0, x_1, x_2, 求作二次多项式 $P_2(x)$, 使得满足条件

$$P_2(x_0) = f(x_0), \quad P_2(x_1) = f(x_1), \quad P_2(x_2) = f(x_2).$$

二次插值的几何解释是，用通过三点 $(x_0, f(x_0))$, $(x_1, f(x_1))$, $(x_2, f(x_2))$ 的抛物线 $y = P_2(x)$ 来近似代替曲线 $y = f(x)$, 因此这类插值也称为抛物插值.

如果记 $y_0 = f(x_0)$, $y_1 = f(x_1)$, $y_2 = f(x_2)$, 用基函数法可将 $P_2(x)$ 表示为

$$P_2(x) = y_0 l_0(x) + y_1 l_1(x) + y_2 l_2(x).$$

为了得出插值多项式 $P_2(x)$, 我们先解决一个特殊的二次插值问题：求作二次多项式 $l_0(x)$, 使满足条件

$$l_0(x_0) = 1, \quad l_0(x_1) = l_0(x_2) = 0.$$

事实上，由条件 $l_0(x_1)=l_0(x_2)=0$ 可知，x_1,x_2 是 $l_0(x)$ 的两个零点，故

$$l_0(x)=c(x-x_1)(x-x_2),$$

再由条件 $l_0(x_0)=1$ 可得 $c=\dfrac{1}{(x_0-x_1)(x_0-x_2)}$, 从而

$$l_0(x)=\frac{(x-x_1)(x-x_2)}{(x_0-x_1)(x_0-x_2)}.$$

类似地，可以构造出满足条件

$$l_1(x_1)=1,\quad l_1(x_0)=l_1(x_2)=0$$

的插值多项式

$$l_1(x)=\frac{(x-x_0)(x-x_2)}{(x_1-x_0)(x_1-x_2)}$$

和满足条件

$$l_2(x_2)=1,\quad l_2(x_0)=l_2(x_1)=0$$

的插值多项式

$$l_2(x)=\frac{(x-x_0)(x-x_1)}{(x_2-x_0)(x_2-x_1)}.$$

这样构造出的 $l_0(x)$, $l_1(x)$ 和 $l_2(x)$ 称为问题 4 的插值基函数.

取 $y_0=f(x_0)$, $y_1=f(x_1)$, $y_2=f(x_2)$ 作为组合系数，则问题 4 的解为

$$P_2(x)=\frac{(x-x_1)(x-x_2)}{(x_0-x_1)(x_0-x_2)}y_0+\frac{(x-x_0)(x-x_2)}{(x_1-x_0)(x_1-x_2)}y_1+\frac{(x-x_0)(x-x_1)}{(x_2-x_0)(x_2-x_1)}y_2.$$

例 4.2.2 已知 $\sqrt{100}=10$, $\sqrt{121}=11$, $\sqrt{144}=12$, 用抛物插值法求 $\sqrt{115}$.

解 设 $f(x)=\sqrt{x}$, 取 $x_0=100$, $x_1=121$, $x_2=144$, 则插值基函数为

$$\begin{aligned}
l_0(x)&=\frac{(x-x_1)(x-x_2)}{(x_0-x_1)(x_0-x_2)}=\frac{1}{924}(x-121)(x-144),\\
l_1(x)&=\frac{(x-x_0)(x-x_2)}{(x_1-x_0)(x_1-x_2)}=-\frac{1}{483}(x-100)(x-144),\\
l_2(x)&=\frac{(x-x_0)(x-x_1)}{(x_2-x_0)(x_2-x_1)}=\frac{1}{1012}(x-100)(x-121),
\end{aligned}$$

故由 $f(x_0)=10$, $f(x_1)=11$, $f(x_2)=12$ 可知，所求的抛物插值多项式为

$$\begin{aligned}
P_2(x)&=l_0(x)f(x_0)+l_1(x)f(x_1)+l_2(x)f(x_2)\\
&=\frac{10(x-121)(x-144)}{924}-\frac{11(x-100)(x-144)}{483}+\frac{12(x-100)(x-121)}{1012}.
\end{aligned}$$

将 $x=115$ 代入上式，并由 $f(115)\approx P_2(115)$ 可得

$$\sqrt{115}\approx\frac{10\times(-6)\times(-29)}{924}-\frac{11\times15\times(-29)}{483}+\frac{12\times15\times(-6)}{1012}=10.7228.$$

同精确值比较，设个结果具有 4 位有效数字.

4.2.3 一般情形的拉格朗日插值公式

进一步求解问题 2 的一般形式. 仿照线性插值和抛物插值所采用的方法，仍从构造所谓插值基函数入手，这里的插值基函数 $l_k(x)$ $(k=0,1,\cdots,n)$ 是 n 次多项式，且满足条件

$$l_k(x_j)=\delta_{kj}=\begin{cases}1, & j=k,\\ 0, & j\neq k.\end{cases}$$

由此可知，除 x_k 以外的所有节点都是 $l_k(x)$ 的零点，故

$$l_k(x)=c_k\prod_{\substack{j=0\\j\neq k}}^{n}(x-x_j)=c_k(x-x_0)\cdots(x-x_{k-1})(x-x_{k+1})\cdots(x-x_n),$$

并由条件 $l_k(x_k)=1$ $(k=0,1,2,\cdots,n)$ 可得

$$c_k=\Big[\prod_{\substack{j=0\\j\neq k}}^{n}(x_k-x_j)\Big]^{-1}=\frac{1}{(x_k-x_0)\cdots(x_k-x_{k-1})(x_k-x_{k+1})\cdots(x_k-x_n)},$$

从而

$$l_k(x)=\prod_{\substack{j=0\\j\neq k}}^{n}\frac{x-x_j}{x_k-x_j}\quad(k=0,1,2,\cdots,n).$$

如果记 $y_k=f(x_k)$ $(k=0,1,2,\cdots,x_n)$, 则利用插值基函数可得到问题 2 的解

$$P_n(x)=\sum_{k=0}^{n}y_kl_k(x)=\sum_{k=0}^{n}\Big(\prod_{\substack{j=0\\j\neq k}}^{n}\frac{x-x_j}{x_k-x_j}\Big)y_k,\tag{4.2.3}$$

其中每个插值基函数 $l_k(x)$ 都是 n 次式， $P_n(x)$ 的次数不超过 n, 且

$$P_n(x_i)=\sum_{k=0}^{n}y_kl_k(x_i)=y_i.$$

另一方面，引入记号

$$\omega_{n+1}(x)=\prod_{j=0}^{n}(x-x_j)=(x-x_0)(x-x_1)(x-x_2)\cdots(x-x_n),$$

则

$$\omega'_{n+1}(x_i)=(x_i-x_0)(x_i-x_1)\cdots(x_i-x_{i-1})(x_i-x_{i+1})\cdots(x_i-x_n),$$

于是式 (4.2.3) 可表示为

$$P_n(x)=\sum_{i=0}^{n}\frac{\omega_{n+1}}{(x-x_i)\omega'_{n+1}(x_i)}y_i.$$

式 (4.2.3) 中的 $P_n(x)$ 称为 Lagrange 插值多项式，等式 (4.2.3) 称为 Lagrange 插值公式. 它的形式对称，结构紧凑，因而容易编写计算程序. 事实上，式 (4.2.3) 在逻辑结构上表现为二重循环，内循环 (j 循环) 累乘求得 $l_k(x)$, 然后再通过外循环 (k 循环) 累加得出插值结果.

拉格朗日插值的算法：

(1) 输入插值节点 (x_i, y_i) $(i=0,1,2,\cdots,n)$ 及插值点 x;

(2) 赋初值 $y=0$;

(3) 当 $i=0,1,2,\cdots n$ 时，作

  a. $T=1$

  b. 对 $k=0,1,2,\cdots,n$, 当 $k\neq i$ 时， $T\dfrac{x-x_k}{x_i-x_k}\Rightarrow T$

  c. $y+y_iT\Rightarrow y$

(4) 输出 y.

例 4.2.3 根据函数 $f(x)$ 的观测数据 (见表 4.2.1), 求其 Lagrange 插值多项式.

表 4.2.1

k	0	1	2	3
x_k	1	2	3	4
$f(x_k)$	4	5	14	37

解 由已知共有 4 个节点 $x_0=1$, $x_1=2$, $x_2=3$, $x_3=4$, 故插值基函数为

$$l_0(x)=\frac{(x-2)(x-3)(x-4)}{(1-2)(1-3)(1-4)}=-\frac{1}{6}(x^3-9x^2+26x-24),$$

$$l_1(x)=\frac{(x-1)(x-3)(x-4)}{(2-1)(2-3)(2-4)}=\frac{1}{2}(x^3-8x^2+19x-12),$$

$$l_2(x)=\frac{(x-1)(x-2)(x-4)}{(3-1)(3-2)(3-4)}=-\frac{1}{2}(x^3-7x^2+14x-8),$$

$$l_3(x)=\frac{(x-1)(x-2)(x-3)}{(4-1)(4-2)(4-3)}=\frac{1}{6}(x^3-6x^2+11x-6),$$

从而由 $y_0=4$, $y_1=5$, $y_2=14$, $y_3=37$ 可知，所求的 Lagrange 插值多项式为

$$P_3(x)=4l_0(x)+5l_1(x)+14l_2(x)+37l_3(x)=x^3-2x^2+5.$$

例 4.2.4 根据函数 $f(x)$ 的观测数据 (见表 4.2.2), 求其 Lagrange 插值多项式.

表 4.2.2

k	0	1	2
x_k	0	1	2
$f(x_k)$	1	3	5

解 由已知共有 4 个节点 $x_0 = 0,\ x_1 = 1,\ x_2 = 2$, 故插值基函数为

$$l_0(x) = \frac{(x-1)(x-2)}{(0-1)(0-2)} = \frac{1}{2}(x^2 - 3x + 2),$$
$$l_1(x) = \frac{(x-0)(x-2)}{(1-0)(1-2)} = -(x^2 - 2x),$$
$$l_2(x) = \frac{(x-0)(x-1)}{(2-0)(2-1)} = \frac{1}{2}(x^2 - x),$$

从而由 $y_0 = 1,\ y_1 = 3,\ y_2 = 5$ 可知，所求的 Lagrange 插值多项式为

$$P_2(x) = l_0(x) + 3l_1(x) + 5l_2(x) = 2x + 1.$$

此例说明，$P_n(x)$ 的次数可能小于 n.

4.2.4 拉格朗日余项定理

依据 $f(x)$ 的数据表构造出它的插值多项式 $P_n(x)$, 然后在给定点 x 计算 $P_n(x)$ 的值作为 $f(x)$ 的近似值, 这一过程称为插值, 点 x 称为插值点. 所谓“插值”，通俗地说，就是依据 $f(x)$ 所给的函数表“插出”所要的函数值. 由于插值多项式 $P_n(x)$ 通常只是近似地刻画了原来的函数 $f(x)$, 在插值点 x 处计算 $P_n(x)$ 作为 $f(x)$ 的近似值，一般地说总有误差. 在今后称 $R(x) = f(x) - P_n(x)$ 为插值多项式的截断误差，或称为插值余项. 用简单的插值多项式 $P_n(x)$ 替代原来很复杂的函数 $f(x)$, 这种作法究竟是否有效，要看截断误差是否满足所要求的精度.

定理 4.2.2 (拉格朗日余项定理)

设 $f(x)$ 在 $[a,b]$ 上具有连续的直到 $n+1$ 阶导数，$x_0, x_1, x_2, \cdots, x_n$ 为 $[a,b]$ 内的 $n+1$ 个互不相同的点，且已知 $y_i = f(x_i)\ (i = 0,1,2,\cdots,n)$, 则对任意的 $x \in [a,b]$, 存在介于 $x, x_0, x_1, x_2, \cdots, x_n$ 之间的 ξ(这里允许 ξ 与 x 有关), 使得

$$f(x) - P_n(x) = \frac{f^{(n+1)}(\xi)}{(n+1)!}\omega_{n+1}, \tag{4.2.4}$$

其中 $P_n(x)$ 是由式 (4.2.3) 确定的插值多项式，$\omega_{n+1} = \prod_{k=0}^{n}(x - x_k)$.

证明 对任意的 $x \in [a,b]$, 当 x 等于某个 $x_i\ (0 \leqslant i \leqslant n)$ 时，取 $\xi = x_i$, 则有

$$f(x) - P_n(x) = \frac{f^{(n+1)}(\xi)}{(n+1)!}\omega_{n+1};$$

当 $x \neq x_i\ (i = 0,1,2,\cdots,n)$, 令

$$c(x) = \frac{f(x) - P_n(x)}{\omega_{n+1}},$$

则 $c(x)$ 与 x 有关，且

$$f(x)-P_n(x)=c(x)\omega_{n+1}(x).$$

对上述取定的 x 及节点 $x_0,x_1,x_2,\cdots,x_n$, 不妨设

$$x_0<x_1<\cdots<x_{k-1}<x<x_k<\cdots<x_n,$$

并作辅助函数

$$g(t)=f(t)-P_n(t)-c(x)\omega_{n+1}(t)\quad(a\leqslant t\leqslant b),$$

则由 $f(t)$ 在 $[a,b]$ 上具有连续的直到 $n+1$ 阶导数可知， $g(t)$ 在 $[a,b]$ 上具有连续的直到 $n+1$ 阶导数，且

$$g^{(n+1)}(t)=f^{(n+1)}(t)-c(x)(n+1)!,$$

并由 $c(x)$ 的定义及 $f(x_i)=g(x_i)$ $(i=0,1,2,\cdots,n)$ 可知，方程 $g(t)=0$ 在 $[a,b]$ 上至少有 $n+2$ 个互不相同的根 $x_0,x_1,\cdots,x_{k-1},x,x_k,\cdots,x_n$, 即

$$g(x)=0,\quad g(x_i)=0\quad(i=0,1,2,\cdots n),$$

从而由罗尔定理可知，存在 $n+1$ 个互不相同的点 $\xi_0^{(1)},\xi_1^{(1)},\xi_2^{(1)},\cdots,\xi_n^{(1)}$, 使得

$$x_0<\xi_0^{(1)}<x_1<\cdots<x_{k-1}<\xi_{k-1}^{(1)}<x<\xi_k^{(1)}<x_k<\cdots<x_{n-1}<\xi_n^{(1)}<x_n,$$

并且

$$g'(\xi_i^{(1)})=0\quad(i=0,1,2\cdots,n).$$

对 $g'(t)$ 再应用罗尔定理可知，存在 n 个互不相同的点 $\xi_1^{(2)},\xi_2^{(2)},\cdots,\xi_n^{(2)}$, 使得

$$\xi_0^{(1)}<\xi_1^{(2)}<\xi_1^{(1)}<\cdots<\xi_{n-1}^{(1)}<\xi_n^{(2)}<\xi_n^{(1)},$$

并且

$$g''(\xi_i^{(2)})=0\quad(i=1,2,\cdots,n).$$

依次类推，反复应用罗尔定理可知，至少存在介于 $x,x_0,x_1,x_2,\cdots,x_n$ 之间的 ξ, 使得 $g^{(n+1)}(\xi)=0$, 即

$$f^{(n+1)}(\xi)-c(x)(n+1)!=0,$$

从而

$$c(x)=\frac{f^{(n+1)}(\xi)}{(n+1)!}.$$

综上可知，对任意的 $x\in[a,b]$, 存在介于 $x,x_0,x_1,x_2,\cdots,x_n$ 之间的 ξ, 使得

$$f(x)-P_n(x)=\frac{f^{(n+1)}(\xi)}{(n+1)!}\omega_{n+1},$$

▌

定理 4.2.2 中的表达式

$$R_n(x) = \frac{f^{(n+1)}(\xi)}{(n+1)!}\omega_{n+1},$$

称为余项. 当 $n=1$ 时, 线性插值余项为

$$R_1(x) = \frac{f''(\xi)}{2!}(x-x_0)(x-x_1) \quad (x_0 \leqslant \xi \leqslant x_1);$$

当 $n=2$ 时, 抛物插值的余项为

$$R_2(x) = \frac{f'''(\xi)}{3!}(x-x_0)(x-x_1)(x-x_2) \quad (\xi \text{ 介于 } x_0,\ x_1,\ x_2 \text{ 之间}).$$

应当指出, 余项表达式只有在 $f(x)$ 的高阶导数存在时才能应用. ξ 在 (a,b) 内的具体位置通常不能确切给出来. 如果我们可以求出

$$\max_{a<x<b} |f^{(n+1)}(x)| = M_{n+1},$$

则插值多项式 $P_n(x)$ 逼近 $f(x)$ 的截断误差限为

$$|R_n(x)| \leqslant \frac{M_{n+1}}{(n+1)!}|\omega_{n+1}|.$$

由定理 4.2.2 可得以下结论:

(1) 插值多项式本身只与插值节点及 $f(x)$ 在这些点上的函数值有关, 而与函数 $f(x)$ 并没有太多关系, 但余项 $R_n(x)$ 却与 $f(x)$ 联系密切.

(2) 若 $f(x)$ 为次数不超过 n 的多项式, 那么以 $n+1$ 个点为节点的插值多项式就一定是其本身, 即 $P_n(x)=f(x)$, 这是因为此时 $R_n(x)=0$.

例 4.2.5 设 $f(x)=x^4$, 试用拉格朗日余项定理给出 $f(x)$ 以 -1, 0, 1, 2 为节点的插值多项式 $P_3(x)$.

解 由 $f^{(4)}(x)=4!$ 可知, 余项为

$$R_3(x) = \frac{f^{(4)}(\xi)}{4!}(x+1)x(x-1)(x-2) = (x+1)x(x-1)(x-2),$$

故由拉格朗日余项定理可得

$$f(x) - P_3(x) = (x+1)x(x-1)(x-2),$$

从而所求的三次插值多项式为

$$\begin{aligned} P_3(x) &= f(x) - R_3(x) \\ &= x^4 - (x+1)x(x-1)(x-2) = 2x^3 + x^2 - 2x. \end{aligned}$$

例 4.2.6 设 $f(x)$ 在包含 $[a,b]$ 的区间内充分光滑，且 $f(a)=f(b)=0$, 求证

$$\max_{a\leqslant x\leqslant b}|f(x)|\leqslant\frac{(b-a)^2}{8}\max_{a\leqslant x\leqslant b}|f''(x)|.$$

证明 取 $x_0=a,\ x_1=b$, 则线性插值多项式为

$$P_1(x)=\frac{x-x_0}{x_1-x_0}f(x_0)+\frac{x-x_1}{x_0-x_1}f(x_1)=0\quad(a\leqslant x\leqslant b),$$

故由拉格朗日余项定理可知，存在 $\xi\in[x_0,x_1]$, 使得

$$f(x)=f(x)-P_1(x)=\frac{f''(\xi)}{2}(x-a)(x-b),$$

从而由

$$\max_{a\leqslant x\leqslant b}|(x-a)(x-b)|=\left(\frac{b-a}{2}\right)^2$$

可得

$$|f(x)|\leqslant\left(\frac{b-a}{2}\right)^2\max_{a\leqslant x\leqslant b}\left|\frac{f''(x)}{2}\right|\leqslant\frac{(b-a)^2}{8}\max_{a\leqslant x\leqslant b}|f''(x)|.$$

例 4.2.7 已知 $\sin 0.32=0.314567,\ \sin 0.34=0.333487,\ \sin 0.36=0.352274$, 试用线性插值及抛物插值计算 $\sin 0.3367$ 的值，并估计截断误差.

证明 设 $f(x)=\sin x$, 取 $x_0=0.32,\ x_1=0.34,\ x_2=0.36$, 则由已知可得

$$f(x_0)=0.314567,\quad f(x_1)=0.333487,\quad f(x_2)=0.352274.$$

(1) 用线性插值计算. 取 $x_0=0.32$ 及 $x_1=0.34$, 则线性插值多项式为

$$\begin{aligned}P_1(x)&=f(x_0)+\frac{f(x_1)-f(x_0)}{x_1-x_0}(x-x_0)\\&=0.314567+\frac{0.333487-0.314567}{0.34-0.32}(x-0.32)\\&=0.314567+0.946(x-0.32),\end{aligned}$$

从而由 $f(0.3367)\approx P_1(0.3367)$ 可得

$$\sin 0.3367\approx P_1(0.3367)=0.314567+0.946(0.3367-0.32)=0.3303652.$$

另一方面，由 $f(x)=\sin x$ 在 $[x_0,x_1]$ 上非负且单调增加可得

$$|f''(x)|=|-\sin x|\leqslant\sin x_1=0.333487\quad(x_0\leqslant x\leqslant x_1),$$

从而其截断误差

$$\begin{aligned}|\sin 0.3367-P_1(0.3367)|&=\left|-\frac{\sin\xi}{2}\right||(0.3367-0.32)(0.3367-0.34)|\\&\leqslant\frac{0.333487\times0.0167\times0.0031218}{2}<0.87\times10^{-5}\end{aligned}$$

(2) 用抛物插值计算. 取 $x_0 = 0.32$, $x_1 = 0.34$, $x_2 = 0.36$, 则由

$$l_0(x) = \frac{(x-0.34)(x-0.36)}{(0.32-0.34)(0.32-0.36)} = 1250(x-0.34)(x-0.36),$$
$$l_1(x) = \frac{(x-0.32)(x-0.36)}{(0.34-0.32)(0.34-0.36)} = -2500(x-0.32)(x-0.36),$$
$$l_2(x) = \frac{(x-0.32)(x-0.34)}{(0.36-0.32)(0.36-0.34)} = 1250(x-0.32)(x-0.34)$$

可知, 抛物插值多项式为

$$P_2(x) = 0.314567 l_0(x) + 0.333487 l_1(x) + 0.352274 l_2(x),$$

从而由 $f(0.3367) \approx P_2(0.3367)$ 及

$$l_0(0.3367) = 1250(0.3367-0.34)(0.3367-0.36) = 0.0961125,$$
$$l_1(0.3367) = -2500(0.3367-0.32)(0.3367-0.36) = 0.972775,$$
$$l_2(0.3367) = 1250(0.3367-0.32)(0.3367-0.34) = -0.0688875$$

可得

$$\sin 0.3367 \approx 0.314567\, l_0(0.3367) + 0.333487\, l_1(0.3367) + 0.352274\, l_2(0.3367)$$
$$\approx 0.330374.$$

另一方面, 由 $|f'''(x)| = |-\cos x| \leqslant 1$ 可知, 其截断误差为

$$|\sin 0.3367 - P_2(0.3367)| \leqslant \frac{|(0.3367-0.32)(0.3367-0.34)(0.3367-0.36)|}{6}$$
$$< 0.214 \times 10^{-6}.$$

例 4.2.7 中用抛物插值计算的结果与 6 位有效数字的正弦函数表完全一样, 这说明查表时用二次插值精度已相当高了.

拉格朗日余项定理在理论上有重要价值, 它刻画了拉格朗日插值某些基本特征. 由于余项中含有因子

$$\omega_{n+1}(x) = (x-x_0)(x-x_1)\cdots(x-x_n),$$

故当插值点 x 偏离插值节点 x_i 比较远, 插值效果可能不理想. 通常称插值节点所界定的范围 $[\min x_i, \max x_i]$ 为插值区间. 如果插值点 x 位于插值区间内, 这种插值过程称为内插, 否则称为外推, 余项定理表明, 外推是不可靠的.

另外, 注意到余项公式 (4.2.4) 中还含有高阶导数项 $f^{(n+1)}(\xi)$, 这就要求 $f(x)$ 是足够光滑的. 如果所逼近的函数 $f(x)$ 光滑性差, 则代数插值不一定能奏效. 这是因为代数多项式是任意光滑的, 因此原则上只适用于逼近光滑性好的函数.

4.3 牛顿插值

利用插值基函数很容易得到拉格朗日插值多项式，而当插值节点增减时全部插值基函数 $l_k(x)$ $(k=0,1,\cdots,n)$ 均要随之变化，整个公式也将发生变化，这在实际计算中是很不方便的，为此本节将着手建立具有承袭性的差商形式的插值 — 牛顿插值.

4.3.1 差商的定义及其基本性质

先考察线性插值的插值公式

$$P_1(x)=f(x_0)+\frac{f(x_1)-f(x_0)}{x_1-x_0}(x-x_0).$$

由于 $P_0(x)=f(x_0)$ 可以看作是零次插值多项式，上式表明， $P_1(x)$ 可用 $P_0(x)$ 修正得出

$$P_1(x)=P(x_0)+c_1(x-x_0),$$

其中，修正项的系数

$$c_1=\frac{f(x_1)-f(x_0)}{x_1-x_0}.$$

我们再修正 $P_1(x)$ 以进一步得到抛物插值公式 —— 问题 4 的解 $P_2(x)$, 为此令

$$P_2(x)=P_1(x)+c_2(x-x_0)(x-x_1),$$

显然不管系数 c_2 如何取值， $P_2(x)$ 均能满足条件

$$P_2(x_0)=f(x_0),\quad P_2(x_1)=f(x_1).$$

再用剩下的条件 $P_2(x_2)=f(x_2)$ 确定 c_2, 得

$$c_2=\frac{1}{x_2-x_1}\left[\frac{f(x_2)-f(x_0)}{x_2-x_0}-\frac{f(x_1)-f(x_0)}{x_1-x_0}\right].$$

如果记 $c_0=f(x_0)$, 则有

$$\begin{aligned}P_2(x)&=c_0+c_1(x-x_0)+c_2(x-x_0)(x-x_1)\\&=f(x_0)+\frac{f(x_1)-f(x_0)}{x_1-x_0}(x-x_0)\\&\quad+\frac{\dfrac{f(x_2)-f(x_0)}{x_2-x_0}-\dfrac{f(x_1)-f(x_0)}{x_1-x_0}}{x_2-x_1}(x-x_0)(x-x_1).\end{aligned}$$

以上论述表明，为了建立具有承袭性的插值公式，我们需先引进差商定义.

对于给定的函数 $f(x)$ 及其 $n+1$ 个节点 $x_0,x_1,\cdots,x_n$, 称

$$f[x_0,x_1]=\frac{f(x_1)-f(x_0)}{x_1-x_0}$$

为 $f(x)$ 关于节点 x_0, x_1 的 1 阶差商. 称

$$f[x_0, x_1, x_2] = \frac{f[x_1, x_2] - f[x_0, x_1]}{x_2 - x_0}.$$

为 $f(x)$ 关于节点 x_0, x_1, x_2 的 2 阶差商. 一般地, 称

$$f[x_0, x_1, \cdots, x_n] = \frac{f[x_1, x_2, \cdots, x_{n-1}, x_n] - f[x_0, x_1, \cdots, x_{n-1}]}{x_n - x_0}$$

为 $f(x)$ 关于节点 $x_0, x_1, \cdots, x_n$ 的 n 阶差商. 补充定义函数值 $f(x_i)$ 为 0 阶差商.

根据差商的递推定义, 从作为 0 阶差商的函数值 $f(x_i)$ 出发, 通过简单的差商计算可以逐步提高差商的阶数, 从而构造出 n 阶差商. 函数 $f(x)$ 关于节点的各阶差商列表如下

表 4.3.1 差商表

x	$f(x)$	1 阶差商	2 阶差商	3 阶差商	$\cdots$
x_0	$f(x_0)$				
		$f[x_0, x_1]$			
x_1	$f(x_1)$		$f[x_0, x_1, x_2]$		
		$f[x_1, x_2]$		$f[x_0, x_1, x_2, x_3]$	
x_2	$f(x_2)$		$f[x_1, x_2, x_3]$		$\cdots$
		$f[x_2, x_3]$		$f[x_1, x_2, x_3, x_4]$	
x_3	$f(x_3)$		$f[x_2, x_3, x_4]$		$\cdots$
$\vdots$	$\vdots$	$\vdots$	$\vdots$	$\vdots$	$\vdots$
		$f[x_{n-2}, x_{n-1}]$		$f[x_{n-3}, x_{n-2}, x_{n-1}, x_n]$	
x_{n-1}	$f(x_{n-1})$		$f[x_{n-2}, x_{n-1}, x_n]$		
		$f[x_{n-1}, x_n]$			
x_n	$f(x_n)$				

将上表中差商的计算公式具体化, 计算差商时, 可以按差商表从左向右逐列计算. 在求表中数据时, 要特别注意分母的值是哪两个节点的差.

例如, 已知函数 $f(x)$ 及 $n+1$ 个节点 $x_0, x_1, x_2, \cdots, x_n$, 首先计算对应的函数值 $f(x_i)$ $(i = 0, 1, 2, \cdots)$, 然后计算 1 阶差商

$$f[x_{i-1}, x_i] = \frac{f(x_i) - f(x_{i-1})}{x_i - x_{i-1}} \quad (i = 1, 2, \cdots, n);$$

再计算 2 阶差商

$$f[x_{i-1}, x_i, x_{i+1}] = \frac{f[x_i, x_{i+1}] - f[x_{i-1}, x_i]}{x_{i+1} - x_{i-1}} \quad (i = 1, 2, \cdots, n-1);$$

再计算 ⋯; 最后计算 n 阶差商

$$f[x_0,x_1,\cdots,x_{n-1},x_n]=\frac{f[x_1,\cdots,x_{n-1},x_n]-f[x_0,x_1,\cdots,x_{n-1}]}{x_n-x_0}.$$

例 4.3.1 根据下表 (表 4.3.2) 数据构造差商表.

表 4.3.2

i	0	1	2	3	4	5
x_i	0	2	3	5	6	1
$f(x_i)$	0	8	27	125	216	1

解 由已知数据可知，差商表如下

表 4.3.3

x_i	$f(x_i)$	1 阶差商	2 阶差商	3 阶差商	4 阶差商	5 阶差商
0	0					
		$\frac{8-0}{2-0}=4$				
2	8		$\frac{19-4}{3-0}=5$			
		$\frac{27-8}{3-2}=19$		$\frac{10-5}{5-0}=1$		
3	27		$\frac{49-19}{5-2}=10$		$\frac{1-1}{6-0}=0$	
		$\frac{125-27}{5-3}=49$		$\frac{14-10}{6-2}=1$		$\frac{0-0}{1-0}=0$
5	125		$\frac{91-49}{6-3}=14$		$\frac{1-1}{1-2}=0$	
		$\frac{216-125}{6-5}=91$		$\frac{12-14}{1-3}=1$		
6	216		$\frac{43-91}{1-5}=12$			
		$\frac{1-216}{1-6}=43$				
1	1					

可以看到，差商计算具有鲜明的承袭性，同时也是递推型的，为了理论分析的需要，这里再导出差商的显式表达式. 事实上，只要我们对差商的表达形式变化一下，就会发现差商可用离散的函数值来表示.

例如，1 阶差商可表示为

$$f[x_0, x_1] = \frac{f(x_1) - f(x_0)}{x_1 - x_0} = \frac{f(x_0)}{x_0 - x_1} + \frac{f(x_1)}{x_1 - x_0},$$

而 2 阶差商可表示为

$$\begin{aligned} f[x_0, x_1, x_2] &= \frac{f[x_1, x_2] - f[x_0, x_1]}{x_2 - x_0} \\ &= \frac{1}{x_2 - x_0}\left[\left(\frac{f(x_1)}{x_1 - x_2} + \frac{f(x_2)}{x_2 - x_1}\right) - \left(\frac{f(x_0)}{x_0 - x_1} + \frac{f(x_1)}{x_1 - x_0}\right)\right] \\ &= \frac{f(x_0)}{(x_0 - x_1)(x_0 - x_2)} + \frac{f(x_1)}{(x_1 - x_0)(x_1 - x_2)} + \frac{f(x_2)}{(x_2 - x_0)(x_2 - x_1)}. \end{aligned}$$

一般地，用数学归纳法易证

$$f[x_0, x_1, \cdots, x_n] = \sum_{k=0}^{n} \frac{f(x_k)}{\prod\limits_{\substack{j=0 \\ j \neq k}}^{n} (x_k - x_j)}. \tag{4.3.1}$$

按差商的表达式 (4.3.1), 如果调换两个节点的顺序，只是意味着改变式 (4.3.1) 求和次序，其值不变. 因之差商的值与节点的排列顺序无关. 例如，

$$f[x_0, x_1] = f[x_1, x_0], \quad f[x_0, x_1, x_2] = f[x_1, x_0, x_2] = f[x_2, x_1, x_0] = \cdots,$$

这种性质称为差商的对称性.

4.3.2　差商形式的插值公式

设 $f(x)$ 是定义在 $[a, b]$ 上的函数，$x_0, x_1, x_2, \cdots, x_n$ 为 $[a, b]$ 内的 $n+1$ 个节点. 任取 $x \in [a, b]$, 根据差商定义可得

$$f(x) = f(x_0) + f[x, x_0](x - x_0),$$

并对每一个 k 阶差商 $f[x, x_0, \cdots, x_{k-1}]$ $(k = 1, 2, \cdots, n)$, 有

$$f[x, x_0, \cdots, x_{k-1}] = f[x_0, x_1, \cdots, x_k] + f[x, x_0, \cdots, x_k](x - x_k),$$

从而

$$f(x) = f(x_0) + \sum_{k=1}^{n} f[x_0, x_1, \cdots, x_k]\omega_k(x) + f[x, x_0, \cdots, x_n]\omega_{n+1}(x).$$

为了讨论方便我们引入记号 $\omega_0(x) = 1$, 并称

$$N_n(x) = \sum_{k=0}^{n} f[x_0, x_1, \cdots, x_k]\omega_k(x) \tag{4.3.2}$$

为差商形式的牛顿插值多项式，称表达式

$$f(x) = N_n(x) + R_n(x)$$

为差商形式的牛顿插值公式，称 $R_n(x)$ 为余项，其中

$$R_n(x) = f[x, x_0, \cdots, x_n]\omega_{n+1}(x).$$

由于插值问题 2 的解是唯一的，差商形式的牛顿插值公式其实只是拉格朗日公式的一种变形. 比较两种等价的余项公式即可推得

定理 4.3.1 设 $f(x)$ 在 $[a,b]$ 上具有连续的直到 $n+1$ 阶导数，$x_0, x_1, x_2, \cdots, x_n$ 为 $[a,b]$ 内的 $n+1$ 个节点，则存在介于 $x_0, x_1, x_2, \cdots, x_n$ 之间的 ξ, 即 ξ 满足

$$\min\{x_i \mid i = 0, 1, 2, \cdots, n\} \leqslant \xi \leqslant \max\{x_i \mid i = 0, 1, 2, \cdots, n\},$$

使得

$$f[x_0, x_1, \cdots, x_n] = \frac{f^{(n)}(\xi)}{n!}.$$

如果 $f(x)$ 满足定理 4.3.1 的条件，则由差商与导数的关系可知，牛顿插值多项式 (4.3.2) 可写为

$$N_n(x) = f(x_0) + \sum_{k=1}^{n} \frac{f^{(k)}(\xi_k)}{k!}\omega_k(x), \tag{4.3.3}$$

式中 ξ_k 介于 $x_0, x_1, \cdots, x_k$ $(k = 1, 2, \cdots, n)$ 之间. 如果令

$$\lambda_n = \max\{x_i \mid i = 0, 1, 2, \cdots, n\},$$

则由

$$\lim_{\lambda_n \to x_0} \frac{f^{(k)}(\xi_k)}{k!} = \frac{f^{(k)}(x_0)}{k!}$$

可得

$$\lim_{\lambda_n \to x_0} N_n(x) = f(x_0) + \sum_{k=1}^{n} \frac{f^{(k)}(x_0)}{k!}\omega_k(x) = P_n(x).$$

这说明作为牛顿插值公式的极限即可得到泰勒公式. 在这种意义下，拉格朗日插值可理解为泰勒插值的离散化形式. 但与拉格朗日插值余项公式比较，牛顿插值余项公式更有一般性，它对 $f(x)$ 是由离散点给出的情形或 $f(x)$ 导数不存在时均适用.

例 4.3.2 给出 $f(x)$ 的函数表 (见表 4.3.4), 求 4 次牛顿插值多项式，并由此计算 $f(0.596)$ 的近似值.

表 4.3.4

i	0	1	2	3	4	5
x_i	0.40	0.55	0.65	0.80	0.90	1.05
$f(x_i)$	0.41075	0.57815	0.69675	0.88811	1.02652	1.25382

解 由牛顿插值多项式的定义可知，只需根据给定函数表计算下列差商

$$f[x_0,x_1]=\frac{f(x_0)}{x_0-x_1}+\frac{f(x_1)}{x_1-x_0}=1.1160,$$

$$f[x_0,x_1,x_2]=\sum_{k=0}^{2}\frac{f(x_k)}{\prod\limits_{\substack{j=0\\j\neq k}}^{2}(x_k-x_j)}=0.28000,$$

$$f[x_0,x_1,x_2,x_3]=\sum_{k=0}^{3}\frac{f(x_k)}{\prod\limits_{\substack{j=0\\j\neq k}}^{3}(x_k-x_j)}=-0.19733,$$

$$f[x_0,x_1,x_2,x_3,x_4]=\sum_{k=0}^{4}\frac{f(x_k)}{\prod\limits_{\substack{j=0\\j\neq k}}^{4}(x_k-x_j)}=0.03134,$$

故由式 (4.3.2) 可知， $f(x)$ 的 4 次牛顿插值多项式为

$$\begin{aligned}N_4(x)=&\sum_{k=0}^{4}f[x_0,x_1,\cdots,x_k]\omega_k(x)\\=&0.41075+1.116(x-0.4)+0.28(x-0.4)(x-0.55)\\&+0.19733(x-0.4)(x-0.55)(x-0.65)\\&+0.03134(x-0.4)(x-0.55)(x-0.65)(x-0.8),\end{aligned}$$

从而由 4 次插值多项式 $N_4(x)$ 代替 $f(x)$ 可得 $f(0.596)\approx N_4(0.596)=0.63192$.

另一方面，由 $x=0.596$ 可得

$$f[x,x_0,x_1,x_2,x_3,x_4]=-0.082532072,$$

从而由 4 次插值多项式 $N_4(x)$ 代替 $f(x)$ 其截断误差为

$$|R_4(x)|\approx|f[x,x_0,x_1,x_2,x_3,x_4]\omega_5(x)|\leqslant 2.49\times10^{-6}.$$

在例 4.3.2 中， $f[x,x_0,x_1,x_2,x_3,x_4]$ 可用 $f[x_0,x_1,x_2,x_3,x_4,x_5]$ 近似代替，即

$$|R_4(x)|\approx|f[x_0,x_1,x_2,x_3,x_4,x_5]\omega_5(0.596)|\leqslant 8.84\times10^{-9}.$$

差商插值的算法：

(1) 输入插值节点 x_i, y_i $(i=0,1,2,\cdots,n)$ 及插值点 t;

(2) 当 $k=1,2,\cdots,n$ 时,

对 $i=n,n-1,\cdots,k$, 作 $\dfrac{y_i-y_{i-1}}{x_i-x_{i-k}}\Rightarrow y_i$;

(3) $y_0\Rightarrow p$, $1\Rightarrow h$

对 $i=1,2,\cdots,n$, 作 $h(t-x_{i-1})\Rightarrow h$, $p+hy_i\Rightarrow p$;

(4) 输出 p.

4.4 差分形式的插值

上面讨论了节点任意分布的插值公式，但实际应用时经常遇到等距节点的情形，这样插值公式可以进一步简化，计算也简单得多. 为了得到等距节点的插值公式，我们先介绍差分的概念.

4.4.1 差分的概念

设函数 $y=f(x)$ 在等距节点 $x_k=x_0+kh\ (k=0,1,\cdots,n)$ 上的值为 $y_k=f(x_k)$. 这里 h 为常数，称为步长；称

$$\Delta y_k = y_{k+1} - y_k \tag{4.4.1}$$

为 $f(x)$ 在 x_k 处以 h 为步长的向前差分，符号 Δ 为向前差分算子；称

$$\nabla y_k = y_k - y_{k-1} \tag{4.4.2}$$

为 $f(x)$ 在 x_k 处以 h 为步长的向后差分，符号 ∇ 为向后差分算子；称

$$\delta y_k = f\Big(x_k+\frac{h}{2}\Big) - f\Big(x_k-\frac{h}{2}\Big) = y_{k+\frac{1}{2}} - y_{k-\frac{1}{2}} \tag{4.4.3}$$

为 $f(x)$ 在 x_k 处以 h 为步长的中心差分，符号 δ 为中心差分算子.

利用 1 阶差分可定义 2 阶差分为

$$\Delta^2 y_k = \Delta y_{k+1} - \Delta y_k = y_{k+2} - 2y_{k+1} + y_k$$

和

$$\nabla^2 y_k = \nabla y_k - \nabla y_{k-1} = y_k - 2y_{k-1} + y_{k-2}.$$

一般地可定义 m 阶差分为

$$\Delta^m y_k = \Delta^{m-1} y_{k+1} - \Delta^{m-1} y_k$$

和

$$\nabla^m y_k = \nabla^{m-1} y_k - \nabla^{m-1} y_{k-1}.$$

由差分的定义可知，差商与差分有密切关系，例如

$$f[x_k,x_{k+1}] = \frac{y_{k+1}-y_k}{x_{k+1}-x_k} = \frac{\Delta y_k}{h},$$

$$f[x_k,x_{k+1},x_{k+2}] = \frac{f[x_{k+1},x_{k+2}]-f[x_k,x_{k+1}]}{x_{k+2}-x_k} = \frac{1}{2h^2}\Delta^2 y_k.$$

一般地，有

$$f[x_k,x_{k+1},\cdots,x_{k+m}] = \frac{1}{m!}\frac{1}{h^m}\Delta^m y_k \quad (m=1,2,\cdots,n) \tag{4.4.4}$$

计算各阶差分时，可以用差分表 (见表 4.4.1) 从左向右逐列计算，公式中所用到的各阶差分值就是差分表最上面一条斜线上的值.

表 4.4.1

x_i	y_i	1 阶差分	2 阶差分	$\cdots$	n 阶差分
x_0	y_0				
		$\Delta y_0 = y_1 - y_0$			
x_1	y_1		$\Delta^2 y_0 = \Delta y_1 - \Delta y_0$		
		$\Delta y_1 = y_2 - y_1$		$\cdots$	
x_2	y_2		$\Delta^2 y_1 = \Delta y_2 - \Delta y_1$		$\Delta^n y_0 = \Delta^{n-1} y_1 - \Delta^{n-1} y_0$
		$\Delta y_2 = y_3 - y_2$		$\cdots$	
			$\Delta^2 y_2 = \Delta y_3 - \Delta y_2$		
$\vdots$	$\vdots$	$\vdots$	$\vdots$	$\vdots$	
x_{n-1}	y_{n-1}		$\Delta^2 y_{n-1} = \Delta y_{n-1} - \Delta y_{n-2}$		
		$\Delta y_{n-1} = y_n - y_{n-1}$			
x_n	y_n				

4.4.2　差分形式的插值公式

设函数 $y = f(x)$ 在等距节点 $x_i = x_0 + ih\ (i = 0, 1, \cdots, n)$ 上的值为 $y_i = f(x_i)$，对于等距节点的情形，我们令 $x = x_0 + th$, 则

$$\omega_k(x_0 + th) = \prod_{i=0}^{k-1}(x_0 + th - x_i) = \prod_{i=0}^{k-1}(t-i)h^k \quad (k = 1, 2, \cdots, n),$$

并由

$$f[x_0, x_1, \cdots, x_k] = \frac{1}{k!}\frac{1}{h^k}\Delta^k y_0 \quad (k = 1, 2, \cdots, n)$$

可知，牛顿插值多项式 (4.3.2) 可写成差分形式

$$P_n(x_0 + th) = y_0 + \sum_{k=1}^{n}\frac{1}{k!}\prod_{i=0}^{k-1}(t-i)\Delta^k y_0.$$

如果记 $C_t^0 = 1$, $C_t^k = \frac{1}{k!}\prod_{i=0}^{k-1}(t-i)$, 则差分形式的牛顿插值多项式为

$$\begin{aligned} P_n(x_0 + th) &= \sum_{k=0}^{n} C_t^k \Delta^k y_0 \\ &= C_t^0 y_0 + C_t^1 \Delta y_0 + C_t^2 \Delta^2 y_0 + \cdots + C_t^n \Delta^n y_0, \end{aligned} \tag{4.4.5}$$

从而可得差分形式的近似计算公式

$$f(x) \approx C_t^0 y_0 + C_t^1 \Delta y_0 + C_t^2 \Delta^2 y_0 + \cdots + C_t^n \Delta^n y_0. \tag{4.4.6}$$

这一公式称为函数插值的有限差公式.

值得指出的是，我国古代天文学家在制定历法的过程中曾对插值方法作出过杰出的贡献. 如隋朝刘焯的杰作《皇极历》(公元 600 年)、中唐僧一行所造《大衍历》(公元 727 年) 都使用了二次插值. 特别是晚唐徐昂造《宣明历》(公元 822 年) 所使用的插值技术正是二阶有限差方法，而这方面的工作比西方超前了上千年.

例 4.4.1 给出 $y = f(x)$ 的函数表 (见表 4.4.2), 求差分形式的 6 次牛顿插值多项式，并由此计算 $f(0.3)$ 的近似值.

表 4.4.2

i	0	1	2	3	4	5	6
x_i	0.0	0.2	0.4	0.6	0.8	1.0	1.2
$y_i = f(x_i)$	0.0	0.203	0.423	0.684	1.030	1.557	2.572

解 根据给定函数表计算各阶差分，得 (见表 4.4.3)

表 4.4.3

x	$f(x)$	1 阶差分	2 阶差分	3 阶差分	4 阶差分	5 阶差分	6 阶差分
0.0	0.0						
		0.203					
0.2	0.203		0.017				
		0.220		0.024			
0.4	0.423		0.041		0.020		
		0.261		0.044		0.032	
0.6	0.684		0.085		0.052		
		0.346		0.096		0.159	
0.8	1.030		0.181		0.211		0.127
		0.527		0.307			
1.0	1.557		0.488				
		1.015					
1.2	2.572						

故由

$$P_6(x_0 + th) = C_t^0 y_0 + C_t^1 \Delta y_0 + C_t^2 \Delta^2 y_0 + \cdots + C_t^n \Delta^n y_0$$

可知，差分形式的 6 次牛顿插值多项式为

$$P_6(x_0+th)=0.203C_t^1+0.017C_t^2+0.024C_t^3+0.02C_t^4+0.032C_t^5+0.127C_t^6,$$

其中 $C_t^0=1$, $C_t^k=\dfrac{1}{k!}\prod\limits_{i=0}^{k-1}(t-i)$ $(k=1,2,3,4,5,6)$.

另一方面，取步长 $h=0.2$, $t=1.5$, 则由 $x_0=0.0$ 可得

$$x_0+th=0.0+1.5\times0.2=0.3,$$

从而差分形式的 6 次牛顿插值多项式 $P_6(x)$ 近似代替 $f(x)$, 得

$$\begin{aligned}f(0.3)&\approx P_6(0.3)\\&=0.203\times1.5+\frac{0.017}{2!}\prod_{i=0}^{1}(1.5-i)+\frac{0.024}{3!}\prod_{i=0}^{2}(1.5-i)\\&\quad+\frac{0.020}{4!}\prod_{i=0}^{3}(1.5-i)+\frac{0.032}{5!}\prod_{i=0}^{4}(1.5-i)+\frac{0.127}{6!}\prod_{i=0}^{6}(1.5-i)=0.310337.\end{aligned}$$

例 4.4.2 问依据数据表 (见表 4.4.4) 所构出的插值多项式有多少次？为什么？试具体列出其插值多项式.

表 4.4.4

i	0	1	2	3	4	5
x_i	−2	−1	0	1	2	3
y_i	−5	1	1	1	7	25

解 由于已知节点有 6 个，故其插值多项式 $P(x)$ 的次数 $\leqslant 5$. 再根据已知数据表计算各阶差分，得 (见表 4.4.5)

表 4.4.5

x_i	y_i	Δy_i	$\Delta^2 y_i$	$\Delta^3 y_i$	$\Delta^4 y_i$	$\Delta^5 y_i$
−2	−5					
		$\Delta y_0=6$				
−1	1		$\Delta^2 y_0=-6$			
		$\Delta y_1=0$		$\Delta^3 y_0=6$		
0	1		$\Delta^2 y_1=0$		$\Delta^4 y_0=0$	
		$\Delta y_2=0$		$\Delta^3 y_1=6$		$\Delta^5 y_0=0$
1	1		$\Delta^2 y_2=6$		$\Delta^4 y_1=0$	
		$\Delta y_3=6$		$\Delta^3 y_2=6$		
2	7		$\Delta^2 y_3=12$			
		$\Delta y_4=18$				
3	25					

从而由 $\Delta^5 y_0 = \Delta^4 y_0 = 0$ 可知，所求插值多项式 $P(x)$ 的次数为 3.

另一方面，取步长为 $h=1$, 则由 $x = x_0 + th = -2 + t$ 可得

$$\begin{aligned} P(-2+t) &= C_t^0 y_0 + C_t^1 \Delta y_0 + C_t^2 \Delta^2 y_0 + C_t^3 \Delta^3 y_0 + C_t^4 \Delta^4 y_0 + +C_t^5 \Delta^5 y_0 \\ &= -5 + 6t - 3t(t-1) + t(t-1)(t-2), \end{aligned}$$

于是将 $t = x+2$ 代入 $P(-2+t)$ 可得差分形式的插值多项式为

$$P(x) = x^3 - x + 1.$$

4.5 埃尔米特插值

在某些实际问题中，为了保证插值函数能更好地密合原来的函数，不但要求“过点”，即两者在节点上具有相同的函数值，而且要求“相切”，即在某些节点处若干阶导数值也相等，这类插值称为切触插值或称埃尔米特插值.

例如飞机的机翼外形是由几条不同的曲线衔接起来的，为保证衔接处足够光滑，不仅要求在这些点上有相同的函数值，而且要求有相同的导数值.

显然，埃尔米特插值是泰勒插值 (问题 1) 和拉格朗日插值 (问题 2) 的综合和推广. 这里不准备对埃尔米特插值作一般性的论述，而仅仅讨论两个具体问题.

问题 5 设已知函数 $y = f(x)$ 的值 $y_0 = f(x_0)$, $y_0' = f'(x_0)$, $y_1 = f(x_1)$, 求作二次多项次式 $P_2(x)$, 使其满足

$$P_2(x_0) = y_0, \quad P_2'(x_0) = y_0', \quad P_2(x_1) = y_1.$$

假设用插值函数 $P_2(x)$ 逼近函数 $f(x)$, 我们从几何图形上看，曲线 $y = P_2(x)$ 与 $y = f(x)$ 不但有两个交点 (x_0, y_0), (x_1, y_1), 而且在点 (x_0, y_0) 处两者还相切.

下面提供问题 5 的两种解法.

(1) 基于承袭性. 设 $P_1(x)$ 为具有节点 x_0, x_1 的 Lagrange 插值多项式，令

$$\begin{aligned} P_2(x) &= P_1(x) + c(x - x_0)(x - x_1) \\ &= y_0 + \frac{y_1 - y_0}{x_1 - x_0}(x - x_0) + c(x - x_0)(x - x_1), \end{aligned}$$

这里不管常数 c 怎样取值，总有

$$P_2(x_0) = y_0, \quad P_2(x_1) = y_1.$$

再用剩下的一个条件 $P_2'(x_0) = y_0'$ 确定常数 c, 得

$$c = \frac{1}{x_1 - x_0}\left(\frac{y_1 - y_0}{x_1 - x_0} - y_0'\right),$$

从而问题 5 的解为

$$P_2(x)=y_0+\frac{y_1-y_0}{x_1-x_0}(x-x_0)+\frac{1}{x_1-x_0}\Big(\frac{y_1-y_0}{x_1-x_0}-y_0'\Big)(x-x_0)(x-x_1).$$

(2) 基函数方法. 为简化计算, 假设 $x_0=0,\ x_1=1$, 并令

$$P_2(x)=y_0\varphi_0(x)+y_1\varphi_1(x)+y_0'\psi_0(x),$$

式中基函数 $\varphi_0(x),\ \varphi_1(x),\ \psi_0(x)$ 均为二次多项式, 它们分别满足条件

$$\begin{aligned}&\varphi_0(0)=1,\quad \varphi_0(1)=\varphi_0'(0)=0,\\&\varphi_1(1)=1,\quad \varphi_1(0)=\varphi_1'(1)=0,\\&\psi_0(0)=\psi_0(1)=0,\quad \psi_0'(0)=1.\end{aligned}$$

满足上述条件的插值多项式很容易构造出来. 例如, 由条件 $\psi_0(0)=\psi_0(1)=0$ 可知, $x=0,\ x=1$ 都是二次多项式 $\psi_0(x)$ 的零点, 故存在常数 c, 使得

$$\psi_0(x)=cx(x-1).$$

再用条件 $\psi_0'(0)=1$ 可得 $c=-1$, 从而

$$\psi_0(x)=x(1-x).$$

同理可得

$$\varphi_0(x)=1-x^2,\quad \varphi_1(x)=x^2.$$

如果 $x_0,\ x_1$ 是任意给出的两个节点, 记 $x_1-x_0=h$, 这时问题 5 的解为

$$P_2(x)=y_0\varphi_0\Big(\frac{x-x_0}{h}\Big)+y_1\varphi_1\Big(\frac{x-x_0}{h}\Big)+hy_0'\psi_0\Big(\frac{x-x_0}{h}\Big).$$

为今后讨论样条插值的需要, 我们进一步考察下面的插值问题.

问题 6　设已知函数 $y=f(x)$ 的值

$$y_0=f(x_0),\quad y_0'=f'(x_0),\quad y_1=f(x_1),\quad y_1'=f'(x_1),$$

求作三次多项式 $P_3(x)$, 使其满足

$$P_3(x_0)=y_0,\quad P_3'(x_0)=y_0',\quad P_3(x_1)=y_1,\quad P_3'(x_1)=y_1'.$$

记 $h=x_1-x_0$, 仿照问题 5 的解法可得

$$P_3(x)=y_0\varphi_0\Big(\frac{x-x_0}{h}\Big)+y_1\varphi_1\Big(\frac{x-x_0}{h}\Big)+hy_0'\psi_0\Big(\frac{x-x_0}{h}\Big)+hy_1'\psi_1\Big(\frac{x-x_0}{h}\Big),$$

其中

$$\begin{aligned}&\varphi_0(x)=(x-1)^2(2x+1),\quad \varphi_1(x)=x^2(-2x+3),\\&\psi_0(x)=x(x-1)^2,\quad \psi_1(x)=x^2(x-1).\end{aligned}$$

需要指出的是，对于某个取值 $f_0(x)=y_0$，$f'(x_0)=y'_0$，$f(x_1)=y_1$，$f'(x_1)=y'_1$ 的函数 $f(x)$，问题 5 和问题 6 的插值余项分别为

$$f(x)-P_2(x)=\frac{f'''(\xi_1)}{3!}(x-x_0)^2(x-x_1),$$

$$f(x)-P_3(x)=\frac{f^{(4)}(\xi_2)}{4!}(x-x_0)^2(x-x_1)^2,$$

式中 ξ_1，ξ_2 均介于点 x，x_0，x_1 之间，即

$$\min\{x,\ x_0,x_1\}\leqslant\xi_1,\ \xi_2\leqslant\max\{x,\ x_0,\ x_1\}.$$

4.6 分段插值法

4.6.1 高次插值的龙格 (Runge) 现象

多项式历来被认为是最好的逼近工具之一. 用多项式作插值函数，这就是前面已讨论过的代数插值. 对于这类插值，插值多项式的次数随着节点个数的增加而升高，然而高次插值的逼近效果往往是不理想的. 例如，考察函数

$$f(x)=\frac{1}{1+x^2}\quad(-5\leqslant x\leqslant 5),$$

我们将区间 $[-5,5]$ 分为 n 等分，以 $P_n(x)$ 表示取 $n+1$ 个等分点作节点的插值多项式. 图 4.6.1 给出了 $f(x)$ 和 $P_5(x)$，$P_{10}(x)$ 的图象.

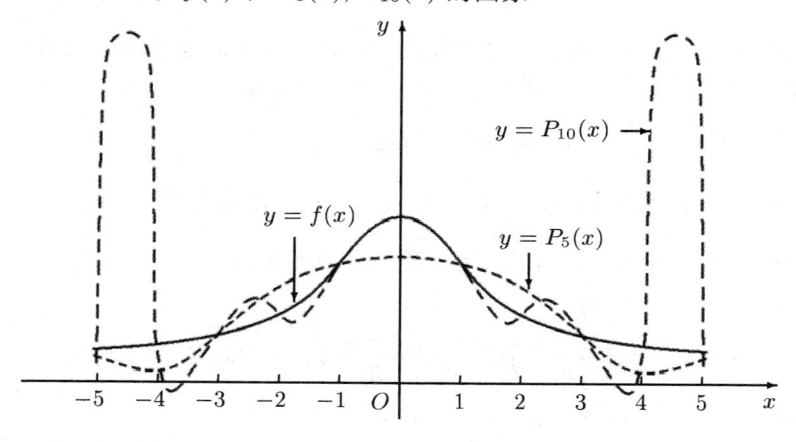

图 4.6.1

从图 4.6.1 中看到，随着节点的加密采用高次插值，虽然插值函数会在更多的点上与所逼近的函数取相同的值，但从整体上看，这样作不一定能改善逼近的效果. 事实上，当 n 增大时，插值函数 $P_n(x)$ 在两端会发生激烈的震荡，这就是所谓龙格现象. 龙格现象说明，在大范围内使用高次插值，逼近的效果往往不理想.

4.6.2　分段插值的概念

我们都有这样的体会：如果插值的范围比较小 (在某个局部), 则动用低次插值往往就能奏效. 例如，对于上述函数 $f(x)=\dfrac{1}{1+x^2}$, 如果我们在每个子段上用线性插值, 即用连接相邻的折线逼近所考察的曲线, 就能保证一定的逼近效果. 如果我们把 $f(x)=\dfrac{1}{1+x^2}$ 在节点 $x=0,\pm1,\pm2,\pm3,\pm4,\pm5$ 处用折线连起来, 显然比 $P_{10}(x)$ 逼近 $f(x)$ 好得多. 这正是我们下面要讨论的分段低次插值的出发点.

所谓分段插值, 就是将被插值函数逐段多项式化. 分段插值方法的处理过程分两步, 先将所考察的区间 $[a,b]$ 作一分划

$$\Delta: a=x_0<x_1<x_2<\cdots<x_{n-1}<x_n=b,$$

并在每个子区间 $[x_i,x_{i+1}]$ 上构造插值多项式, 然后将每个子区间上的插值多项式装配 (拼接) 在一起, 作为整个区间 $[a,b]$ 上的插值函数. 这样构造出的插值函数称为分段多项式.

如果 $S_k(x)$ 在分划 Δ 的每个子区间 $[x_i,x_{i+1}]$ 上都是 k 次多项式, 则称 $S_k(x)$ 为具有分划 Δ 的分段 k 次多项式, 点 $x_i\ (i=0,1,\cdots,n)$ 称为 $S_k(x)$ 的节点.

4.6.3　分段线性插值

假设在分划 Δ 的每个节点 x_i 上给出了数据 y_i, 或者说已给出了一组数据点

$$(x_i,y_i)\quad(i=0,1,2,\cdots,n).$$

连结相邻两点得一折线, 那么, 该折线函数可以看作下面插值问题的解.

问题 7 求作具有分划 Δ 的分段一次式 $S_1(x)$, 使得

$$S_1(x_i)=y_i\quad(i=0,1,\cdots,n).$$

由于在每个子区间 $[x_i,x_{i+1}]$ 上, $S_1(x)$ 都是一次式, 且

$$S_1(x_i)=y_i,\quad S_1(x_{i+1})=y_{i+1},$$

故有

$$S_1(x)=\varphi_0\Big(\frac{x-x_i}{h_i}\Big)y_i+\varphi_i\Big(\frac{x-x_i}{h_i}\Big)y_{i+1}\quad(x_i\leqslant x\leqslant x_{i+1}),$$

式中 $h_i=x_{i+1}-x_i$, $\varphi_0(x)=1-x$, $\varphi_1(x)=x$.

再考察插值余项. 对于取值 $f(x_i)=y_i\ (i=0,1,\cdots,n)$ 的被插值函数 $f(x)$ 在子区间 $[x_i,x_{i+1}]$ 上有估计式

$$|f(x)-S_1(x)|\leqslant\frac{h_i^2}{8}\max|f''(x)|.$$

因而下面的定理成立.

定理 4.6.1 设 $f(x) \in C^2[a,b]$, 且 $f(x_i) = y_i$ $(i = 0, 1, \cdots, n)$, 则当 $x \in [a,b]$ 时，对于问题 7 的解 $S_1(x)$ 成立

$$|f(x) - S_1(x)| \leqslant \frac{1}{2!}\left(\frac{h}{2}\right)^2 \max_{a \leqslant x \leqslant b} |f''(x)| = \frac{h^2}{8} \max_{a \leqslant x \leqslant b} |f''(x)|,$$

式中 $h = \max h_i$. 由此可知，当 $h \to 0$ 时， $S_1(x)$ 在 $[a,b]$ 上一致收敛到 $f(x)$.

4.6.4 分段三次插值

分段线性插值的算法简单，且计算量小，但精度不高，插值曲线也不光滑. 下面，我们将提高插值次数以进一步改善逼近效果，为此先讨论分段三次埃尔米特插值，并假定每一个节点 x_i 上的函数值为 y_i, 导数值 y_i'.

问题 8 求作具有分划 Δ 的分段三次多项式 $S_3(x)$, 使得

$$S_3(x_i) = y_i, \quad S_3'(x_i) = y_i' \quad (i = 0, 1, \cdots, n).$$

注意到在每个子区间 $[x_i, x_{i+1}]$ 上 $S_3(x)$ 都是三项多项式，且

$$S_3(x_i) = y_i, \quad S_3'(x_i) = y_i', \quad S_3(x_{i+1}) = y_{i+1}, \quad S_3'(x_{i+1}) = y_{i+1}'.$$

根据上一节仿照问题 5 的解法可得

$$S_3(x) = \varphi_0\left(\frac{x - x_i}{h_i}\right)y_i + \varphi_1\left(\frac{x - x_i}{h_i}\right)y_{i+1} + h_i\psi_0\left(\frac{x - x_i}{h_i}\right)y_i' + h_i\psi_1\left(\frac{x - x_i}{h_i}\right)y_{i+1}',$$

其中

$$\varphi_0(x) = (x-1)^2(2x+1), \quad \varphi_1(x) = x^2(-2x+3),$$
$$\psi_0(x) = x(x-1)^2, \quad \psi_1(x) = x^2(x-1) \quad (x_i \leqslant x \leqslant x_{i+1}).$$

分段三次埃尔米特插值的逼近效果比分段线性插值有明显的改善. 不难证明

定理 4.6.2 设 $f(x) \in C^4[a,b]$, 且 $f(x_i) = y_i$, $f'(x_i) = y_i'$ $(i = 0, 1, \cdots, n)$, 则当 $x \in [a,b]$ 时，对于问题 8 的解 $S_3(x)$ 成立

$$|f(x) - S_3(x)| \leqslant \frac{1}{4!}\left(\frac{h}{2}\right)^4 \max_{a \leqslant x \leqslant b} |f^{(4)}(x)| = \frac{h^4}{384} \max_{a \leqslant x \leqslant b} |f^{(4)}(x)|.$$

最后概括一下分段插值法的利弊. 分段插值法是一种显式算法，其算法简单，而且收敛性能得到保证. 只要节点间距充分小，分段插值法总能获得所要求的精度，而不会像高次插值那样发生龙格现象. 分段插值法的另一个重要特点是它的局部性质. 如果修改某个数据，那么插值曲线仅仅在某个局部范围内受到影响，而代数插值却会影响到整个插值区间.

可以看到，同分段线性插值相比较，分段三次埃尔米特插值 (问题 8) 虽然改善了精度，但这种插值要求给出各个节点上的导数值，所要提供的信息“太多”，同时它的光滑性也不高 (只有连续的一阶导数). 改进这种插值以克服其缺点，这就导致了所谓三次样条插值的提出.

4.7　样条插值

前面讨论的分段低次插值函数都有一致收敛性，但光滑性较差，对于像高速飞机的机翼形线，船体放样等型值线往往要求有二阶光滑度，即有二阶连续导数. 样条函数概念来源于工程设计的实践，所谓“样条”是工程设计中的一种绘图工具，它是富有弹性的细长木条. 早期工程师制图时，把富有弹性的细长木条 (所谓样条) 用压铁固定在样点上，即用压铁迫使样条通过指定的型值点，在其他地方让它自由弯曲，通过调整样条使它具有光滑的外形. 然后画下长条的曲线. 这种外形曲线可以看作是作为弹性细梁的样条在压铁的集中载荷作用下产生的挠度曲线. 样条曲线实际上是由分段三次曲线并接而成，在连接点即样点上要求二阶导数连续，从数学上加以概括就得到数学样条这一概念. 从 20 世纪 60 年代初开始，首先由于航空造船等工程设计的需要，发展了所谓样条函数方法. 今天，这种方法已成为数值逼近的一个极其重要的分支. 在外形设计乃至计算机辅助设计的许多领域，样条函数都被认为是一种有效的数学工具. 下面我们讨论最常用的三次样条函数.

4.7.1　样条函数的概念

所谓样条函数，从数学上说，就是按一定光滑性要求“装配”起来的分段多项式. 具体地说，称具有分划 $\Delta: a = x_0 < x_1 < x_2 < \cdots < x_{n-1} < x_n = b$ 的分段 k 次式 $S_k(x)$ 为 k 次样条函数，如果它在每个内节点 $x_i\ (i = 1, 2, \cdots, n-1)$ 上具有直到 $k-1$ 阶连续导数，点 $x_i\ (i = 1, 2, \cdots, n-1)$ 称为样条函数 $S_k(x)$ 的节点.

其实样条函数对于我们并不陌生，常用的阶梯函数和折线函数分别是简单的零次样条函数和一次样条函数.

上述定义的 k 次样条是 k 次多项式的推广. 事实上，如果具有分划 Δ 的 k 次样条 $S_k(x)$ 在每个节点 $x_i(i = 1, 2, \cdots, n-1)$ 上具有连续的 k 阶导数，则它便退化为普通的 k 次多项式.

今后样条函数常简称为样条，其特点是，它既是充分光滑的 ($S_k(x)$ 直到 $k-1$ 阶导数均连续)，又保留有一定的间断性 ($S_k(x)$ 的 k 阶导数在节点处可能有间断). 光滑性保证了外形曲线的美观，间断性则使它能转折自如地被灵活运用.

挠度曲线在挠度不大的情况下，恰好表示为上述定义的三次样条函数，而压铁的作用点就是样条函数的节点.

例 4.7.1 设 $S(x)$ 是以 0, 1, 2 为节点的三次样条函数，其中

$$S(x)=\begin{cases}x^3+x^2, & 0\leqslant x\leqslant 1,\\ 2x^3+bx^2+cx-1, & 1\leqslant x\leqslant 2,\end{cases}$$

求 b 等于多少？

解 由三次样条的定义及 $S(x)$ 的表达式可知，$S(x)$ 应满足

$$\begin{aligned}2&=\lim_{x\to 1^-}S(x)=\lim_{x\to 1^+}S(x)=b+c+1,\\ 5&=\lim_{x\to 1^-}S'(x)=\lim_{x\to 1^+}S'(x)=2b+c+6,\end{aligned}$$

故常数 b 应满足方程组

$$\begin{cases}b+c=1,\\ 2b+c=-1.\end{cases}$$

解此方程组得 $b=-2$.

4.7.2 三次样条插值

样条插值其实是一种改进的分段插值. 特别地，由于折线函数就是一次样条，因此就一次插值而言，样条插值和分段插值是一回事.

为了使问题更加明确，下面给出三次样条插值函数的定义.

如果 $S(x)\in C^2[a,b]$, 且在每个小区间 $[x_j,x_{j+1}]$ 上是三次多项式，其中给定的节点 $x_0,x_1,\cdots,x_n$ 满足

$$a=x_0<x_1<\cdots<x_n=b,$$

则称 $S(x)$ 是节点 $x_0,x_1,\cdots,x_n$ 上的三次样条函数. 如果在节点 x_j 处给定函数值 $y_j=f(x_j)$ $(j=0,1,\cdots,n)$, 并成立

$$S(x_j)=y_j\quad (j=0,1,\cdots,n), \tag{4.7.1}$$

则称 $S(x)$ 为三次样条插值函数.

由此定义可知，要求出 $S(x)$ 的表达式，只需在每个小区间 $[x_j,x_{j+1}]$ 上确定 4 个待定系数，小区间共有 n 个，故应确定 $4n$ 个参数. 根据 $S(x)$ 在 $[a,b]$ 上二阶导数连续可知，在内节点 $x_j(j=1,2,\cdots,n-1)$ 处应满足连续性条件

$$S(x_j-0)=S(x_j+0),\quad S'(x_j-0)=S'(x_j+0),\quad S''(x_j-0)=S''(x_j+0).$$

共有 $3n-3$ 个条件，再加上 $S(x)$ 满足插值条件，共有 $4n-2$ 个条件，因此还需要 2 个条件才能确定 $S(x)$. 通常可在区间 $[a,b]$ 端点 $a=x_0$, $b=x_n$ 上各加一个条件 (称为边界条件), 可根据实际问题的要求给定. 常见的有以下 3 种:

已知两端的一阶导数值，即

$$S'(x_0)=f'_0,\quad S'(x_n)=f'_n;$$

已知两端的二阶导数值，即

$$S''(x_0)=f''_0,\quad S''(x_n)=f''_n;$$

其特殊情况为

$$S''(x_0)=S''(x_n)=0.$$

上式称为自然边界条件.

当 $f(x)$ 是以 x_n-x_0 为周期的周期函数时，则要求 $S(x)$ 也是周期函数，这时边界条件应满足

$$S'(x_0+0)=S'(x_n-0),\ S''(x_0+0)=S''(x_n-0),$$

而此时条件 (4.7.1) 中有 $y_0=y_n$. 这样确定的样条函数 $S(x)$ 称为周期样条函数.

4.7.3 样条插值函数的建立

构造满足插值条件 (4.7.1) 及相应边界条件的三次样条插值函数 $S(x)$ 可以有多种方法. 例如，可以直接利用分段三次埃尔米特插值，只要假定

$$S'(x_j)=m_j\quad(j=0,1,\cdots,n),\tag{4.7.2}$$

再由条件 (4.7.1) 可得

$$S(x)=\sum_{j=0}^{n}[y_j\alpha_j(x)+m_j\beta_j(x)],\tag{4.7.3}$$

其中 $\alpha_j(x)$, $\beta_j(x)$ 是分段三次埃尔米特插值基函数. 利用条件

$$S''(x_j-0)=S''(x_j+0)\quad(j=1,2,\cdots,n-1)$$

及相应边界条件

$$S'(x_0)=f'_0,\quad S'(x_n)=f'_n$$

或

$$S''(x_0)=f''_0,\quad S''(x_n)=f''_n$$

或

$$S'(x_0+0)=S'(x_n-0),\quad S''(x_0+0)=S''(x_n-0),$$

可得到关于 $m_j\ (j=0,1,\cdots,n)$ 的三对角方程组，求出 m_j 则得到所求的三次样条函数 $S(x)$.

下面我们利用 $S(x)$ 的二阶导数值

$$S''(x_j) = M_j \ (j = 0, 1, \cdots, n)$$

来确定 $S(x)$, 其中 $M_j \ (j = 0, 1, 2 \cdots, n)$ 为待定常数.

事实上, 由于 $S(x)$ 在子区间 $[x_j, x_{j+1}]$ 上是三次多项式, 故 $S''(x)$ 在 $[x_j, x_{j+1}]$ 上是线性函数, 即 $S''(x)$ 可表示为

$$S''(x) = M_j \frac{x_{j+1} - x}{h_j} + M_{j+1} \frac{x - x_j}{h_j}.$$

将上式两端关于 x 积分两次, 并利用插值条件 $S(x_j) = y_j$, $S(x_{j+1}) = y_{j+1}$ 可得 $S(x)$ 在子区间 $[x_j, x_{j+1}]$ 上的三次样条函数

$$\begin{aligned} S(x) = &M_j \frac{(x_{j+1} - x)^3}{6h_j} + M_{j+1} \frac{(x - x_j)^3}{6h_j} + \left(y_j - \frac{M_j h_j^2}{6}\right) \frac{x_{j+1} - x}{h_j} \\ &+ \left(y_{j+1} - \frac{M_{j+1} h_j^2}{6}\right) \frac{x - x_j}{h_j} \quad (j = 0, 1, \cdots, n-1). \end{aligned} \tag{4.7.4}$$

另一方面, 为了确定 $M_j \ (j = 0, 1, \cdots, n)$, 对 $S(x)$ 求导数, 得

$$S'(x) = -M_j \frac{(x_{j+1} - x)^2}{2h_j} + M_{j+1} \frac{(x - x_j)^2}{2h_j} + \frac{y_{j+1} - y_j}{h_j} - \frac{M_{j+1} - M_j}{6} h_j,$$

于是

$$S'(x_j + 0) = -\frac{h_j}{3} M_j - \frac{h_j}{6} M_{j+1} + \frac{y_{j+1} - y_j}{h_j}.$$

类似地可求出 $S(x)$ 在区间 $[x_{j-1}, x_j]$ 上的表达式

$$\begin{aligned} S(x) = &M_{j-1} \frac{(x_j - x)^3}{6h_{j-1}} + M_j \frac{(x - x_{j-1})^3}{6h_{j-1}} + \left(y_{j-1} - \frac{M_{j-1} h_{j-1}^2}{6}\right) \frac{x_j - x}{h_{j-1}} \\ &+ \left(y_j - \frac{M_j h_{j-1}^2}{6}\right) \frac{x - x_{j-1}}{h_{j-1}} \quad (j = 1, 2, \cdots, n), \end{aligned}$$

故有

$$S'(x_j - 0) = \frac{h_{j-1}}{6} M_{j-1} + \frac{h_{j-1}}{3} M_j + \frac{y_j - y_{j-1}}{h_{j-1}},$$

从而由 $S'(x_j + 0) = S'(x_j - 0)$ 可得

$$\mu_j M_{j-1} + 2M_j + \lambda_j M_{j+1} = d_j \quad (j = 1, 2, \cdots, n-1), \tag{4.7.5}$$

其中

$$d_j = \frac{6}{h_{j-1} + h_j} \left(\frac{y_{j+1} - y_j}{h_j} - \frac{y_j - y_{j-1}}{h_{j-1}} \right) = 6f[x_{j-1}, x_j, x_{j+1}], \tag{4.7.6}$$

$$\mu_j = \frac{h_{j-1}}{h_{j-1} + h_j}, \quad \lambda_j = \frac{h_j}{h_{j-1} + h_j} \quad (j = 1, 2, \cdots, n-1). \tag{4.7.7}$$

对第一种边界条件 $S'(x_0)=f'_0$, $S'(x_n)=f'_n$, 常数 M_j 还应满足方程

$$\begin{cases} 2M_0+M_1=\dfrac{6}{h_0}(f[x_0,x_1]-f'_0), \\ M_{n-1}+2M_n=\dfrac{6}{h_{n-1}}(f'_n-f[x_{n-1},x_n]), \end{cases}$$

此时常数 M_j $(j=0,1,2\cdots,n)$ 应满足方程组

$$\begin{pmatrix} 2 & \lambda_0 & & & \\ \mu_1 & 2 & \lambda_1 & & \\ & \ddots & \ddots & \ddots & \\ & & \mu_{n-1} & 2 & \lambda_{n-1} \\ & & & \mu_n & 2 \end{pmatrix} \begin{pmatrix} M_0 \\ M_1 \\ \vdots \\ M_{n-1} \\ M_n \end{pmatrix} = \begin{pmatrix} d_0 \\ d_1 \\ \vdots \\ d_{n-1} \\ d_n \end{pmatrix}, \tag{4.7.8}$$

其中

$$\lambda_0=\mu_n=1,\ d_0=\frac{6}{h_0}(f[x_0,x_1]-f'_0),\ d_n=\frac{6}{h_{n-1}}(f'_n-f[x_{n-1},x_n]). \tag{4.7.9}$$

对第二种边界条件 $S''(x_0)=f''_0$, $S''(x_n)=f''_n$, 常数 M_j 还应满足方程

$$M_0=f''_0,\quad M_n=f''_n,$$

此时常数 M_j $(j=0,1,2\cdots,n)$ 也满足方程组 (4.7.8), 其中

$$\lambda_0=\mu_n=0,\quad d_0=2f''_0,\quad d_n=2f''_n. \tag{4.7.10}$$

对于第三种边界条件

$$S'(x_0+0)=S'(x_n-0),\quad S''(x_0+0)=S''(x_n-0),$$

常数 M_j 还应满足方程

$$M_0=M_n,\quad \lambda_n M_1+\mu_n M_{n-1}+2M_n=d_n,$$

其中

$$\lambda_n=\frac{h_0}{h_{n-1}+h_0},\ \mu_n=\frac{h_{n-1}}{h_{n-1}+h_0},\ d_n=\frac{6(f[x_0,x_1]-f[x_{n-1},x_n])}{h_0+h_{n-1}}, \tag{4.7.11}$$

此时常数 M_j $(j=0,1,2\cdots,n)$ 应满足方程组

$$\begin{pmatrix} 2 & \lambda_1 & & & \mu_1 \\ \mu_2 & 2 & \lambda_2 & & \\ & \ddots & \ddots & \ddots & \\ & & \mu_{n-1} & 2 & \lambda_{n-1} \\ \lambda_n & & & \mu_n & 2 \end{pmatrix} \begin{pmatrix} M_1 \\ M_2 \\ \vdots \\ M_{n-1} \\ M_n \end{pmatrix} = \begin{pmatrix} d_1 \\ d_2 \\ \vdots \\ d_{n-1} \\ d_n \end{pmatrix}. \tag{4.7.12}$$

方程组 (4.7.8) 和 (4.7.12) 是关于 M_j $(j=0,1,\cdots,n)$ 的三对角方程组，M_j 在力学上解释为细梁在 x_j 截面处的弯矩，称为 $S(x)$ 的矩，方程组 (4.7.8) 和 (4.7.12) 称为三弯矩方程组．方程组 (4.7.8) 和 (4.7.12) 的系数矩阵中元素 λ_j，μ_j 已完全确定，并且满足

$$\lambda_j \geqslant 0, \quad \mu_j \geqslant 0, \quad \lambda_j+\mu_j=1.$$

因此系数矩阵为严格对角占优阵，从而方程组 (4.7.8) 和 (4.7.12) 有唯一解．求解方法可见追赶法，将解得结果代入式 (4.7.4) 即可．

例 4.7.2 设定义在 $[27.7,30]$ 上的函数 $f(x)$ 在节点 x_i $(i=0,1,2,3)$ 上的值为

$$\begin{aligned}
&f(x_0)=f(27.7)=4.1, \quad && f(x_1)=f(28)=4.3,\\
&f(x_2)=f(29)=4.1, && f(x_3)=f(30)=3.0,
\end{aligned}$$

试求三次样条函数 $S(x)$, 使它满足边界条件 $S'(27.7)=3.0$, $S'(30)=-4.0$.

解 由节点的值 $x_0=27.7$, $x_1=28$, $x_2=29$, $x_3=30$ 可得

$$h_0=x_1-x_0=0.3, \quad h_1=x_2-x_1=1, \quad h_2=x_3-x_2=1.$$

由式 (4.7.7) 和式 (4.7.9) 可得

$$\begin{aligned}
&\lambda_0=1, && \mu_1=1-\lambda_1=\frac{3}{13},\\
&\lambda_1=\frac{h_1}{h_0+h_1}=\frac{10}{13}, \quad && \mu_2=1-\lambda_2=\frac{1}{2},\\
&\lambda_2=\frac{h_2}{h_1+h_2}=\frac{1}{2}, && \mu_3=1.
\end{aligned}$$

由式 (4.7.6) 和式 (4.7.9) 可得

$$\begin{aligned}
&d_0=\frac{6}{h_0}(f[x_0,x_1]-f_0')=-46.666, \quad && d_1=6f[x_0,x_1,x_2]=-4.00002,\\
&d_2=6f[x_1,x_2,x_3]=-2.70000, && d_3=\frac{6}{h_2}(f_3'-f[x_2,x_3])=-17.4,
\end{aligned}$$

从而由式 (4.7.8) 可知，常数 M_j $(j=0,1,2,3)$ 满足方程组

$$\begin{pmatrix} 2 & 1 & 0 & 0\\ \frac{3}{13} & 2 & \frac{10}{13} & 0\\ 0 & \frac{1}{2} & 2 & \frac{1}{2}\\ 0 & 0 & 1 & 2 \end{pmatrix}\begin{pmatrix} M_0\\ M_1\\ M_2\\ M_3 \end{pmatrix}=\begin{pmatrix} -46.6666\\ -4.00002\\ -2.7000\\ -17.4000 \end{pmatrix}.$$

解此方程组，得

$$M_0=-23.531, \quad M_1=0.395, \quad M_2=0.830, \quad M_3=-9.115.$$

将 M_0, M_1, M_2, M_3 代入表达式 (4.7.4), 得

$$S(x)=\begin{cases}13.07278(x-28)^3-14.84322(x-28)+0.21944(x-27.7)^3\\ \qquad +14.31358(x-27.7), \quad x\in[27.7,28],\\ 0.06583(29-x)^3+4.23417(29-x)+0.13833(x-28)^3\\ \qquad +3.96167(x-28), \quad x\in[28,29],\\ 0.13833(30-x)^3+3.96167(30-x)-1.51917(x-29)^3\\ \qquad +4.51917(x-29), \quad x\in[29,30].\end{cases}$$

通常求三次样条函数可根据上述命题的计算步骤直接编程上机计算，或直接使用数学库中软件，根据具体要求算出结果即可.

三次样条插值函数的算法:

(1) 输入样点 (x_j, y_j) $(j=0,1,2,\cdots,n)$, 插值点 t, 边界条件 y_0', y_n' 及 a_n, c_0;

(2) 构造求 M_j $(j=0,1,2,\cdots,n)$ 的三对角形方程组

a. $b_j=2$ $(j=1,2,\cdots,n)$

b. $j=1,2,\cdots,n$

$h_j=x_j-x_{j-1}$

c. $j=1,2,\cdots,n-1$

$$a_j=\frac{h_j}{h_j+h_{j+1}},\ c_j=1-a_j,\ d_j=\frac{6}{h_j+h_{j+1}}\left(\frac{y_{j+1}-y_j}{h_{j+1}}-\frac{y_j-y_{j-1}}{h_j}\right)$$

d. $$d_0=\frac{6c_0}{h_1}\left(\frac{y_1-y_0}{h_1}-y_0'\right)+2(1-c_0)y_0'',$$

$$d_n=\frac{6a_n}{h_n}\left(y_n'-\frac{y_n-y_{n-1}}{h_n}\right)+2(1-a_n)y_n''$$

(3) 用追赶法求解三对角形方程组，解出 M_j $(j=0,1,2,\cdots,n)$;

(4) 判断 t 所在区间位置，当 $t\in[x_{j-1},x_j]$ 时用式 (4.7.4) 计算函数值 $s_j(t)$.

4.7.4 误差界与收敛性

三次样条函数的收敛性与误差估计比较复杂，我们只给出一个主要结果.

定理 4.7.1 设 $f(x)\in C^4[a,b]$, 节点为 $x_0,x_1,\cdots,x_n$. 如果三次样条函数 $S(x)$ 满足第一种边界条件

$$S'(x_0)=f_0', \quad S'(x_n)=f_n'$$

或第二种边界条件

$$S''(x_0)=f_0'', \quad S''(x_n)=f_n'',$$

则有估计式

$$\max_{a\leqslant x\leqslant b}|f^{(k)}(x)-S^{(k)}(x)|\leqslant C_k h^{4-k}\max_{a\leqslant x\leqslant b}|f^{(4)}(x)| \quad (k=0,1,2),$$

其中 $h=\max\limits_{0\leqslant i\leqslant n-1}(x_{i+1}-x_i)$, $C_0=\dfrac{5}{384}$, $C_1=\dfrac{1}{24}$, $C_2=\dfrac{3}{8}$.

这个定理不但给出了三次样条插值函数 $S(x)$ 的误差估计，且当 $h\to 0$ 时，$S(x)$ 及 $S'(x)$, $S''(x)$ 均分别一致收敛于 $f(x)$ 及 $f'(x)$, $f''(x)$.

对于函数 $f(x)=\dfrac{1}{1+x^2}$，取等距节点 $x_i=-5+i\ (i=0,1,\cdots,10)$. 假设已给出节点上的函数值及左右两个端点的一阶导数值，按上述算法进行样条插值，样条函数 $S_3(x)$ 与被插函数 $f(x)$ 在点 $x_i=-5+0.2i\ (i=0,1,2,\cdots,10)$ 处函数值对照表 (表 4.7.1). 我们看到，样条插值的逼近效果是令人满意的，它消除了龙格现象.

表 4.7.1

x	$f(x)$	$S_3(x)$	x	$f(x)$	$S_3(x)$
−5.0	0.03846	0.03846	−2.3	0.15898	0.15895
−4.8	0.04160	0.03758	−2.0	0.20000	0.20000
−4.5	0.04760	0.04704	−1.8	0.23585	0.23587
−4.3	0.05131	0.05132	−1.5	0.30769	0.30765
−4.0	0.05882	0.05882	−1.3	0.37175	0.37174
−3.8	0.06477	0.06476	−1.0	0.50000	0.50000
−3.5	0.07547	0.07546	−0.8	0.60976	0.60977
−3.3	0.08410	0.08416	−0.5	0.80000	0.80000
−3.0	0.10000	0.10000	−0.3	0.91743	0.91749
−2.8	0.11312	0.11316	0	1.00000	1.00000
−2.5	0.13793	0.13791			

4.8 曲线拟合的最小二乘法

在实际问题中，常常需要从一组观察数据

$$(x_0,y_0),\ (x_1,y_1),\ (x_2,y_2),\ \cdots,\ (x_{n-1},y_{n-1})$$

去预测函数 $y=f(x)$ 的表达表. 从几何角度来说，这个问题就是要由给定的一组数据点 (x_k,y_k) 去描绘曲线 $y=f(x)$ 的近似图象. 现在面对的问题具有这样的特点：所给数据本身不一定可靠，个别数据的误差可能很大，甚至出现一些失真的坏点，但给出的数据很多. 前述插值方法是处理这类问题的一种数值方法，不过，由于插值曲线要求严格通过所给的每一个数据点，这种限制会保留所给数据的误差. 会将不合理的误差带入函数关系式中来，如果个别数据的误差很大，那么插值效果显然是不理想的，使近似函数不能反映事物本质的函数关系，这就是插值问题的缺点.

曲线拟合方法所要研究的课题就是：从给出的一大堆看上去杂乱无章的数据

中找出规律性来，就是说，设法构造一条曲线 —— 所谓拟合曲线 (或称数据拟合，或称求经验公式)—— 不要求近似函数曲线经过所有的样点，只要求该曲线能够反映所给数据的基本的总的趋势，以消除所给数据的局部波动，只要求在用多项式近似代替列表函数时，其误差在某种度量意义下最小．这就是曲线拟合的问题．

4.8.1 最小二乘法

如果某一函数 $f(x)$ 在 n 个点 x_k $(k=0,1,\cdots,n-1)$ 处的函数值 y_k 已经求得，便可以根据插值原理来建立一个次数不超过 $n-1$ 的插值多项式 $P_{n-1}(x)$ 作为函数 $f(x)$ 的近似．多项式是一种既简单，又便于计算和分析的函数，可以用它来计算函数 $f(x)$ 在插值区间内异于节点 x_k 处的函数近似值，也可以计算函数 $f(x)$ 在相应区间上的积分近似值．但是，如果函数 $f(x)$ 的解析表达式未知，而在 x_k 处的函数值 $\widetilde{y}_k$ 是用实验观测的方法得到，情况就有所不同了，因为这样得到的函数值 $\widetilde{y}_k$ 带有一定程度的误差 ε_k，它们具有随机的性质，这就需要在计算过程中设法消除误差的干扰所造成的不利影响．例如，假设数据点 $(x_k,\widetilde{y}_k)$ 的分布情况近似于一条直线，在精度要求不太高时，可以用线性函数 $ax+b$ 作为未知函数的近似．然而，即使未知函数确实为线性，但由于数据点为观测得到，它们也不会正好都在一条直线上．从直观上看，要确定线性函数的两个系数 a 和 b，只需要两组数据就足够了．实际则不然，为了消除数据误差的干扰，要求多取一些数据，并利用最小二乘法的原理来确定这两个系数．有时，如果观测数据不具有近似的线性性质，还可以用二次多项式或更高次的多项式作为未知函数的近似，然后根据最小二乘原理来确定有关的参数．上述问题称为曲线拟合的问题．

显然，曲线拟合问题与函数插值问题不同，在曲线拟合问题中，不要求曲线通过所有已知点，只要求得到的近似函数能反映数据的基本关系．因此，曲线拟合的过程比插值过程得到的结果更能反映客观实际．在某种意义上，曲线拟合更具有实用价值，因为实际问题中所提供的观测数据往往是很多的，如果用插值法势必要得到次数很高的插值多项式，导致计算上的很多麻烦．

在对给定的 n 对观测数据 (x_k,y_k) $(k=0,1,\cdots,n-1)$ 作拟合曲线时，怎样才称得上“拟合得最好”呢？一般总是希望使各观测数据与拟合曲线 $\varphi(x)$ 的偏差的平方和最小，即 $q=\sum\limits_{k=0}^{n-1}[\varphi(x_k)-y_k]^2$ 达到最小．这样就能使拟合曲线更接近于真实函数．这个原理就称为最小二乘原理．用最小二乘原理作为衡量“曲线拟合优劣”的准则称为曲线拟合的最小二乘法．

在曲线拟合中，通常用以下一些统计量来反映拟合的情况：

(1) 平均标准偏差，即 $s=\sqrt{\dfrac{1}{n}\sum\limits_{k=0}^{n-1}[\varphi(x_k)-y_k]^2}$.

(2) 最大偏差，即 $u_{\max}=\max\limits_{0\leqslant k\leqslant n-1}|\varphi(x_k)-y_k|$.

(3) 最小偏差，即 $u_{\min}=\min\limits_{0\leqslant k\leqslant n-1}|\varphi(x_k)-y_k|$.

(4) 偏差平均值，即 $u=\frac{1}{n}\sum\limits_{k=0}^{n-1}[\varphi(x_k)-y_k]^2$.

4.8.2 线性拟合

设未知函数近似于线性函数，可取表达式

$$y=ax+b$$

作为 n 个观测数据 (x_k,y_k) $(k=0,1,\cdots,n-1)$ 的拟合曲线，则每一个观测数据点与拟合曲线的偏差为

$$\varepsilon_k=ax_k+b-y_k\quad(k=0,1,\cdots,n-1),$$

而偏差的平方和为

$$F(a,b)=\sum_{k=0}^{n-1}(ax_k+b-y_k)^2.$$

根据最小二乘原理，应取 a 与 b 使 $F(a,b)$ 有极小值，即 a 与 b 应满足如下条件

$$\begin{cases}\dfrac{\partial F}{\partial a}=2\sum\limits_{k=0}^{n-1}(ax_k+b-y_k)x_k=0,\\ \dfrac{\partial F}{\partial b}=2\sum\limits_{k=0}^{n-1}(ax_k+b-y_k)=0,\end{cases}$$

即

$$\begin{cases}a\sum\limits_{k=0}^{n-1}x_k^2+b\sum\limits_{k=0}^{n-1}x_k=\sum\limits_{k=0}^{n-1}x_ky_k,\\ a\sum\limits_{k=0}^{n-1}x_k+bn=\sum\limits_{k=0}^{n-1}y_k.\end{cases}$$

由此方程组解得

$$\begin{cases}a=\dfrac{n\sum\limits_{k=0}^{n-1}x_ky_k-\left(\sum\limits_{k=0}^{n-1}x_k\right)\left(\sum\limits_{k=0}^{n-1}y_k\right)}{n\sum\limits_{k=0}^{n-1}x_k^2-\left(\sum\limits_{k=0}^{n-1}x_k\right)^2},\\ b=\dfrac{\left(\sum\limits_{k=0}^{n-1}y_k\right)\left(\sum\limits_{k=0}^{n-1}x_k^2\right)-\left(\sum\limits_{k=0}^{n-1}x_ky_k\right)\left(\sum\limits_{k=0}^{n-1}x_k\right)}{n\sum\limits_{k=0}^{n-1}x_k^2-\left(\sum\limits_{k=0}^{n-1}x_k\right)^2}.\end{cases}$$

例 4.8.1 给定的观测数据如表 4.8.1 所示，求线性拟合函数 $y=ax+b$.

表 4.8.1

x	1	2	3	4	5
y	0	2	2	5	4

解 根据给定数据，可以列出表 4.8.2 如下，

表 4.8.2

k	x_k	y_k	x_k^2	x_ky_k
0	1	0	1	0
1	2	2	4	4
2	3	2	9	6
3	4	5	16	20
4	5	4	25	20
$\sum\limits_{k=0}^{4}$	15	13	55	50

由表 4.8.2 的数据可得

$$\begin{cases} a=\dfrac{n\sum\limits_{k=0}^{n-1}x_ky_k-\left(\sum\limits_{k=0}^{n-1}x_k\right)\left(\sum\limits_{k=0}^{n-1}y_k\right)}{n\sum\limits_{k=0}^{n-1}x_k^2-\left(\sum\limits_{k=0}^{n-1}x_k\right)^2}=\dfrac{5\times 50-15\times 13}{5\times 55-15\times 15}=\dfrac{11}{10}, \\ b=\dfrac{\left(\sum\limits_{k=0}^{n-1}y_k\right)\left(\sum\limits_{k=0}^{n-1}x_k^2\right)-\left(\sum\limits_{k=0}^{n-1}x_ky_k\right)\left(\sum\limits_{k=0}^{n-1}x_k\right)}{n\sum\limits_{k=0}^{n-1}x_k^2-\left(\sum\limits_{k=0}^{n-1}x_k\right)^2}=\dfrac{13\times 55-50\times 15}{5\times 55-15\times 15}=-\dfrac{7}{10}, \end{cases}$$

从而线性拟合函数为

$$y=\frac{11}{10}x-\frac{7}{10}.$$

图 4.8.1 给出了拟合情况.

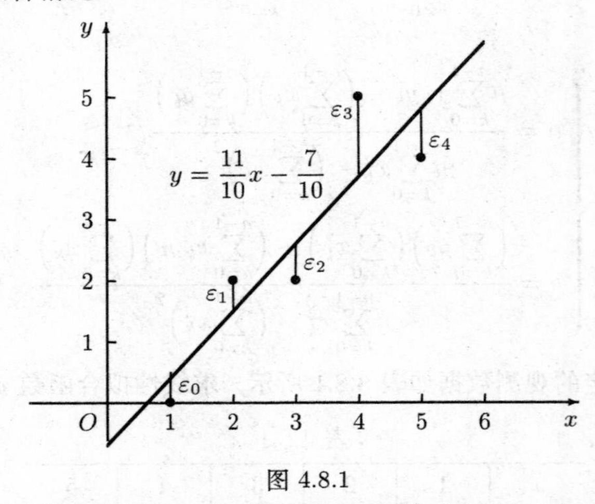

图 4.8.1

观测数据与拟合线性函数之间的偏差情况如表 4.8.3 所示.

表 4.8.3

k	x_k	ax_k+b	y_k	$y_k-(ax_k+b)$	ε_k	ε_k^2
0	1	0.4	0	−0.4	0.4	0.16
1	2	1.5	2	0.5	−0.5	0.25
2	3	2.6	2	0.6	0.6	0.36
3	4	3.7	5	1.3	−1.3	1.69
4	5	4.8	4	−0.8	0.8	0.64

还可以算出各统计量如下：

偏差平方和为 $q=\sum\limits_{k=0}^{4}[y_k-(ax_k+b)]^2=3.10.$

平均标准偏差为 $s=\sqrt{\dfrac{q}{n}}=\sqrt{\dfrac{3.10}{5}}=0.787401.$

最大偏差为 $u_{\max}=\max\limits_{0\leqslant k\leqslant 4}|y_k-(ax_k+b)|=1.3.$

最小偏差为 $u_{\min}=\min\limits_{0\leqslant k\leqslant 4}|y_k-(ax_k+b)|=0.4.$

偏差平均值为 $u=\dfrac{1}{5}\sum\limits_{k=0}^{4}|y_k-(ax_k+b)|=0.72.$

例 4.8.2 已知一组实验数据 (表 4.8.4), 用最小二乘法求其多项式型经验公式.

表 4.8.4

i	1	2	3	4
x_i	2	4	6	8
y_i	2	11	28	48

解 (1) 作草图，由草图可以看出总趋势是一条直线.

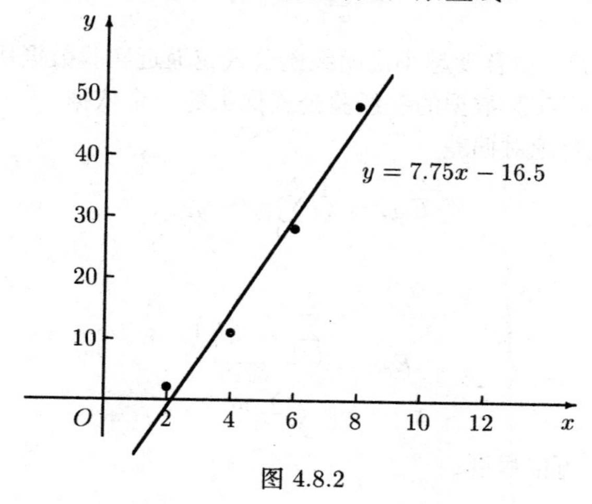

图 4.8.2

(2) 造型：由草图可设拟合曲线为

$$y = \varphi(x) = ax + b.$$

(3) 建立正规方程组

$$\begin{pmatrix} \sum\limits_{i=1}^{4} x_i^2 & \sum\limits_{i=1}^{4} x_i \\ \sum\limits_{i=1}^{4} x_i & 4 \end{pmatrix} \begin{pmatrix} a \\ b \end{pmatrix} = \begin{pmatrix} \sum\limits_{i=1}^{4} x_i y_i \\ \sum\limits_{i=1}^{4} y_i \end{pmatrix}.$$

将方程组中要用到的数据列于下表

表 4.8.5

i	x_i	y_i	$x_i y_i$	x_i^2
1	2	2	4	4
2	4	11	44	16
3	6	28	168	36
4	8	48	384	64
$\sum\limits_{i=1}^{4}$	20	89	600	120

于是正规方程组为

$$\begin{pmatrix} 120 & 20 \\ 20 & 4 \end{pmatrix} \begin{pmatrix} a \\ b \end{pmatrix} = \begin{pmatrix} 600 \\ 89 \end{pmatrix}.$$

由此方程组解得 $a = 7.75$, $b = -16.5$, 从而所求多项式型经验公式为

$$y = 7.75x - 16.5.$$

设经验公式在各节点处的函数值为 $\widetilde{y}_i$, 则称

$$P = \sum_{i=1}^{N} (\widetilde{y}_i - y_i)^2$$

为经验公式的拟合度. 拟合度越小说明经验公式越逼近实验数据所表示的函数，它是衡量对应于同一组实验数据的各经验公式优劣的一个依据.

实际中常用拟合绝对偏差

$$E_{abs} = \frac{1}{N} \sum_{i=1}^{N} |\widetilde{y}_i - y_i|$$

或拟合相对偏差

$$E_{rel} = \frac{\sum\limits_{i=1}^{N} |\widetilde{y}_i - y_i|}{\sum\limits_{i=1}^{N} y_i}$$

来检查经验公式的可信程度.

得出经验公式后，还需要对原实验数据进行“坏点”检验. 所谓“坏点”是指 $|\widetilde{y}_i - y_i|$ 超过允许绝对误差限或 $\dfrac{|\widetilde{y}_i - y_i|}{|y_i|}$ 超过允许相对误差限的点，对于“坏点”可视实际情况进行重测、补测或摒弃.

例 4.8.3 炼钢是个氧化脱碳的过程，钢液含碳量的多少直接影响冶炼时间的长短. 下表是某平炉的生产纪录，表中 i 为实验次数， x_i 为全部炉料熔化完毕时钢液的含碳量， y_i 为熔毕至出钢所需的冶炼时间 (以分为单位).

表 4.8.6

i	1	2	3	4	5
x_i	165	123	150	123	141
y_i	187	126	172	125	148

解 把表 4.8.6 中所给数据画在坐标纸上，我们将会看到，数据点的分布可以用一条直线来近似地描述，故可设所求的拟合直线为

$$y = ax + b,$$

从而 a, b 满足的方程组为

$$\begin{cases} 99864a + 702b = 108396, \\ 702a + 5b = 758. \end{cases}$$

解出 $a = 1.5138$, $b = -60.9392$, 从而拟合直线为

$$y = 1.5138x - 60.9392.$$

4.8.3 多项式拟合

下面考虑用一个 m $(m \geqslant 2)$ 次多项式

$$P_m(x) = \sum_{j=0}^{m} a_j x^j = a_0 + a_1 x + a_2 x^2 + \cdots + a_{m-1}x^{m-1} + a_m x^m$$

来拟合 n 个观测数据点 (x_k, y_k) $(k = 1, 2, \cdots, n)$, 其中 $m \leqslant n$(一般 m 远小于 n).

与线性拟合的情形一样，作误差的平方和

$$F(a_0, a_1, \cdots, a_m) = \sum_{k=1}^{n} [P_m(x_k) - y_k]^2,$$

再将 F 分别对 $a_0, a_1, \cdots, a_m$ 求偏导数，得

$$\frac{\partial F}{\partial a_j} = 2\sum_{k=1}^{n} [P_m(x_k) - y_k]x_k^j = 0 \quad (j = 0, 1, \cdots, m),$$

即

$$\sum_{k=1}^{n}[P_m(x_k)-y_k]x_k^j=\sum_{i=0}^{m}\left(\sum_{k=1}^{n}x_k^{j+i}\right)a_i-\sum_{k=1}^{n}y_kx_k^j=0\quad(j=0,1,\cdots,m),$$

从而 m 次多项式系数 $a_0,a_1,\cdots,a_m$ 应满足方程组

$$a_0\sum_{k=1}^{n}x_k^j+a_1\sum_{k=1}^{n}x_k^{j+1}+\cdots+a_m\sum_{k=1}^{n}x_k^{j+m}=\sum_{k=1}^{n}y_kx_k^j\quad(j=0,1,\cdots,m),\tag{4.8.1}$$

该方程组的矩阵形式为

$$\begin{pmatrix} n & \sum\limits_{k=1}^{n}x_k & \cdots & \sum\limits_{k=1}^{n}x_k^m \\ \sum\limits_{k=1}^{n}x_k & \sum\limits_{k=1}^{n}x_k^2 & \cdots & \sum\limits_{k=1}^{n}x_k^{m+1} \\ \vdots & \vdots & \vdots & \vdots \\ \sum\limits_{k=1}^{n}x_k^m & \sum\limits_{k=1}^{n}x_k^{m+1} & \cdots & \sum\limits_{k=1}^{n}x_k^{2m} \end{pmatrix}\begin{pmatrix} a_0 \\ a_1 \\ \vdots \\ a_m \end{pmatrix}=\begin{pmatrix} \sum\limits_{k=1}^{n}y_k \\ \sum\limits_{k=1}^{n}y_kx_k \\ \vdots \\ \sum\limits_{k=0}^{n}y_kx_k^m \end{pmatrix}.$$

方程组 (4.8.1) 中的 $m+1$ 个方程通常称为法方程. 该方程组的系数矩阵是一个正定的对称矩阵, 并可以证明该方程组的系数行列式不为零, 故从该方程组可以唯一地解出 $a_0,a_1,\cdots,a_m$, 即可得到由观测数据点 (x_k,y_k) $(k=1,2,\cdots,n)$ 所确定的拟合多项式.

例 4.8.4 试用二次多项式 $P_2(x)=ax^2+bx+c$ 拟合下表所列数据.

表 4.8.7

k	1	2	3	4	5	6	7
x_k	−3	−2	−1	0	1	2	3
y_k	4	2	3	0	−1	−2	−5

解 根据给定数据, 可以计算出各项数据如表 4.8.8 所示.

表 4.8.8

k	1	2	3	4	5	6	7	$\sum\limits_{k=1}^{n}$
x_k	−3	−2	−1	0	1	2	3	0
y_k	4	2	3	0	−1	−2	−5	1
x_ky_k	−12	−4	−3	0	−1	−4	−15	−39
x_k^2	9	4	1	0	1	4	9	28
$x_k^2y_k$	36	8	3	0	−1	−8	−45	−7
x_k^3	−27	−8	−1	0	1	8	27	0
x_k^4	81	16	1	0	1	16	81	196

故由数据表可得到 a, b, c 满足的方程组

$$\begin{pmatrix} 7 & 0 & 28 \\ 0 & 28 & 0 \\ 28 & 0 & 196 \end{pmatrix}\begin{pmatrix} c \\ b \\ a \end{pmatrix}=\begin{pmatrix} 1 \\ -39 \\ -7 \end{pmatrix}.$$

解此方程组得 $a=-\dfrac{11}{84}$, $b=-\dfrac{117}{84}$, $c=\dfrac{56}{84}$, 从而二次拟合曲线为

$$P_2(x)=-\frac{11}{84}x^2-\frac{117}{84}x+\frac{56}{84}.$$

在此必须指出，高次多项式往往是振荡的，并且高次多项式拟合会引起数值的不稳定，在工程中没有多大意义.

上面讨论的多项式拟合，其基本同样适用于一般的函数拟合问题. 对于定义在区间 $[a,b]$ 上的一组线性无关的函数 $\{\varphi_j(x)\mid j=0,1,\cdots,m\}$, 同样可以用它们的线性组合

$$P_m(x)=q_0\varphi_0(x)+q_1\varphi_1(x)+\cdots+q_m\varphi_m(x)$$

来拟合给定的数据点 (x_k,y_k) $(k=1,2,\cdots,n)$, 此时得到

$$F(q_0,q_1,\cdots,q_m)=\sum_{k=1}^{n}[P_m(x_k)-y_k]^2.$$

由最小二乘原理得法方程

$$\frac{\partial F}{\partial q_j}=2\sum_{k=1}^{n}[P_m(x_k)-y_k]\varphi_j(x_k)=0 \quad (j=0,1,\cdots,m),$$

当 $\{\varphi_j(x)\mid j=0,1,\cdots,m\}$ 在给定数据点上为正交函数系时，法方程就变得特别简单，即

$$q_j\sum_{k=1}^{n}\varphi_j^2(x_k)=\sum_{k=1}^{n}y_k\varphi_j(x_k) \quad (j=0,1,\cdots,m).$$

此时法方程的解为

$$q_j=\frac{\sum\limits_{k=1}^{n}y_k\varphi_j(x_k)}{\sum\limits_{k=1}^{n}\varphi_j^2(x_k)} \quad (j=0,1,\cdots,m).$$

多项式型经验公式的算法:

(1) 输入样点 (x_i,y_i) $(i=1,2,\cdots,N)$, 拟合多项式的次数 m.

(2) (求正规方程组的增广矩阵) 当 $i=0,1,\cdots,m$ 时，作

a. $a_{i,m+1}=\sum\limits_{k=1}^{N}y_kx_k^i$

b. 对 $j=0,1,\cdots,m$ 作 $a_{ij}=\sum\limits_{k=1}^{N}x_k^{i+j}$.

(3) 用列主元高斯消去法求正规方程组的解 t_i $(i=0,1,\cdots,m)$.

(4) 输出经验公式 $y=t_0+t_1x+t_2x^2+\cdots+t_mx^m$.

(5) 如有必要，计算并输出拟合度、拟合绝对偏差、拟合相对偏差、“坏点”检验等信息.

例 4.8.5 已知一组实验数据 (见表 4.8.9), 求其多项式型经验公式.

表 4.8.9

k	1	2	3	4	5	6	7
x_k	1	2	3	4	5	6	7
y_k	5	3	2	1	2	4	7

解 (1) 作草图，从图 4.8.3 可以看出曲线所反映的趋势为一抛物线.

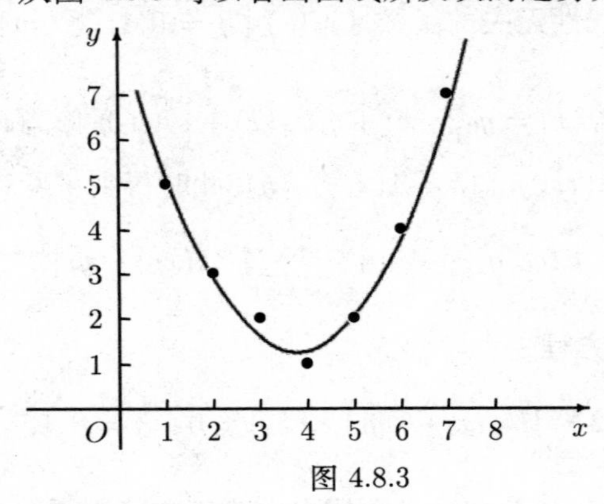

图 4.8.3

(2) 造型：选取拟合曲线为

$$y=\varphi(x)=a_0+a_1x+a_2x^2.$$

(3) 建立正规方程组. 根据给定数据，可以计算出各项数据如表 4.8.10 所示.

表 4.8.10

k	1	2	3	4	5	6	7	$\sum_{k=1}^{n}$
x_k	1	2	3	4	5	6	7	28
y_k	5	3	2	1	2	4	7	24
x_ky_k	5	6	6	4	10	24	49	104
x_k^2	1	4	9	16	25	36	49	140
$x_k^2y_k$	5	12	18	16	50	144	343	588
x_k^3	1	8	27	64	125	216	343	784
x_k^4	1	16	81	256	625	1296	2401	4676

故由数据表可得到 a_0, a_1, a_2 满足的方程组

$$\begin{pmatrix} 7 & 28 & 140 \\ 28 & 140 & 784 \\ 140 & 784 & 4676 \end{pmatrix} \begin{pmatrix} a_0 \\ a_1 \\ a_2 \end{pmatrix} = \begin{pmatrix} 24 \\ 104 \\ 588 \end{pmatrix}.$$

由此方程组解得

$$a_0 = 8.57, \quad a_1 = -3.9, \quad a_2 = 0.52,$$

从而所求经验公式为

$$y = 8.57 - 3.9x + 0.52x^2.$$

4.8.4 指数函数型与幂函数型的拟合

有时可能需要用非多项式型经验公式来拟合一组数据，比如指数函数或幂函数，这时拟合函数是关于待定参数的非线性函数. 根据最小二乘法原理建立的正规方程组将是关于待定参数的非线性方程组，这类数据拟合问题称为非线性最小二乘问题. 其中有些简单情形可以转化为线性最小二乘问题求解.

在实际问题中，经常会遇到对于给定 n 个数据点 (x_k, y_k) $(k = 1, 2, \cdots, n)$，用指数函数

$$y = t^{ax+b} \quad (t > 0)$$

作曲线拟合. 为了求拟合参数 a 与 b，我们对该函数的两边取对数，得

$$\log_t y = ax + b.$$

令 $\widetilde{y} = \log_t y$, $\widetilde{a} = a$, $\widetilde{x} = x$, $\widetilde{b} = b$，则

$$\widetilde{y} = \widetilde{a}\widetilde{x} + \widetilde{b}.$$

此时问题就化为对 n 个数据点 $(\widetilde{x}_k, \widetilde{y}_k)$ 作线性拟合的问题. 求出 $\widetilde{a}$ 与 $\widetilde{b}$ 后，就可以得到

$$a = \widetilde{a}, \quad b = \widetilde{b}.$$

这种对数据 $(x_k, \log_t y_k)$ 所作的线性拟合，称为对数据 (x_k, y_k) 的半对数数据拟合.

下面讨论幂函数的拟合问题. 事实上，我们还经常会遇到对于给定的 n 个数据点 (x_k, y_k) $(k = 1, 2, \cdots, n)$，用幂函数

$$y = bx^a \quad (x,\ y > 0)$$

作为它的拟合曲线. 为了求拟合参数 a 与 b，我们对该函数式的两边取对数，得

$$\ln y = \ln b + a \ln x.$$

令 $\widetilde{y} = \ln y$, $\widetilde{a} = a$, $\widetilde{x} = \ln x$, $\widetilde{b} = b$, 则

$$\widetilde{y} = \widetilde{a}\widetilde{x} + \widetilde{b}.$$

此时问题就化为对 n 个数据点 $(\widetilde{x}_k, \widetilde{y}_k)$ 作线性拟合. 求出 $\widetilde{a}$ 与 $\widetilde{b}$ 后, 就可以得到

$$a = \widetilde{a}, \quad b = \mathrm{e}^{\widetilde{b}}.$$

这种对数据 $(\ln x_k, \ln y_k)$ 所作的线性拟合, 称为对数据 (x_k, y_k) 的对数数据拟合.

例 4.8.6 求一函数, 使之较好地拟合下面的数据.

表 4.8.11

k	1	2	3	4	5	6
x_k	1.1	2.5	4.4	5.2	6.6	7.5
y_k	2.1	10.2	27.3	38.4	71.4	92.1

解 根据这组数据画出草图 (图 4.8.4)

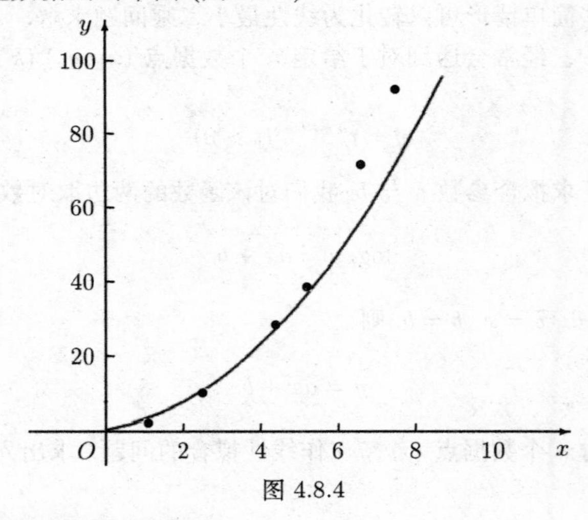

图 4.8.4

据图可取拟合函数为幂函数

$$y = ax^b,$$

其中 a,b 为待定参数. 对上式两边取对数得

$$\lg y = \lg a + b \lg x,$$

令 $Y = \lg y$, $X = \lg x$, $A = \lg a$, 则

$$Y = A + bX.$$

由 (x_k, y_k) 可得到相应的 (X_k, Y_k) 及各项数据 (见表 4.8.12),

表 4.8.12

k	1	2	3	4	5	6
X_k	0.041393	0.397940	0.643453	0.716003	0.819544	0.875061
Y_k	0.322219	1.008600	1.436163	1.584331	1.853698	1.964260
X_k^2	0.001713	0.158356	0.414032	0.512660	0.671652	0.765732
X_kY_k	0.013338	0.401362	0.924103	1.134386	1.519187	1.718847

从而由

$$\sum_{k=1}^{6} X_k = 3.493394, \quad \sum_{k=1}^{6} Y_k = 8.169271,$$
$$\sum_{k=1}^{6} X_k^2 = 2.524145, \quad \sum_{k=1}^{6} X_kY_k = 5.711223$$

可知， A, b 满足方程组

$$\begin{pmatrix} 6 & 3.493394 \\ 3.493394 & 2.524145 \end{pmatrix} \begin{pmatrix} A \\ b \end{pmatrix} = \begin{pmatrix} 8.169271 \\ 5.711223 \end{pmatrix}.$$

解此方程组，得 $A = 0.2$, $b = 1.9$, 从而由 $a = 10^A = 1.584893$ 可得所求函数为

$$y = 1.584893x^{1.9}.$$

在处理幂函数型经验公式时采用了取对数的方法，因而要求对于幂函数型的经验公式全部实验数据不允许有零或负；对于指数函数型经验公式也需要采用取对数的方法，因此对指数型经验公式的 y 值不允许有零或负. 在实际问题中若出现零或负时，可先进行坐标平移，使之全为正，这样在新坐标系得到的经验公式同样可以使用，只不过用这样的经验公式计算出的结果再移回原坐标系下就行了.

4.9 上机实验举例

[实验目的]

1. 熟悉拉格朗日插值多项式和牛顿插值多项式;
2. 掌握牛顿插值法的基本思路和步骤;
3. 掌握最小二乘法的基本原理.

[实验准备]

1. 熟悉拉格朗日插值、牛顿插值法的基本思路与计算步骤;
2. 了解最小二乘法基本思路，掌握最小二乘法计算步骤.

[实验内容及步骤]

1. 构造拉格朗日插值函数，编程实现；
2. 构造牛顿插值函数，编程实现；
3. 编制拟合算法程序.

程序 1 拉格朗日插值.

计算指定插值点处的函数近似值.

```
#include "stdio.h"
double lgr(x, y, n, t)
int n; double t, x[ ], y[ ];
{   int i, j, k, m;
    double z, s;
    z = 0.0;
    if (n < 1)
      {   return(z); }
    if (n == 1)
      {   z = y[0]; return(z); }
    if (n == 2)
      {   z = (y[0] * (t - x[1]) - y[1] * (t - x[0]))/(x[0] - x[1]);
          return(z);
      }
    i = 0;
    while ((x[i] < t) && (i < n))
        {   i = i + 1; }
    k = i - 4;
    if (k < 0)
      {   k = 0; }
    m = i + 3;
    if (m > n - 1)
      {   m = n - 1; }
    for (i = k; i <= m; i ++)
      {   s = 1.0;
          for (j = k; j <= m; j ++)
            if (j! = i)
              s = s * (t - x[j])/(x[i] - x[j]);
```

```
            z = z + s * y[i];
        }
    return(z);
}
main( )
{   double t, z;
    static double x[10] = {0.10, 0.15, 0.25, 0.40, 0.50,
                           0.57, 0.70, 0.85, 0.93, 1.00};
    static double y[10] = {0.904837, 0.860708, 0.778801, 0.670320, 0.606531,
                           0.565525, 0.496585, 0.427415, 0.394554, 0.367879};
    t = 0.63; z = lgr(x, y, 10, t);
    printf("\n");
    printf("t = %6.3f, z = %e\n", t, z);
    printf("\n");
}
```

运行实例：

$t = 0.630, \ z = 5.325912\text{e} - 001$

例 4.9.1 根据表 4.9.1 所列函数 $y = f(x)$ 的数据，用拉格朗日插值多项式求 x 分别在 $0.5, 0.85, 1.05$ 三点处的函数值.

表 4.9.1 函数 $y = f(x)$ 的数据表

x	0.4	0.55	0.65	0.8	0.9
y	0.4175	0.57815	0.69657	0.88811	1.02652

拉格朗日插值多项式程序清单：

```
#include<stdio.h>
#include<string.h>
#include<math.h>
#include<conio.h>
#include<stdlib.h>
#define n 4      /* 插值节点的最大下标 */
double  Lagrange(double x[n + 1], double  y[n + 1], float  X)
{
    int i, j; double L, P;          /* 拉格朗日插值多项式函数 */
```

```
    P = 0.0;
    for (i = 0; i <= n; i + +)            /* 计算 P(x)*/
        {    L = 1.0;
             for (j = 0; j <= n; j + +)
                 if (j! = i)
                     L = L * (X − x[j])/(x[i] − x[j]);   /* 用 L 计算基函数的值 */
             P = P + y[i] * L;
        }
    return(P);
}
main( )
{
    double x1[n + 1] = {0.4, 0.55, 0.65, 0.8, 0.9};
    double y1[n + 1] = {0.4175, 0.57815, 0.69657, 0.88811, 1.02652};
                  /* 数组 x 和 y 存放节点和对应函数值 */
    int m, k; float x, y; float X; double z;
    printf("\n The number of the interpolation points is m =");
    printf(scanf("%d", &m);            /* 输入插值点的个数 */
    for (k = 1; k <= m; k + +)
        {
             printf("\n input X%d =", k); scanf("%f", &X);    /* 输入插值点 */
             z = Lagrange(x1, y1, X);
             printf("P(%f) = %f\n", X, z);
        }
    getch( );
    return(0);
}
```

计算结果：

The number of the interpolation points is $m = 3$

input $X1 = .5$

$P(0.500000) = 0.522016$

input $X2 = .85$

$P(0.850000) = 0.956050$

input $X3 = 1.05$

$P(1.050000) = 1.258228$

程序 2 牛顿插值.

例 4.9.2 根据表 4.9.2 所列函数 $y=f(x)$ 的数据，用牛顿插值多项式求 x 分别在 0.5, 0.85, 1.05 三点处的函数值.

表 4.9.2 函数 $y=f(x)$ 的数据表

x	0.4	0.55	0.65	0.8	0.9
y	0.4175	0.57815	0.69657	0.88811	1.02652

```
#include<stdio.h>
#include<string.h>
#include<math.h>
#include<conio.h>
#include<stdlib.h>
#define n 4      /* 插值节点的最大下标 */
main( )
{
    double x1[n + 1] = {0.4, 0.55, 0.65, 0.8, 0.9};
    double y1[n + 1] = {0.4175, 0.57815, 0.69657, 0.88811, 1.02652};
                /* 数组 x 和 y 存放节点和对应函数值 */
    int i, m, k; double P, t, F[n + 1][n + 1]; float X;
    void juncha(double x1[n + 1], double y1[n + 1], double F[n + 1][n + 1]);
    clrscr( );
    juncha(x1, y1, F);          /* 调用函数 juncha 计算差商表 */
    printf("\ n The number of the interpolation points is m =");
    scanf("%d", &m);           /* 输入插值点的个数 */
    for (i = 1; i <= m; i + +)
      {
          printf("\n input X%d =", i);
          scanf("%f", &X);          /* 输入插值点 */
          P = F[n][n];
          for (k = n - 1; k >= 0; k - -)          /* 牛顿插值多项式 */
            {   P = P * (X - x1[k]) + F[k][k];
                printf("p(%f) = %f\n", X, P);
            }
      }
    getch( );
```

```
    return(0);
}
    /* 下面的函数 juncha 实现差商表的计算，并在屏幕上打印输出 */
void  juncha(double x1[n + 1], double y1[n + 1], double F[n + 1][n + 1])
{
    int i, j;
    for (i = 0; i <= n; i + +)
        {    F[i][0] = y1[i]; }
    for (j = 1; j <= n; j + +)
        {    for (i = j; i <= n; i + +)
                {    F[i][j] = (F[i][j − 1] − F[i − 1][j − 1])/(x1[i] − x1[i − j]);
                     printf("n%12s%12s", "Xi", "F(Xi)");
                }
        }
    for (j = 1; j <= n; j + +)
        {    printf("%9d%s", j," jie");   printf("\n"); }
    for (j = 1; j <= 38; j + +)
        {    printf("–"); printf("\ n"); }
    for (i = 0; i <= n; i + +)
        {    printf("%12f", x1[i]);
             for (j = 0; j <= i; j + +)
                     {    printf("%12f", F[i][j]); printf("\n"); }
        }
    for (j = 1; j <= 38; j + +)
        {    printf("−−");   printf("\n"); }
}
```

计算结果：

输出 4 阶差商表；

(当按照提示输入插值点个数 3 后，再分别根据提示 $X_1 =$, $X_2 =$, $X_3 =$, 依次键入 0, 5, 0.85, 1.05 时) 计算结果为：

P(0.500000) = 0.522016, P(0.850000) = 0.956050, P(1.050000) = 1.258228

n	Xi	F(Xi)	1jie	2jie	3jie	4jie
	0.400000	0.417500				
	0.550000	0.578150	1.071000			

```
0.650000    0.696570    1.184200    0.452800
0.800000    0.888110    1.276933    0.370933    -0.204667
0.900000    1.026520    1.384100    0.428667    0.164952    0.739238
------------------------------------------------------------------------
The number of the interpolation points is m = 3
input X1 = .5
P(0.500000) = 0.522016
input X2 = .85
P(0.850000) = 0.956050
input X3 = 1.05
P(1.050000) = 1.258228
```

程序 3 最小二乘曲线拟合.

例 4.9.3 设给定函数 $f(x) = x - \mathrm{e}^{-x}$, 从 $x_0 = 0$ 开始, 取步长 $h = 0.1$ 的 20 个数据点, 求 5 次最小二乘拟合多项式

$$P_5(x) = a_0 + a_1(x - \bar{x}) + a_2(x - \bar{x})^2 + \cdots + a_5(x - \bar{x})^5,$$

其中 $\widetilde{x} = \sum\limits_{k=0}^{19} \dfrac{x_k}{20} = 0.95$.

```
#include <stdio.h>
#include <math.h>
void pir1(x, y, n, a, m, dt)
int n, m;
double x[], y[], a[], dt[];
{   int i, j, k;
    double z, p, c, g, q, d1, d2, s[20], t[20], b[20];
    for (i = 0; i <= m - 1; i++)
      {   a[i] = 0.0; }
    if (m > n)
      {   m = n; }
    if (m > 20)
      {   m=20; }
          z = 0.0;
    for (i = 0; i <= n - 1; i++)
      {   z = z + x[i]/(1.0 * n); }
```

```
b[0] = 1.0; d1 = 1.0 * n; p = 0.0; c = 0.0;
for (i = 0; i <= n - 1; i + +)
  {  p = p + (x[i] - z); c = c + y[i]; }
c = c/d1; p = p/d1;
a[0] = c * b[0];
if (m > 1)
  {   t[1] = 1.0; t[0] = -p;
      d2 = 0.0; c = 0.0; g = 0.0;
      for (i = 0; i <= n - 1; i + +)
        {   q = x[i] - z - p; d2 = d2 + q * q;
            c = c + y[i] * q;
            g = g + (x[i] - z) * q * q;
        }
      c = c/d2; p = g/d2; q = d2/d1; d1 = d2;
      a[1] = c * t[1]; a[0] = c * t[0] + a[0];
  }
for (j = 2; j <= m - 1; j + +)
  {   s[j] = t[j - 1]; s[j - 1] = -p * t[j - 1] + t[j - 2];
     if (j >= 3)
       {   for (k = j - 2; k >= 1; k - -)
             { s[k] = -p * t[k] + t[k - 1] - q * b[k]; }
       }
     s[0] = -p * t[0] - q * b[0];
     d2 = 0.0; c = 0.0; g = 0.0;
       for (i = 0; i <= n - 1; i + +)
         {    q = s[j];
            for (k = j - 1; k >= 0; k - -)
              {     q = q * (x[i] - z) + s[k]; }
             d2 = d2 + q * q; c = c + y[i] * q;
            g = g + (x[i] - z) * q * q;
         }
       c = c/d2; p = g/d2; q = d2/d1;
       d1 = d2;
       a[j] = c * s[j]; t[j] = s[j];
       for (k = j - 1; k >= 0; k - -)
```

```
                {   a[k] = c * s[k] + a[k];
                    b[k] = t[k]; t[k] = s[k];
                }
          }
      dt[0] = 0.0; dt[1] = 0.0; dt[2] = 0.0;
      for (i = 0; i <= n - 1; i + +)
        {   q = a[m - 1];
            for (k = m - 2; k >= 0; k - -)
              {   q = a[k] + q * (x[i] - z); }
            p = q - y[i];
            if (fabs(p) > dt[2])
              {   dt[2] = fabs(p); }
            dt[0] = dt[0] + p * p;
            dt[1] = dt[1] + fabs(p);
        }
      return;
}
main( )
{
      int i;
      double x[20], y[20], a[6], dt[3];
      for (i = 0; i <= 19; i + +)
        {   x[i] = 0.1 * i;
            y[i] = x[i] - exp(-x[i]);
        }
      pir1(x, y, 20, a, 6, dt);
      printf("\ n");
      for (i = 0; i <= 5; i + +)
      printf("a(%2d)=%e\ n", i, a[i]);
      printf("\ n");
      for (i=0; i<=2; i++)
      printf ("dt (% 2d)=% e ", i, dt[i]);
      printf("\n\n");
}
```

$a(0) = 5.632480e - 001$
$a(1) = 1.386747e + 000$
$a(2) = -1.931339e - 001$
$a(3) = 6.440355e - 002$
$a(4) = -1.684122e - 002$
$a(5) = 3.344288e - 003$
$\mathrm{dt}(0) = 1.801742e - 009$
$\mathrm{dt}(1) = 1.685049e - 004$
$\mathrm{dt}(2) = 1.539396e - 005.$

4.10 应用实例

丙烷的导热系数是化学生产中值得注意的一个量，而且常常需要测量在不同温度及压力下的导热系数，然而我们不可能也没有必要进行过细的实验测量．下面给出一个用实验数据来计算丙烷导热系数的例子．

例 4.10.1 已知实验数据如表 4.10.1 所示，其中 T, P 和 K 分别表示温度、压力和导热系数，并假设在这个范围内导热系数近似地随压力线性变化．求当温度 $T^* = 99°$, 压力 $P^* = 10.13 \times 10^3 \mathrm{kN/m^2}$ 时的导热系数．

表 4.10.1 导热系数表

T (°C)	P ($\mathrm{kN/m^2}$)	K [$\mathrm{W/(m^2 \cdot K)}$]
68	9.7981×10^3	0.0848
	13.324×10^3	0.0897
87	9.0078×10^3	0.0762
	13.355×10^3	0.0807
106	9.7918×10^3	0.0696
	14.277×10^3	0.0753
140	9.6563×10^3	0.0611
	12.463×10^3	0.0651

解 记

$$
\begin{aligned}
T_1 = 68, \quad & P_1 = 9.7981 \times 10^3, \quad K_1 = 0.0848, \\
& P_2 = 13.324 \times 10^3, \quad K_2 = 0.0897, \\
T_2 = 87, \quad & P_3 = 9.0078 \times 10^3, \quad K_3 = 0.0762, \\
& P_4 = 13.355 \times 10^3, \quad K_4 = 0.0807,
\end{aligned}
$$

$$
\begin{aligned}
T_3 = 106,\quad & P_5 = 9.7918 \times 10^3,\quad K_5 = 0.0696,\\
& P_6 = 14.277 \times 10^3,\quad K_6 = 0.0753,\\
T_4 = 140,\quad & P_7 = 9.6563 \times 10^3,\quad K_7 = 0.0611,\\
& P_8 = 12.463 \times 10^3,\quad K_8 = 0.0651,
\end{aligned}
$$

则由温度和压力的数据 (图 4.10.1) 可知，导热系数是温度和压力的函数

$$K = K(T, P),$$

并且在已知点 (T_j, P_{2j-1}), (T_j, P_{2j}) $(j = 1, 2, 3, 4)$ 处的导热系数为

$$K_{2j-1} = K(T_j, P_{2j-1}),\quad K_{2j} = K(T_j, P_{2j})\quad (j = 1, 2, 3, 4).$$

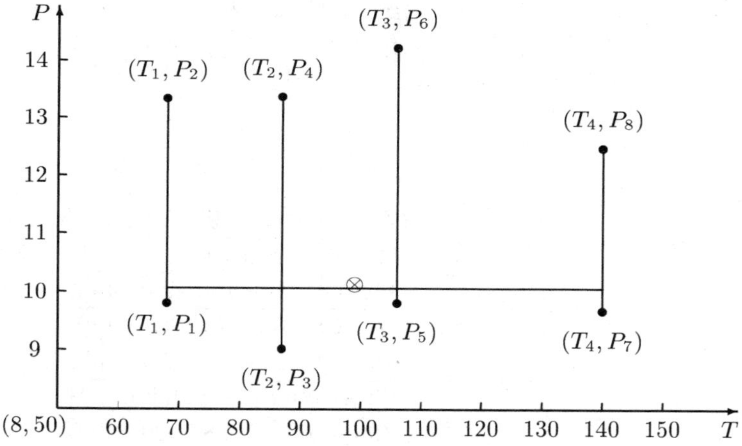

图 4.10.1

图中 • 表示已知导热系数的点，$\otimes$ 表示待求导热系数的点.

下面我们用插值的方法来求导热系数 $K(T^*, P^*)$ 的近似值.

首先在点 $T = T_j$ 处，利用数据 (T_j, P_{2j-1}), (T_j, P_{2j}) 作关于变量 P 线性插值

$$K(T_j, P) \approx K_{2j-1}\frac{P - P_{2j}}{P_{2j-1} - P_{2j}} + K_{2j}\frac{P - P_{2j-1}}{P_{2j} - P_{2j-1}}\quad (j = 1, 2, 3, 4),$$

于是

$$
\begin{aligned}
K(T_1, P^*) \approx & 0.0848 \times \frac{10.13 \times 10^3 - 13.324 \times 10^3}{9.7981 \times 10^3 - 13.324 \times 10^3}\\
& + 0.0897 \times \frac{10.13 \times 10^3 - 9.7981 \times 10^3}{13.324 \times 10^3 - 9.7981 \times 10^3} = 0.08526,\\
K(T_2, P^*) \approx & 0.0762 \times \frac{10.13 \times 10^3 - 13.355 \times 10^3}{9.0078 \times 10^3 - 13.355 \times 10^3}
\end{aligned}
$$

$$
\begin{aligned}
&+0.0807\times\frac{10.13\times10^3-9.0078\times10^3}{13.355\times10^3-9.0078\times10^3}=0.07736,\\
K(T_3,P^*)\approx&0.0696\times\frac{10.13\times10^3-14.277\times10^3}{9.7918\times10^3-14.277\times10^3}\\
&+0.0753\times\frac{10.13\times10^3-9.7918\times10^3}{14.277\times10^3-9.7918\times10^3}=0.07003,\\
K(T_4,P^*)\approx&0.0611\times\frac{10.13\times10^3-12.463\times10^3}{9.6563\times10^3-12.463\times10^3}\\
&+0.0657\times\frac{10.13\times10^3-9.6563\times10^3}{12.463\times10^3-9.6563\times10^3}=0.06178.
\end{aligned}
$$

利用上面的 4 个数关于变量 T 的数据作三次插值，得

$$
K(T,P^*)\approx\sum_{j=1}^{4}\frac{K(T_j,P^*)\prod\limits_{i=1}^{4}(T-T_i)}{(T-T_j)\prod\limits_{\substack{i=1\\i\neq j}}^{4}(T_j-T_i)},
$$

从而

$$
\begin{aligned}
K(T^*,P^*)\approx&\ 0.08526\times\frac{(99-87)(99-106)(99-140)}{(68-87)(68-106)(68-140)}\\
&+0.07736\times\frac{(99-68)(99-106)(99-140)}{(87-68)(87-106)(87-140)}\\
&+0.07003\times\frac{(99-68)(99-87)(99-140)}{(106-68)(106-87)(106-140)}\\
&+0.06178\times\frac{(99-68)(99-87)(99-106)}{(140-68)(140-87)(140-106)}\\
=&\ 0.07636\ (\mathrm{W/m^2\cdot K}).
\end{aligned}
$$

综上可知，当 $T^*=99°\mathrm{C}$, $P^*=10.13\times10^3\mathrm{kN/m^2}$ 时，导热系数为 $0.07635\mathrm{W/(m^2\cdot K)}$.

下面讨论价格、广告赢利问题. 众所周知，推销商品的重要手段之一是作广告，而作广告要出钱，利弊得失如何估计，需要利用有关数学模型作定量的讨论，请看下面的例子.

例 4.10.2 某建材公司有一大批水泥需要出售，根据以往统计资料，零售价增高，则销售量减少，具体数据见下表：

表 4.10.2　水泥预期销售量与价格的关系

单价 (元 / 吨)	250	260	270	280	290	300	310	320
销售量 (10^4 吨)	200	190	176	150	139	125	110	100

如果作广告，可使销售量增加，具体增加量以销售量提高因子 k 表示， k 与广告费的关系见下表：

表 4.10.3 销售量提高因子与广告费的关系

广告费 (万元)	0	60	120	180	240	300	360	420
k	1.00	1.40	1.70	1.85	1.95	2.00	1.95	1.80

现已知水泥的进价是每吨 250 元. 问如何确定该批水泥的价格和花多少广告费，可使公司获利最大？

解 用 x, y, z 和 c 分别表示销售单价、预期销售量、广告费和成本单价. 根据表 4.10.2 所给数据作图 (图 4.10.2), 可以看出销售量与单价近似成线性关系，故可取

$$y = a + bx$$

来进行近似计算，其中 a, b 为待定常数.

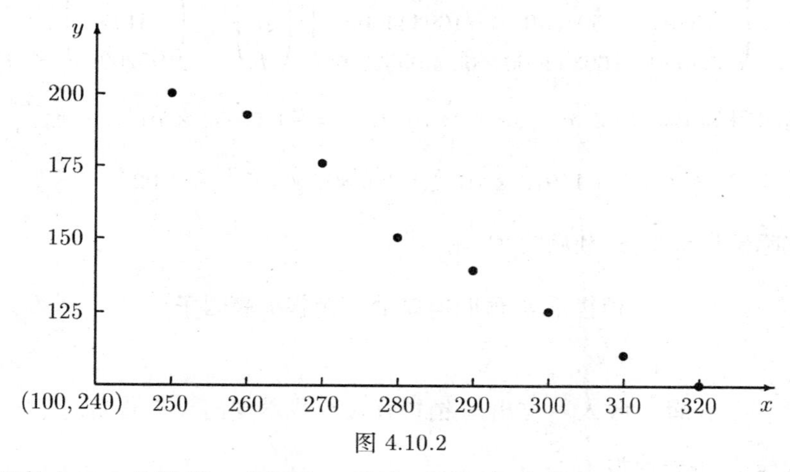

图 4.10.2

根据表 4.10.2 的数据，由最小二乘法可得正规方程组

$$\begin{pmatrix} 8 & 2280 \\ 2280 & 654000 \end{pmatrix} \begin{pmatrix} a \\ b \end{pmatrix} = \begin{pmatrix} 1190 \\ 332830 \end{pmatrix}.$$

解此方程组得 $a = 577.5$, $b = -1.505$, 从而

$$y = -1.505x + 577.5.$$

另一方面，根据表 4.10.3 所给数据作图 (图 4.10.3), 可以看出提高因子与广告费近似成二次关系，故可取

$$k = d + ez + fz^2$$

来进行近似计算，其中 d, e, f 为待定常数.

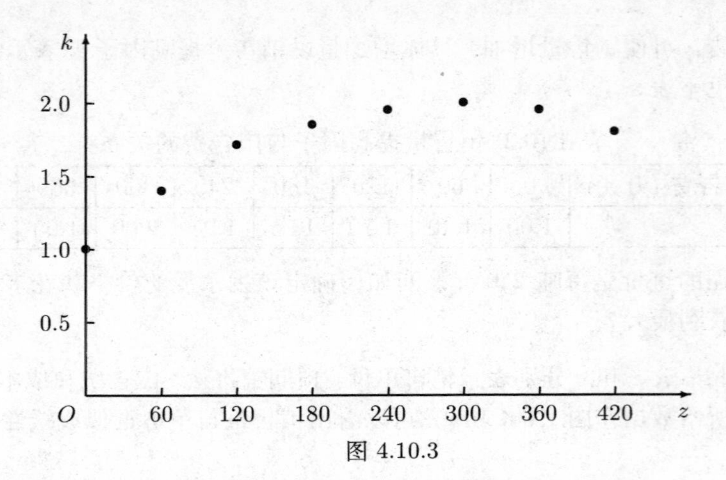

图 4.10.3

同样，根据表 4.10.3 的数据，由最小二乘法可得正规方程组

$$\begin{pmatrix} 8 & 1680 & 504000 \\ 1680 & 504000 & 169344000 \\ 504000 & 169344000 & 60600959990 \end{pmatrix}\begin{pmatrix} d \\ e \\ f \end{pmatrix} = \begin{pmatrix} 13.65 \\ 3147 \\ 952020 \end{pmatrix}.$$

解此方程组得到 $d = 1.02$, $e = 6.807 \times 10^{-3}$, $f = -1.17973 \times 10^{-5}$, 从而

$$k = -1.17973 \times 10^{-5}z^2 + 6.807 \times 10^{-3}z + 1.02.$$

设实际销售量为 S, 利润为 P, 则由

$$销售量 = 预期销售量 \times 销售提高因子$$

及

$$利润 = 收入 - 支出 = 销售收入 - 成本支出 - 广告费,$$

可知，利润 P 可表示为

$$P = Sx - Sc - z = ky(x - c) - z.$$

从而由 $y = a + bx$ 可知， P 是 x, z 的函数，即

$$P(x, z) = (d + ez + fz^2)(a + bx)(x - c) - z.$$

下面利用函数求极值的方法求出最大利润.

事实上，将 $P(x, z)$ 关于 x, z 求偏导数，得方程组

$$\begin{cases} \dfrac{\partial P}{\partial x} = (d + ez + fz^2)(a - bc + 2bx) = 0, \\ \dfrac{\partial P}{\partial z} = (e + 2fz)(a + bx)(x - c) - 1 = 0, \end{cases}$$

故由 $k \neq 0$ 可解得临界点 (x_0, z_0) 为

$$x_0 = \frac{1}{2b}(bc - a) = 316.93, \quad z_0 = \frac{1}{2f}\left[\frac{1}{(a + bx_0)(x_0 - c)} - e\right] = 282.21,$$

从而由

$$\begin{aligned}
\frac{\partial^2 P}{\partial x^2} &= 2b(d + ez + fz^2) = -6.024 < 0, \\
\frac{\partial^2 P}{\partial x \partial z} &= (e + 2fz)(a - bc + 2bx) = 0, \\
\frac{\partial^2 P}{\partial z^2} &= 2f(a + bx)(x - c) = -0.159 < 0
\end{aligned}$$

可知，$P(x, z)$ 在点 (x_0, z_0) 处取到最大值.

综上可知，将单价定为 316.93 元 / 吨，花广告费 282.21 万元，实际销售量可达到 201.58×10^4t, 可获最大利润为 $P(x_0, z_0) = 13209.6$(万元).

4.11 考研题选讲

例 4.11.1 (厦门大学 2005 年)

证明等式

$$x = \sum_{i=0}^{n}\left(\prod_{\substack{k=0\\k\neq i}}^{n}\frac{x - k}{i - k}\right)i.$$

证明 设 $f(x) = x$, 并选取节点为 $x_i = i\ (i = 0, 1, 2, \cdots, n)$, 则由 Lagrange 插值多项式可得

$$f(x) \approx \sum_{i=0}^{n} l_i(x)x_i = \sum_{i=0}^{n}\left(\prod_{\substack{k=0\\k\neq i}}^{n}\frac{x - k}{i - k}\right)i,$$

并由 $f(x) = x$ 可知，$f^{(n+1)}(x) = 0\ (n > 0)$, 从而

$$R(x) = x - \sum_{i=0}^{n} l_i(x)x_i = \frac{f^{(n+1)}(\xi)}{(n+1)!}\prod_{\substack{k=0\\k\neq i}}^{n}(x - x_i) = 0,$$

即

$$x = \sum_{i=0}^{n}\left(\prod_{\substack{k=0\\k\neq i}}^{n}\frac{x - k}{i - k}\right)i.$$

例 4.11.2 (东南大学 2006 年)

设 $f(x) = \ln(1+x)\ (0 \leqslant x \leqslant 1)$, $P_n(x)$ 为 $f(x)$ 以节点 $x_i = \frac{i}{n}\ (i = 0, 1, 2, \cdots, n)$ 为插值节点的 n 次插值多项式，证明 $\lim\limits_{n\to\infty}\max\limits_{0\leqslant x\leqslant 1}|f(x) - P_n(x)| = 0$.

证明 对任意的 $x \in [0,1]$ 及正整数 n, 有

$$|f^{(n+1)}(x)| = \left|(-1)^n \frac{n!}{(1+x)^{n+1}}\right| \leqslant n!, \quad \left|\prod_{\substack{k=0\\k\neq i}}^{n}(x-x_i)\right| \leqslant 1,$$

故由插值余项定理可得

$$\max_{0\leqslant x\leqslant 1}|f(x)-P_n(x)| = \max_{0\leqslant x\leqslant 1}\left|\frac{f^{(n+1)}(\xi)}{(n+1)!}\prod_{\substack{k=0\\k\neq i}}^{n}(x-x_i)\right| \leqslant \frac{n!}{(n+1)!} = \frac{1}{n+1},$$

从而由 $\lim\limits_{n\to\infty}\dfrac{1}{n+1}=0$ 可得

$$\lim_{n\to\infty}\max_{0\leqslant x\leqslant 1}|f(x)-P_n(x)| = 0.$$

例 4.11.3 (东北石油大学 2011 年)
已知 $f(-1)=-3$, $f(1)=0$, $f(2)=4$, 求函数 $f(x)$ 的二次插值多项式.

解 记 $x_0=-1$, $x_1=1$, $x_2=2$, 则 $f(x)$ 的二次插值多项式的基函数为

$$l_0(x) = \frac{(x-x_1)(x-x_2)}{(x_0-x_1)(x_0-x_2)} = \frac{(x-1)(x-2)}{(-1-1)(-1-2)} = \frac{1}{6}(x-1)(x-2),$$

$$l_1(x) = \frac{(x-x_0)(x-x_2)}{(x_1-x_0)(x_1-x_2)} = \frac{(x+1)(x-2)}{(1+1)(1-2)} = -\frac{1}{2}(x+1)(x-2),$$

$$l_2(x) = \frac{(x-x_0)(x-x_1)}{(x_2-x_0)(x_2-x_1)} = \frac{(x+1)(x-1)}{(2+1)(2-1)} = \frac{1}{3}(x+1)(x-1),$$

于是所求二次插值多项式为

$$\begin{aligned}P_2(x) &= f(x_0)l_0(x)+f(x_1)l_1(x)f(x_2)l_2(x)\\&= (-3)\cdot\frac{1}{6}(x-1)(x-2)+4\cdot\frac{1}{3}(x-1)(x+1) = \frac{1}{6}x^2+\frac{3}{2}x-\frac{7}{3}.\end{aligned}$$

例 4.11.4 (东北石油大学 2011 年)
求一个次数不高于 4 次的多项式 $P(x)$, 使其满足

$$P(0)=P'(0)=0, \quad P(1)=P'(1)=1, \quad P(2)=1.$$

解 由 $P(0)=P'(0)=0$ 可知, $P(x)$ 可表示为

$$P(x) = x^2(ax^2+bx+c),$$

其中 a, b, c 为待定常数.

另一方面，由 $P(1)=P'(1)=1$，$P(2)=1$ 可知，a，b，c 应满足方程组

$$\begin{cases} a+b+c=1, \\ 4a+3b+2c=1, \\ 4(4a+2b+c)=1, \end{cases}$$

解此方程组得 $a=\frac{1}{4}$，$b=-\frac{3}{2}$，$c=\frac{9}{4}$，从而所求多项式为

$$P(x)=x^2\left(\frac{1}{4}x^2-\frac{3}{2}x+\frac{9}{4}\right)=\frac{1}{4}x^2(x-3)^2.$$

例 4.11.5 (西北工业大学 2001 年)

用最小二乘法确定一条经过原点的二次曲线，使之拟合于下列数据 (小数点后至少保留 5 位).

表 4.11.1

k	1	2	3	4
x_k	1.0	2.0	3.0	4.0
y_k	0.8	1.5	1.8	2.0

解 对于给定的数据 (x_k,y_k) $(k=1,2,3,4)$，作二次多项式

$$y=a_0+a_1x+a_2x^2,$$

故问题归结为求多元函数 (总误差)

$$Q(a_0,a_1,a_2)=\sum_{k=1}^{4}(a_0+a_1x_k+a_2x_k^2-y_k)^2$$

的最小值问题，其中 a_0，a_1，a_2 为待定常数.

将 $Q(a_0,a_1,a_2)$ 关于 a_0，a_1，a_2 求偏导数，得

$$\begin{cases} \dfrac{\partial Q}{\partial a_0}=2\sum\limits_{k=1}^{4}(a_0+a_1x_k+a_2x_k^2-y_k), \\ \dfrac{\partial Q}{\partial a_1}=2\sum\limits_{k=1}^{4}(a_0+a_1x_k+a_2x_k^2-y_k)x_k, \\ \dfrac{\partial Q}{\partial a_2}=2\sum\limits_{k=1}^{4}(a_0+a_1x_k+a_2x_k^2-y_k)x_k^2, \end{cases}$$

令偏导数等于零，得方程组

$$\begin{cases} 4a_0+a_1\sum\limits_{k=1}^{4}x_k+a_2\sum\limits_{k=1}^{4}x_k^2=\sum\limits_{k=1}^{4}y_k, \\ a_0\sum\limits_{k=1}^{4}x_k+a_1\sum\limits_{k=1}^{4}x_k^2+a_2\sum\limits_{k=1}^{4}x_k^3=\sum\limits_{k=1}^{4}x_ky_k, \\ a_0\sum\limits_{k=1}^{4}x_k^2+a_1\sum\limits_{k=1}^{4}x_k^3+a_2\sum\limits_{k=1}^{4}x_k^4=\sum\limits_{k=1}^{4}x_k^2y_k. \end{cases}$$

解此方程组，并由曲线 $y = a_0 + a_1x + a_2x^2$ 经过原点可得 $a_0 = 0$, $a_1 = 0.94968$, $a_2 = -0.11290$, 从而所求的曲线方程为

$$y = 0.94968x - 0.11290x^2.$$

例 4.11.6 已知以 $x_1 = 0$, $x_2 = 1$, $x_3 = 2$ 为节点的三次样条函数的表达式为

$$S(x) = \begin{cases} x^3 + x^2, & 0 \leqslant x < 1, \\ x^3 + bx^2 + cx + d, & 1 \leqslant x \leqslant 2, \end{cases}$$

求常数 b, c, d 的值.

解 由三次样条函数定义可知，$S(x)$ 在内节点处具有直到二阶连续导数，故对任意的 $x \in (0, 2)$, 有

$$S'(x) = \begin{cases} 3x^2 + 2x, & 0 < x < 1, \\ 3x^2 + 2bx + c, & 1 \leqslant x < 2, \end{cases}$$

$$S''(x) = \begin{cases} 6x + 2, & 0 < x < 1, \\ 6x + 2b, & 1 \leqslant x < 2, \end{cases}$$

于是由 $S(x)$, $S'(x)$, $S''(x)$ 在点 $x_2 = 1$ 处连续可知，b, c, d 满足方程组

$$\begin{cases} 1 + b + c + d = 2, \\ 3 + 2b + c = 5, \\ 6 + 2b = 8. \end{cases}$$

解此方程组得 $b = 1$, $c = 0$, $d = 0$.

例 4.11.7 (哈尔滨工业大学 2007 年)

设 $f(x) = \mathrm{e}^x$ $(0 \leqslant x \leqslant 1)$ 关于等距节点 $x_k = \dfrac{k}{n}$ $(k = 0, 1, \cdots, n)$ 的 n 次拉格朗日插值多项式为 $P_n(x)$, 求证

$$\max_{0 \leqslant x \leqslant 1} |\mathrm{e}^x - P_n(x)| \leqslant \frac{\mathrm{e}}{2^{n+1}(n+1)!}.$$

证明 对任意的 $x \in [0, 1]$, 由拉格朗日余项定理可知，存在 $\xi \in [0, 1]$, 使得

$$f(x) - P_n(x) = \frac{f^{(n+1)}(\xi)}{(n+1)!} \prod_{k=0}^{n} (x - x_k) = \frac{\mathrm{e}^\xi}{(n+1)!} \prod_{k=0}^{n} \left(x - \frac{k}{n}\right),$$

从而由

$$\max_{0 \leqslant x \leqslant 1} \left| \prod_{k=0}^{n} \left(x - \frac{k}{n}\right) \right| = \frac{1}{2^{n+1}}$$

可得

$$\max_{0 \leqslant x \leqslant 1} |\mathrm{e}^x - P_n(x)| \leqslant \frac{\mathrm{e}}{2^{n+1}(n+1)!}.$$

4.12 经典例题选讲

例 4.12.1 已知 $\sqrt[3]{27}=3$, $\sqrt[3]{64}=4$, $\sqrt[3]{125}=5$.

(1) 构造二次格拉朗日插值多项式, 并计算 $\sqrt[3]{100}$;

(2) 估计误差并与实际误差相比较.

解 (1) 设 $f(x)=\sqrt[3]{x}$, 节点为 $x_0=27$, $x_1=64$, $x_2=125$, 则插值基函数为

$$l_0(x)=\frac{(x-x_1)(x-x_2)}{(x_0-x_1)(x_0-x_2)}=\frac{(x-64)(x-125)}{(27-64)(27-125)},$$
$$l_1(x)=\frac{(x-x_0)(x-x_2)}{(x_1-x_0)(x_1-x_0)}=\frac{(x-27)(x-125)}{(64-27)(64-125)},$$
$$l_2(x)=\frac{(x-x_0)(x-x_1)}{(x_2-27)(x_2-x_1)}=\frac{(x-27)(x-64)}{(125-27)(125-64)},$$

故以 (27,3), (64,4), (125,5) 插值点的插值公式为

$$\begin{aligned}L(x)&=f(x_0)l_0(x)+f(x_1)l_1(x)+f(x_2)l_2(x)\\&=\frac{3(x-64)(x-125)}{(27-64)(27-125)}+\frac{4(x-27)(x-125)}{(64-27)(64-125)}+\frac{5(x-27)(x-64)}{(125-27)(125-64)}.\end{aligned}$$

由此可得

$$\begin{aligned}\sqrt[3]{100}&\approx L(100)\\&=\frac{3\times 36\times(-25)}{(-37)\times(-98)}+\frac{4\times 73\times(-25)}{37\times(-61)}+\frac{5\times 73\times 36}{98\times 61}\\&=4.68782.\end{aligned}$$

(2) 因为 $f(x)=\sqrt[3]{x}$ 在 $[27,125]$ 上具有三阶连续的导数, 且

$$f'(x)=\frac{1}{3}x^{-\frac{2}{3}},\quad f''(x)=-\frac{2}{9}x^{-\frac{5}{3}},\quad f'''(x)=\frac{10}{27}x^{-\frac{8}{3}},$$

所以 $f'''(x)=\frac{10}{27}x^{-\frac{8}{3}}$ 在 $[27,125]$ 上单调减少, 且

$$|f'''(x)|\leqslant f'''(27)=\frac{10}{27\times 3^8}\approx 5.64503\times 10^{-5},$$

从而由误差公式, 得

$$\begin{aligned}|f(100)-L(100)|&=\frac{|f'''(\xi)|}{3!}\times|100-27|\times|100-64|\times|100-125|\\&\leqslant\frac{5.64503\times 10^{-5}}{3!}\times 73\times 36\times 25=0.6181308.\end{aligned}$$

另一方面, 实际误差为

$$|\sqrt[3]{100}-L(100)|=0.04623.$$

例 4.12.2 依据如下函数值表 (表 4.12.1) 建立不超过三次的拉格朗日插值多项式及牛顿插值多项式，并验证插值多项式的唯一性.

表 4.12.1

k	0	1	2	3
x_k	0	1	2	4
$f(x_k)$	1	9	23	3

解 根据函数值表可得插值基函数为

$$
\begin{aligned}
l_0(x) &= \frac{(x-1)(x-2)(x-4)}{(0-1)(0-2)(0-4)} = -\frac{1}{8}x^3 + \frac{7}{8}x^2 - \frac{7}{4}x + 1, \\
l_1(x) &= \frac{(x-0)(x-2)(x-4)}{(1-0)(1-2)(1-4)} = \frac{1}{3}x^3 - 2x^2 + \frac{8}{3}x, \\
l_2(x) &= \frac{(x-0)(x-1)(x-4)}{(2-0)(2-1)(2-4)} = -\frac{1}{4}x^3 + \frac{5}{4}x^2 - x, \\
l_3(x) &= \frac{(x-0)(x-1)(x-2)}{(4-0)(4-1)(4-2)} = \frac{1}{24}x^3 - \frac{1}{8}x^2 + \frac{1}{12}x,
\end{aligned}
$$

从而拉格朗日插值多项式为

$$
\begin{aligned}
L_3(x) &= f(x_0)l_0(x) + f(x_1)l_1(x) + f(x_2)l_2(x) + f(x_3)l_3(x) \\
&= -\frac{11}{4}x^3 + \frac{45}{4}x^2 - \frac{1}{2}x + 1.
\end{aligned}
$$

另一方面，根据函数值表可得差商表 (见表 4.12.2), 从而牛顿插值多项式为

$$
\begin{aligned}
N_3(x) &= 1 + 8(x-0) + 3(x-0)(x-1) - \frac{11}{4}(x-0)(x-1)(x-2) \\
&= -\frac{11}{4}x^3 + \frac{45}{4}x^2 - \frac{1}{2}x + 1.
\end{aligned}
$$

表 4.12.2

k	x_k	$f(x_k)$	1 阶差商	2 阶差商	3 阶差商
0	0	1			
			8		
1	1	9		3	
			14		$-\frac{11}{4}$
2	2	23		-8	
			-10		
3	4	3			

比较牛顿插值多项式和拉格朗日插值多项式，得

$$N_3(x) = -\frac{11}{4}x^3 + \frac{45}{4}x^2 - \frac{1}{2}x + 1 = L_3(x),$$

这一事实和插值多项式的唯一性一致.

例 4.12.3 用插值点 $(2,4)$, $(3,9)$, $(5,25)$ 分别构造拉格朗日插值函数和牛顿插值函数，并计算 $L(3.5)$ 和 $N(3.5)$.

解 将插值点 $(2,4)$, $(3,9)$, $(5,25)$ 代入插值公式，得

$$\begin{aligned}L(x) &= \frac{4(x-3)(x-5)}{(2-3)(2-5)} + \frac{9(x-2)(x-5)}{(3-2)(3-5)} + \frac{25(x-2)(x-3)}{(5-2)(5-3)} \\ &= \frac{4}{3}(x-3)(x-5) - \frac{9}{2}(x-2)(x-5) + \frac{25}{6}(x-2)(x-3),\end{aligned}$$

于是

$$\begin{aligned}L(3.5) &= \frac{4}{3}(3.5-3)(3.5-5) - \frac{9}{2}(3.5-2)(3.5-5) + \frac{25}{6}(3.5-2)(3.5-3) \\ &= 12.25.\end{aligned}$$

另一方面，根据插值点 $(2,4)$, $(3,9)$, $(5,25)$ 得差商表 (见表 4.12.3), 故牛顿插值多项式为

$$N(x) = 4 + 5(x-2) + (x-2)(x-3),$$

从而

$$N(3.5) = 4 + 5(3.5-2) + (3.5-2)(3.5-3) = 12.25.$$

表 4.12.3

k	x_k	$f(x_k)$	1 阶差商	2 阶差商
0	2	4		
			5	
1	3	9		1
			8	
2	5	25		

例 4.12.4 以节点 $x_0 = 0$, $x_1 = 1$ 对于 $y = \mathrm{e}^{-x}$ 作线性插值，用该插值函数计算 $\mathrm{e}^{-0.5}$ 和 $\mathrm{e}^{-1.5}$ 的近似值.

解 由函数值 $y_0 = \mathrm{e}^0 = 1$, $y_1 = \mathrm{e}^{-1} \approx 0.3679$ 得线性插值函数

$$N_1(x) = 1 + \frac{1-0.3679}{0-1}(x-0) = 1 - 0.6321x,$$

于是 $\mathrm{e}^{-0.5} \approx N_1(0.5) = 0.6839$, $\mathrm{e}^{-1.5} \approx N_1(1.5) = 0.0518$.

注 从例 4.12.4 可以看到， 1.5 处函数值的近似值误差较 0.5 处的近似值误差要大许多. 用基于节点 {0, 1} 的插值多项式计算 0.5 处的函数值的近似值是内插法，计算 1.5 处的近似值是外插法. 可见使用外插法时要非常谨慎.

例 4.12.5 设 $f(x) = x^2 - 2x + 1.2$, 节点 x_k 和 $f(x_k)$ 取值见表 4.12.4:

表 4.12.4

k	0	1	2	3	4
x_k	-1	-0.5	0	0.5	1
$f(x_k)$	4.2	2.45	1.2	0.45	0.2

分别构造 $L_2(x)$, $L_3(x)$, $L_4(x)$, 并比较结果.

解 以 $(-1, 4.2)$, $(0, 1.2)$ 和 $(1, 0.2)$ 为插值点，得

$$\begin{aligned}L_2(x) &= \frac{4.2(x-0)(x-1)}{(-1-0)(-1-1)} + \frac{1.2[x-(-1)](x-1)}{[0-(-1)](0-1)} + \frac{0.2[x-(-1)](x-0)}{[1-(-1)](1-0)} \\ &= x^2 - 2x + 1.2.\end{aligned}$$

以 $(-1, 4.2)$, $(-0.5, 2.45)$, $(0, 1.2)$ 和 $(1, 0.2)$ 为插值点，得

$$L_3(x) = x^2 - 2x + 1.2.$$

以 $(-1, 4.2)$, $(-0.5, 2.45)$, $(0, 1.2)$, $(0.5, 0.45)$ 和 $(1, 0.2)$ 为插值点，得

$$L_4(x) = x^2 - 2x + 1.2.$$

另一方面，对任意的 x, 有

$$f'''(x) = \frac{\mathrm{d}^3}{\mathrm{d}x^3}(x^2 - 2x + 1.2) = 0,$$

故当 $n \geqslant 2$ 时，误差

$$R_n(x) = f(x) - L_n(x) = 0,$$

从而当 $n \geqslant 2$ 时，有

$$f(x) = x^2 - 2x + 1.2 = L_n(x).$$

例 4.12.6 已知多项式 $p(x) = x^4 - x^3 + x^2 - x + 1$ 通过下列点 (见表 4.12.5),

表 4.12.5

x	-2	-1	0	1	2	3
$p(x)$	31	5	1	1	11	61

试构造一多项式 $q(x)$ 通过下列各点 (见表 4.12.6),

表 4.12.6

x	-2	-1	0	1	2	3
$q(x)$	31	5	1	1	11	1

分析 可以直接使用牛顿插值法或拉格朗日插值法构造多项式 $q(x)$, 但没有充分利用题目中的已知条件. 另一种思路是利用待确定多项式 $q(x)$ 和已知多项式 $p(x)$ 有 5 个相同点这一信息，当确定出多项式 $r(x)=p(x)-q(x)$ 后，便可以得到 $q(x)$.

解 设 $r(x)=p(x)-q(x)$, 则由已知条件可知，$r(x)$ 满足如下条件 (见表 4.12.7):

表 4.12.7

x	-2	-1	0	1	2	3
$r(x)$	0	0	0	0	0	60

故由拉格朗日插值多项式可得

$$\begin{aligned} r(x) &= \frac{60(x+2)(x+1)(x-0)(x-1)(x-2)}{(3+2)(3+1)(3-0)(3-1)(3-2)} \\ &= \frac{1}{2}x^5 - \frac{5}{2}x^3 + 2x, \end{aligned}$$

于是

$$q(x) = p(x) - r(x) = -\frac{1}{2}x^5 + x^4 + \frac{3}{2}x^3 + x^2 - 3x + 1.$$

例 4.12.7 设 $f(x)\in C^2[a,b]$ 且 $f(a)=f(b)=0$, 证明

$$|f(x)| \leqslant \frac{1}{8}(b-a)^2 \max_{a\leqslant x\leqslant b}|f''(x)| \quad (a\leqslant x\leqslant b).$$

证明 以 $(a,f(a))$, $(b,f(b))$ 为插值点作线性插值函数，得

$$L_1(x) = \frac{x-b}{a-b}f(a) + \frac{x-a}{b-a}f(b) = 0,$$

故

$$f(x) = L_1(x) + \frac{f''(\xi)}{2!}(x-a)(x-b) = \frac{f''(\xi)}{2}(x-a)(x-b).$$

另一方面，当 $x\in[a,b]$ 时，有

$$|(x-a)(x-b)| \leqslant \max_{a\leqslant x\leqslant b}|x^2-(b+a)x+ab| = \frac{(b-a)^2}{4},$$

从而当 $x\in[a,b]$ 时，有

$$|f(x)| \leqslant \frac{|f''(\xi)|}{2}|(x-a)(x-b)| \leqslant \frac{1}{8}(b-a)^2 \max_{a\leqslant x\leqslant b}|f''(x)|.$$

例 4.12.8 如何判定函数值表 4.12.8 来自一个次数不低于三次的多项式？

表 4.12.8

x	-2	-1	0	1	2	3
$p(x)$	1	4	11	16	13	-4

分析 由差商 (或等距节点的差分) 和导数之间的关系可知，n 次多项式的 n 阶差商一定为同一非零常数. 反过来如果多项式函数在任意 $n+1$ 个互异节点的 n 阶差商均为同一非零常数，则该多项式一定是 n 次的.

解 由于已知节点是等距分布，故可以使用差分判定.

根据表 4.12.8 构造差分表 (见表 4.12.9) 如下，

表 4.12.9

x	$p(x)$	1 阶差分	2 阶差分	3 阶差分
-2	1			
		3		
-1	4		4	
		7		-6
0	11		-2	
		5		-6
1	16		-8	
		-3		-6
2	13		-14	
		-17		
3	-4			

由差分表知，多项式 $P(x)$ 的 2 阶差分不为常数，故 $p(x)$ 一定不低于三次.

例 4.12.9 根据函数表 (见表 4.12.10) 构造分段线性插值函数，并计算 $f(1.065)$ 的近似值.

表 4.12.10

k	0	1	2	3
x_k	1.05	1.10	1.15	1.20
$f(x_k)$	2.13	2.20	2.17	2.32

解 对于任意的 $x \in [x_k, x_{k+1}]$, 分段线性插值函数为

$$L_k(x) = \frac{x - x_{k+1}}{x_k - x_{k+1}} f(x_k) + \frac{x - x_k}{x_{k+1} - x_k} f(x_{i+1}) \quad (k = 0, 1, 2).$$

另一方面，由 $1.065 \in [1.05, 1.10]$ 可知，当 $x \in [x_0, x_1]$ 时，线性插值函数为

$$L_0(x) = \frac{x-1.10}{1.05-1.10} \times 2.13 + \frac{x-1.05}{1.10-1.05} \times 2.20,$$

于是

$$\begin{aligned} f(1.065) &\approx L_0(1.065) \\ &= \frac{1.065-1.10}{1.05-1.10} \times 2.13 + \frac{1.065-1.05}{1.10-1.05} \times 2.20 \\ &= 2.151. \end{aligned}$$

例 4.12.10 根据单调连续函数 $f(x)$ 的函数值表 4.12.11, 求方程 $f(x)=0$ 的近似根.

表 4.12.11

x	-2	-1	1	2	3
$f(x)$	-10	-5	1	11	18

分析 由 $f(x)$ 是单调函数可知，其反函数 $x=f^{-1}(y)$ 存在. 求方程 $f(x)=0$ 的近似根，就是求其反函数的值 $x=f^{-1}(0)$, 故可对其反函数 $x=f^{-1}(y)$ 进行插值.

解 设 $y=f(x)$ 的反函数为 $x=f^{-1}(y)$, 则根据表 4.12.11, 得表 4.12.12, 如下:

表 4.12.12

y	-10	-5	1	11	18
$f^{-1}(y)$	-2	-1	1	2	3

故可建立 $x=f^{-1}(y)$ 的差商表 4.12.13, 如下:

表 4.12.13

y	$f^{-1}(y)$	1 阶差商	2 阶差商	3 阶差商	3 阶差商
-10	-2				
		0.2			
-5	-1		0.012121		
		0.333333		-0.001272	
1	1		-0.014583		0.000072
		0.1		0.000744	
11	2		0.002521		
		0.142857			
18	3				

从而牛顿插值多项式为

$$\begin{aligned}N_4(y) = &-2 + 0.2(y+10) + 0.012121(y+10)(y+5)\\&-0.001272(y+10)(y+5)(y-1)\\&+0.000072(y+10)(y+5)(y-1)(y-11).\end{aligned}$$

由此可知，方程 $f(x)=0$ 的近似根为

$$f^{-1}(0) \approx N_4(0) \approx 0.709250.$$

例 4.12.11 设 $f(x)$ 的 $k+1$ 阶差商 $f[x,x_0,x_1,\cdots,x_k]$ 是 x 的 m 次多项式，证明： $f(x)$ 的 $k+2$ 阶差商 $f[x,x_0,x_1,\cdots,x_k,x_{k+1}]$ 是 x 的 $m-1$ 次多项式.

证明 设

$$P(x) = f[x,x_0,x_1,\cdots,x_k] - f[x_0,x_1\cdots,x_k,x_{k+1}],$$

则由 $f[x,x_0,x_1,\cdots,x_k]$ 是 x 的 m 次多项式可知， $P(x)$ 是 x 的 m 次多项式，并由

$$f[x,x_0,x_1,\cdots,x_k,x_{k+1}] = \frac{f[x,x_0,x_1,\cdots,x_k] - f[x_0,x_1,\cdots,x_k,x_{k+1}]}{x-x_{k+1}}$$

可得

$$P(x) = (x-x_{k+1})f[x,x_0,x_1,\cdots,x_k,x_{k+1}],$$

故由

$$P(x_{k+1}) = 0$$

可知， m 次多项式 $P(x)$ 含有因子 $(x-x_{k+1})$, 从而由

$$f[x,x_0,x_1,\cdots,x_k,x_{k+1}] = \frac{P(x)}{x-x_{k+1}}$$

可知， $f[x,x_0,x_1,\cdots,x_k,x_{k+1}]$ 是 x 的 $m-1$ 次多项式.

例 4.12.12 观测得到二次多项式 $P_2(x)$ 的函数值表 4.12.14, 如下：

表 4.12.14

k	0	1	2	3	4
x_k	-2	-1	0	1	2
$P_2(x)$	3	1	1	6	15

表中， $P_2(x)$ 的某一个函数值有错误，试找出并校正它.

分析 题目中的节点是等距分布的，对于二次多项式其 2 阶差分应该是常数，可以根据此条件进行查错.

解 依据函数值表可知，$P_2(x)$ 的 2 阶差分表 (见表 4.12.15) 如下：

表 4.12.15

k	x_k	$P_2(x_k)$	1 阶差分	2 阶差分
0	-2	3		
			-2	
1	-1	1		2
			0	
2	0	1		5
			5	
3	1	6		4
			9	
4	2	15		

因为二次多项式的 2 阶差分是常数，表 4.12.15 中数据得到 3 个 2 阶差分

$$P_2[-2,-1,0]=2,\quad P_2[-1,0,1]=5,\quad P_2[0,1,2]=4$$

互不相同，所以产生错误的数据至少影响了两个 2 阶差分的数值. 而 $P_2(-2)$ 或 $P_2(2)$ 的错误仅仅分别影响 $P_2[-2,-1,0]$ 或 $P_2[0,1,2]$ 的大小，故 $P_2(-2)$ 或 $P_2(2)$ 的函数值是正确的，错误只能在 3 点 $x_1=-1$, $x_2=0$, $x_3=1$ 处的函数值产生.

如果 $P_2(-1)$ 是错误的，其他数据正确，则应有

$$P_2[-2,0,1]=P_2[0,1,2],$$

而利用已知数据计算得

$$P_2[-2,1,0]=2,\quad P_2[0,1,2]=2,$$

从而由 $P_2[-1,0,1]=2$ 可解得 $P_2(-1)=0$.

如果 $P_2(0)$ 错误，其他数据正确，则应有

$$P_2[-2,-1,1]=P_2[-1,1,2],$$

而利用已知数据计算得

$$P_2[-2,-1,1]=\frac{3}{2},\quad P_2[-1,1,2]=\frac{13}{6}.$$

这 $P_2[-2,-1,1]=P_2[-1,1,2]$ 矛盾，此矛盾说明 $P_2(0)$ 是正确的.

如果 $P_2(1)$ 错误，其他数据正确，则应有

$$P_2[-2,-1,0]=P_2[-1,0,2],$$

而利用已知数据计算得

$$P_2[-2,-1,0]=1,\quad P_2[-1,0,2]=\frac{7}{3}.$$

这 $P_2[-2,-1,0]=P_2[-1,0,2]$ 矛盾，此矛盾说明 $P_2(1)$ 是正确的.

综上可知，函数值表 4.12.15 中的 $P_2(-1)=1$ 错误，正确值为 $P_2(-1)=0$.

例 4.12.13 设 $f(x)=x^5-3x^3+x-1$, 计算下列差商

$$f[3^0,3^1],\quad f[3^0,3^1,\cdots,3^5],\quad f[3^0,3^1,\cdots,3^6].$$

解 由 1 阶差商的定义可得

$$f[3^0,3^1]=\frac{f(3)-f(1)}{3-1}=\frac{3^5-3\times 3^3+3-1-(1-3+1-1)}{3-1}=83.$$

另一方面， $f(x)$ 具有任意阶连续的导数，且

$$f^{(5)}=5!,\quad f^{(6)}=0,$$

故根据定理 4.3.1 可得

$$f[3^0,3^1,\cdots,3^5]=\frac{f^{(5)}(\xi)}{5!}=1,\quad f[3^0,3^1,\cdots,3^6]=\frac{f^{(6)}(\xi)}{6!}=0.$$

例 4.12.14 设 $f(x)$ 是 k 次多项式，对于互异节点 x_1, x_2, $\cdots$, x_n, 证明：当 $n>k$ 时， $f[x,x_1,x_2,\cdots,x_n]=0$, 当 $n\leqslant k$ 时，该差商是 $k-n$ 次多项式.

分析 利用函数的差商与导数间的关系可知， k 次多项式函数的 $k+1$ 阶差商为零， k 阶差商是非零常数. 进而利用 k 阶差商的定义可推得 $k-1$ 阶差商是一次多项式，以此类推得到其他结论.

解 设

$$f(x)=a_kx^k+a_{k-1}x^{k-1}+\cdots+a_1x+a_0,$$

则利用 n 阶差商与导数的关系

$$f[x,x_1,x_2,\cdots,x_n]=\frac{f^{(n)}(\xi)}{n!},$$

可知，对于 k 次多项函数 $f(x)$, 当 $n>k$ 时，由 $f^{(n)}(x)=0$ 可得

$$f[x,x_1,x_2,\cdots,x_n]=0,$$

当 $n=k$ 时，由 $f^{(k)}(x)=a_k k!$ 可得

$$f[x,x_1,x_2,\cdots,x_n]=\frac{a_k k!}{k!}=a_k,$$

当 $n=k-1$ 时，由差商的定义可得

$$\begin{aligned}f[x,x_1,\cdots,x_{k-1}]&=f[x_1,x_2,\cdots,x_k]+f[x,x_1,\cdots,x_k](x-x_k)\\&=f[x_1,x_2,\cdots,x_k]+a_k(x-x_k),\end{aligned}$$

故 $f[x,x_1,\cdots,x_{k-1}]$ 是一次多项式. 由差商的定义可类推得到其他结论.

例 4.12.15 设 $f(x)\in C^1[a,b]$, 证明：当 $x_0\in(a,b)$ 时，有

$$\lim_{x\to x_0}f[x,x_0]=f'(x_0).$$

证明 由 $f(x)\in C^1[a,b]$ 可知，当 $x_0\in(a,b)$ 时，对任意的 $x\in[a,b]$, $x\neq x_0$, 存在介于 x 与 x_0 之间的 ξ, 使得

$$f[x,x_0]=\frac{f(x)-f(x_0)}{x-x_0}=f'(\xi),$$

于是由 $f'(x)$ 连续可得

$$\lim_{x\to x_0}f[x,x_0]=\lim_{x\to x_0}\frac{f(x)-f(x_0)}{x-x_0}=\lim_{\xi\to x_0}f'(\xi)=f'(x_0).$$

例 4.12.16 用表 4.12.16 中的数据，构造不超过三次的插值多项式，并建立导数型插值误差公式.

表 4.12.16

x	0	1	2
$f(x)$	1	2	3
$f'(x)$		3	

分析 本题属于非标准的带导数插值问题，可以通过构造插值基函数的方法建立插值公式，但用待定参数的方法较为简单一些. 即首先利用 3 个已知函数值进行二次插值，然后确定三次项的系数使之满足导数插值条件. 这里需要强调的是，对于这种方法，三次项形式的设定是以不改变插值节点函数值为条件的. 关于插值余项的建立类似于一般插值多项式的余项推导过程.

解 以已知函数值为插值条件的二次插值多项式为

$$\begin{aligned}N_2(x)&=f(0)+f[0,1](x-0)+f[0,1,2](x-0)(x-1)\\&=1+(x-0)+3(x-0)(x-1)=3x^2-2x+1.\end{aligned}$$

设所求的插值多项式为

$$P(x) = N_2(x) + k(x-0)(x-1)(x-2),$$

且

$$P(0) = f(0), \quad P(1) = f(1), \quad P(2) = f(2), \quad P'(1) = f'(1),$$

则由

$$3 = f'(1) = P'(1) = N_2'(1) + k(1-0)(1-2) = 4 - k$$

可知，参数 $k = 1$, 从而

$$P(x) = N_2(x) + (x-0)(x-1)(x-2) = x^3 + 1.$$

下面在假设 $f(x)$ 充分光滑的条件下，来推导插值余项公式.

事实上，由插值条件

$$f(0) - P(0) = 0, \quad f(1) - P(1) = 0, \quad f(2) - P(2) = 0, \quad f'(1) - P'(1) = 0,$$

余项 $R(x)$ 可写为

$$R(x) = f(x) - P(x) = k(x)x(x-1)^2(x-2),$$

其中 $k(x)$ 为待定函数.

对任意的 $x \in (0,2)$, $x \neq 1$, 为了确定 $k(x)$, 构造关于 t 的辅助函数

$$g(t) = f(t) - P(t) - k(x)t(t-1)^2(t-2),$$

则 $g(t)$ 充分光滑，且

$$g(0) = g(1) = g(2) = g(x) = 0, \quad g'(1) = 0,$$

故由罗尔 (Rolle) 定理可知，存在 $\xi \in (0,2)$, $\xi \neq 1$, 使得

$$g^{(4)}(\xi) = f^{(4)}(\xi) - k(x)4! = 0,$$

从而

$$k(x) = \frac{f^{(4)}(\xi)}{4!}.$$

综上可知，对任意的 $x \in (0,2)$, $x \neq 1$, 插值余项为

$$R(x) = f(x) - P(x) = \frac{f^{(4)}(\xi)}{4!}x(x-1)^2(x-2),$$

显然，当 $x = 0, 1, 2$ 时，上式也成立.

例 4.12.17 对于给定的 $f(x_0)$, $f'(x_0)$, $f(x_1)$, 构造满足插值条件

$$f(x_0)=P(x_0),\quad f'(x_0)=P'(x_0),\quad f(x_1)=P(x_1)$$

的二次插值多项式 $P(x)$.

解 设所求的二次插值多项式为

$$P(x)=c_0+c_1(x-x_0)+c_2(x-x_0)^2,$$

其中 c_0, c_1, c_2 为待定常数.

由插值条件可知, c_0, c_1, c_2 应满足方程组

$$\begin{cases} c_0=f(x_0), \\ c_1=f'(x_0), \\ c_0+c_1(x_1-x_0)+c_2(x_1-x_0)^2=f(x_1), \end{cases}$$

解此方程组得

$$c_0=f(x_0),\quad c_1=f'(x_0),\quad c_2=\frac{f(x_1)-f(x_0)-f'(x_0)(x_1-x_0)}{(x_1-x_0)^2},$$

从而

$$P(x)=f(x_0)+f'(x_0)(x-x_0)+\frac{f(x_1)-f(x_0)-f'(x_0)(x_1-x_0)}{(x_1-x_0)^2}(x-x_0)^2.$$

例 4.12.18 设 $f(x)=x^7+x^4+3x+1$, 求 $f[x,2^0,2^1,\cdots,2^6]$, $f[x,2^0,2^1,\cdots,2^7]$.

分析 已知函数 $f(x)$ 是七次多项式, 要求其关于某些节点的 7 阶或 8 阶差商, 较简单的方法就是利用差商和导数之间的关系式.

解 因为 $f(x)$ 具有任意阶连续的导数, 且

$$f^{(7)}(x)=7!,\quad f^{(8)}(x)=0,$$

于是

$$f[x,2^0,2^1,\cdots,2^6]=\frac{f^{(7)}(\xi)}{7!}=1,\quad f[x,2^0,2^1,\cdots,2^7]=\frac{f^{(8)}(\eta)}{8!}=0.$$

例 4.12.19 设 $f(x)\in C^4[a,b]$, 在 $[a,b]$ 上构造满足插值条件

$$f(a)=H(a),\quad f'(a)=H'(a),\quad f''(a)=H''(a),\quad f(b)=H(b)$$

的三次插值多项式 $H(x)$.

本题求 $f(x)$ 关于 a 为三重节点， b 为一重节点的埃尔米特插值多项式.

解 设三次多项式

$$P(x)=c_0+c_1x+c_2x^2+c_3x^3$$

满足

$$f(a)=P(a),\quad f'(a)=P'(a),\quad f''(a)=P''(a),\quad f(b)=P(b),$$

则多项式 $P(x)$ 的系数满足方程组

$$\begin{cases} c_0+c_1a+c_2a^2+c_3a^3=f(a),\\ c_0+c_1b+c_2b^2+c_3b^3=f(b),\\ c_1+2c_2a+3c_3a^2=f'(a),\\ 2c_2+6c_3a=f''(a), \end{cases}$$

故由行列式

$$\begin{vmatrix} 1 & a & a^2 & a^3\\ 1 & b & b^2 & b^3\\ 0 & 1 & 2a & 3a^2\\ 0 & 0 & 2 & 6a \end{vmatrix}=-2a^3+6a^2b-6ab^2+2b^3=2(b-a)^3\neq 0$$

可知， $P(x)$ 的系数是由插值条件唯一确定的，从而所求多项式是唯一的.

设所求多项式为

$$H(x)=c_0+c_1(x-a)+c_2(x-a)^2+c_3(x-a)^3,$$

则由插值条件

$$f(a)=H(a),\quad f'(a)=H'(a),\quad f''(a)=H''(a),$$

可得

$$c_0=f(a),\ c_1=f'(a),\ c_2=\frac{f''(a)}{2},$$

由插值条件 $f(b)=H(b)$ 可得

$$c_3=\frac{f(b)-f(a)-f'(a)(b-a)-\dfrac{1}{2}f''(a)(b-a)^2}{(b-a)^3}.$$

从而

$$\begin{aligned} H(x)=&f(a)+f'(a)(x-a)+\frac{1}{2}f''(a)(x-a)^2\\ &+\frac{f(b)-f(a)-f'(a)(b-a)-\dfrac{1}{2}f''(a)(b-a)^2}{(b-a)^3}(x-a)^3, \end{aligned}$$

误差为

$$R(x)=\frac{f^{(4)}(\xi)}{4!}(x-a)^3(x-b)\quad(a\leqslant\xi\leqslant b).$$

例 4.12.20 利用差分的性质证明

$$1^2+2^2+\cdots+n^2=\frac{n(n+1)(2n+1)}{6}.$$

分析 记 $g(n)=1^2+2^2+\cdots+n^2$, 这样题目就等于要证明函数 $g(n)$ 是 n 的三次多项式, 然后再求出其三次插值多项式就可以得到其表达形式.

证明 定义函数

$$g(n)=1^2+2^2+\cdots+n^2,$$

对任意的 n 建立差分表 4.12.17, 如下:

表 4.12.17

k	$g(n+k)$	1 阶差分	2 阶差分	3 阶差分
0	$g(n)$			
		$(n+1)^2$		
1	$g(n+1)$		$2n+3$	
		$(n+2)^2$		2
2	$g(n+2)$		$2n+5$	
		$(n+3)^2$		2
3	$g(n+3)$		$2n+7$	
		$(n+4)^2$		
4	$g(n+4)$			

由此差分表可知, $g(n)$ 是 n 的三次多项式.

另一方面, 由插值条件

$$g(1)=1,\quad g(2)=5,\quad g(3)=14,\quad g(4)=30$$

可得

$$g[1,2]=4,\quad g[1,2,3]=5,\quad g[1,2,3,4]=2,$$

从而按等距节点牛顿向前插值公式可知, 关于 n 的三次多项式为

$$\begin{aligned}g(n)&=1+4C_{n-1}^1+5C_{n-1}^2+2C_{n-1}^3\\&=1+\frac{4(n-1)}{1!}+\frac{5(n-1)(n-2)}{2!}+\frac{2(n-1)(n-2)(n-3)}{3!}\\&=\frac{2n^3+3n^2+n}{6}=\frac{n(n+1)(2n+1)}{6}.\end{aligned}$$

例 4.12.21 设 $f(x) \in C^4[a,b]$, 在 $[a,b]$ 上构造满足条件

$$f(a)=H(a),\quad f'(a)=H'(a),\quad f''(a)=H''(a),\quad f''(b)=H''(b)$$

的三次插值多项式 $H(x)$.

解 设三次多项式

$$P(x)=c_0+c_1x+c_2x^2+c_3x^3$$

满足

$$f(a)=P(a),\quad f'(a)=P'(a),\quad f''(a)=P''(a),\quad f''(b)=P''(b),$$

则多项式 $P(x)$ 的系数满足方程组

$$\begin{cases} c_0+c_1a+c_2a^2+c_3a^3=f(a), \\ c_1+2c_2a+3c_3a^2=f'(a), \\ 2c_2+6c_3a=f''(a), \\ 2c_2b+6c_3b=f''(b), \end{cases}$$

故由行列式

$$\begin{vmatrix} 1 & a & a^2 & a^3 \\ 0 & 1 & 2a & 3a^2 \\ 0 & 0 & 2 & 6a \\ 0 & 0 & 2 & 6b \end{vmatrix}=12(b-a)\neq 0$$

可知, $P(x)$ 的系数是由插值条件唯一确定的, 从而所求多项式是唯一的.

设所求多项式为

$$H(x)=c_0+c_1(x-a)+c_2(x-a)^2+c_3(x-a)^3,$$

则由插值条件

$$f(a)=H(a),\quad f'(a)=H'(a),\quad f''(a)=H''(a)$$

可得

$$c_0=f(a),\ c_1=f'(a),\ c_2=\frac{f''(a)}{2},$$

由插值条件 $f''(b)=H''(b)$ 可得

$$c_3=\frac{f''(b)-f''(a)}{6(b-a)},$$

从而

$$H(x)=f(a)+f'(a)(x-a)+\frac{1}{2}f''(a)(x-a)^2+\frac{f''(b)-f''(a)}{6(b-a)}(x-a)^3.$$

习 题 4

4.1 判断对错：多项式插值的高次插值容易出现龙格现象，一般采用分段低次插值来克服.

4.2 列出函数 $f(x)=x^k$ $(k=0,1,2,\cdots,n)$ 关于互异节点 x_i $(i=0,1,2,\cdots,n)$ 的拉格朗日插值公式.

4.3 求作 $f(x)=x^{n+1}$ 关于节点 x_i $(i=0,1,2,\cdots,n)$ 的拉格朗日插值多项式，并利用插值余项定理证明

$$\sum_{i=0}^{n} x_i^{n+1} l_i(x)=(-1)^n x_0 x_1 \cdots x_n,$$

式中 $l_i(x)$ 为关于节点 x_i $(i=0,1,2,\cdots,n)$ 的拉格朗日插值基函数.

4.4 设 x 及 x_i $(i=0,1,2,\cdots,n)$ 互异，考察 $f(x)=\prod\limits_{i=0}^{n}(x-x_i)$ 的各阶差商，证明

$$f[x_0,x_1,\cdots,x_n,x]\equiv 1,\quad f[x_0,x_1,\cdots,x_k]=0\quad (k=1,2,\cdots,n).$$

4.5 依据下列数据表所构造出的插值多项式有多少次？为什么？试列其插值多项式.

k	0	1	2	3	4	5
x_k	0	$\frac{1}{2}$	1	$\frac{3}{2}$	2	$\frac{5}{2}$
y_k	-1	$-\frac{3}{4}$	0	$\frac{5}{4}$	3	$\frac{21}{4}$

4.6 求次数不超过二次的多项式 $P(x)$, 使其满足插值条件

$$P(0)=0,\quad P(1)=2,\quad P'(0)=0.$$

4.7 试构造次数不超过三次的多项式 $P(x)$, 使其满足插值条件

$$P(0)=0,\quad P(1)=1,\quad P'(0)=1,\quad P'(1)=2.$$

4.8 求次数不超过四次的多项式 $P(x)$, 使其满足插值条件

$$P(0)=-1,\quad P(1)=0,\quad P'(0)=-2,\quad P'(1)=10,\quad P''(1)=40.$$

4.9 求首项系数为 1 的四次式 $\omega(x)$, 使其满足条件

$$\omega(a)=\omega'(a)=\omega''(a)=0,\quad \omega'(b)=0.$$

4.10 在某个低温过程中，函数 y 依赖于温度 Q° 的试验数据如下表

Q	1	2	3	4
y	0.8	1.5	1.8	2.0

如果已知经验公式为 $g(Q)=aQ+bQ^2$, 试用最小二乘法求出 a, b.

4.11　求运动方程，其中观测物体的直线运动得出的数据见下表

时间 t(s)	0	0.9	1.9	3.0	3.9	5.0
距离 S(m)	0	10	30	50	80	110

4.12　设 $x_k = x_0 + kh\ (k = 0, 1, 2)$，$f(x) \in C^3[x_0, x_2]$，试写出关于节点 x_0，x_1，x_2 的二次拉格朗日插值多项式 $P_2(x)$ 及其插值余项 $R_2(x)$，并利用 $P_2(x)$ 导出求 $f'(x_1)$ 的求导公式及其截断误差.

4.13　设 $f(x) = \dfrac{1}{a - x}$，且 a，x_0，x_1，$\cdots$，x_n 为 $n+2$ 个互不相同的点，证明

$$f[x_0, x_1, \cdots, x_k] = \frac{1}{\prod\limits_{j=0}^{k}(a - x_j)} \quad (k = 0, 1, 2, \cdots, n),$$

并写出牛顿插值多项式.

4.14　上讲实验习题：

(1)　已知函数表

i	0	1	2	3
x_i	0.56160	0.56280	0.56401	0.56521
y_i	0.82741	0.82659	0.82577	0.82495

用三次拉格朗日插值多项式求 $x = 0.5635$ 时的函数近似值.

(2)　已知函数表

i	0	1	2	3	4
x_i	0.4	0.55	0.65	0.8	0.9
y_i	0.41075	0.57815	069675	0.88811	1.02652

用牛顿插值多项式求 $N_n(0.596)$ 和 $N_n(0.895)$.

(3)　根据下表所列出的一组实验数据，用最小二乘法求它的拟合直线.

i	1	2	3	4	5
x_i	165	123	150	123	141
y_i	187	126	172	125	148

第 5 章　数值积分与数值微分

实际问题当中常常需要计算积分. 有些数值方法, 如微分方程和积分方程的求解, 也都和积分计算相联系. 依据人们所熟知的微积分基本定理, 对于积分

$$I = \int_a^b f(x)\,\mathrm{d}x,$$

只要找到被积函数 $f(x)$ 的原函数 $F(x)$, 便有牛顿 - 莱布尼兹 (Newton–Leibniz) 公式

$$\int_a^b f(x)\,\mathrm{d}x = F(b) - F(a).$$

不过, 这种方法虽然原则上可行, 但实际运用往往有困难, 因为大量的被积函数, 如 $\frac{\sin x}{x}$, $\sin x^2$ 等, 找不到用初等函数表示的原函数. 另外, 当 $f(x)$ 是由实验测量或数值计算给出的一张数据表时, 牛顿 - 莱布尼兹公式也不能直接运用, 因此有必要研究积分的数值计算问题.

5.1　数值积分的基本概念

5.1.1　数值求积的基本思想

当 $f(x) \geqslant 0$ 时, 积分值 $I = \int_a^b f(x)\,\mathrm{d}x$ 在几何上可解释为: 由直线 $x = a$, $x = b$, $y = 0$ 和曲线 $y = f(x)$ 所围成曲边梯形的面积. 积分计算之所以有困难, 就在于这个曲边梯形有一条边 $y = f(x)$ 是曲线. 依据积分中值定理, 对于连续函数 $f(x)$, 在 $[a, b]$ 内至少存在一点 ξ, 成立

$$\int_a^b f(x)\,\mathrm{d}x = (b - a)f(\xi).$$

这说明所求曲边梯形的面积 I 恰好等于以 $b - a$ 为底、以 $f(\xi)$ 为高的矩形面积. 问题在于点 ξ 的具体位置一般是未知的, 因而难以准确地算出 $f(\xi)$ 的值. 称 $f(\xi)$ 为 $f(x)$ 在区间 $[a, b]$ 上的平均高度, 这样, 只要对平均高度 $f(\xi)$ 提供一种数值算法, 相应地便获得一种数值求积分方法. 按照这种理解, 人们所熟知的梯形公式

$$\int_a^b f(x)\,\mathrm{d}x \approx \frac{b - a}{2}[f(a) + f(b)],$$

中矩形公式

$$\int_a^b f(x)\,\mathrm{d}x \approx (b - a)f\Big(\frac{a + b}{2}\Big)$$

和辛普森 (Simpson) 公式

$$\int_a^b f(x)\,\mathrm{d}x \approx \frac{b-a}{6}\left[f(a)+4f\left(\frac{a+b}{2}\right)+f(b)\right]$$

分别可以看作用 a, b, $c=\dfrac{a+b}{2}$ 三点高度的加权平均值 $\dfrac{1}{2}[f(a)+f(b)]$, $f(c)$ 和 $\dfrac{1}{6}[f(a)+4f(c)+f(b)]$ 作为平均高度 $f(\xi)$ 的近似值.

更一般地，取 $[a,b]$ 内若干个节点 x_k $(k=0,1,2,\cdots,n)$ 处的高度 $f(x_k)$, 通过加权平均的方法近似地得出平均高度 $f(\xi)$, 这类求积公式的一般形式是

$$\int_a^b f(x)\,\mathrm{d}x \approx \sum_{k=0}^{n} A_k f(x_k), \tag{5.1.1}$$

式中 x_k 称为求积节点， A_k 称为求积系数，亦称伴随节点 x_k 的权.

值得指出的是，求积公式 (5.1.1) 具有通用性，即求积系数 A_k 仅仅与节点 x_k 的选取有关，而不依赖于被积函数 $f(x)$ 的具体形式. 这类求积方法通常称作机械求积法，其特点是直接利用某些节点上的函数值计算积分值，而将积分求值问题归结为函数值的计算，这就避开了牛顿 – 莱布尼兹公式需要寻求原函数的困难.

5.1.2 代数精度的概念

数值求积方法是近似方法，为保证精度，自然希望所提供的求积公式对于“尽可能多”的函数是准确的. 如果求积公式 (5.1.1) 对于一切次数不超过 m 的多项式是准确的，但对于 $m+1$ 次多项式不准确，或者说，对于 $x^k(k=0,1,\cdots,m)$ 均能准确成立，但对于 x^{m+1} 不准确，则称它具有 m 次代数精度.

由上所述，一个求积公式的准确程度，可以用能使该数值求积公式准确成立的多项式的次数来衡量. 直接验证易知，梯形公式与中矩形公式均具有 1 次代数精度，而辛普森公式则具有 3 次代数精度. 我们可以用代数精度作为标准来构造求积公式，例如，两点公式

$$\int_a^b f(x)\,\mathrm{d}x \approx A_0 f(a) + A_1 f(b) \tag{5.1.2}$$

中含有两个待定参数 A_0, A_1, 令它对于 $f(x)=1$, $f(x)=x$ 准确成立，则有

$$\begin{cases} A_0 + A_1 = b - a, \\ A_0 a + A_1 b = \dfrac{1}{2}(b^2 - a^2), \end{cases}$$

解得 $A_0 = A_1 = \dfrac{b-a}{2}$.

这说明，形如式 (5.1.2) 且具有 1 次代数精度的求积公式必为梯形公式. 这一论断从几何角度来看是十分明显的.

一般地说，对于给定的一组求积节点 x_k $(k=0,1,2,\cdots,n)$, 可以确定相应的求积系数 A_k, 使求积公式 (5.1.1) 至少具有 n 次代数精度.

事实上，设式 (5.1.1) 对于 $f(x)=x^k$ $(k=0,1,2,\cdots,n)$ 准确成立，则

$$A_0x_0^k+A_1x_1^k+\cdots+A_nx_n^k=\frac{b^{k+1}-a^{k+1}}{k+1}\quad(k=0,1,2,\cdots,n), \tag{5.1.3}$$

方程组 (5.1.3) 的系数行列式是范德蒙行列式

$$\begin{vmatrix} 1 & 1 & 1 & \cdots & 1 & 1 \\ x_0 & x_1 & x_2 & \cdots & x_{n-1} & x_n \\ x_0^2 & x_1^2 & x_2^2 & \cdots & x_{n-1}^2 & x_n^2 \\ \cdots & \cdots & \cdots & \cdots & \cdots & \cdots \\ x_0^{n-1} & x_1^{n-1} & x_2^{n-1} & \cdots & x_{n-1}^{n-1} & x_n^{n-1} \\ x_0^n & x_1^n & x_2^n & \cdots & x_{n-1}^n & x_n^n \end{vmatrix}=\prod_{0\leqslant j<i\leqslant n}(x_i-x_j),$$

当 x_k $(k=0,1,2,\cdots,n)$ 互异时它的值异于 0. 可见，在求积节点给定 (譬如取等距节点) 的情况下，求积公式的构造本质上是个解线性方程组的代数问题.

5.1.3 插值型的求积公式

设 $f(x)$ 在节点 x_k $(k=0,1,2,\cdots,n)$ 的函数值为 $f(x_k)$, 作插值多项式

$$P_n(x)=\sum_{k=0}^{n}f(x_k)l_k(x),$$

其中

$$l_k(x)=\prod_{\substack{j=0\\j\neq k}}^{n}\frac{x-x_j}{x_k-x_j}\quad(k=0,1,2,\cdots,n).$$

由于 $P_n(x)$ 的积分容易计算，故可取 $\int_a^b P_n(x)\,\mathrm{d}x$ 作为 $\int_a^b f(x)\,\mathrm{d}x$ 的近似值，即

$$\int_a^b f(x)\,\mathrm{d}x\approx\int_a^b P_n(x)\,\mathrm{d}x, \tag{5.1.4}$$

则这类求积公式具有式 (5.1.1) 的形式，而其求积系数为

$$A_k=\int_a^b l_k(x)\,\mathrm{d}x\quad(k=0,1,2,\cdots,n). \tag{5.1.5}$$

上述求积公式 (5.1.4), 即依式 (5.1.5) 给出求积系数的求积公式 (5.1.1), 称为插值型的求积公式.

由插值余项定理可知，对于插值型的求积公式，其余项为

$$R=\int_a^b\frac{f^{(n+1)}(\xi)}{(n+1)!}\omega(x)\,\mathrm{d}x,$$

式中 ξ 与变量 x 有关， $\omega(x)=\prod\limits_{k=0}^{n}(x-x_k)$.

我们知道，对于任意次数不超过 n 的多项式 $f(x)$, 其插值多项式 $P_n(x)$ 就是它自身，因此插值型的求积公式 (5.1.4) 至少有 n 次代数精度. 反之，如果求积公式 (5.1.1) 至少有 n 次代数精度，则它对于插值基函数 $l_k(x)$ 是准确成立的，即有

$$\int_a^b l_k(x)\mathrm{d}x = \sum_{j=0}^{n} A_j l_k(x_j).$$

注意到 $l_k(x_j) = \delta_{kj}$, 上式右端即等于 A_k, 因而式 (5.1.5) 成立，可见至少具有 n 次代数精度的求积公式 (5.1.1.) 必为插值型的.

综上所述，我们得到如下结论:

定理 5.1.1 设 $f(x)$ 在节点 $x_k\ (k=0,1,\cdots,n)$ 的函数值为 $f(x_k)$, 则求积公式

$$\int_a^b f(x)\,\mathrm{d}x \approx \sum_{k=0}^{n} A_k f(x_k)$$

至少具有 n 次代数精度的充分必要条件是求积系数 $A_k\ (k=0,1,\cdots,n)$ 满足条件

$$A_k = \int_a^b l_k(x)\,\mathrm{d}x \quad (k=0,1,\cdots,n).$$

由上面的讨论可知，一旦求积节点 x_k 已给出，则确定求积系数 A_k 有两条可供选择的途径: 其一是求解线性方程组 (5.1.3), 其二是计算积分 (5.1.5).

5.1.4 求积公式的收敛性与稳定性

定义 5.1.1 设 $f(x)$ 在节点 $x_k\ (k=0,1,\cdots,n)$ 的函数值为 $f(x_k)$, 求积系数为 $A_k\ (k=0,1,\cdots,n)$. 如果

$$\lim_{\substack{n\to\infty \\ h\to 0}} \sum_{k=0}^{n} A_k f(x_k) = \int_a^b f(x)\,\mathrm{d}x,$$

其中 $h = \max\limits_{1\leqslant k\leqslant n}(x_k - x_{k-1})$, 则称求积公式

$$\int_a^b f(x)\,\mathrm{d}x \approx \sum_{k=0}^{n} A_k f(x_k)$$

是收敛的.

在求积公式 (5.1.1) 中，由于计算 $f(x_k)$ 可能产生误差 δ_k, 而实际得到 $\widetilde{f}_k$, 即

$$f(x_k) = \widetilde{f}_k + \delta_k.$$

如果对任给小正数 $\varepsilon > 0$, 只要误差 $|\delta_k|$ 充分小，就有

$$\left|\sum_{k=0}^{n} A_k[f(x_k) - \widetilde{f}_k]\right| < \varepsilon,$$

这时说明求积公式 (5.1.1) 计算是稳定的. 由此给出如下定义.

定义 5.1.2 设 $f(x)$ 在节点 x_k $(k=0,1,\cdots,n)$ 的函数值为 $f(x_k)$, 求积系数为 A_k $(k=0,1,\cdots,n)$. 如果对任给 $\varepsilon>0$, 存在 $\delta>0$, 当 $f(x_k)$ 的近似值 $\widetilde{f}_k$ 满足

$$|f(x_k)-\widetilde{f}_k|<\delta \quad (k=0,1,\cdots,n)$$

时，就有

$$\left|\sum_{k=0}^{n}A_k(f(x_k)-\widetilde{f}_k)\right|<\varepsilon,$$

则称求积公式

$$\int_a^b f(x)\,\mathrm{d}x\approx\sum_{k=0}^{n}A_kf(x_k),$$

是稳定的.

下面的定理说明，可用求积系数来判别求积公式 (5.1.1) 的稳定性.

定理 5.1.2 设 $f(x)$ 在节点 x_k $(k=0,1,\cdots,n)$ 的函数值为 $f(x_k)$, 如果求积系数 $A_k>0$ $(k=0,1,\cdots,n)$, 则求积公式

$$\int_a^b f(x)\,\mathrm{d}x\approx\sum_{k=0}^{n}A_kf(x_k),$$

是稳定的.

证明 对任给 $\varepsilon>0$, 取 $\delta=\dfrac{\varepsilon}{b-a}$, 则当 $f(x_k)$ 的近似值 $\widetilde{f}_k$ 满足

$$|f(x_k)-\widetilde{f}_k|<\delta \quad (k=0,1,\cdots,n)$$

时，由方程组 (5.1.3) 的第 1 个方程

$$A_0+A_1+A_2+\cdots+A_n=b-a$$

及条件 $A_k>0$ 可得

$$\left|\sum_{k=0}^{n}A_k(f(x_k)-\widetilde{f}_k)\right|\leqslant\sum_{k=0}^{n}|A_k|\,|f(x_k)-\widetilde{f}_k|<\delta\sum_{k=0}^{n}A_k=\delta(b-a)=\varepsilon,$$

从而该求积公式是稳定的. ∎

5.2 牛顿 – 柯特斯 (Newton–Cotes) 公式

5.2.1 公式的导出

设 $f(x)$ 是定义在区间 $[a,b]$ 上的函数，将 $[a,b]$ 进行 n 等分，步长为 $h=\dfrac{b-a}{n}$, 分点为 $x_k=a+kh$ $(k=0,1,\cdots,n)$, 称插值型求积公式

$$\int_a^b f(x)\,\mathrm{d}x\approx(b-a)\sum_{k=0}^{n}C_kf(x_k) \tag{5.2.1}$$

为牛顿 - 柯特斯公式，其中

$$C_k = \frac{1}{b-a}\int_a^b l_k(x)\,\mathrm{d}x = \frac{1}{b-a}\int_a^b \prod_{\substack{j=0\\j\neq k}}^{n}\frac{x-x_j}{x_k-x_j}\,\mathrm{d}x \quad (k=1,2,\cdots,n)$$

称为柯特斯系数.

令 $x=a+th$, 则柯特斯系数 C_k 的计算公式可改写为

$$\begin{aligned}C_k &= \frac{1}{b-a}\int_a^b \prod_{\substack{j=0\\j\neq k}}^{n}\frac{x-x_j}{x_k-x_j}\,\mathrm{d}x\\ &= \frac{(-1)^{n-k}}{n\cdot k!\cdot(n-k)!}\int_0^n \prod_{\substack{j=0\\j\neq k}}^{n}(t-j)\,\mathrm{d}t \quad (k=0,1,\cdots,n). \end{aligned} \tag{5.2.2}$$

由于柯特斯系数 C_k 的计算公式是计算多项式的积分，这样计算是不会遇到实质性的困难. 例如，当 $n=1$ 时，有

$$C_0 = -\int_0^1 (t-1)\,\mathrm{d}t = \frac{1}{2},\quad C_1 = \int_0^1 t\mathrm{d}t = \frac{1}{2},$$

此时求积公式就是我们所熟悉的梯形公式

$$\int_a^b f(x)\,\mathrm{d}x \approx \frac{b-a}{2}[f(a)+f(b)].$$

当 $n=2$ 时，有

$$\begin{aligned}C_0 &= \frac{1}{4}\int_0^2 (t-1)(t-2)\,\mathrm{d}t = \frac{1}{6},\\ C_1 &= -\frac{1}{2}\int_0^2 t(t-2)\,\mathrm{d}t = \frac{4}{6},\\ C_2 &= \frac{1}{4}\int_0^2 t(t-1)\,\mathrm{d}t = \frac{1}{6},\end{aligned}$$

相应的求积公式是辛普森公式

$$\int_a^b f(x)\,\mathrm{d}x \approx \frac{b-a}{6}\left[f(a)+4f\left(\frac{a+b}{2}\right)+f(b)\right].$$

当 $n=4$ 时，由柯特斯系数表 (见表 5.2.1) 可知，牛顿 - 柯特斯公式为

$$\int_a^b f(x)\,\mathrm{d}x \approx \frac{b-a}{90}[7f(x_0)+32f(x_1)+12f(x_2)+32f(x_3)+7f(x_4)], \tag{5.2.3}$$

其中 $x_k = a+kh\ (k=0,1,2,3,4)$, $h=\dfrac{b-a}{4}$. 特别地，称此公式为柯特斯公式.

表 5.2.1 柯特斯系数表

n	1	2	3	4	5	6	7	8
C_0	$\frac{1}{2}$	$\frac{1}{6}$	$\frac{1}{8}$	$\frac{7}{90}$	$\frac{19}{288}$	$\frac{41}{840}$	$\frac{751}{17280}$	$\frac{989}{28350}$
C_1	$\frac{1}{2}$	$\frac{1}{3}$	$\frac{3}{8}$	$\frac{16}{45}$	$\frac{25}{96}$	$\frac{9}{35}$	$\frac{3577}{17280}$	$\frac{5888}{28350}$
C_2		$\frac{1}{6}$	$\frac{3}{8}$	$\frac{2}{15}$	$\frac{25}{144}$	$\frac{9}{280}$	$\frac{1323}{17280}$	$-\frac{928}{28350}$
C_3			$\frac{1}{8}$	$\frac{16}{45}$	$\frac{25}{144}$	$\frac{34}{105}$	$\frac{2989}{17280}$	$\frac{10496}{28350}$
C_4				$\frac{7}{90}$	$\frac{25}{96}$	$\frac{9}{280}$	$\frac{2989}{17280}$	$-\frac{4540}{28350}$
C_5					$\frac{19}{288}$	$\frac{9}{35}$	$\frac{1323}{17280}$	$\frac{10496}{28350}$
C_6						$\frac{41}{840}$	$\frac{3577}{17280}$	$-\frac{928}{28350}$
C_7							$\frac{751}{17280}$	$\frac{5888}{28350}$
C_8								$\frac{989}{28350}$

从柯特斯系数表 5.2.1(部分数据表) 可知，当 $n \geqslant 8$ 时， C_k 出现负值，于是

$$\sum_{k=0}^{n}|C_k| > \sum_{k=0}^{n}C_k = 1.$$

特别地，当 $f(x_k)$ 的近似值 $\widetilde{f}_k$ 满足条件

$$C_k(f(x_k)-\widetilde{f}_k) > 0,\quad |f(x_k)-\widetilde{f}_k| = \delta$$

时，有

$$\left|\sum_{k=0}^{n}C_k(f(x_k)-\widetilde{f}_k)\right| = \sum_{k=0}^{n}|C_k|\,|f(x_k)-\widetilde{f}_k| = \delta\sum_{k=0}^{n}|C_k| > \delta.$$

它表明初始数据误差将会引起计算结果误差增大，即求解公式不稳定，故 $n \geqslant 8$ 的牛顿 - 柯特斯公式是不适用的. 因此，在一系列牛顿 - 柯特斯公式中，高阶公式由于稳定性差而不宜采用，有实用价值的仅仅是几种低阶的求积公式.

5.2.2 偶阶求积公式的代数精度

为了说明牛顿 - 柯特斯公式的代数精度，我们先看一个数值计算的例子.

例 5.2.1 用牛顿 - 柯特斯公式计算积分

$$I = \int_0^1 \frac{\sin x}{x}\,\mathrm{d}x.$$

解 设 $f(x)=\dfrac{\sin x}{x}$, 将 $[0,1]$ 进行 n 等分，步长为 $h=\dfrac{1}{n}$, 分点为 $x_k=kh$, 则牛顿 - 柯特斯公式为

$$\int_a^b f(x)\,\mathrm{d}x\approx(b-a)\sum_{k=0}^{n}C_k f(x_k)=I_n.$$

计算结果见下表，其中 m 表示有效数字的位数， I 的准确值为 0.94608301.

表 5.2.2

n	1	2	3	4	5
I_n	0.9270354	0.9461359	0.9461109	0.9460830	0.9460830
m	1	3	3	6	6

由定理 5.1.1 可知， n 阶牛顿 - 柯特斯公式至少有 n 次代数精度，但从上面的计算中我们看到， 2 阶公式与 3 阶公式的精度相当， 4 阶公式和 5 阶公式也是如此. 这种现象不是偶然的，事实上， 2 阶的辛普森公式与 4 阶的柯特斯公式在精度方面会获得“额外”的好处，即它们分别具有 3 次和 5 次代数精度.

先看辛普森公式，它是 2 阶牛顿 - 柯特斯公式，因此至少具有 2 次代数精度. 进一步用 $f(x)=x^3$ 进行检验，按辛普森公式计算得

$$S=\frac{b-a}{6}\left[a^3+4\left(\frac{a+b}{2}\right)^3+b^3\right].$$

另一方面，直接求积得

$$I=\int_a^b x^3\,\mathrm{d}x=\frac{b^4-a^4}{4}.$$

这时有 $S=I$, 即辛普森公式对次数不超过三次的多项式均能准确成立，又容易验证它对 $f(x)=x^4$ 通常是不准确的. 因此，辛普森公式实际上具有 3 次代数精度.

一般地，关于牛顿 - 柯特斯公式的代数精度我们有如下定理.

定理 5.2.1 设 $f(x)$ 在节点 $x_k=a+kh\ (k=0,1,\cdots,n)$ 的函数值为 $f(x_k)$, 这里 $h=\dfrac{b-a}{n}$ 为步长，则当阶 n 为偶数时，牛顿 - 柯特斯公式

$$\int_a^b f(x)\,\mathrm{d}x\approx(b-a)\sum_{k=0}^{n}C_k f(x_k)$$

至少有 $n+1$ 次代数精度，其中

$$C_k=\frac{(-1)^{n-k}}{n\cdot k!\cdot(n-k)!}\int_0^n\prod_{\substack{j=0\\j\neq k}}^{n}(t-j)\,\mathrm{d}t\quad(k=0,1,\cdots,n).$$

证明 当 n 为偶数时，由代数精度的定义可知，只需验证牛顿 - 柯特斯公式对 $f(x)=x^{n+1}$ 的余项为零.

事实上，由 $f^{(n+1)}(x)=(n+1)!$ 可知，牛顿 - 柯特斯公式的余项为

$$R=\int_a^b \frac{f(n+1)(\xi)}{(n+1)!}\omega(x)\,\mathrm{d}x=\int_a^b \prod_{k=0}^{n}(x-x_k)\,\mathrm{d}x,$$

在上式中，令 $x=a+th$, 并由 $x_k=a+kh\ (k=0,1,2,\cdots,n)$ 可得

$$R=\int_a^b \prod_{k=0}^{n}(x-x_k)\,\mathrm{d}x=h^{n+2}\int_0^n \prod_{k=0}^{n}(t-k)\,\mathrm{d}t.$$

另一方面，当 n 为偶数时，$\dfrac{n}{2}$ 为整数，故令 $t=u+\dfrac{n}{2}$ 可得

$$R=h^{n+2}\int_0^n \prod_{k=0}^{n}(t-k)\,\mathrm{d}t=h^{n+2}\int_{-\frac{n}{2}}^{\frac{n}{2}} \prod_{k=0}^{n}\left(u+\frac{n}{2}-k\right)\mathrm{d}u,$$

从而由 $\prod\limits_{k=0}^{n}\left(u+\dfrac{n}{2}-k\right)$ 为关于 u 的 $n+1$ 次多项式，且为函数可得

$$R=h^{n+2}\int_{-\frac{n}{2}}^{\frac{n}{2}} \prod_{k=0}^{n}\left(u+\frac{n}{2}-k\right)\mathrm{d}u=0.$$ ▮

由上述结论可知，在几种低阶牛顿 - 柯特斯公式中，我们更感兴趣的是梯形公式 (它最简单、最基本)、辛普森公式和柯特斯公式.

下面我们给出几种低阶求积公式的余项. 首先考察梯形公式的余项

$$R=\int_a^b \frac{f''(\xi)}{2!}(x-a)(x-b)\,\mathrm{d}x.$$

如果 $f''(x)$ 连续，则由被积函数 $(x-a)(x-b)$ 在 $[a,b]$ 上保号，并应用积分中值定理可知，存在 $\eta\in[a,b]$, 使得

$$R_T=\frac{f''(\eta)}{2}\int_a^b (x-a)(x-b)\,\mathrm{d}x=-\frac{(b-a)^3}{12}f''(\eta).$$

其次考察辛普森公式的余项

$$R=\int_b^a \frac{f'''(\xi)}{3!}(x-a)\left(x-\frac{a+b}{2}\right)(x-b)\,\mathrm{d}x.$$

由辛普森公式具有 3 次代数精度可知，对于满足条件

$$H(a)=f(a),\ H(b)=f(b),\ H\left(\frac{a+b}{2}\right)=f\left(\frac{a+b}{2}\right),\ H'\left(\frac{a+b}{2}\right)=f'\left(\frac{a+b}{2}\right)$$

的三次插值多项式 $H(x)$, 有

$$\begin{aligned}\int_a^b H(x)\,\mathrm{d}x&=\frac{b-a}{6}\left[H(a)+4H\left(\frac{a+b}{2}\right)+H(b)\right]\\&=\frac{b-a}{6}\left[f(a)+4f\left(\frac{a+b}{2}\right)+f(b)\right],\end{aligned}$$

故

$$R=\int_a^b (f(x)-H(x))\,\mathrm{d}x,$$

从而由埃尔米特插值的余项公式可得

$$R=\int_a^b \frac{f^{(4)}(\xi)}{4!}(x-a)\Big(x-\frac{a+b}{2}\Big)^2(x-b)\,\mathrm{d}x.$$

同理，如果 $f^{(4)}(x)$ 连续，则由积分中值定理可知，存在 $\eta\in[a,b]$, 使得

$$R=\frac{f^{(4)}(\eta)}{4!}\int_a^b (x-a)\Big(x-\frac{a+b}{2}\Big)^2(x-b)\,\mathrm{d}x=-\frac{b-a}{180}\Big(\frac{b-a}{2}\Big)^4 f^{(4)}(\eta).$$

最后我们不再具体推导柯特斯公式的余项，仅给出 $n=3$ 时的结果如下

$$R=-\frac{2(b-a)}{945}\Big(\frac{b-a}{4}\Big)^6 f^{(6)}(\eta)\quad (a\leqslant\eta\leqslant b).$$

5.3 复化求积公式

前面已经指出高阶牛顿 - 柯特斯公式是不稳定的，通过提高阶的途径并不总能取得满意的效果，即不可能通过提高阶的方法来提高求积精度．为了提高精度，我们将区间 $[a,b]$ 分为 n 等分，步长 $h=\dfrac{b-a}{n}$，分点为 $x_k=a+kh\ (k=0,1,2,\cdots,n)$，先用低阶的求积公式求得每个子区间 $[x_k,x_{k+1}]$ 上的积分值 I_k，然后用它们和 $\sum\limits_{k=0}^{n-1}I_k$ 作为所求积分 I 的近似值．这是一种行之有效的方法，称其为复化求积法．

下面先讨论复化梯形公式．

设 $f(x)$ 在节点 $x_k=a+kh\ (k=0,1,\cdots,n)$ 的函数值为 $f(x_k)$，这里 $h=\dfrac{b-a}{n}$ 为步长．则在每个子区间 $[x_k,x_{k+1}]$ 上的梯形公式为

$$\int_{x_k}^{x_{k+1}} f(x)\,\mathrm{d}x\approx\frac{h}{2}[f(x_k)+f(x_{k+1})],$$

从而

$$\int_a^b f(x)\,\mathrm{d}x=\frac{h}{2}\sum_{k=0}^{n-1}[f(x_k)+f(x_{k+1})]+R_n(f).$$

称表达式

$$T_n=\frac{h}{2}\sum_{k=0}^{n-1}[f(x_k)+f(x_{k+1})]=\frac{h}{2}\Big[f(a)+2\sum_{k=1}^{n-1}f(x_k)+f(b)\Big] \tag{5.3.1}$$

为复化梯形公式，其积分余项为

$$R_n(f)=\int_a^b f(x)\,\mathrm{d}x-\frac{h}{2}\sum_{k=0}^{n-1}[f(x_k)+f(x_{k+1})]=\sum_{k=0}^{n-1}\Big[-\frac{h^3}{12}f''(\xi_k)\Big].$$

其中 $\xi_k \in [x_k, x_{k+1}]$.

另一方面，如果 $f(x) \in C^2[a,b]$, 则 $f''(x)$ 在 $[a,b]$ 上存在最大值 M 和最小值 m, 即对任意的 $x \in [a,b]$, 有

$$m \leqslant f''(x) \leqslant M,$$

故

$$m \leqslant \frac{1}{n}\sum_{k=0}^{n-1} f''(\xi_k) \leqslant M,$$

从而由闭区间上连续函数的介值定理可知，存在 $\eta \in [a,b]$, 使得

$$f''(\eta) = \frac{1}{n}\sum_{k=0}^{n-1} f''(\xi_k).$$

由此可知，复化梯形公式的余项可表示为

$$R_n(f) = -\frac{h^3}{12}\sum_{k=0}^{n-1} f''(\xi_k) = -\frac{nh^3}{12}f''(\eta) = -\frac{b-a}{12}h^2 f''(\eta), \tag{5.3.2}$$

故误差 $R_n(f)$ 是 h^2 阶的，且当 $f(x) \in C^2[a,b]$ 时，有

$$\lim_{n\to\infty} \frac{h}{2}\Big[f(a) + 2\sum_{k=1}^{n-1} f(x_k) + f(b)\Big] = \int_a^b f(x)\,\mathrm{d}x,$$

此时复化梯形公式是收敛的.

需要说明的是：当 $f(x) \in C[a,b]$ 时，复化梯形公式也收敛. 事实上，由

$$T_n = \frac{1}{2}\Big[\frac{b-a}{n}\sum_{k=0}^{n-1} f(x_k) + \frac{b-a}{n}\sum_{k=1}^{n} f(x_k)\Big]$$

及 $f(x)$ 在 $[a,b]$ 上可积，得

$$\lim_{n\to\infty} \frac{1}{2}\Big[\frac{b-a}{n}\sum_{k=0}^{n-1} f(x_k) + \frac{b-a}{n}\sum_{k=1}^{n} f(x_k)\Big] = \int_a^b f(x)\,\mathrm{d}x.$$

此外，由 T_n 的求积系数为正数可知，复化梯形公式是稳定的.

其次讨论复化辛普森公式.

如果记 $x_{k+\frac{1}{2}} = x_k + \frac{1}{2}h$, 则在每个子区间 $[x_k, x_{k+1}]$ 上的辛普森公式为

$$\int_{x_k}^{x_{k+1}} f(x)\,\mathrm{d}x \approx \frac{h}{6}[f(x_k) + 4f(x_{k+\frac{1}{2}}) + f(x_{k+1})],$$

从而

$$\int_a^b f(x)\,\mathrm{d}x = \frac{h}{6}\sum_{k=0}^{n-1}[f(x_k) + 4f(x_{k+\frac{1}{2}}) + f(x_{k+1})] + R_n(f).$$

称表达式

$$\begin{aligned}S_n &= \frac{h}{6}\sum_{k=0}^{n-1}[f(x_k)+4f(x_{k+\frac{1}{2}})+f(x_{k+1})]\\&=\frac{h}{6}\Big[f(a)+4\sum_{k=0}^{n-1}f(x_{k+\frac{1}{2}})+2\sum_{k=1}^{n-1}f(x_k)+f(b)\Big]\end{aligned}\tag{5.3.3}$$

为复化辛普森公式，其积分余项为

$$\begin{aligned}R_n(f) &= \int_a^b f(x)\,\mathrm{d}x-\frac{h}{6}\sum_{k=0}^{n-1}[f(x_k)+4f(x_{k+\frac{1}{2}})+f(x_{k+1})]\\&=-\frac{h}{180}\Big(\frac{h}{2}\Big)^4\sum_{k=0}^{n-1}f^{(4)}(\eta_k)\quad(x_k\leqslant\eta_k\leqslant x_{k+1}).\end{aligned}\tag{5.3.4}$$

同理可知，当 $f(x)\in C^4[a,b]$ 时，存在 $\eta\in[a,b]$, 使得

$$R_n(f)=-\frac{b-a}{180}\Big(\frac{h}{2}\Big)^4 f^{(4)}(\eta).$$

由此可知，误差 $R_n(f)$ 是 h^4 阶的，并且当 $f(x)\in C[a,b]$ 时，有

$$\lim_{n\to\infty}\frac{1}{6}\Big[\frac{b-a}{n}\sum_{k=0}^{n-1}f(x_k)+4\frac{b-a}{n}\sum_{k=0}^{n-1}f(x_{k+\frac{1}{2}})+\frac{b-a}{n}\sum_{k=1}^{n}f(x_k)\Big]=\int_a^b f(x)\,\mathrm{d}x.$$

此外，由 S_n 的求积系数均为正数可知，复化辛普森公式是稳定的.

复化辛普森方法是一种常用的数值求积方法. 为了便于编写程序，我们将求积公式改写成下列形式

$$S_n=\frac{h}{6}\Big\{f(b)-f(a)+\sum_{k=0}^{n-1}\Big[4f(x_{k+\frac{1}{2}})+2f(x_k)\Big]\Big\},$$

据此可得到复化辛普森法的算法:

(1) 输入 $a,\ b,\ N$;

(2) $h=\dfrac{b-a}{N},\ s=f(a),\ x=a$;

(3) 当 $i=1,2,\cdots,N$ 时，

作 $x=x+h$

$s=s+4f(x)$

$x=x+h$

$s=s+2f(x)$;

(4) $s=\dfrac{h}{6}(s+f(b))$.

最后讨论复化柯特斯公式.

如果记 $x_{k+\frac{j}{4}}=x_k+\dfrac{j}{4}h\ (j=1,2,3)$, 则在 $[x_k,x_{k+1}]$ 上的柯特斯公式为

$$\int_{x_k}^{x_{k+1}}f(x)\,\mathrm{d}x\approx\frac{h}{90}[7f(x_k)+32f(x_{k+\frac{1}{4}})+12f(x_{k+\frac{1}{2}})+32f(x_{k+\frac{3}{4}})+7f(x_{k+1})],$$

从而

$$\int_a^b f(x)\,\mathrm{d}x \approx \frac{h}{90}\sum_{k=0}^{n-1}[7f(x_k)+32f(x_{k+\frac{1}{4}})+12f(x_{k+\frac{1}{2}})+32f(x_{k+\frac{3}{4}})+7f(x_{k+1})].$$

称表达式

$$C_n = \frac{h}{90}\sum_{k=0}^{n-1}[7f(x_k)+32f(x_{k+\frac{1}{4}})+12f(x_{k+\frac{1}{2}})+32f(x_{k+\frac{3}{4}})+7f(x_{k+1})]$$

为复化柯特斯公式，其积分余项为

$$\begin{aligned} R_n(f) &= \int_a^b f(x)\,\mathrm{d}x - C_n \\ &= -\frac{2}{945}\left(\frac{h}{4}\right)^6[f^{(5)}(b)-f^{(5)}(a)]. \end{aligned}$$

由此可知，误差 $R_n(f)$ 是 h^6 阶的，并且当 $f(x)\in C[a,b]$ 时，有

$$\lim_{n\to\infty} C_n = \int_a^b f(x)\,\mathrm{d}x.$$

此外，由 C_n 的求积系数均为正数可知，复化柯特斯公式是稳定的.

例 5.3.1 用函数 $f(x)=\dfrac{\sin x}{x}$ 的数据表 (表 5.3.1) 计算积分 $\displaystyle\int_0^1 \frac{\sin x}{x}\,\mathrm{d}x$.

表 5.3.1

x	$f(x)$	x	$f(x)$	x	$f(x)$
0	1.0000000	$\frac{3}{8}$	0.9767267	$\frac{3}{4}$	0.9088516
$\frac{1}{8}$	0.9973978	$\frac{1}{2}$	0.9588510	$\frac{7}{8}$	0.8771925
$\frac{1}{4}$	0.9896158	$\frac{5}{8}$	0.9361556	1	0.8414709

判定一种算法的优劣, 计算量是一个重要的因素. 由于在求 $f(x)$ 的函数值时, 通常要作许多次加减乘除四则运算, 因此在统计求积公式 $\sum\limits_k A_k f(x_k)$ 的计算量时, 只要统计求函数值 $f(x_k)$ 的次数即可.

解 选取 $n=8$, 步长为 $h=\dfrac{1}{8}$, 节点为

$$x_k = kh \quad (k=0,\ 1,\ 2,\ 3,\ 4,\ 5,\ 6,\ 7,\ 8),$$

用梯形复化公式计算，得

$$T_8 = \frac{h}{2}\left[\sum_{k=0}^{7} f(x_k) + \sum_{k=1}^{8} f(x_k)\right] = 0.9456909.$$

再选取 $n=4$, 步长为 $h=\dfrac{1}{4}$, 节点为

$$x_k = kh \quad (k=0,\ 1,\ 2,\ 3,\ 4), \quad x_{k+\frac{1}{2}} = x_k + \frac{1}{2}h \quad (k=0,\ 1,\ 2,\ 3),$$

用复化辛普森公式计算，得

$$S_4 = \frac{h}{6}\sum_{k=0}^{3}[f(x_k)+4f(x_{k+\frac{1}{2}})+f(x_{k+1})] = 0.9460832.$$

比较上面两个结果，它们都需要提供 9 个点上的函数值，工作量基本相同，然而精度却差别很大，同积分的准确值 0.9460831 比较，复化梯形方法的结果 T_8 只有 2 位有效数字，而复化辛普森方法的结果 S_4 却有 6 位有效数字.

例 5.3.2 (计算椭圆轨道长度)

许多天体均做近似椭圆轨道的旋转运动. 设其椭圆半长轴和半短轴分别为 a 和 b, 离心率为 $e=\dfrac{b}{a}$, 则由椭圆周长的计算公式可知，椭圆轨道长度为

$$\begin{aligned} S(a,e) &= \int_0^{2\pi}\sqrt{a^2\sin^2\theta+b^2\cos^2\theta}\,\mathrm{d}\theta = a\int_0^{2\pi}\sqrt{\sin^2\theta+e^2\cos^2\theta}\,\mathrm{d}\theta \\ &= a\int_0^{2\pi}\sqrt{1-(1-e^2)\cos^2\theta}\,\mathrm{d}\theta = aS(1,e), \end{aligned}$$

于是所求问题转化为求半长轴为 1 、离心率为 e 的椭圆轨道长度

$$S(1,e) = \int_0^{2\pi}\sqrt{1-(1-e^2)\cos^2\theta}\,\mathrm{d}\theta.$$

现在我们来计算 $S(1,e)$, 采用逐次二分步长及自动选择步长的复化辛普森公式进行运算，所用公式为

$$\begin{aligned} T_1 &= \frac{b-a}{2}\Big[f(a)+f(b)\Big], \\ T_{2n} &= \frac{1}{2}\Big[T_n + h_n\sum_{k=0}^{n-1} f\Big(a+kh_n+\frac{1}{2}h_n\Big)\Big] \quad \Big(h_n=\frac{b-a}{n}\Big), \\ S_n &= \frac{1}{3}(4T_{2n}-T_n). \end{aligned}$$

终止准则为 n 满足条件

$$|S_n - S_{\frac{n}{2}}| < \frac{1}{2}\times 10^{-6},$$

所得运算结果见表 5.3.2. 对于不在表中的 e, 相应的 $S(1,e)$ 可用拉格朗日插值多项式求得.

表 5.3.2 半长轴为 1 、离心率为 e 的椭圆轨道长 $S(1,e)$

e	n	$S(1,e)$	e	n	$S(1,e)$
0.000	512	4.000000	0.525	64	4.907851
0.025	512	4.005722	0.550	64	4.972630
0.050	256	4.019426	0.575	64	5.038490
0.075	256	4.039179	0.600	32	5.105400
0.100	256	4.063974	0.625	32	5.173285
0.120	512	4.093119	0.650	32	5.242103
0.150	128	4.126100	0.675	32	5.311812
0.175	128	4.162508	0.700	32	5.382369
0.200	128	4.202009	0.725	32	5.453734
0.225	128	4.244323	0.750	32	5.525873
0.250	128	4.289211	0.775	32	5.598749
0.275	128	4.336466	0.800	32	5.672333
0.300	64	4.385910	0.825	32	5.746593
0.325	64	4.437382	0.850	32	5.821503
0.350	64	4.490739	0.875	32	5.597033
0.375	64	4.545858	0.900	32	5.973160
0.400	64	4.602623	0.925	16	6.049860
0.425	64	4.660931	0.950	16	6.127112
0.450	64	4.720689	0.975	16	6.204894
0.475	64	4.781813	1.000	16	6.283185
0.500	64	4.844244			

例如，我国第一颗人造地球卫星的轨道是一个椭圆，其近地点距离 $h=439\text{km}$，远地点距离 $H=2384\text{km}$，已知地球半径为 6731km，则

$$a=R+\frac{1}{2}(H+h)=8142.5,\quad b=\sqrt{(R+H)(R+h)}=7721.5,$$

$$e=\frac{b}{a}=0.948296.$$

查表 5.3.2 得 $S(1,0.925)=6.049860$，$S(1,0.950)=6.127112$，故根据线性插值可得

$$\begin{aligned}S(1,0.948296)&\approx S(1,0.925)\frac{0.950-0.948296}{0.950-0.925}+S(1,0.950)\frac{0.948296-0.925}{0.950-0.925}\\&\approx 6.121847,\end{aligned}$$

从而该卫星轨道长度为

$$S=aS(1,0.948296)=8142.5\times 6.121847=49847\,\text{km}.$$

5.4 龙贝格 (Romberg) 求积公式

上一节介绍的复化求积方法对提高精度是行之有效的，但在使用求积公式之前必须先给出步长，步长取得太大精度难以保证，步长太小则又会导致计算量的增加，而事先给一个合适的步长往往是困难的.

实际计算中常常采用变步长的计算方案，即在步长逐次减半的过程中，反复利用复化求积公式进行计算，直到所求得的积分值满足精度要求为止.

5.4.1 梯形法的递推化

我们在变步长的过程中探讨梯形求积公式的计算规律.

设 $f(x)$ 是定义在区间 $[a,b]$ 上的函数，将 $[a,b]$ 分为 n 等分，步长为 $h=\dfrac{b-a}{n}$，$n+1$ 个分点为 $x_k=a+kh\ (k=0,1,2,\cdots,n)$，用 T_n 表示用复化梯形法求得的积分值，其下标 n 表示等分数.

先考察一个子区间 $[x_k,x_{k+1}]$，其中点 $x_{k+\frac{1}{2}}=\dfrac{x_k+x_{k+1}}{2}$，在该子区间上二分前后的两个积分值

$$T_1=\frac{h}{2}[f(x_k)+f(x_{k+1})]$$

和

$$T_2=\frac{h}{4}[f(x_k)+2f(x_{k+\frac{1}{2}})+f(x_{k+1})],$$

显然有下列关系

$$T_2=\frac{1}{2}T_1+\frac{h}{2}f(x_{k+\frac{1}{2}}).$$

将这一关系式关于 k 从 0 到 $n-1$ 累加求和，可导出递推公式

$$T_{2n}=\frac{1}{2}T_n+\frac{h}{2}\sum_{k=0}^{n-1}f(x_{k+\frac{1}{2}}).$$

需要强调指出的是，上式中的 $h=\dfrac{b-a}{n}$ 代表二分前的步长，而 $x_{k+\frac{1}{2}}=a+\left(k+\dfrac{1}{2}\right)h$.

变步长梯形求积公式的算法：

(1) 输入积分上、下限 a, b, 精度要求 ε;

(2) $h=b-a$, $T1=\dfrac{h}{2}(f(a)+f(b))$;

(3) a. $s=0$, $i=1$

b. 当 $x=a+\dfrac{2i-1}{2}h<b$ 时，作循环 $s=s+f(x)$, $i=i+1$

c. $T2=\dfrac{T1}{2}+\dfrac{h}{2}\cdot s$;

(4) 若 $|T1-T2|\geqslant\varepsilon$, 则 $T1=T2$, $h=\dfrac{h}{2}$, 返回 (3);

否则输出 $T2$, 结束.

例 5.4.1 用变步长方法计算 $I=\int_0^1 \frac{\sin x}{x}\,\mathrm{d}x$.

解 先对区间 $[0,1]$ 用梯形求积公式. 由 $f(x)=\frac{\sin x}{x}$ 可得

$$f(0)=\lim_{x\to 0^+}\frac{\sin x}{x}=1,\quad f(1)=0.8414709,$$

故

$$T_1=\frac{1}{2}[f(0)+f(1)]=0.9207355.$$

然后将区间 $[0,1]$ 二分, 由 $f\left(\frac{1}{2}\right)=0.9588510$, 并利用递推公式, 得

$$T_2=\frac{1}{2}T_1+\frac{1}{2}f\left(\frac{1}{2}\right)=0.9397933.$$

再分别将区间 $\left[0,\frac{1}{2}\right]$ 和 $\left[\frac{1}{2},1\right]$ 二分 1 次, 并计算新分点上的函数值

$$f\left(\frac{1}{4}\right)=0.9896158,\quad f\left(\frac{3}{4}\right)=0.9088516,$$

利用递推公式, 得

$$T_4=\frac{1}{2}T_2+\frac{1}{4}\left[f\left(\frac{1}{4}\right)+f\left(\frac{3}{4}\right)\right]=0.9445135.$$

这样不断二分下去, 用变步长方法二分 10 次得到计算结果见表 5.4.1(表中 k 代表二分次数, 区间等分数 $n=2^k$), 积分的准确值为 0.9460831.

表 5.4.1

k	T_n	k	T_n
0	0.9207355	1	0.9397933
2	0.9445135	3	0.9456909
4	0.9459850	5	0.9460596
6	0.9460769	7	0.9460815
8	0.9460827	9	0.9460830
10	0.9460831		

5.4.2 龙贝格公式

梯形法的算法简单, 但精度低, 收敛的速度缓慢. 如何提高收敛速度以节省计算量, 自然是人们极为关心的课题.

根据梯形法的误差公式, 积分值 T_n 的截断误差大致和 h^2 成正比, 因此当步长二分后误差将减至 $\frac{1}{4}$, 即有

$$\frac{I-T_{2n}}{I-T_n}\approx\frac{1}{4}.$$

将上式移项整理，得

$$I - T_{2n} \approx \frac{1}{3}(T_{2n} - T_n). \tag{5.4.1}$$

由此可见，只要二分前后两个积分值 T_n 与 T_{2n} 相当接近，就可以保证计算结果 T_{2n} 的误差很小. 这种直接用计算结果来估计误差的方法称为误差的事后估计法.

按式 (5.4.1)，积分值 T_{2n} 的误差大致等于 $\frac{1}{3}(T_{2n} - T_n)$，如果用这个误差值作为 T_{2n} 的一种补偿，可以期望所得到的

$$\overline{T} = T_{2n} + \frac{1}{3}(T_{2n} - T_n) = \frac{4}{3}T_{2n} - \frac{1}{3}T_n \tag{5.4.2}$$

应当是更好的结果.

再考察例 5.4.1，所求得的两个梯形值 $T_4 = 0.9445135$ 和 $T_8 = 0.9456909$ 的精度都很差 (与准确值 0.9460831 比较，它们只有 2 或 3 位有效数字)，但如果将它们按式 (5.4.2) 作线性组合，则新的近似值

$$\overline{T} = \frac{4}{3}T_8 - \frac{1}{3}T_4 = 0.9460834$$

却有 6 位有效数字.

按式 (5.4.2) 组合得到的近似值 $\overline{T}$，其实质究竟是什么呢？直接验证易得

$$S_n = \frac{4}{3}T_{2n} - \frac{1}{3}T_n. \tag{5.4.3}$$

这就是说，用梯形法二分前后两个积分值 T_n 与 T_{2n} 按式 (5.4.2) 作线性组合，结果得到辛普森法的积分值 S_n.

再考察辛普森法. 按辛普森法的误差公式可知，其截断误差与 h^4 成正比. 因此，若将步长折半，则误差减至 $\frac{1}{16}$，即有

$$\frac{I - S_{2n}}{I - S_n} \approx \frac{1}{16},$$

由此可得

$$I \approx \frac{16}{15}S_{2n} - \frac{1}{15}S_n.$$

不难验证，上式右端的值等于 C_n，这就是说，用辛普森法法二分前后的两个积分值 S_n 与 S_{2n}，按上式再作线性组合，结果得到柯特斯法的积分 C_n，即有

$$C_n = \frac{16}{15}S_{2n} - \frac{1}{15}S_n. \tag{5.4.4}$$

重复同样的方法，依据柯特斯法的误差公式，可进一步导出下列龙贝格公式

$$R_n = \frac{64}{63}C_{2n} - \frac{1}{63}C_n. \tag{5.4.5}$$

应当注意，龙贝格公式 (5.4.5) 已经不属于牛顿 – 柯特斯公式的范畴.

我们在步长二分的过程运用公式 (5.4.3),(5.4.4) 和 (5.4.5) 加工 3 次，就能将粗糙的积分值 T_n 逐步加工成精度较高的龙贝格值 R_n, 或者说将收敛缓慢的梯形值序列 T_n 加工成收敛迅速的龙贝格值序列 R_n. 这种加速方法称为龙贝格算法，其加工流程如图 (图 5.4.1) 所示：

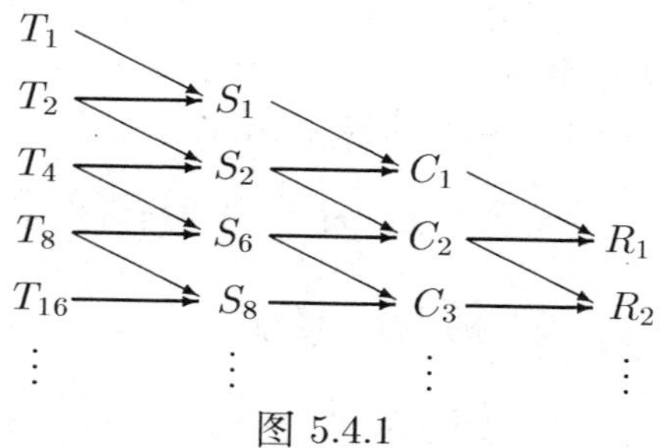

图 5.4.1

龙贝格积分的算法：

(1) 输入积分上、下限 a, b, 精度要求 ε;

(2) $k=0,\ h=b-a,\ T_{0,0}=\dfrac{h}{2}(f(a)+f(b))$;

(3) $k=k+1,\ h=\dfrac{h}{2},\ T_{k,0}=\dfrac{T_{k-1,0}}{2}+h\sum\limits_{j=1}^{2^{k-1}}f(a+(2j-1)h)$;

(4) 当 $i=1,2,\cdots,k$ 时作

a. $j=k-i$

b. $T_{j,i}=\dfrac{4^iT_{j+1,i-1}-T_{j,i-1}}{4^i-1}$;

(5) 若 $|T_{0,k}-T_{0,k-1}|\geqslant\varepsilon$, 则返回 (3); 否则输出 $T_{0,k}$, 结束.

例 5.4.2 用龙贝格算法加工例 5.4.1 得到的梯形值，计算结果见表 5.4.2, 表中 k 代表二分次数.

表 5.4.2

k	T_2^k	S_2^{k-1}	C_2^{k-2}	R_2^{k-3}
0	0.9207355			
1	0.9397933	0.9461459		
2	0.9445135	0.9460869	0.9460830	
3	0.9456909	0.9460834	0.9460831	0.9460831

我们看到，这里用二分 3 次的数据 (它们的精度都很低，只有 2 或 3 位有效数字), 通过 3 次加速获得了例 5.3.1 需要二分 10 次才能求得的结果，而加速过程的计算量 (只要作几次四则运算而不用求函数值) 可以忽略不计，可见龙贝格加速过程的效果是极其显著的.

5.5　高斯求积公式

前面在构造牛顿－柯特斯公式时，我们限定用等分点作为求积节点，这样作简化了处理过程，但同时限制了精度．如果适当地选取求积节点 x_k $(k=1,2,\cdots n)$，可以使求积公式具有 $2n-1$ 次代数精度．这种高精度的求积公式称高斯公式，高斯公式的求积节点 x_k 称高斯点．

不失一般性，取 $a=-1$, $b=1$, 考察求积公式

$$\int_{-1}^{1} f(x)\,\mathrm{d}x \approx \sum_{k=0}^{n} A_k f(x_k).$$

显然，一点高斯公式是我们熟悉的中矩形公式

$$\int_{-1}^{1} f(x)\,\mathrm{d}x \approx 2f(0),$$

其高斯点 $x_1=0$.

现在推导两点高斯公式

$$\int_{-1}^{1} f(x)\,\mathrm{d}x \approx A_1 f(x_1) + A_2 f(x_2).$$

假设两点高斯公式对于 $f(x)=1$, x, x^2, x^3 准确成立，则可得到方程组

$$\begin{cases} A_1 + A_2 = 2, \\ A_1 x_1 + A_2 x_2 = 0, \\ A_1 x_1^2 + A_2 x_2^2 = \dfrac{2}{3}, \\ A_1 x_1^3 + A_2 x_2^3 = 0, \end{cases}$$

解此方程组得

$$x_1 = -\frac{1}{\sqrt{3}},\quad x_2 = \frac{1}{\sqrt{3}},\quad A_1 = A_2 = 1,$$

于是两点高斯公式为

$$\int_{-1}^{1} f(x)\,\mathrm{d}x \approx f\Big(-\frac{1}{\sqrt{3}}\Big) + f\Big(\frac{1}{\sqrt{3}}\Big).$$

对于任意求积区间 $[a,b]$, 作变量替换 $x=\dfrac{b-a}{2}t+\dfrac{a+b}{2}$, 则

$$\int_a^b f(x)\,\mathrm{d}x = \frac{b-a}{2}\int_{-1}^{1} f\Big(\frac{b-a}{2}t + \frac{a+b}{2}\Big)\,\mathrm{d}t,$$

从而相应的两点高斯公式为

$$\int_a^b f(x)\,\mathrm{d}x \approx \frac{b-a}{2}\Big[f\Big(-\frac{b-a}{2\sqrt{3}} + \frac{a+b}{2}\Big) + f\Big(\frac{b-a}{2\sqrt{3}} + \frac{a+b}{2}\Big)\Big].$$

高斯公式的精度很高. 例如, 用两点公式计算 $\int_0^1 \frac{\sin x}{x}\,\mathrm{d}x$ 得近似值 0.9460411, 这个结果有 4 位有效数字. 但我们也看到, 寻求高斯点的问题虽然原则上可以化为代数问题, 但所归结出的方程组是非线性的, 求解困难. 下面我们从研究高斯点的基本特性着手来解决高斯公式的构造问题.

设 x_k 是求积公式的高斯点, 作多项式

$$\omega(x) = (x - x_1)(x - x_2)\cdots(x - x_n),$$

对于任意次数不超过 $n-1$ 的多项式 $p(x)$, 多项式 $p(x)\omega(x)$ 的次数不超过 $2n-1$, 故高斯公式对于它是准确成立的, 并由 $\omega(x_k) = 0\ (k = 1, 2, \cdots, n)$ 可得

$$\int_{-1}^{1} p(x)\omega(x)\,\mathrm{d}x = \sum_{k=1}^{n} A_k p(x_k)\omega(x_k) = 0.$$

由上面的讨论可知, 以高斯点为零点的 n 次多项式 $\omega(x)$ 与一切次数不超过 $n-1$ 的多项式正交. 同时, 其逆命题也成立, 即如果 $\omega(x)$ 与任意 $n-1$ 次多项式正交, 则其零点必为高斯点.

事实上, 对于任意次数不超过 $2n-1$ 的多项式 $f(x)$, 用 $\omega(x)$ 除它, 其商记为 $p(x)$, 余式记为 $q(x)$, 即

$$f(x) = p(x)\omega(x) + q(x),$$

这里 $p(x)$ 为 $n-1$ 次多项式, $q(x)$ 为次数不超过 $n-1$ 的多项式. 利用正交性条件可得

$$\int_{-1}^{1} f(x)\,\mathrm{d}x = \int_{-1}^{1} p(x)\omega(x)\,\mathrm{d}x + \int_{-1}^{1} q(x)\,\mathrm{d}x = \int_{-1}^{1} q(x)\,\mathrm{d}x.$$

假设所给求积公式是插值型的, 则它至少具有 $n-1$ 次代数精度, 因而对于 $q(x)$ 准确成立, 并由 $q(x_k) = f(x_k)\ (k = 1, 2, \cdots, n)$ 可得

$$\int_{-1}^{1} f(x)\,\mathrm{d}x = \int_{-1}^{1} q(x)\,\mathrm{d}x = \sum_{k=1}^{n} A_k q(x_k) = \sum_{k=1}^{n} A_k f(x_k).$$

这说明所给求积公式对于任意次数不超过 $2n-1$ 的多项式 $f(x)$ 均能准确成立, 因而它是高斯公式.

综上所述, 我们有如下定理.

定理 5.5.1 节点 $x_k\ (k = 1, 2, \cdots, n)$ 是高斯点的充分必要条件是 $\omega(x)$ 与一切次数不超过 $n-1$ 的多项式正交, 即

$$\int_{-1}^{1} x^k \omega(x)\,\mathrm{d}x = 0 \quad (k = 0, 1, 2, \cdots, n-1).$$

例如，为要确定两点公式

$$\int_{-1}^{1} f(x)dx = A_1 f(x_1) + A_2 f(x_2)$$

的高斯点，由正交性条件可知，x_1, x_2 满足

$$\begin{cases} \int_{-1}^{1} (x - x_1)(x - x_2)\,\mathrm{d}x = 0, \\ \int_{-1}^{1} x(x - x_1)(x - x_2)\,\mathrm{d}x = 0, \end{cases}$$

由此易得

$$\begin{cases} x_1 x_2 = -\dfrac{1}{3}, \\ x_1 + x_2 = 0, \end{cases}$$

故所求的高斯点为 $x_1 = -x_2 = -\dfrac{1}{\sqrt{3}}$. 这与我们前面所求的结果一致.

下面讨论如何用勒让德 (Legendre) 多项式来构造高斯公式.

以高斯点 x_k $(k = 1, 2, \cdots, n)$ 为零点的 n 次式

$$P_n(x) = (x - x_1)(x - x_2) \cdots (x - x_n)$$

称为勒让德多项式. 为了导出 $P_n(x)$ 的具体表达式，考察 n 重积分

$$u(x) = \int_{-1}^{x} \int_{-1}^{x} \cdots \int_{-1}^{x} P_n(x)\,\mathrm{d}x\mathrm{d}x \cdots \mathrm{d}x.$$

显然，$u(x)$ 是 $2n$ 次多项式，且

$$u^{(n)}(x) = P_n(x), \quad u(-1) = u'(-1) = u''(-1) = \cdots = u^{(n-1)}(-1) = 0.$$

设 $v(x)$ 为任意 $n-1$ 次多项，注意到 $v^{(n)}(x) = 0$, 利用上面式子分部积分，得

$$\int_{-1}^{1} v(x) P_n(x)\,\mathrm{d}x = \int_{-1}^{1} v(x) u^{(n)}(x)\,\mathrm{d}x = \sum_{k=1}^{n} (-1)^{k-1} v^{(k-1)}(1) u^{(n-k)}(1).$$

另一方面，由 $P_n(x)$ 的零点是高斯点可得

$$v(1)u^{(n-1)}(1) - v'(1)u^{(n-2)}(1) + \cdots + (-1)^{(n-1)} v^{(n-1)}(1) u(1) = 0,$$

故由 $v(x)$ 的任意性，得

$$u(1) = u'(1) = u''(1) = \cdots = u^{(n-1)}(1) = 0.$$

综上可知，-1 和 1 都是 $u(x)$ 的 n 重零点，并由 $u(x)$ 为 $2n$ 次多项式可得

$$u(x)=c(x^2-1)^n,$$

其中 c 为待定系数. 为使 $P_n(x)$ 的首项系数为 1, 取 $c=\frac{n!}{(2n)!}$, 于是

$$P_n(x)=\frac{n!}{(2n)!}\frac{\mathrm{d}^n}{\mathrm{d}x^n}[(x^2-1)^n].$$

据此可作出勒让德多项式，例如

$$P_1(x)=x,\ \ P_2(x)=x^2-\frac{1}{3},\ \ P_3(x)=x^3-\frac{3}{5}x,\ \ \cdots.$$

这样，我们就可以用勒让德多项式的零点作为节点来构造高斯公式. 例如，为要构造三点高斯公式

$$\int_{-1}^{1}f(x)\,\mathrm{d}x\approx A_1f(x_1)+A_2f(x_2)+A_3f(x_3),$$

可取三次勒让德多项式 $P_3(x)$ 的零点

$$x_1=-\sqrt{\frac{3}{5}},\quad x_2=0,\quad x_3=\sqrt{\frac{3}{5}}$$

作为求积节点，并令求积公式对于 $f(x)=1,\ x,\ x^2$ 准确成立，则有

$$\begin{cases}A_1+A_2+A_3=2,\\ A_1x_1+A_2x_2+A_3x_3=0,\\ A_1x_1^2+A_2x_2^2+A_3x_3^2=\dfrac{2}{3},\end{cases}$$

解此方程组得 $A_1=\frac{5}{9}$, $A_2=\frac{8}{9}$, $A_3=\frac{5}{9}$, 从而

$$\int_{-1}^{1}f(x)\,\mathrm{d}x\approx\frac{5}{9}f\Big(-\sqrt{\frac{3}{5}}\Big)+\frac{8}{9}f(0)+\frac{5}{9}f\Big(\sqrt{\frac{3}{5}}\Big).$$

高斯公式的一个重要特点是它的收敛性，当 $n\to\infty$ 时，按高斯公式求得的积分近似值会收敛到积分值 $\int_{-1}^{1}f(x)\,\mathrm{d}x$, 不过，高阶的高斯公式由于形式复杂而不便于实际实用.

为简化程序设计，可以像处理牛顿 – 柯特斯公式一样将高斯公式复化. 例如，先将求积区间 $[a,b]$ 分为 n 等分，步长 $h=\frac{b-a}{n}$, 在每个子区间上使用中矩形公式 (一点高斯公式), 则其复化形式为

$$\int_a^b f(x)\,\mathrm{d}x\approx h\sum_{k=0}^{n-1}f\Big(a+k+\frac{1}{2}\Big).$$

类似于复化梯形方法的讨论，对于复化中矩形方法亦可运用加速技术.

5.6　数据的积分

前面讨论的数值积分都是在被积函数 $f(x)$ 已知的情况下进行的. 在实际应用中, 有时需要积分表格数据. 在这种情况下, 最简单的方法是先用一个函数来拟合这些数据, 然后再对该函数积分. 但是, 如果考虑拟合中的误差, 则在进一步的积分中会增加不准确性. 通常, 一种好的方法是对数据本身直接实现数值积分.

下面先讨论等距数据点的情形.

设 $n+1$ 个等距数据点为 (x_k, y_k) $(k=0,1,2,\cdots,n)$, 其中

$$x_k = x_0 + kh \quad (k=0,1,\cdots,n).$$

在这种情况下, 既可以将所有的数据点作为节点, 用 n 阶牛顿 – 柯特斯公式来计算; 也可以用复化牛顿 – 柯特斯公式计算, 即将所有数据点分成若干组, 对每组中相邻的数据点用牛顿 – 柯特斯公式来计算. 工程实际中最常用的是复化梯形公式和复化辛普森公式. 下面举例说明.

例 5.6.1 随时间测量电流通过电阻电压的数据如表 5.6.1 所示, 分别用复化梯形公式和复化辛普森公式计算平均电压.

表 5.6.1

t/s	0	10	20	30	40
V/V	189	213	205	213	196

解 由平均电压的计算公式可知, 在时段 $[0,40]$ 内的平均电压为

$$\overline{V} = \frac{1}{40}\int_0^{40} V(t)\,\mathrm{d}t.$$

取 $h=10$, $t_k = kh$ $(k=0,1,2,3,4)$, 由复化梯形公式可得

$$\begin{aligned}\overline{V} &= \frac{1}{40}\times\frac{h}{2}[V(t_0)+2V(t_1)+2V(t_2)+2V(t_3)+V(t_4)]\\ &= \frac{1}{8}[189+2\times 213+2\times 205+2\times 213+196] = 205.875\,(\mathrm{V}).\end{aligned}$$

取 $h=20$, $t_k = kh$ $(k=0,1,2)$, $t_{k+\frac{1}{2}} = t_k + \frac{1}{2}h$ $(k=0,1)$, 由复化辛普森公式可得

$$\begin{aligned}\overline{V} &= \frac{1}{40}\times\frac{h}{6}[V(t_0)+4V(t_{\frac{1}{2}})+2V(t_1)+4V(t_{\frac{3}{2}})+V(t_2)]\\ &= \frac{1}{12}[189+4\times 213+2\times 205+4\times 213+196] = 208.25\,(\mathrm{V}).\end{aligned}$$

特别需要指出的是, 在对所有数据点分组时, 前一组的最后一个数据点与后一组的第一个数据点是同一个数据点.

其次讨论不等距数据点的情形.

在不等距数据点的情况下，由于数据点之间的间隔是没有规律的，因此不能使用牛顿－柯特斯公式来计算，也不能用复化梯形公式来计算. 在这种情况下，可以对每一对邻近数据采用梯形法则，即

$$\int_{x_0}^{x_n} f(x)\,\mathrm{d}x = \sum_{k=0}^{n-1} \frac{x_{k+1}-x_k}{2}[f(x_k)+f(x_{k+1})].$$

下面举例说明.

例 5.6.2 已知数据如表 5.6.2 所示，计算积分 $\int_{x_0}^{x_6} f(x)\,\mathrm{d}x$.

表 5.6.2

k	x_k	$f(x_k)$	k	x_k	$f(x_k)$
0	−2.9999	4.32	4	−1.8687	5.10
1	−2.4486	5.02	5	−1.7734	4.84
2	−2.1599	5.39	6	−1.6990	4.76
3	−1.9893	5.26			

解 现在 x 的值不等距. 为了对每个邻近数据对应用梯形法则，要求计算出每 1 个区间的长度. 这些长度连同用梯形法则的函数值列表如下：

表 5.6.3

k	$f(x_k)$	h_{k-1}	k	$f(x_k)$	h_{k-1}
0	4.32		4	5.10	0.1206
1	5.02	0.5513	5	4.84	0.0953
2	5.39	0.2887	6	4.76	0.0744
3	5.26	0.1706			

由表中数据可得

$$\begin{aligned}\int_{x_0}^{x_6} f(x)\,\mathrm{d}x &= \sum_{k=0}^{5} \frac{h_k}{2}[f(x_k)+f(x_{k+1})]\\ &= \left(\frac{0.5513}{2}\right)(4.32+5.02)+\left(\frac{0.2887}{2}\right)(5.02+5.39)\\ &\quad+\left(\frac{0.1706}{2}\right)(5.39+5.26)+\left(\frac{0.1206}{2}\right)(5.26+5.10)\\ &\quad+\left(\frac{0.0953}{2}\right)(5.10+4.84)+\left(\frac{0.0744}{2}\right)(4.84+4.76)=6.441168.\end{aligned}$$

在实际应用中，可用梯形法则和辛普森法则的组合来积分表格数据. 对不等距区域可用梯形法则，而对等距区域可用辛普森法则，这样可以改善积分的精度.

5.7 开放积分公式

在插值求积公式

$$\int_a^b f(x)\,\mathrm{d}x = \sum_{k=0}^{n} A_k f(x_k)$$

中，要用到积分区间 $[a,b]$ 上的 $n+1$ 个节点上的函数值，其中 n 阶牛顿 – 柯特斯公式中的 $n+1$ 个节点是等距节点，并且包括了积分区间的两个端点. 如果插值求积公式中要用到积分区间两个端点上的被积函数值，则该求积公式称为闭合积分公式. 因此，前面介绍的牛顿 – 柯特斯公式属于闭合积分公式. 高斯求积公式中的 $n+1$ 个节点不包括积分区间的两个端点. 如果插值求积公式中不需要积分区间一个或两个端点上的被积函数值，则该求积公式称为开放积分公式. 因此，高斯求积公式属于开放积分公式.

需要指出的是，前面介绍的牛顿 – 柯特斯公式中的节点是等距节点，它们属于闭合积分公式，但等距节点的牛顿 – 柯特斯公式也可以是开放型的. 开放积分的特点是，在计算积分时不需要积分的一个端点或两个端点上的函数值. 例如，将积分区间二等分，得到 3 个等分节点 a, $\dfrac{a+b}{2}$ 和 b, 但可以只用区间中点 $\dfrac{a+b}{2}$ 上的被积函数值来计算积分近似值，即

$$\int_a^b f(x)\,\mathrm{d}x = (b-a)f\Big(\frac{a+b}{2}\Big).$$

称其为中点公式，它属于开放积分公式. 与闭合积分公式的情况一样，也可以推导出等距节点的牛顿 – 柯特斯开放积分公式. 在表 5.7.1 中列出了前几个牛顿 – 柯特斯开放积分公式，第 1 个公式是大家熟知的中点公式，它是以两区间之间的单一内部点上的函数值为基础，当被积函数为直线或常数时，这个公式给出准确结果.

表 5.7.1

n	h	积分公式	误差
2	$\dfrac{b-a}{2}$	$2hf(x_1)$	$\dfrac{h^3}{3}f''(\xi)$
3	$\dfrac{b-a}{3}$	$\dfrac{3h}{2}[f(x_1)+f(x_2)]$	$\dfrac{3h^3}{4}f''(\xi)$
4	$\dfrac{b-a}{4}$	$\dfrac{4h}{3}[2f(x_1)-f(x_2)+2f(x_3)]$	$\dfrac{14h^5}{45}f^{(4)}(\xi)$
5	$\dfrac{b-a}{5}$	$\dfrac{5h}{24}[11f(x_1)+f(x_2)+f(x_3)+11f(x_4)]$	$\dfrac{95h^5}{144}f^{(4)}(\xi)$
6	$\dfrac{b-a}{6}$	$\dfrac{3h}{10}[11f(x_1)-14f(x_2)+26f(x_3)-14f(x_4)+11f(x_5)]$	$\dfrac{41h^7}{140}f^{(6)}(\xi)$

当遇到无穷限的反常积分 (积分的上或下限为无穷) 时，只能用开放积分公式来计算. 这也是开放积分公式的一个主要应用.

5.8 重积分的计算

前几节所讨论过的方法，都可直接用来计算重积分的近似值，现仅以矩形域上的重积分的计算来说明.

设矩形域 $D=\{(x,y)\mid a\leqslant x\leqslant b,\ c\leqslant y\leqslant d\}$ 上的重积分为

$$I(f)=\iint\limits_D f(x,y)\,\mathrm{d}\sigma,$$

则由积分中值定理可知，存在 $(\xi,\eta)\in D$, 使得

$$I(f)=\iint\limits_D f(x,y)\,\mathrm{d}\sigma=f(\xi,\eta)(b-a)(d-c), \tag{5.8.1}$$

于是只要给出 $f(\xi,\eta)$ 的一个近似算法，也就得到了式 (5.8.1) 的一个求积公式.

将式 (5.8.1) 化为累次积分得

$$I(f)=\iint\limits_D f(x,y)\,\mathrm{d}\sigma=\int_a^b\left[\int_c^d f(x,y)\,\mathrm{d}y\right]\mathrm{d}x.$$

如果记

$$g(x)=\int_c^d f(x,y)\,\mathrm{d}y, \tag{5.8.2}$$

则

$$I(f)=\iint\limits_D f(x,y)\,\mathrm{d}\sigma=\int_a^b g(x)\,\mathrm{d}x, \tag{5.8.3}$$

于是计算式 (5.8.1) 等价于依次计算两个定积分式 (5.8.2) 和 (5.8.3).

对式 (5.8.2) 应用辛普森公式，得

$$g(x)\approx\frac{d-c}{6}\left[f(x,c)+4f\left(x,\frac{c+d}{2}\right)+f(x,d)\right],$$

对式 (5.8.3) 应用辛普森公式，并将上式代入，得

$$\begin{aligned}I(f)\approx&\frac{b-a}{6}\left[g(a)+4g\left(\frac{a+b}{2}\right)+g(b)\right]\\ \approx&\frac{(b-a)(d-c)}{36}\left[f(a,c)+f(a,d)++f(b,c)+f(b,d)+4f\left(a,\frac{c+d}{2}\right)\right.\\ &\left.+4f\left(b,\frac{c+d}{2}\right)+4f\left(\frac{a+b}{2},c\right)+4f\left(\frac{a+b}{2},d\right)+16f\left(\frac{a+b}{2},\frac{c+d}{2}\right)\right].\end{aligned}$$

比较上式和式 (5.8.1) 可知, 我们用 $f(x,y)$ 在矩形上 9 个点处的函数值的加权平均值来作为 $f(\xi,\eta)$ 的近似值. 称表达式

$$S(f)=\frac{(b-a)(d-c)}{36}\Big[f(a,c)+f(a,d)++f(b,c)+f(b,d)\\+4f\Big(a,\frac{c+d}{2}\Big)+4f\Big(b,\frac{c+d}{2}\Big)+4f\Big(\frac{a+b}{2},c\Big)+4f\Big(\frac{a+b}{2},d\Big)\\+16f\Big(\frac{a+b}{2},\frac{c+d}{2}\Big)\Big] \tag{5.8.4}$$

为计算二重积分的辛普森公式.

为了提高求积公式的精度, 我们也常采用复化求积的方法. 将 $[a,b]$ 作 m 等分, 将 $[c,d]$ 作 n 等分, 并记

$$h=\frac{b-a}{m},\quad l=\frac{d-c}{n},\\x_i=a+ih,\quad x_{i+\frac12}=x_i+\frac12h\quad(i=0,1,2,\cdots,m),\\y_j=c+j\,l,\quad y_{i+\frac12}=y_j+\frac12l\quad(j=0,1,2,\cdots,n),\\D_{ij}=\{(x,y)\mid x_i\leqslant x\leqslant x_{i+1},\ y_j\leqslant y\leqslant y_{j+1}\}.$$

对每 1 个积分 $\iint\limits_{D_{ij}}f(x,y)\mathrm{d}x\mathrm{d}y$ 应用辛普森公式 (5.8.4), 得

$$\iint\limits_{D_{ij}}f(x,y)\mathrm{d}x\mathrm{d}y\approx\frac{hl}{36}[f(x_i,y_j)+f(x_i,y_{j+1})+f(x_{i+1},y_j)+f(x_{i+1},y_{j+1})\\+4f(x_i,y_{j+\frac12})+4f(x_{i+1},y_{j+\frac12})+4f(x_{i+\frac12},y_j)\\+4f(x_{i+\frac12},y_{j+1})+16f(x_{i+\frac12},y_{j+\frac12})],$$

于是

$$\iint\limits_{D}f(x)\,\mathrm{d}x=\sum_{i=0}^{m-1}\sum_{j=0}^{n-1}\iint\limits_{D_{ij}}f(x,y)\mathrm{d}x\mathrm{d}y\\\approx\frac{hl}{36}\sum_{i=0}^{m-1}\sum_{j=0}^{n-1}[f(x_i,y_j)+f(x_i,y_{j+1})+f(x_{i+1},y_j)+f(x_{i+1},y_{j+1})\\+4f(x_i,y_{j+\frac12})+4f(x_{i+1},y_{j+\frac12})+4f(x_{i+\frac12},y_j)\\+4f(x_{i+\frac12},y_{j+1})+16f(x_{i+\frac12},y_{j+\frac12})].$$

将上式右端记为 $S_{mn}(f)$, 并重新排列, 得到计算二重积分的复化辛普森公式

$$S_{mn}(f)=\frac{hl}{36}\Big[16\sum_{i=0}^{m-1}\sum_{j=0}^{n-1}f(x_{i+\frac12},y_{j+\frac12})+8\sum_{i=0}^{m-1}\sum_{j=1}^{n-1}f(x_{i+\frac12},y_j)$$

$$+8\sum_{i=1}^{m-1}\sum_{j=0}^{n-1}f(x_i,y_{j+\frac{1}{2}})+4\sum_{i=0}^{m-1}f(x_{i+\frac{1}{2}},y_0)+4\sum_{i=0}^{m-1}f(x_{i+\frac{1}{2}},y_n)$$
$$+4\sum_{j=0}^{n-1}f(x_0,y_{j+\frac{1}{2}})+4\sum_{j=0}^{n-1}f(x_m,y_{j+\frac{1}{2}})+4\sum_{i=1}^{m-1}\sum_{j=1}^{n-1}f(x_i,y_j)$$
$$+2\sum_{i=1}^{m-1}f(x_i,y_0)+2\sum_{i=1}^{m-1}f(x_i,y_n)+2\sum_{j=1}^{n-1}f(x_0,y_j)+2\sum_{j=1}^{n-1}f(x_m,y_j)$$
$$+f(x_0,y_0)+f(x_m,y_0)+f(x_0,y_n)+f(x_m,y_n)\Big]. \tag{5.8.5}$$

例 5.8.1 用复化辛普森公式求 $\int_0^1\int_0^1 f(x,y)\mathrm{d}x\mathrm{d}y$, 其中被积函数 $f(x,y)$ 在积分域 D 上的值由表 5.8.1 给出.

表 5.8.1 函数 $f(x,y)$ 的数据表

x \ y	0.00	0.25	0.50	0.75	1.00
0.00	2	1	1	1	2
0.25	1	8.113	8.994	0.113	1
0.50	1	7.005	10.722	8.704	1
0.75	1	4.921	6.779	5.184	1
1.00	2	1	1	1	2

解 取 $m=2$, $n=2$, 并记

$$h=0.5,\ \ x_0=0,\ \ x_{\frac{1}{2}}=0.25,\ \ x_1=0.50,\ \ x_{\frac{3}{2}}=0.75,\ \ x_2=1.00,$$
$$l=0.5,\ \ y_0=0,\ \ y_{\frac{1}{2}}=0.25,\ \ y_1=0.50,\ \ y_{\frac{3}{2}}=0.75,\ \ y_2=1.00.$$

根据表 5.8.1 及式 (5.8.5) 可得

$$\begin{aligned}S_{22}(f)=\frac{0.5\times0.5}{36}&[16\times(4.921+5.184+8.113+0.113)\\&+8\times(7.005+8.704+6.779+8.994)\\&+4\times(1+1+1+1+1+1+1+1+10.722)\\&+2\times(1+1+1+1)\\&+2+2+2+2)]\\&=4.417,\end{aligned}$$

从而

$$\int_0^1\int_0^1 f(x,y)\mathrm{d}x\mathrm{d}y\approx S_{22}(f)=4.417.$$

5.9　数值微分

在微积分学中, 求函数 $f(x)$ 的导数 $f'(x)$ 一般来讲是容易办到的, 但有时 $f'(x)$ 比 $f(x)$ 复杂很多. 此外, 有时 $f(x)$ 仅由表格形式给出, 则求 $f'(x)$ 就不那么容易了. 根据函数在一些离散点上的函数值推算它在某点处导数的近似值的方法称为数值微分.

5.9.1　差商公式的导出

先讨论 1 阶差商公式. 设 $f(x)$ 在点 x 的某邻域 Δ 内具有二阶导数, 则由泰勒公式可知, 对任意的 $x+h\in\Delta$, 存在介于 x 与 $x+h$ 之间的 ξ, 使得

$$f(x+h)=f(x)+hf'(x)+\frac{1}{2}h^2f''(\xi),$$

从而当 $f''(x)$ 在 Δ 上有界, 且 h 充分小时, 有

$$f'(x)\approx\frac{f(x+h)-f(x)}{h}.$$

上式称为计算一阶导数的向前差商公式. 同理, 计算一阶导数的向后差商公式为

$$f'(x)\approx\frac{f(x)-f(x-h)}{h},$$

计算一阶导数的中心差商公式为

$$f'(x)\approx\frac{f(x+h)-f(x-h)}{2h}.$$

一阶导数的中心差商公式称为中点方法或中点公式, 它其实是前两个公式的算术平均. 要比向前和向后差分都更精确一些, 从 1 阶差商公式的几何意义也可以说明这一点. 由图 5.9.1 可知, 上述三种导数的近似值分别表示弦线 AB, AC 和 BC 的斜率, 比较这三条弦线与切线 AT 平行的程度, 可以明显地看出, 其中以 BC 的斜率更接近于切线 AT 的斜率. 因此就精度而言, 中点方法更为可取.

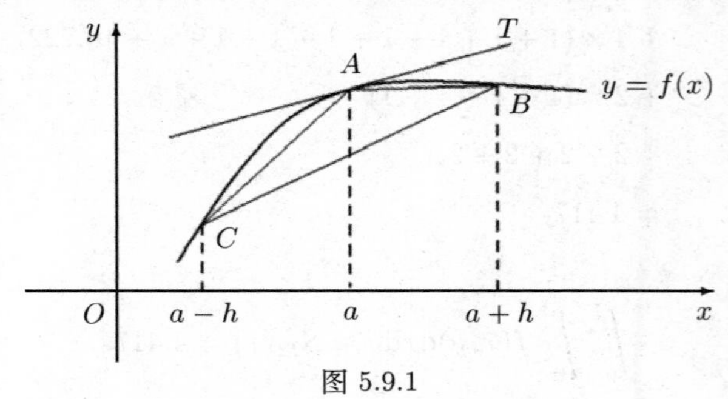

图 5.9.1

用类似的方法可以得到计算二阶导数的向前差商公式

$$f''(x) \approx \frac{f(x+2h) - 2f(x+h) + f(x)}{h^2},$$

二阶导数的向后差商公式

$$f''(x) \approx \frac{f(x) - 2f(x-h) + f(x-2h)}{h^2},$$

二阶导数的中心差商公式

$$f''(x) \approx \frac{f(x+h) - 2f(x) + f(x-h)}{h^2}.$$

例 5.9.1 用变步长的中点方法计算 $f(x) = \mathrm{e}^x$ 在点 $x = 1$ 的导数值, 设 $h = 0.8$.

解 我们采用的计算公式为中心差商公式，即

$$f'(1) \approx \frac{f(1+h) - f(1-h)}{2h} = \frac{\mathrm{e}^{1+h} - \mathrm{e}^{1-h}}{2h}.$$

计算结果见表 5.9.1, 表中 k 为二分的次数，步长 $h = \dfrac{0.8}{2^k}$.

表 5.9.1

k	0	1	2	3	$\cdots$	9	10
$G(h)$	3.01765	2.79135	2.73644	2.72281	$\cdots$	2.71828	2.71828

由表中数据可知，二分 9 次得结果 $G = 2.71828$, 它的每一数字都是有效数字.

5.9.2 中点方法的加速 (理查逊外推加速法)

在数值求积里利用两个积分近似值用理查逊外推法得到精度更高的积分新近似值. 为了改善数值微分的结果，也可以使用类似的方法.

为了利用中点公式

$$G(h) = \frac{f(a+h) - f(a-h)}{2h} \tag{5.9.1}$$

来计算导数值 $f'(a)$, 首先必须选取合适的步长. 为此需要进行误差分析, 将 $f(a \pm h)$ 在点 $x = a$ 处展开成泰勒级数，得

$$f(a \pm h) = f(a) + \sum_{k=1}^{\infty} (-1)^k \frac{h^k}{k!} f^{(k)}(a),$$

代入中点公式可得

$$G(h) = f'(a) + \sum_{k=1}^{\infty} \frac{h^{2k}}{(2k+1)!} f^{(2k+1)}(a).$$

由此可知，带有余项的中点公式具有下列形式

$$G(h)=f'(a)+\sum_{k=1}^{\infty}a_k h^{2k},$$

式中系数 a_k $(k=1,2,\cdots)$ 均与步长 h 无关. 若将步长二分，则有

$$G\left(\frac{h}{2}\right)=f'(a)+\frac{a_1}{4}h^2+\sum_{k=2}^{\infty}\widetilde{a}_k h^{2k},$$

式中系数 $\widetilde{a}_k$ $(k=1,2,\cdots)$ 均与步长 h 无关. 将上述两式按以下方式加权平均

$$G_1=\frac{4}{3}G\left(\frac{h}{2}\right)-\frac{1}{3}G(h), \tag{5.9.2}$$

则可从余项中消去误差的主要部分 h^2, 得

$$G_1(h)=f'(a)+\sum_{k=1}^{\infty}\beta_k h^{2(k+2)}.$$

式中系数 β_k $(k=1,2,\cdots)$ 均与步长 h 无关. 若令

$$G_2(h)=\frac{16}{15}G_1\left(\frac{h}{2}\right)-\frac{1}{15}G_1(h), \tag{5.9.3}$$

则又可从余项中消去 h^4 项，得

$$G_2(h)=f'(a)+\sum_{k=1}^{\infty}\gamma_k h^{2(k+1)}.$$

式中系数 γ_k $(k=1,2,\cdots)$ 均与步长 h 无关. 重复同样的手续，可得加速公式

$$G_3(h)=\frac{64}{63}G_2\left(\frac{h}{2}\right)-\frac{1}{63}G_2(h), \tag{5.9.4}$$

这种加速过程还可以继续下去，不过加速的效果越来越不显著. 这种加速方法通常称为理查逊外推加速法.

例 5.9.2 运用加速公式 (5.9.2),(5.9.3) 和 (5.9.4) 加工例 5.9.1 的结果.

解 由表 5.9.1 可得计算结果 (见表 5.9.2), 这里加速的效果依然是相当明显的.

表 5.9.2

h	$G(h)$	$G_1(h)$	$G_2(h)$	$G_3(h)$
0.8	3.01765	2.715917	2.718285	2.71828
0.4	2.79135	2.718137	2.718276	
0.2	2.73644	2.719267		
1	2.72281			

5.9.3 插值型的求导公式

对于由已知数据表 (表 5.9.3)

表 5.9.3

x	x_0	x_1	x_2	x_3	$\cdots$	x_n
$f(x)$	$f(x_0)$	$f(x_1)$	$f(x_2)$	$f(x_3)$	$\cdots$	$f(x_n)$

确定的函数 $f(x)$, 运用插值原理, 可以建立插值多项式 $P_n(x)$ 作为它的近似. 由于多项式的求导较容易, 我们取 $P_n'(x)$ 作为 $f'(x)$ 的近似值, 这样建立的数值公式

$$f'(x) \approx P'(x) \tag{5.9.5}$$

统称为插值型的求导公式.

应当指出, 即使 $P_n(x)$ 与 $f(x)$ 处处相差不多, 但 $P_n'(x)$ 与 $f'(x)$ 在某些点仍然可能出入很大, 因而在使用求导公式时要特别注意误差的分析.

依据插值余项定理, 求导公式 (5.9.5) 的余项为

$$f'(x) - P_n(x) = \frac{f^{(n+1)}(\xi)}{(n+1)!}\omega'(x) + \frac{\omega(x)}{(n+1)!}\frac{\mathrm{d}}{\mathrm{d}x}f^{(n+1)}(\xi),$$

式中 $\omega(x) = \prod\limits_{k=0}^{n}(x - x_k)$, 而 ξ 介于 $x_0, x_1, \cdots, x_n$ 与 x 之间.

在上述余项公式中, 由于 ξ 是 x 的未知函数, 我们无法对 $\dfrac{\omega(x)}{(n+1)!}\dfrac{\mathrm{d}}{\mathrm{d}x}f^{(n+1)}(\xi)$ 作出进一步的说明. 因此, 对于任意给出的点 x, 误差 $f'(x) - P_n'(x)$ 是无法预估的. 但是, 如果只是求某个节点 x_k 上的导数值, 则由 $\omega(x_k) = 0$ 可得余项公式

$$f'(x_k) - P_n(x_k) = \frac{f^{(n+1)}(\xi)}{(n+1)!}\omega'(x_k). \tag{5.9.6}$$

设已给出 3 个节点 x_0, $x_1 = x_0 + h$, $x_2 = x_0 + 2h$ 上的函数值, 作二次插值

$$\begin{aligned}P_2(x) = {} & \frac{(x-x_1)(x-x_2)}{(x_0-x_1)(x_0-x_2)}f(x_0) + \frac{(x-x_0)(x-x_2)}{(x_1-x_0)(x_1-x_2)}f(x_1) \\ & + \frac{(x-x_0)(x-x_1)}{(x_2-x_0)(x_2-x_1)}f(x_2),\end{aligned}$$

将 $x = x_0 + th$ 代入上式, 得

$$P_2(x_0+th) = \frac{1}{2}(t-1)t-2)f(x_0) - t(t-2)f(x_1) + \frac{1}{2}t(t-1)f(x_2),$$

将上式两端关于 x 求导, 得

$$\frac{\mathrm{d}}{\mathrm{d}x}P_2(x_0+th) = \frac{1}{2h}[(2t-3)f(x_0) - 4(t-1)f(x_1) + (2t-1)f(x_2)]. \tag{5.9.7}$$

在上式中，分别取 $t=0,\ t=1,\ t=2$, 得

$$f'(x_0)\approx\frac{1}{2h}[-3f(x_0)+4f(x_1)-f(x_2)],$$
$$f'(x_1)\approx\frac{1}{2h}[-f(x_0)+f(x_2)],$$
$$f'(x_2)\approx\frac{1}{2h}[f(x_0)-4f(x_1)+3f(x_2)].$$

上述第 2 个公式就是中点公式，它由于少用了 1 个函数值 $f(x_1)$ 而引入注目.

用插值多项式 $P_n(x)$ 作为 $f(x)$ 的近似函数，还可以建立高阶数值微分公式

$$f^{(k)}(x)\approx P_n^{(k)}(x).$$

例如，将式 (5.9.7) 关于 x 再求导 1 次，得

$$\frac{\mathrm{d}^2}{\mathrm{d}x^2}P_2(x_0+th)=\frac{1}{h^2}[f(x_0)-2f(x_1)+f(x_2)],$$

于是可得到二阶 3 点公式

$$f''(x_1)\approx\frac{1}{h^2}[f(x_0)-2f(x_1)+f(x_2)],$$

带有余项的二阶 3 点公式为

$$f''(x_1)\approx\frac{1}{h^2}[f(x_0)-2f(x_1)+f(x_2)]-\frac{h^2}{12}f^{(4)}(\xi).\tag{5.9.8}$$

例 5.9.3 测试得到厚平板内部 3 点的温度值如表 5.9.4 所示, 计算在点 $x=1\,\mathrm{m}$ 处的温度梯度，其中厚度 x 的单位为 m, 温度 T 的单位为 $^\circ C$.

表 5.9.4

x	0.0	0.5	1.2
T	450	388	325

解 令 $x_0=0,\ x_1=0.5,\ x_2=1.2$, 则 $T(x_0)=450,\ T(x_1)=388,\ T(x_2)=325$, 并由

$$l_0(x)=\frac{(x-x_1)(x-x_2)}{(x_0-x_1)(x_0-x_2)}=\frac{x^2-1.7x+0.6}{0.6},$$
$$l_1(x)=\frac{(x-x_0)(x-x_2)}{(x_1-x_0)(x_1-x_2)}=-\frac{x^2-1.2x}{0.35},$$
$$l_2(x)=\frac{(x-x_0)(x-x_1)}{(x_2-x_0)(x_2-x_1)}=\frac{x^2-0.5x}{0.84}$$

可知，二阶拉格朗日插值多项式为

$$\begin{aligned}P_2(x) &= l_0(x)T(x_0) + l_1(x)T(x_1) + l_2(x)T(x_2) \\ &= 750(x^2 - 1.7x + 0.6) - \frac{388}{0.35}(x^2 - 1.2x) + \frac{325}{0.84}(x^2 - 0.5x).\end{aligned}$$

于是

$$\begin{aligned}\left.\frac{\mathrm{d}T}{\mathrm{d}x}\right|_{x=1} &\approx \left.\left[\frac{450}{0.6}(2x-1.7) - \frac{388}{0.35}(2x-1.2) + \frac{325}{0.84}(2x-0.5)\right]\right|_{x=1} \\ &= 750(2-1.7) - \frac{388}{0.35}(2-1.2) + \frac{325}{0.84}(2-0.5) = -81.5.\end{aligned}$$

5.10 上机实验举例

[实验目的]

1. 通过实际计算理解如何在计算机上使用数值方法计算定积分的近似值；
2. 掌握复化梯形求积公式、龙贝格算法等的基本思路和迭代步骤；
3. 通过实际计算理解如何在计算机上使用数值方法计算给定点处的一阶导数及二阶导数.

[实验准备]

1. 理解复化梯形求积公式、龙贝格算法的基本思路；
2. 掌握龙贝格算法的迭代步骤；
3. 理解数值微分的基本思想.

[实验内容及步骤]

1. 对复化梯形求积公式、龙贝格算法等作程序实现；
2. 用调试好的程序计算定积分；
3. 计算给定点处的一阶、二阶导数.

程序 1 复化梯形求积公式.

```
#include <stdio.h>
#include <string.h>
#include <math.h>
#include <conio.h>
#include <stdlib.h>
#define Max_M 20        /* 区间等分的最大次数 */
float f(float x)        /* 求积函数 */
{    return(sin(x)); }
float computeT(float a, float b, int n)      /* 复化梯形公式 */
```

```
{   int i; float h;
    float T = 0; h = (b − a)/n;
    for(i = 1; i < n; i + +)
    T+ = f(a + i ∗ h);
    T = h ∗ (f(a) + 2 ∗ T + f(b))/2;
    return(T);
}
main( )
{
    int i, n; float a1, b1, m = 0;
    printf("\n Input the begin: ");           / * 输入积分下限 * /
    scanf("%f", &a1);
    printf("\n Input the end: ");          / * 输入积分上限 */
    scanf("%f", &b1);
    do
        {   printf("\ ninput n divide value[divide( %f, %f) ]:", a1, b1);
            scanf("%d", &n);            / * 输入积分区间等分数 * /
        }
    while(n<=1 && n>Max_M);
    m = computeT(a1, b1, n);
    printf("solve is: %f", m);
    getch( );
}
```

运行实例:

```
Input the begin: 1
Input the end: 2
input n divide value[divide( 1.000000, 2.000000) ] :8
solve is: 0.955203
```

程序 2 复化 Simpson 求积公式.

```
#include <stdio.h>
#include <string.h>
#include <math.h>
```

```
#include <conio.h>
#include <stdlib.h>
# define Max_M 20        /* 区间等分的最大次数 */
float f(float x)         /* 求积函数 */
{    return(sin(x)); }
float Simpson(float a, float b, int n)     /* 复化辛普森公式函数 */
{    int k; float x, s1, s2, h = (b − a)/n;
     x=a+h/2;
     s1 = f(x); s2 = 0;
     for(k=1; k<n; k++)
         {    s1 = s1 + f(a + k ∗ h + h/2);
              s2 = s2 + f(a + k ∗ h);
         }
     s2 = h ∗ (f(a) + 4 ∗ s1 + 2 ∗ s2 + f(b))/6;
     return(s2);
}
main( )
{
     int i, n; float a1, b1, s = 0;
     printf("\ n Input the begin:");          /* 输入积分区间 */
     scanf("%f", &a1);
     printf("\ n Input the end:");
     scanf("%f", &b1);
     do
        {  printf("\ ninput n divide value[divide( %f, %f) ]:", a1, b1);
           scanf("%d", &n);            / * 输入积分区间等分数 * /
        }
     while(n<=1 && n>Max_M);
     s = Simpson(a1, b1, n);
     printf("solve is: %f", s);
     getch( );
     return(s);
}
```

运行实例:

n Input the begin: 1

n Input the end: 2
ninput n divide value[divide(1.000000, 2.000000)]: 8
solve is: 0.956449

例 5.10.1 用复化梯形求积公式求定积分 $\int_1^2 \sin x \mathrm{d}x$ 的值.

```
#include<stdio.h>
#include<string.h>
#include<math.h>
#include<conio.h>
#include<stdlib.h>
#define Max_M 20      /* 区间等分的最大次数 */
float f(float x)          /* 求积函数 */
{    return(sin(x)); }
float computeT(float a, float b, int n)     /* 复化梯形公式 */
{    int i; float h;
     float T = 0; h = (b - a)/n;
     for(i=1; i<n; i++)
     T+ = f(a + i * h);
     T = h * (f(a) + 2 * T + f(b))/2;
     return(T);
}
main( )
{
     int i, n; float a1, b1, m = 0;
     printf("\n Input the begin: ");    /* 输入积分下限 */
     scanf("%f", &a1);
     printf("\n Input the end: ");    /* 输入积分上限 */
     scanf("%f", &b1);
     do
       {    printf("\ ninput n divide value[divide( %f, %f) ]:", a1, b1);
            scanf("%d", &n);            / * 输入积分区间等分数 * /
       }
     while(n<=1 && n>Max_M);
     m = computeT(a1, b1, n);
     printf("solve is: %f", m);
```

```
    getch( );
    return(0);
}
```

计算结果:

```
Input the begin : 1
Input the end: 2
Input n divide value[divide( %f, %f) ]: 8
Solve is: 0.955203
```

例 5.10.2 用复化辛普森求积公式求定积分 $\int_1^2 \sin x\mathrm{d}x$ 的值.

```
# include<stdio.h>
# include<string.h>
# include<math.h>
# include<conio.h>
# include<stdlib.h>
# define Max_M 20      /* 区间等分的最大次数 */
float f(float x)       /* 求积函数 */
{   return(sin(x)); }
float Simpson(float a, float b, int n)     /* 复化辛普森公式函数 */
{   int k; float x, s1, s2, h = (b - a)/n;
    x=a+h/2;
    s1 = f(x); s2 = 0;
    for(k=1; k<n; k++)
        {   s1 = s1 + f(a + k * h + h/2);
            s2 = s2 + f(a + k * h);
        }
    s2 = h * (f(a) + 4 * s1 + 2 * s2 + f(b))/6;
    return(s2);
}
main( )
{
    int i, n; float a1, b1, s = 0;
    printf("\ n Input the begin:");        /* 输入积分区间 */
    scanf("%f", &a1);
    printf("\ n Input the end:");
```

```
    scanf("%f", &b1);
    do
      {   printf("\ ninput n divide value[divide( %f, %f) ]:", a1, b1);
          scanf("%d", &n);            /* 输入积分区间等分数 */
      }
    while(n<=1 && n>Max_M);
    s = Simpson(a1,  b1,  n);
    printf("solve is: %f", s);
    getch( );
}
```

计算结果：

```
Input the begin : 1
Input the end : 2
input n divide value[divide(1.000000, 2.000000) ]: 8
solve is: 0.956449
```

例 5.10.3 用变步长梯形法计算积分 $I=\int_0^1 \frac{1}{1+x^2}\mathrm{d}x$ 的值.

```
#include <stdio.h>
#include <math.h>
int n;
void main( )
{
    int i;
    float s;
    float f(float);
    float AutoTrap(float (*)(float), float, float);
    s=AutoTrap(f, 0.0, 1.0);
    printf("T(%d)=%f\n", n, s);
    getch( );
}
    float AutoTrap(float (*f)(float), float a, float b)
{
    int i;
    float x,  s,  h = b - a;
    float t1,  t2 = h/2.0 * (f(a) + f(b));
```

```
    n=1;
    do
      {   s=0.0;
          t1 = t2;
          for (i=0; i<=n-1; i++)
            {   x = a + i * h + h/2;
                s+ = f(x);
            }
          t2 = (t1 + s * h) / 2.0;
          n* = 2;
          h/ = 2.0;
      }
    while (fabs(t2 - t1) > 1e - 6);
    return t2;
}
float f(float x)
{
    return 1/(1 + x * x);
}
```

运行结果:

T(512)=0.785 398

例 5.10.4 用龙贝格方法计算积分 $I=\int_0^1 \frac{1}{1+x^2}\mathrm{d}x$ 的值.

```
/*Romberg method for Integral*/
#include <stdio.h>
#include <conio.h>
#include <math.h>
float f(float x)
{
    return 1/(1+x*x);
}
float Romberg(float a, float b, float (*f)(float), float epsilon)
{
    int n = 1, k;
```

```
    float h = b − a, x, temp;
    float T1, T2, S1, S2, C1, C2, R1, R2;
    T1 = (b − a)/2 ∗ ((∗f)(a) + (∗f)(b));
    while (1)
      {  temp=0;
         for (k = 0; k <= n − 1, k + +)
           {  x = a + k ∗ h + h/2;
              temp+ = (∗f)(x);
           }
         T2 = (T1 + temp ∗ h)/2;
         if (fabs(T2 − T1) < epsilon)  return T2;
         S2 = T2 + (T2 − T1)/3.0;
         if (n == 1)
           {  T1 = T2; S1 = S2; h/ = 2; n∗ = 2; continue; }
         C2 = S2 + (S2 − S1)/15;
              if (n == 2)
           {  C1 = C2; T1 = T2; S1 = S2; h/ = 2; n∗ = 2; continue; }
         R2 = C2 + (C2 − C1)/63;
         if (n == 4)
          {  R1 = R2; C1 = C2; S1 = S2; T1 = T2; h/ = 2; n∗ = 2; continue;}
         if (fabs(R2 − R1) < epsilon)  return R2;
         R1 = R2; C1 = C2; S1 = S2; T1 = T2; h/ = 2; n∗ = 2;
      }
}
main( )
{
    float epsilon=5e-6;
    printf("R=%f", Romberg(0, 1, f, epsilon));
    getch( );
}
```

运行结果：

R=0.785 398

5.11 考研题选讲

例 5.11.1 (北京科技大学 2006 年)

已知 $f(x)$ 的数据如表 5.11.1 所示，用复化辛普森公式计算 $\int_{1.30}^{1.38} f(x)\,\mathrm{d}x$ 的近似值，并估计误差.

表 5.11.1

x	1.30	1.32	1.34	1.36	1.38
$f(x)$	3.60210	3.90330	4.25560	4.67344	5.17744

本题考查了辛普森公式的应用以及误差的估计.

解 设 $x_0 = 1.30$, $x_1 = 1.32$, $x_2 = 1.34$, $x_3 = 1.36$, $x_4 = 1.38$, 则

$$f(x_0) = 3.60210, \quad f(x_1) = 3.90330, \quad f(x_2) = 4.25560,$$
$$f(x_3) = 4.67344, \quad f(x_4) = 5.17744,$$

故由辛普森公式可得

$$\begin{aligned} S_1 &= \frac{x_4 - x_0}{6}[f(x_0) + 4f(x_2) + f(x_4)] \\ &= \frac{1.38 - 1.30}{6}\left[3.60210 + 4 \times 4.25560 + 5.17744\right] = 0.3440259, \\ S_2 &= \frac{x_2 - x_0}{6}[f(x_0) + 4f(x_1) + f(x_2)] + \frac{x_4 - x_2}{6}[f(x_2) + 4f(x_3) + f(x_4)] \\ &= \frac{0.04}{6}[f(x_0) + 4f(x_1) + 4f(x_3) + 2f(x_2) + f(x_4)] = 0.3439846, \end{aligned}$$

从而

$$\int_{1.30}^{1.38} f(x)\,\mathrm{d}x \approx S_2 = 0.3439846,$$

其误差为

$$\int_{1.30}^{1.38} f(x)\,\mathrm{d}x - S_2 \approx \frac{1}{15}(S_2 - S_1) = -0.27 \times 10^{-5}.$$

另一方面，由

$$\begin{aligned} T_1 &= \frac{1.38 - 1.30}{2}[3.60210 + 5.17744] = 0.351182, \\ T_2 &= \frac{T_1}{2} + \frac{0.08}{2}f(1.34) = 0.345814, \\ T_4 &= \frac{T_2}{2} + \frac{0.04}{2}[f(1.32) + f(1.36)] = 0.3444418 \end{aligned}$$

可得

$$S_1 = \frac{4}{3}T_2 - \frac{1}{3}T_1 = 0.3440259, \quad S_2 = \frac{4}{3}T_4 - \frac{1}{3}T_2 = 0.3439846,$$

从而

$$\int_{1.30}^{1.38} f(x)\,\mathrm{d}x \approx S_2 = 0.3439846,$$

其误差为

$$\int_{1.30}^{1.38} f(x)\,\mathrm{d}x - S_2 \approx -0.27\times 10^{-5}.$$

例 5.11.2 (西北大学 2006 年)

已知计算积分 $I(f)=\int_0^1 \frac{f(x)}{\sqrt{x}}\,\mathrm{d}x$ 的 1 个求积公式为

$$I(f)\approx af\left(\frac{1}{5}\right)+bf(1),$$

求常数 a, b, 使以上求积公式的代数精度尽可能高，并指出所达到的最高代数精度. 如果 $f(x)\in C^3[0,1]$, 试给出该求积公式的截断误差.

本题考查了求积公式的代数精度的确定以及求积公式的误差估计.

解 因为当 $f(x)=1$ 时，有

$$\int_0^1 \frac{f(x)}{\sqrt{x}}\,\mathrm{d}x=\int_0^1 \frac{1}{\sqrt{x}}\,\mathrm{d}x=2,\quad af\left(\frac{1}{5}\right)+bf(1)=a+b,$$

当 $f(x)=x$ 时，有

$$\int_0^1 \frac{f(x)}{\sqrt{x}}\,\mathrm{d}x=\int_0^1 \frac{x}{\sqrt{x}}\,\mathrm{d}x=\frac{2}{3},\quad af\left(\frac{1}{5}\right)+bf(1)=\frac{1}{5}a+b,$$

所以要使所求积公式至少具有 1 次代数精度， a, b 应满足方程组

$$\begin{cases} a+b=2, \\ \dfrac{1}{5}a+b=\dfrac{2}{3}. \end{cases}$$

解此方程组得 $a=\frac{5}{3}$, $b=\frac{1}{3}$, 从而求积公式为

$$\int_0^1 \frac{f(x)}{\sqrt{x}}\,\mathrm{d}x \approx \frac{5}{3}f\left(\frac{1}{5}\right)+\frac{1}{3}f(1).$$

将 $f(x)=x^2$ 和 $f(x)=x^3$ 分别代入上式，得

$$\int_0^1 \frac{x^2}{\sqrt{x}}\,\mathrm{d}x=\frac{2}{5}=\frac{5}{3}\times\left(\frac{1}{5}\right)^2+\frac{1}{3}\times 1,$$

$$\int_0^1 \frac{x^3}{\sqrt{x}}\,\mathrm{d}x=\frac{2}{7}\neq\frac{26}{75}=\frac{5}{3}\times\left(\frac{1}{5}\right)^3+\frac{1}{3}\times 1,$$

从而当 $a=\frac{5}{3}$, $b=\frac{1}{3}$ 时，所得求积公式具有的最高代数精度为 2.

另一方面，当 $f(x) \in C^3[0,1]$ 时，作二次多项式 $H(x)$, 使得

$$H\left(\frac{1}{5}\right) = f\left(\frac{1}{5}\right),\quad H'\left(\frac{1}{5}\right) = f'\left(\frac{1}{5}\right),\quad H(1) = f(1),$$

则存在介于 $\frac{1}{5}$, 1 与 x 之间的 ξ, 使得误差为

$$f(x) - H(x) = \frac{f'''(\xi)}{3!}\left(x - \frac{1}{5}\right)^2 (x-1),$$

于是由

$$\int_0^1 \frac{H(x)}{\sqrt{x}}\,\mathrm{d}x = \frac{5}{3}H\left(\frac{1}{5}\right) + \frac{1}{3}H(1) = \frac{5}{3}f\left(\frac{1}{5}\right) + \frac{1}{3}f(1)$$

可知，求积公式的截断误差 e 满足

$$\begin{aligned}
e &= \left|\int_0^1 \frac{f(x)}{\sqrt{x}}\,\mathrm{d}x - \left[\frac{5}{3}f\left(\frac{1}{3}\right) + \frac{1}{3}f(1)\right]\right| \\
&= \left|\int_0^1 \frac{f(x)}{\sqrt{x}}\,\mathrm{d}x - \int_0^1 \frac{H(x)}{\sqrt{x}}\,\mathrm{d}x\right| = \left|\int_0^1 \frac{[f(x) - H(x)]}{\sqrt{x}}\,\mathrm{d}x\right| \\
&= \left|\int_0^1 \frac{f'''(\xi)}{6}\frac{x-1}{\sqrt{x}}\left(x - \frac{1}{5}\right)^2 \mathrm{d}x\right| = \left|\frac{f'''(\eta)}{6}\right|\left|\int_0^1 \frac{x-1}{\sqrt{x}}\left(x - \frac{1}{5}\right)^2 \mathrm{d}x\right| \\
&\leqslant \frac{1}{3}\max_{0\leqslant x\leqslant 1}|f'''(x)|\left|\int_0^1 \left(t^2 - \frac{1}{5}\right)^2 (t^2-1)\,\mathrm{d}t\right| = \frac{16}{1575}\max_{0\leqslant x\leqslant 1}|f'''(x)|.
\end{aligned}$$

例 5.11.3 (同济大学 2005 年)

已知积分 $I(f) = \int_b^a f(x)\,\mathrm{d}x$ 的求积公式为

$$I_n(f) = \sum_{i=0}^{n} A_i f(x_i). \tag{5.11.1}$$

(1) 当求积系数 A_i $(i = 0, 1, \cdots, n)$ 为何值时，公式 (5.11.1) 为插值型的？

(2) 证明: 公式 (5.11.1) 至少具有 n 次代数精度的充分必要条件是公式 (5.11.1) 为插值型的.

本题考查了插值型求积公式的定义以及代数精度的定义.

解 (1) 插值型求积公式的定义可知，当

$$A_i = \int_a^b \prod_{\substack{j=0\\ j\neq i}}^{n} \frac{x - x_j}{x_i - x_j}\,\mathrm{d}x \quad (i = 0, 1, 2, \cdots, n)$$

时，求积公式 (5.11.1) 为插值型的.

(2) 首先证明必要性.

设公式 (5.11.1) 至少具有 n 次代数精度，则求积公式 (5.11.1) 对任意次数不超过 n 次多项式

$$l_k(x)=\prod_{\substack{j=0\\j\neq i}}^{n}\frac{x-x_j}{x_i-x_j}\quad(k=0,1,2,\cdots,n)$$

精确成立，故由 $l_k(x_i)=\Delta_{ki}$ 可得

$$\int_a^b l_k(x)\,\mathrm{d}x=\sum_{i=0}^{n}A_il_k(x_i)=A_k\quad(k=0,1,2,\cdots,n),$$

从而求积公式 (5.11.1) 是插值型的.

下面证明充分性.

设求积公式 (5.11.1) 是插值型的，则有

$$\begin{aligned}I(f)-I_n(f)&=\int_a^b f(x)\,\mathrm{d}x-\sum_{i=0}^{n}A_if(x_i)=\int_a^b f(x)\,\mathrm{d}x-\sum_{i=0}^{n}\left(\int_a^b l_i(x)\,\mathrm{d}x\right)\\&=\int_a^b\left[f(x)-\sum_{i=0}^{n}l_i(x)f(x_i)\right]\mathrm{d}x=\int_a^b\frac{f^{(n+1)}(\xi)}{(n+1)!}\omega_n(x)\,\mathrm{d}x,\end{aligned}$$

从而对任意一个次数不超过 n 的多项式 $P(x)$, 由 $P^{(n+1)}(x)=0$ 可得

$$I(P)-I_n(P)=\int_a^b\frac{P^{(n+1)}(\xi)}{(n+1)!}\omega_n(x)\,\mathrm{d}x=0.$$

于是求积公式 (5.11.1) 至少具有 n 次代数精度.

例 5.11.4 (东北石油大学 2011 年)

试确定求积公式

$$\int_{-2h}^{2h}f(x)\,\mathrm{d}x\approx A_{-1}f(-h)+A_0f(0)+A_1f(h)$$

的求积系数 A_{-1}, A_0, A_1, 使其代数精度尽量高，并指明所构造出的求积公式具有的代数精度.

本题考查求积公式的构造及代数精度的定义.

解　为了确定求积系数 A_{-1}, A_0, A_1, 分别将 $f(x)=1$, x, x^2 代入积分公式

$$\int_{-2h}^{2h}f(x)\,\mathrm{d}x=A_{-1}f(-h)+A_0f(0)+A_1f(h),\tag{5.11.2}$$

得到方程组

$$\begin{cases}A_{-1}+A_0+A_1=4h,\\-2hA_{-1}+2hA_1=0,\\h^2A_{-1}+h^2A_1=\dfrac{16}{3}h^3,\end{cases}$$

解此方程组得 $A_{-1}=A_1=\dfrac{8}{3}h$, $A_0=-\dfrac{4}{3}h$, 故求积公式至少具有 2 次代数精度.

再将 $f(x)=x^3$ 代入式 (5.10.2), 得

$$\int_{-2h}^{2h} x^3\,\mathrm{d}x = 0 = \frac{8}{3}h\cdot(-h)^3 + \frac{8}{3}h\cdot h^3,$$

将 $f(x)=x^4$ 代入式 (5.11.2), 得

$$\int_{-2h}^{2h} x^4\,\mathrm{d}x = \frac{2^6}{5}h^5 \neq \frac{8}{3}h\cdot(-h)^4 + \frac{8}{3}h\cdot h^4 = \frac{16}{3}h^5 \quad (h\neq 0),$$

从而原求积公式具有 3 次代数精度.

例 5.11.5 (东北石油大学 2011 年)

试确定求积公式

$$\int_0^h f(x)\,\mathrm{d}x \approx \frac{h}{2}[f(0)+f(h)] + ah^2[f'(0)-f'(h)]$$

的求积系数 a, 使其代数精度尽量高, 并指明所构造出的求积公式具有的代数精度.

解 为了确定求积系数 a, 分别将 $f(x)=1,\ x,\ x^2$ 代入积分公式

$$\int_0^h f(x)\,\mathrm{d}x = \frac{h}{2}[f(0)+f(h)] + ah^2[f'(0)-f'(h)], \tag{5.11.3}$$

得到方程组

$$\begin{cases} h=h, \\ h^2=h^2, \\ \dfrac{h^3}{3}=\dfrac{h^3}{2}-2ah^3, \end{cases}$$

解得 $a=\dfrac{1}{12}$. 再将 $f(x)=x^3$ 代入公式 (5.11.3), 得

$$\int_0^h x^3\,\mathrm{d}x = \frac{h^4}{4} = \frac{h(0+h^3)}{2} + \frac{1}{12}h^2(0-3h^2),$$

将 $f(x)=x^4$ 代入公式 (5.11.3), 得

$$\int_0^h x^4\,\mathrm{d}x = \frac{h^5}{5} \neq \frac{h^5}{6}\frac{h[0+h^4]}{2} + \frac{1}{12}h^2[-4h^3],$$

从而所求求积公式具有 3 次代数精度.

例 5.11.6 求 3 个不同节点 $x_0,\ x_1,\ x_2$ 的值, 使得求积公式

$$\int_{-1}^1 f(x)\,\mathrm{d}x \approx \frac{1}{2}[f(x_0)+2f(x_1)+f(x_2)]$$

具有尽可能高的代数精度.

解 不妨设 $x_0 < x_1 < x_2$. 为了求 x_0, x_1, x_2, 分别将 $f(x) = 1,\ x,\ x^2,\ x^3$ 代入积分公式

$$\int_{-1}^{1} f(x)\,\mathrm{d}x = \frac{1}{2}[f(x_0) + 2f(x_1) + f(x_2)], \tag{5.11.4}$$

得到方程组

$$\begin{cases} 2 = 2, \\ \dfrac{1}{2}(x_0 + 2x_1 + x_2) = 0, \\ \dfrac{1}{2}(x_0^2 + 2x_1^2 + x_2^2) = \dfrac{2}{3}, \\ \dfrac{1}{2}(x_0^3 + 2x_1^3 + x_2^3) = 0, \end{cases}$$

解此方程组得

$$x_0 = -\sqrt{\frac{2}{3}},\quad x_1 = 0,\quad x_2 = \sqrt{\frac{2}{3}}.$$

再将 $f(x) = x^4$ 代入公式 (5.11.4), 得

$$\int_{-1}^{1} x^4\,\mathrm{d}x = \frac{2}{5} \neq \frac{4}{9} = \frac{1}{2}\left[\left(-\sqrt{\frac{2}{3}}\right)^4 + 2\times 0 + \left(\sqrt{\frac{2}{3}}\right)^4\right],$$

从而所求的积分公式为

$$\int_{-1}^{1} f(x)\,\mathrm{d}x \approx \frac{1}{2}\left[f\left(-\sqrt{\frac{2}{3}}\right) + 2f(0) + f\left(\sqrt{\frac{2}{3}}\right)\right].$$

例 5.11.7 设 $f(x) \in C^2[a,b]$, 求积分 $I(f) = \displaystyle\int_a^b f(x)\,\mathrm{d}x$ 的梯形公式为

$$T(f) = \frac{b-a}{2}[f(a) + f(b)],$$

且

$$I(f) - T(f) = -\frac{(b-a)^3}{12} f''(\xi)\quad (a < \xi < b).$$

(1) 试写出计算积分 $I(f)$ 的复化梯形公式 $T_n(f)$ 及截断误差 $I(f) - T_n(f)$ 的表达式;

(2) 设 $\Omega = \{(x,y) \mid a \leqslant x \leqslant b,\ c \leqslant y \leqslant d\}$, 且 $g(x,y) \in C^2(\Omega)$, 试将以上计算积分 $I(f)$ 的方法应用于二重积分

$$J(g) = \iint\limits_{\Omega} g(x,y)\,\mathrm{d}x\mathrm{d}y$$

的数值计算, 写出计算公式, 并给出其截断误差的表达式.

解 (1) 设 $h=\dfrac{b-a}{n}$, $x_i=a+ih\ (i=0,1,2,\cdots,n)$, 则在区间 $[x_i,x_{i+1}]$ 上应用梯形公式，得

$$\int_{x_i}^{x_{i+1}} f(x)\,\mathrm{d}x=\frac{h}{2}[f(x_i)+f(x_{i+1})]-\frac{h^3}{12}f''(\eta_i)\quad(x_i\leqslant\eta_i\leqslant x_{i+1}),$$

从而将上式对 i 从 0 到 $n-1$ 相加，得

$$\int_a^b f(x)\,\mathrm{d}x=\frac{h}{2}\sum_{i=0}^{n-1}[f(x_i)+f(x_{i+1})]-\frac{h^3}{12}\sum_{i=0}^{n-1}f''(\eta_i),$$

其中 $x_i\leqslant\eta_i\leqslant x_{i+1}\ (i=0,1,2,\cdots,n-1)$.

另一方面，由 $f(x)\in C^2[a,b]$ 及连续函数的介值定理可知，存在 $\xi\in[a,b]$, 使得

$$f''(\xi)=\frac{1}{n}\sum_{i=0}^{n-1}f''(\eta_i),$$

从而所求的复化梯形公式为

$$T_n(f)=\frac{h}{2}\sum_{i=0}^{n-1}[f(x_i)+f(x_{i+1})],$$

并由 $h=\dfrac{b-a}{n}$ 可知，复化梯形公式的余项为

$$R_n(f)=\frac{b-a}{12}h^2f''(\xi)\quad(a\leqslant\xi\leqslant b).$$

(2) 设

$$\begin{aligned}h&=\frac{b-a}{n},\quad x_i=a+ih\quad(i=0,1,2,\cdots,n),\\ l&=\frac{d-c}{m},\quad y_j=c+jl\quad(j=0,1,2,\cdots,m),\end{aligned}$$

则在区间 $[x_i,x_{i+1}]$ 和区间 $[y_j,y_{j+1}]$ 上分别应用梯形公式，得

$$\begin{aligned}J_{ij}(g)&=\int_{x_i}^{x_{i+1}}\mathrm{d}x\int_{y_j}^{y_{j+1}}g(x,y)\,\mathrm{d}y\\&=\int_{x_i}^{x_{i+1}}\left[\frac{l}{2}(g(x,y_j)+g(x,y_{j+1}))-\frac{l^3}{12}g''_{yy}(x,\eta_{ij})\right]\mathrm{d}x\\&=\frac{l}{2}\int_{x_i}^{x_{i+1}}[g(x,y_j)+g(x,y_{j+1})]\,\mathrm{d}x-\frac{l^3}{12}\int_{x_i}^{x_{i+1}}g''_{yy}(x,\eta_{ij})\mathrm{d}x\\&=\frac{l}{2}\left[\frac{h}{2}(g(x_i,y_j)+g(x_i,y_{j+1})+g(x_{i+1},y_j)+g(x_{i+1},y_{j+1}))\right]\\&\quad-\frac{l}{2}\cdot\frac{h^3}{12}[g''_{xx}(\xi_{ij},y_i)+g''_{xx}(\xi^*_{ij},y_i)]-\frac{hl^3}{12}g''_{yy}(\overline{x}_{ij},\eta_{ij}).\end{aligned}$$

从而将上式对 i 从 0 到 $n-1$ 相加，对 j 从 0 到 $m-1$ 相加，得

$$J(g)=\iint\limits_{\Omega} g(x,y)\,\mathrm{d}x\mathrm{d}y=T_{nm}(g)+R_{nm}(g),$$

其中所求的复化梯形公式 $T_{nm}(g)$ 的表达式为

$$T_{nm}(g)=\frac{hl}{4}[g(x_i,y_j)+g(x_i,y_{j+1})+g(x_{i+1},y_j)+g(x_{i+1},y_{j+1})],$$

余项 $R_{nm}(g)$ 的表达式为

$$\begin{aligned}R_{nm}(g)&=\frac{h^3l}{24}[g''_{xx}(\xi_{ij},y_i)+g''_{xx}(\xi^*_{ij},y_i)]-\frac{hl^3}{12}g''_{yy}(\overline{x}_{ij},\eta_{ij})\\&=-\frac{(b-a)(d-c)}{12}[h^2g''_{xx}(\xi,\eta)+l^2g''_{yy}(\overline{\xi},\overline{\eta})].\end{aligned}$$

例 5.11.8 证明

$$\int_{-1}^{1}f(x)\,\mathrm{d}x\approx\frac{1}{9}\Big[5f\Big(-\sqrt{\frac{3}{5}}\Big)+8f(0)+5f\Big(\sqrt{\frac{3}{5}}\Big)\Big]$$

是 Gauss 求积公式，并由此求积公式计算积分 $\displaystyle\int_0^1 \mathrm{e}^{-x^2}\mathrm{d}x$ 的近似值.

解 为了证明所给的求积公式是 Gauss 求积公式，将

$$f(x)=1,\ x,\ x^2,\ x^3,\ x^4,\ x^5,\ x^6$$

分别代入积分公式

$$\int_{-1}^{1}f(x)\,\mathrm{d}x=\frac{1}{9}\Big[5f\Big(-\sqrt{\frac{3}{5}}\Big)+8f(0)+5f\Big(\sqrt{\frac{3}{5}}\Big)\Big],$$

由积分区间的对称性可知，当被积函数为奇函数时，等式成立，故只需计算

$$\begin{aligned}&\int_{-1}^{1}\mathrm{d}x=2=\frac{1}{9}(5+8+5),\\&\int_{-1}^{1}x^2\,\mathrm{d}x=\frac{2}{3}=\frac{1}{9}\Big[5\Big(-\sqrt{\frac{3}{5}}\Big)^2+5\Big(\sqrt{\frac{3}{5}}\Big)^2\Big],\\&\int_{-1}^{1}x^4\,\mathrm{d}x=\frac{2}{5}=\frac{1}{9}\Big[5\Big(-\sqrt{\frac{3}{5}}\Big)^4+5\Big(\sqrt{\frac{3}{5}}\Big)^4\Big],\\&\int_{-1}^{1}x^6\,\mathrm{d}x=\frac{2}{7}\neq\frac{6}{25}=\frac{1}{9}\Big[5\Big(-\sqrt{\frac{3}{5}}\Big)^6+5\Big(\sqrt{\frac{3}{5}}\Big)^6\Big],\end{aligned}$$

从而所给求积公式具有 5 次代数精度，并由求积节点只有 3 个可知，所给求积公式为三点 Gauss 公式.

另一方面，令 $x=\frac{1}{2}(1+t)$, 则当 $x\in[0,1]$ 时，有 $t\in[-1,1]$, 从而由三点 Gauss 公式可得

$$\int_0^1 \mathrm{e}^{-x^2}\,\mathrm{d}x=\frac{1}{2}\int_{-1}^1 \mathrm{e}^{-\frac{(1+t)^2}{4}}\,\mathrm{d}t$$
$$\approx\frac{1}{2}\times\frac{1}{9}\left[5\mathrm{e}^{-\frac{1}{4}(1-\sqrt{\frac{3}{5}})^2}+8\mathrm{e}^{-\frac{1}{4}}+5\mathrm{e}^{-\frac{1}{4}(1+\sqrt{\frac{3}{5}})^2}\right]=0.746815.$$

例 5.11.9 (哈尔滨工业大学 2007 年)

计算积分 $\int_0^\pi \sin x\,\mathrm{d}x$ 的近似值，为了使误差 $\varepsilon<0.2\times10^{-4}$, 若用复化梯形公式 T_n, 问相应的 n 至少应当取多少？

解 设 $f(x)=\sin x$, 则用复化梯形公式 T_n 计算 $\int_0^\pi \sin x\,\mathrm{d}x$ 的误差为

$$\int_0^\pi f(x)\,\mathrm{d}x-T_n\approx-\frac{h^2}{12}[f'(\pi)-f'(0)]$$
$$=-\frac{1}{12}\left(\frac{\pi}{n}\right)^2[\cos\pi-\cos 0]=\frac{\pi^2}{6n^2},$$

为了使误差满足

$$\int_0^\pi f(x)\,\mathrm{d}x-T_n\approx\frac{\pi^2}{6n^2}<\frac{1}{5}\times10^{-4},$$

即 $n>\sqrt{\frac{5}{6}}\pi\approx 31.3$, 相应的 n 至少应当取 32.

5.12 经典例题选讲

例 5.12.1 用下列数据，计算 $f'(0.01)$, $f'(0.03)$, $f''(0.02)$ 的近似值.

表 5.12.1

x	0.01	0.02	0.03	0.04
$f(x)$	0.0121	0.0124	0.0129	0.0136

解 利用向前差商公式得

$$f'(0.01)\approx\frac{f(0.02)-f(0.01)}{0.02-0.01}=\frac{0.0124-0.0121}{0.01}=0.03,$$

利用中心差商公式得

$$f'(0.03)\approx\frac{f(0.04)-f(0.02)}{0.04-0.02}=\frac{0.0136-0.0124}{0.02}=0.06,$$
$$f''(0.02)\approx\frac{f'(0.03)-f'(0.01)}{0.03-0.01}=\frac{0.06-0.03}{0.02}=1.5.$$

例 5.12.2 设 $f''(x)>0$, 证明：用梯形公式计算积分 $\int_a^b f(x)\mathrm{d}x$ 所得到的数值计算结果比精确值大，并说明其几何意义.

分析 本题涉及到积分精确值与积分近似值之间的大小关系，所以从求积公式的余项出发.

证明 利用带余项的梯形计算公式，得

$$\int_a^b f(x)\mathrm{d}x=\frac{b-a}{2}[f(a)+f(b)]-\frac{(b-a)^3}{12}f''(\eta),$$

并由 $f''(x)>0$ 可知，余项满足

$$R[f]=-\frac{(b-a)^3}{12}f''(\eta)<0,$$

从而

$$\int_a^b f(x)\mathrm{d}x<\frac{b-a}{2}[f(a)+f(b)].$$

由此可知，用梯形公式计算积分 $\int_a^b f(x)\mathrm{d}x$ 所得到的数值计算结果比精确值大.

几何意义为：当 $f(x)>0$ 时，由 $f''(x)>0$ 可知，曲线 $y=f(x)$ 是向上凹的，故连接两点 $(a,f(a))$, $(b,f(b))$ 的直线位于曲线 $y=f(x)$ 上方，从而由该直线与 $y=0$, $x=a$, $x=b$ 围成梯形的面积大于由曲线 $y=f(x)$ 与 $y=0$, $x=a$, $x=b$ 围成曲边梯形的面积.

例 5.12.3 设 $f(x)=x^2+\sin x$, 取步长 $h=0.05$, 分别用向前差商、向后差商、中心差商、三点端点公式计算 $f'(1.2)$.

解 取 $x_0=1.2$, 步长 $h=0.05$, 由向前差商公式得

$$f'(1.2)\approx\frac{f(x_0+h)-f(x_0)}{h}=\frac{f(1.25)-f(1.20)}{0.05}=2.78891,$$

由向后差商公式得

$$f'(1.2)\approx\frac{f(x_0)-f(x_0-h)}{h}=\frac{f(1.2)-f(1.15)}{0.05}=2.7355,$$

由中心差商公式 (三点中心公式) 得

$$f'(1.2)\approx\frac{f(x_0+h)-f(x_0-h)}{2h}=\frac{f(1.25)-f(1.15)}{2\times 0.05}=2.76221,$$

由三点端点公式得

$$\begin{aligned}f'(1.2) &\approx \frac{1}{2h}[-3f(x_0)+4f(x_0+h)-f(x_0+2h)]\\ &=\frac{1}{0.1}[-3f(1.2)+4f(1.25)-f(1.30)]=2.76263.\end{aligned}$$

例 5.12.4 确定下列三个求积公式中的待定参数，使得求积公式的代数精度尽量高，并指明所确定的求积公式具有的代数精度.

$$\int_{-h}^{h} f(x)\mathrm{d}x \approx A_{-1}f(-h)+A_0f(0)+A_1f(h),$$

$$\int_{-1}^{1} f(x)\mathrm{d}x \approx \frac{1}{3}[f(-1)+2f(x_1)+3f(x_2)],$$

$$\int_{0}^{h} f(x)\mathrm{d}x \approx \frac{h}{2}[f(0)+f(h)]+ah^2[f'(0)-f'(h)].$$

分析 这类题目通常从求积公式代数精度的定义出发，即先列出参数满足的代数方程组，并解出待定参数，再对所确定的求积公式判断其具有的代数精度.

解 因为第 1 个求积公式中含有 3 个待定参数 A_{-1}, A_0, A_1, 所以令求积公式对 $f(x)=1$, x, x^2 精确成立，即 A_{-1}, A_0, A_1 满足方程组

$$\begin{cases}A_{-1}+A_0+A_1=2h,\\ -h(A_{-1}-A_1)=0,\\ h^2(A_{-1}+A_1)=\dfrac{2h^3}{3},\end{cases}$$

解得

$$A_{-1}=A_1=\frac{h}{3},\quad A_0=\frac{4h}{3}.$$

另一方面，当 $f(x)=x^3$ 时，有

$$\int_{-h}^{h} x^3\mathrm{d}x=0=\frac{h}{3}(-h)^3+\frac{h}{3}h^3,$$

当 $f(x)=x^4$ 时，有

$$\int_{-h}^{h} x^4\mathrm{d}x=\frac{2}{5}h^5\neq\frac{h}{3}(-h)^4+\frac{h}{3}h^4,$$

从而求积公式

$$\int_{-h}^{h} f(x)\mathrm{d}x \approx \frac{h}{3}f(-h)+\frac{4h}{3}f(0)+\frac{h}{3}f(h)$$

具有 3 次代数精度 (事实上，该求积公式为辛普森公式).

因为第 2 个求积公式中含有两个待定参数 x_1, x_2, 且当 $f(x)=1$ 时，有

$$\int_{-1}^{1} f(x)\mathrm{d}x = 2 = \frac{1}{3}[f(-1)+2f(x_1)+3f(x_2)],$$

所以令求积公式对 x, x^2 精确成立，即 x_1, x_2 满足方程组

$$\begin{cases} 2x_1+3x_2=1, \\ 2x_1^2+3x_2^2=1, \end{cases}$$

解得 $x_1=0.6899$, $x_2=-0.1266$ 或 $x_1=-0.2899$, $x_2=0.5266$.

另一方面，当 $f(x)=x^3$ 时，有

$$\int_{-1}^{1} x^3\mathrm{d}x = 0 \neq \frac{1}{3}(-1+2x_1^3+3x_2^3),$$

从而当 $x_1=0.6899$, $x_2=-0.1266$ 或 $x_1=-0.2899$, $x_2=0.5266$ 时，求积公式

$$\int_{-1}^{1} f(x)\mathrm{d}x \approx \frac{1}{3}[f(-1)+2f(x_1)+3f(x_2)]$$

具有 2 次代数精度.

因为第 3 个求积公式中含有 1 个待定参数 a, 且当 $f(x)=1$, x 时，有

$$\int_0^h \mathrm{d}x = h = \frac{h}{2}(1+1)+0,$$

$$\int_0^h x\mathrm{d}x = \frac{h^2}{2} = \frac{h}{2}(0+h)+ah^2(1-1),$$

所以令求积公式对 $f(x)=x^2$ 精确成立，即 a 满足方程

$$\frac{h^3}{3} = \frac{h^3}{2} - 2ah^3,$$

解得 $a=\dfrac{1}{12}$.

另一方面，当 $f(x)=x^3$ 时，有

$$\int_0^h x^3\mathrm{d}x = \frac{h^4}{4} = \frac{h}{2}(0+h^3)+\frac{h^2}{12}(0-3h^2),$$

当 $f(x)=x^4$ 时，有

$$\int_0^h x^4\mathrm{d}x = \frac{h^5}{5} \neq \frac{h}{2}(0+h^4)+\frac{h^2}{12}(0-4h^3),$$

从而求积公式

$$\int_0^h f(x)\mathrm{d}x \approx \frac{h}{2}[f(0)+f(h)]+\frac{h^2}{12}[f'(0)-f'(h)]$$

具有 3 次代数精度.

例 5.12.5 构造数值微分公式

$$f'(0) \approx c_1 f(-h) + c_2 f(0) + c_3 f(2h)$$

$$f''(0) \approx d_1 f(-h) + d_2 f(0) + d_3 f(2h).$$

解 设以 $(-h, f(-h))$, $(0, f(x))$, $(2h, f(2h))$ 为插值点的插值基函数为

$$\begin{aligned} l_0(x) &= \frac{(x-0)(x-2h)}{(-h-0)(-h-2h)} = \frac{x(x-2h)}{3h^2}, \\ l_1(x) &= \frac{(x+h)(x-2h)}{(0+h)(0-2h)} = -\frac{(x+h)(x-2h)}{2h^2}, \\ l_2(x) &= \frac{(x+h)(x-0)}{(2h+h)(2h-0)} = \frac{x(x+h)}{6h^2}, \end{aligned}$$

故

$$\begin{aligned} f(x) \approx L_2(x) &= l_0(x)f(-h) + l_1(x)f(0) + l_2(x)f(2h) \\ &= \frac{x(x-2h)}{3h^2}f(-h) - \frac{(x+h)(x-2h)}{2h^2}f(0) + \frac{x(x+h)}{6h^2}f(2h), \end{aligned}$$

从而

$$\begin{aligned} f'(0) &\approx L_2'(0) = -\frac{2}{3h}f(-h) + \frac{1}{2h}f(0) + \frac{1}{6h}f(2h), \\ f''(0) &\approx L_2''(0) = \frac{2}{3h^2}f(-h) - \frac{1}{h^2}f(0) + \frac{1}{3h^2}f(2h). \end{aligned}$$

例 5.12.6 设 $h = x_1 - x_0$, 确定求积公式

$$\int_{x_0}^{x_1} (x - x_0) f(x) \mathrm{d}x = h^2[Af(x_0) + Bf(x_1)] + h^3[Cf'(x_0) + Df'(x_1)] + R[f]$$

中的待定参数 A, B, C, D, 使得该求积公式的代数精度尽量高.

分析 本题是一个带权 $\rho(x) = x - x_0$ 且带导数值的求积公式，其中的待定参数可根据代数精度的定义求得. 由于被积函数中含有 $x - x_0$, 为了积分方便 (不失一般性), 可设该求积公式对 $f(x) = 1$, $x - x_0$, $(x - x_0)^2$, $(x - x_0)^3$ 精确成立，从而求出待定参数 A, B, C, D.

解 设求积公式对 $f(x) = 1$, $x - x_0$, $(x - x_0)^2$, $(x - x_0)^3$ 精确成立，则

$$\begin{cases} \dfrac{h^2}{2} = h^2[A + B], \\ \dfrac{h^3}{3} = h^2[A \times 0 + Bh] + h^3[C + D], \\ \dfrac{h^4}{4} = h^2[A \times 0 + Bh^2] + h^3[0 + 2hD], \\ \dfrac{h^5}{5} = h^2[A \times 0 + Bh^3] + h^3[0 + 3h^2 D], \end{cases}$$

故参数 A, B, C, D 满足方程组

$$\begin{cases} 2A+2B=1, \\ 3B+3C+3D=1, \\ 4B+8D=1, \\ 5B+15D=1, \end{cases}$$

解得

$$A=\frac{3}{20},\quad B=\frac{7}{20},\quad C=\frac{1}{30},\quad D=-\frac{1}{20}.$$

另一方面，当 $f(x)=(x-x_0)^4$ 时，有

$$\int_{x_0}^{x_1}(x-x_0)(x-x_0)^4\mathrm{d}x=\frac{h^6}{6}\neq h^2\left(0+\frac{7}{20}h^4\right)+h^3\left(0-\frac{1}{20}4h^3\right),$$

从而求积公式

$$\int_{x_0}^{x^1}(x-x_0)f(x)\mathrm{d}x\approx h^2\left[\frac{3}{20}f(x_0)+\frac{7}{20}f(x_1)\right]+h^3\left[\frac{1}{30}f'(x_0)-\frac{1}{20}f'(x_1)\right]$$

具有 3 次代数精度.

例 5.12.7 已知对任意 $h>0$,$N(h)$ 是 M 的近似值，且

$$M=N(h)+k_1h^2+k_2h^4+k_3h^6+\cdots,$$

其中 k_1, k_2, k_3 是与 h 无关的常数，试用 $N(h)$, $N\left(\frac{h}{3}\right)$ 和 $N\left(\frac{h}{9}\right)$ 构造计算 M 的近似值公式，使其截断误差为 $O(h^6)$.

解 由已知条件，对任意 $h>0$, 有

$$M=N(h)+k_1h^2+k_2h^4+k_3h^6+\cdots=N(h)+k_1h^2+k_2h^4+O(h^6),$$

故 h 的任意性可知，常数 k_1, k_2 满足方程组

$$\begin{cases} N\left(\frac{h}{3}\right)+k_1\left(\frac{h}{3}\right)^2+k_2\left(\frac{h}{3}\right)^4=N(h)+k_1h^2+k_2h^4+O(h^6), \\ N\left(\frac{h}{9}\right)+k_1\left(\frac{h}{9}\right)^2+k_2\left(\frac{h}{9}\right)^4=N\left(\frac{h}{3}\right)+k_1\left(\frac{h}{3}\right)^2+k_2\left(\frac{h}{3}\right)^4+O(h^6), \end{cases}$$

即

$$\begin{cases} 72h^2k_1+80h^4k_2=9^2N\left(\frac{h}{3}\right)-9^2N(h)+O(h^6), \\ 72h^2k_1+\frac{80}{9}h^4k_2=9^3N\left(\frac{h}{9}\right)-9^3N\left(\frac{h}{3}\right)+O(h^6), \end{cases}$$

解得

$$\begin{cases} k_1h^2 = \dfrac{1}{64}\left[9N(h) - (9^3+9)N\left(\dfrac{h}{3}\right) + 9^3N\left(\dfrac{h}{9}\right)\right] + +O(h^6), \\ k_2h^4 = \dfrac{1}{640}\left[-9^3N(h) - (9^4+9^3)N\left(\dfrac{h}{3}\right) - 9^4N\left(\dfrac{h}{9}\right)\right] + +O(h^6), \end{cases}$$

从而

$$M = \frac{1}{640}N(h) - \frac{9}{64}N\left(\frac{h}{3}\right) + \frac{729}{640}N\left(\frac{h}{9}\right) + O(h^6).$$

例 5.12.8 用复化辛普森公式计算积分 $\int_1^2 \ln x\mathrm{d}x$ 的近似值时，为使结果具有 4 位有效数字，问需取多少个节点处的函数值？

解 设 $f(x) = \ln x$, 则

$$|f^{(4)}(x)| = \left|\frac{6}{x^3}\right| \leqslant 6 \quad (1 \leqslant x \leqslant 2),$$

并由 $f(x)$ 是单调增加函数可得

$$\frac{1}{2}\ln\frac{3}{2} \leqslant \int_{\frac{3}{2}}^2 \ln x\mathrm{d}x < \int_1^2 \ln x\mathrm{d}x < \ln 2.$$

另一方面，取步长为 $h = \dfrac{2-1}{n} = \dfrac{1}{n}$, 根据复化辛普森公式的余项

$$R_n(f) = -\frac{2-1}{180}\left(\frac{h}{2}\right)^4 f^{(4)}(\eta) \quad (1 < \eta < 2)$$

可知，要使 $\int_1^2 \ln x\mathrm{d}x$ 的近似值具有 4 位有效数字，只需 n 满足

$$|R_n(f)| = \left|-\frac{1}{180}\left(\frac{h}{2}\right)^4 f^{(4)}(\eta)\right| \leqslant \left|\frac{1}{480n^4}\right| < \frac{1}{2}\times 10^{-4},$$

故应取 $n \geqslant 3$, 从而需最少取 $2\times 3 + 1 = 7$ 个节点处的函数值.

注 若在积分计算之前，需根据对误差限估计用复化辛普森公式 (复化梯形公式) 计算时积分区间的等分份数 (或求积节点的个数), 则通常根据余项的表达式去求. 但这时要能够求出

$$M = \max_{a\leqslant x\leqslant b}|f^{(4)}(x)|$$

或

$$M = \max_{a\leqslant x\leqslant b}|f''(x)|$$

或估计 M 的一个上界，否则只能采取事后误差估计法计算积分且同时确定等分份数或求积节点数. 另外，当计算结果要求用有效数字表示时，需要先估计积分值中第一位非零数字所在位置，以确定积分近似值的误差限.

例 5.12.9 选取步长 $h=\dfrac{b-a}{3}$, 节点 $x_0=a,\ x_1=a+h,\ x_2=b$, 试确定求积公式

$$\int_a^b f(x)\mathrm{d}x \approx \frac{9}{4}hf(x_1)+\frac{3}{4}hf(x_2)$$

的代数精度.

解 根据代数精度的定义, 取 $f(x)=1$, 得

$$\int_a^b \mathrm{d}x = b-a = \frac{9}{4}\Big(\frac{b-a}{3}\Big)f(x_1)+\frac{3}{4}\Big(\frac{b-a}{3}\Big)f(x_2);$$

取 $f(x)=x$, 得

$$\int_a^b x\mathrm{d}x = \frac{b^2-a^2}{2} = \frac{9}{4}\Big(\frac{b-a}{3}\Big)f(x_1)+\frac{3}{4}\Big(\frac{b-a}{3}\Big)f(x_2);$$

取 $f(x)=x^2$, 得

$$\int_a^b x^2\mathrm{d}x = \frac{b^3-a^3}{3} = \frac{9}{4}\Big(\frac{b-a}{3}\Big)f(x_1)+\frac{3}{4}\Big(\frac{b-a}{3}\Big)f(x_2);$$

取 $f(x)=x^3$, 得

$$\int_a^b x\mathrm{d}x = \frac{b^4-a^4}{4} \neq \frac{9}{4}\Big(\frac{b-a}{3}\Big)f(x_1)+\frac{3}{4}\Big(\frac{b-a}{3}\Big)f(x_2).$$

综上可知, 所给积分公式具有 2 次代数精度.

例 5.12.10 给定积分 $I=\displaystyle\int_0^1 \frac{\sin x}{x}\mathrm{d}x$.

(1) 用复化梯形公式计算积分 I 的近似值, 使其截断误差不超过 $\dfrac{1}{2}\times 10^{-3}$;

(2) 如果与 (1) 取同样的求积节点, 改用复化辛普森公式计算 I 的近似值, 截断误差是多少?

(3) 要求截断误差不超过 10^{-6}, 如果用复化辛普森公式, 应取多少个节点处的函数值?

分析 本题需要求得 $M=\max\limits_{a\leqslant x\leqslant b}|f''(x)|$ 与 $M_1=\max\limits_{a\leqslant x\leqslant b}|f^{(4)}(x)|$, 或估计 M 与 M_1 的一个上界, 再运用余项公式计算所需的节点. 如果仅求解问题 (1), 也可采用事后误差估计法.

解 设

$$f(x)=\begin{cases}\dfrac{\sin x}{x}, & 0<x\leqslant 1,\\ 1, & x=0,\end{cases}$$

则 $f(x)$ 在 $(0,1]$ 内具有任意阶连续的导数，并由

$$f(x)=\int_0^1 \cos(xt)\mathrm{d}t$$

可得

$$f^{(k)}(x)=\int_0^1 \frac{\mathrm{d}^k}{\mathrm{d}x^k}\cos(xt)\mathrm{d}t=\int_0^1 t^k\cos\left(xt+\frac{k\pi}{2}\right)\mathrm{d}t,$$

故

$$|f^{(k)}(x)|\leqslant \int_0^1 t^k\left|\cos\left(xt+\frac{k\pi}{2}\right)\right|\mathrm{d}t\leqslant \int_0^1 t^k\mathrm{d}t=\frac{1}{k+1}.$$

(1) 如果用复化梯形公式计算 I 的近似值，使其截断误差不超过 $\frac{1}{2}\times 10^{-3}$, 则应取步长 $h=\frac{1}{n}$, 其余项应满足

$$|R_n(f)|=\left|-\frac{1}{12}h^2f''(\eta)\right|\leqslant \frac{1}{12n^2}\times\frac{1}{3}\leqslant\frac{1}{2}\times 10^{-3},$$

故只需 $n\geqslant 8$, 从而可将积分区间 $[0,1]$ 进行八等份，并由复化梯形公式得

$$\begin{aligned}\int_0^1 f(x)\mathrm{d}x&\approx\frac{h}{2}\left[f(0)+2\sum_{k=1}^{8}f\left(\frac{1}{k}\right)+f(1)\right]\\&=\frac{1}{16}[1+2(0.9974+0.9896+0.9767+0.9589\\&\qquad+0.9362+0.9089+0.8772)+0.8415]\approx 0.946.\end{aligned}$$

(2) 同样取 9 个节点，即 $h=\frac{1}{4}$, 使用复化辛普森公式时，其截断误差为

$$|R_n(f)|=\left|-\frac{1}{2880}h^4f^4(\eta)\right|\leqslant\frac{1}{2880\times 4^4\times 5}\approx 0.271\times 10^{-6}.$$

(3) 如果用复化辛普森公式计算 I 的近似值，使其截断误差不超过 10^{-6}, 只需

$$|R_n(f)|=\left|-\frac{1}{2880}h^4f^{(4)}(\eta)\right|\leqslant\frac{1}{2880\times 5\times n^4}\leqslant 10^{-6},$$

即 $n\geqslant 3$, 故可将区间 $[0,1]$ 进行三等分，即取 $2\times 3+1=7$ 个节点处的函数值.

例 5.12.11 用待定系数法推导数值积分梯形公式.

解 设 $f(x)$ 在区间 $[0,1]$ 上可积，对应的数值积分梯形公式为

$$\int_0^1 f(x)\mathrm{d}x=c_0f(0)+c_1f(1),$$

其中 c_0, c_1 为待定常数.

根据数值积分代数精度的要求，取 $f(x)=1$, $f(x)=x$, 则常数 c_0, c_1 应满足方程组

$$\begin{cases} c_0+c_1=1, \\ c_1=\dfrac{1}{2}, \end{cases}$$

解得 $c_1=c_0=\dfrac{1}{2}$, 从而梯形公式为

$$\int_0^1 f(x)\mathrm{d}x \approx \frac{1}{2}f(0)+\frac{1}{2}f(1).$$

如果 $f(x)$ 在区间 $[a,b]$ 上可积，令 $x=a+t(b-a)$, 则

$$\int_a^b f(x)\mathrm{d}x=(b-a)\int_0^1 f(a+t(b-a))\mathrm{d}t,$$

从而由

$$f(a+t(b-a))\big|_{t=0}=f(a),\quad f(a+t(b-a))\big|_{t=1}=f(b)$$

可得

$$\int_a^b f(x)\mathrm{d}x \approx \frac{b-a}{2}f(a)+\frac{b-a}{2}f(b).$$

注 通过解满足代数精度的方程组确定 c_0 和 c_1 的值，方法虽然简单，但由于解方程组的工作量不易向高阶推广，故通常用插值函数积分得到数值积分公式.

例 5.12.12 用龙贝格方法计算椭圆 $\dfrac{x^2}{4}+y^2=1$ 的周长，使其结果具有 5 位有效数字.

分析 为便于计算，先将椭圆方程采用参数形式表示，再根据弧长公式将椭圆周长用积分形式表示. 由于计算结果要求具有 5 位有效数字，因此需要估计所求积分值有几位整数，从而确定所求积分值的绝对误差限，最后再应用龙贝格方法计算积分.

解 设椭圆的周长为 L, 则利用变量替换 $x=2\cos\theta$, $y=\sin\theta$ 可得

$$L=4\int_0^{\frac{\pi}{2}}\sqrt{\left(\frac{\mathrm{d}x}{\mathrm{d}\theta}\right)^2+\left(\frac{\mathrm{d}y}{\mathrm{d}\theta}\right)^2}\,\mathrm{d}\theta=4\int_0^{\frac{\pi}{2}}\sqrt{1+3\sin^2\theta}\,\mathrm{d}\theta.$$

设 $f(\theta)=\sqrt{1+3\sin^2\theta}$, $I(f)=\displaystyle\int_0^{\frac{\pi}{2}} f(x)\mathrm{d}\theta$, 则由

$$\frac{\pi}{2}<I(f)=\int_0^{\frac{\pi}{2}}\sqrt{1+3\sin^2\theta}\,\mathrm{d}\theta<\pi$$

可知， $I(f)$ 有 1 位整数，故要使 $L=4I(f)$ 的近似值具有 5 位有效数字，其截断误差满足

$$4|R_n(f)|\leqslant\frac{1}{2}\times 10^{1-5},$$

即计算 $I(f)$ 的截断误差为

$$|R_n(f)| \leqslant \frac{1}{8} \times 10^{-4}.$$

表 5.12.2 给出了用龙贝格方法计算积分 $I(f)$ 的过程，故积分

$$\int_0^{\frac{\pi}{2}} f(x)\mathrm{d}\theta \approx 2.422112,$$

从而椭圆周长的近似值为

$$L = 4\int_0^{\frac{\pi}{2}} \sqrt{1+3\sin^2\theta}\,\mathrm{d}\theta \approx 9.6884.$$

表 5.12.2

k	2^k	T_{2^k}	$S_{2^{k-1}}$	$C_{2^{k-2}}$	$R_{2^{k-3}}$	$\lvert R_{2^{k-3}} - R_{2^{k-4}}\rvert$
0	1	2.356194				
1	2	2.419921	2.441163			
2	4	2.422103	2.422830	2.421608		
3	8	2.422112	2.422115	2.422067	2.422074	
4	16	2.422112	2.422112	2.422112	2.422113	0.000039
5	32	2.422112	2.422112	2.422112	2.422112	0.000001

例 5.12.13 在 $[-2h, 2h]$ 上取积分节点 $x=-h,\ 0,\ h$, 试用待定系数法构造求积公式

$$\int_{-2h}^{2h} f(x)\mathrm{d}x \approx c_{-1}f(-h) + c_0 f(0) + c_1 f(h),$$

并确定代数精度.

解 根据代数精度的要求，取 $f(x)=1,\ x,\ x^2$, 则常数 $c_{-1},\ c_0, c_1$ 应满足方程组

$$\begin{cases} c_{-1}+c_0+c_1 = 4h, \\ -c_{-1}+c_1 = 0, \\ c_{-1}+c_1 = \dfrac{16}{3}h, \end{cases}$$

解得

$$c_{-1} = \frac{8}{3}h, \quad c_0 = -\frac{4}{3}h, \quad c_1 = \frac{8}{3}h,$$

从而

$$\int_{-2h}^{2h} f(x)\mathrm{d}x \approx \frac{4h}{3}[2f(-h) - f(0) + 2f(h)].$$

另一方面，取 $f(x)=x^3$, 得

$$\int_{-2h}^{2h} x^3\mathrm{d}x = 0 = \frac{4h}{3}[2f(-h) - f(0) + 2f(h)],$$

取 $f(x)=x^4$, 得

$$\int_{-2h}^{2h} x^5\mathrm{d}x=\frac{2^2h^6}{3}\neq\frac{4h}{3}[2f(-h)-f(0)+2f(h)],$$

从而该求积公式具有 3 次代数精度.

例 5.12.14 证明：求积公式

$$\int_{-1}^{1} f(x)\mathrm{d}x\approx\frac{1}{9}[5f(\sqrt{0.6})+8f(0)+5f(-\sqrt{0.6})]$$

对于不高于 5 次的多项式是准确成立的，并计算积分 $\int_0^1 \frac{\sin x}{1+x}\mathrm{d}x$.

分析 本题可采用两种方法证明. 一是直接验证，二是从题中积分想到，若证明题中求积公式为三点高斯 - 勒让德求积公式，则可知其代数精度为 5, 至于积分的计算，则需先将积分区间变换至 $[-1,1]$, 再运用题中求积公式.

证明 方法 1: 根据代数精度的要求，取 $f(x)=1,\ x,\ x^2,\ x^3,\ x^4,\ x^5$, 得

$$\int_{-1}^{1}\mathrm{d}x=2=\frac{1}{9}[5\times 1+8\times 1+5\times 1],$$

$$\int_{-1}^{1}x\mathrm{d}x=0=\frac{1}{9}[5\times\sqrt{0.6}+8\times 0+5\times(-\sqrt{0.6})],$$

$$\int_{-1}^{1}x^2\mathrm{d}x=\frac{2}{3}=\frac{1}{9}[5\times 0.6+8\times 0+5\times 0.6],$$

$$\int_{-1}^{1}x^3\mathrm{d}x=0=\frac{1}{9}[5\times(\sqrt{0.6})^3+8\times 0+5\times(-\sqrt{0.6})^3],$$

$$\frac{2}{5}=\int_{-1}^{1}x^4\mathrm{d}x=\frac{2}{5}\frac{1}{9}[5\times(0.6)^2+8\times 0+5\times(0.6)^2],$$

$$\int_{-1}^{1}x^5\mathrm{d}x=0=\frac{1}{9}[5\times(\sqrt{0.6})^5+8\times 0+5\times(-\sqrt{0.6})^5],$$

从而所给求积公式对于不高于五次的多项式准确成立.

方法 2: 在区间 $[-1,1]$ 上，由三次勒让德多项式

$$P_3(x)=\frac{1}{2}(5x^3-3x)=0$$

解得三点高斯 - 勒让德求积公式的高斯点为

$$x_0=-\sqrt{0.6},\quad x_1=0,\quad x_2=\sqrt{0.6},$$

在利用三点高斯 - 勒让德求积公式的系数公式

$$A_k = \frac{2}{(1-x_k^2)[P_3'(x_k)]^2} \quad (k=0,\ 1,\ 2)$$

得

$$A_0 = \frac{2}{\left(1-\frac{3}{5}\right)\left(\frac{15}{2}\times\frac{3}{5}-\frac{3}{2}\right)^2} = \frac{5}{9},$$

$$A_1 = \frac{2}{(1-0)\left(\frac{15}{2}\times 0-\frac{3}{2}\right)^2} = \frac{8}{9},$$

$$A_2 = \frac{2}{\left(1-\frac{3}{5}\right)\left(\frac{15}{2}\times\frac{3}{5}-\frac{3}{2}\right)^2} = \frac{5}{9},$$

故求积公式

$$\int_{-1}^{1} f(x)\mathrm{d}x \approx \frac{1}{9}[5f(\sqrt{0.6})+8f(0)+5f(-\sqrt{0.6})]$$

是三点高斯 - 勒让德求积公式，其代数精度为 5, 从而该求积公式对于不高于 5 次的多项式准确成立.

下面计算积分 $I=\int_0^1 \frac{\sin x}{1+x}\mathrm{d}x$.

作变量替换 $x=\frac{t}{2}+\frac{1}{2}$, 则

$$\begin{aligned} I &= \int_0^1 \frac{\sin x}{1+x}\mathrm{d}x = \int_{-1}^{1}\frac{1}{3+t}\sin\left(\frac{t}{2}+\frac{1}{2}\right)\mathrm{d}t \\ &\approx \frac{1}{9}\left[\frac{5}{3+\sqrt{0.6}}\sin\left(\frac{\sqrt{0.6}}{2}+\frac{1}{2}\right)+\frac{8}{3}\sin\frac{1}{2}-\frac{5}{3-\sqrt{0.6}}\sin\left(\frac{\sqrt{0.6}}{2}-\frac{1}{2}\right)\right] \\ &\approx 0.2842485. \end{aligned}$$

例 5.12.15 在 $[-1,2]$ 上取分点 $x_0=-1$, $x_1=0$, $x_2=2$, 试用插值方法构造数值积分公式

$$\int_{-1}^{2} x^2 f(x)\mathrm{d}x \approx c_0 f(-1)+c_1 f(0)+c_2 f(2).$$

解 取分点 $x_0=-1$, $x_1=0$, $x_2=2$, 构造 $f(x)$ 的插值多项式

$$L_2(x) = l_0(x)f(x_0)+l_1(x)f(x_1)+l_2(x)f(x_2),$$

于是

$$\int_{-1}^{2} x^2 f(x)\mathrm{d}x \approx \int_{-1}^{2} x^2 L_2(x)\mathrm{d}x = \sum_{k=0}^{2}\left(\int_{-1}^{2} x^2 l_k(x)\mathrm{d}x\right)f(x_k).$$

经计算得

$$c_0=\int_{-1}^{2}x^2l_0(x)\mathrm{d}x=\int_{-1}^{2}\frac{x^2(x-x_1)(x-x_2)}{(x_0-x_1)(x_0-x_2)}\mathrm{d}x=-\frac{3}{10},$$

$$c_1=\int_{-1}^{2}x^2l_1(x)\mathrm{d}x=\int_{-1}^{2}\frac{x^2(x-x_0)(x-x_2)}{(x_1-x_0)(x_1-x_2)}\mathrm{d}x=\frac{63}{40},$$

$$c_2=\int_{-1}^{2}x^2l_2(x)\mathrm{d}x=\int_{-1}^{2}\frac{x^2(x-x_0)(x-x_1)}{(x_2-x_0)(x_2-x_1)}\mathrm{d}x=\frac{69}{40},$$

从而

$$\int_{-1}^{2}x^2f(x)\mathrm{d}x\approx-\frac{3}{10}f(-1)+\frac{63}{40}f(0)+\frac{69}{40}f(2).$$

例 5.12.16 用五点高斯 - 勒让德求积公式计算积分

$$I=\int_0^{\infty}\frac{1}{(1+x)\sqrt{x}}\mathrm{d}x.$$

分析 本题中积分的计算, 需先将积分区间变换至有限积分区域, 并去掉奇点, 再将其变换至 $[-1,1]$, 然后才可运用高斯 - 勒让德求积公式.

解 利用变量替换 $x=\frac{1}{t}$, 得

$$\int_1^{\infty}\frac{1}{(1+x)\sqrt{x}}\mathrm{d}x=-\int_1^{0}\frac{1}{t^2(1+t^{-1})\sqrt{t^{-1}}}\mathrm{d}t=\int_0^{1}\frac{1}{(1+t)\sqrt{t}}\mathrm{d}t,$$

故所求积分可表示为

$$I=\int_0^{1}\frac{1}{(1+x)\sqrt{x}}\mathrm{d}x+\int_1^{\infty}\frac{1}{(1+x)\sqrt{x}}\mathrm{d}x=2\int_0^{1}\frac{1}{(1+x)\sqrt{x}}\mathrm{d}x,$$

从而利用分部积分公式，得

$$\begin{aligned}I&=2\int_0^{1}\frac{1}{(1+x)\sqrt{x}}\mathrm{d}x=\frac{4\sqrt{x}}{(1+x)}\Big|_0^1+4\int_0^{1}\frac{\sqrt{x}}{(1+x)^2}\mathrm{d}x\\&=2+4\int_0^{1}\frac{\sqrt{x}}{(1+x)^2}\mathrm{d}x.\end{aligned}$$

另一方面，作变量替换 $x=\frac{t}{2}+\frac{1}{2}$, 则由

$$\frac{\sqrt{x}}{(1+x)^2}=\frac{\sqrt{\frac{t}{2}+\frac{1}{2}}}{\left(1+\frac{t}{2}+\frac{1}{2}\right)^2}=2\sqrt{2}\frac{\sqrt{t+1}}{(3+t)^2}$$

可得

$$\int_0^1 \frac{\sqrt{x}}{(1+x)^2}\mathrm{d}x = \sqrt{2}\int_{-1}^1 \frac{\sqrt{t+1}}{(3+t)^2}\mathrm{d}t,$$

故利用五点高斯－勒让德求积公式，得

$$\begin{aligned}\int_{-1}^1 \frac{\sqrt{t+1}}{(3+t)^2}\,\mathrm{d}t \approx & 0.2369269\Big[\frac{\sqrt{1-0.9061798}}{(3-0.9061798)^2}+\frac{\sqrt{1+0.9061798}}{(3+0.9061798)^2}\Big]\\ &+0.4786287\Big[\frac{\sqrt{1-0.5384693}}{(3-0.5384693)^2}+\frac{\sqrt{1+0.5384693}}{(3+0.5384693)^2}\Big]\\ &+0.5688889\times\frac{1}{9}\approx 0.202280818,\end{aligned}$$

从而

$$\int_0^\infty \frac{1}{(1+x)\sqrt{x}}\,\mathrm{d}x \approx 2+4\times\sqrt{2}\times 0.202280818 \approx 3.1442731.$$

例 5.12.17 计算中矩形求积公式

$$I(f)=\int_a^b f(x)\mathrm{d}x \approx (b-a)f\Big(\frac{a+b}{2}\Big)$$

的误差 $E(f)$.

解 设 $f(x)$ 在 $[a,b]$ 具有二阶连续的导数， $x_0=\dfrac{a+b}{2}$，则由泰勒公式可得

$$f(x)=f(x_0)+f'(x_0)(x-x_0)+\frac{f''(\xi)}{2}(x-x_0)^2,$$

故由 $b-x_0=x_0-a=\dfrac{b-a}{2}$ 可得

$$\begin{aligned}\int_a^b f(x)\mathrm{d}x &= \int_a^b [f(x_0))+f'(x_0)(x-x_0)+\int_a^b \frac{f''(\xi)}{2}(x-x_0)^2\mathrm{d}x\\ &= f(x_0)(b-a)+\frac{f'(x_0)}{2}(x-x_0)^2\Big|_a^b+\frac{f''(\eta)}{6}(x-x_0)^3\Big|_a^b\\ &= (b-a)f\Big(\frac{a+b}{2}\Big)+\frac{f''(\eta)}{24}(b-a)^3,\end{aligned}$$

从而

$$E(f)=\int_a^b f(x)\mathrm{d}x-(b-a)f\Big(\frac{a+b}{2}\Big)=\frac{f''(\eta)}{24}(b-a)^3.$$

例 5.12.18 设 $l_k(x)$ $(k=0,1,2,\cdots,n)$ 是以 $x_0,x_1,\cdots,x_n$ 为节点的拉格朗日插值基函数，证明：高斯型求积公式 $\int_a^b \rho(x)f(x)\mathrm{d}x \approx \sum\limits_{k=0}^n A_k f(x_k)$ 中的 A_k 满足

$$A_k=\int_a^b \rho(x)l_k(x)\mathrm{d}x=\int_a^b \rho(x)[l_k(x)]^2\mathrm{d}x \quad (k=0,1,2,\cdots,n).$$

分析 题中涉及到高斯型求积公式，故设想从高斯型求积公式的定义及代数精度的概念出发，并将其与求积系数、拉格朗日插值基函数联系起来.

证明 因为以 $x_0, x_1, \cdots, x_n$ 为节点的拉格朗日插值基函数满足

$$l_k(x_j) = \begin{cases} 1, & j = k, \\ 0, & j \neq k, \end{cases}$$

而高斯型求积公式

$$\int_a^b \rho(x) f(x)\mathrm{d}x \approx \sum_{k=0}^{n} A_k f(x_k)$$

的代数精度为 $2n+1$ 次，所以对 n 次多项式 $l_k(x)$ 和 $2n$ 次多项式 $[l_k(x)]^2$ 求积公式精确成立，从而

$$\int_a^b \rho(x) l_k(x)\mathrm{d}x = \sum_{j=0}^{n} A_j l_k(x_j) = A_k \quad (k = 0, 1, 2, \cdots, n),$$

$$\int_a^b \rho(x) [l_k(x)]^2\mathrm{d}x = \sum_{j=0}^{n} A_j [l_k(x_j)]^2 = A_k \quad (k = 0, 1, 2, \cdots, n),$$

即

$$A_k = \int_a^b \rho(x) l_k(x)\mathrm{d}x = \int_a^b \rho(x) [l_k(x)]^2\mathrm{d}x.$$

由例 5.12.18 的结论也可推知，高斯型求积公式中的求积系数满足

$$A_k > 0 \quad (k = 0, 1, 2, \cdots, n).$$

例 5.12.19 设 $n \leqslant 7$, 且 $c_i^{(n)} > 0\ (i = 0, 1, \cdots, n)$, 证明：数值积分公式

$$I_n(f) = (b-a)\sum_{i=0}^{n} c_i^{(n)} f(x_i)$$

是稳定的，其中 $c_i^{(n)} > 0\ (i = 0, 1, \cdots, n)$ 是牛顿 - 柯特斯积分的系数.

证明 设 $f(x_i)$ 的近似值为 $\widetilde{f}(x_i)$, 其误差为

$$\delta_i = f(x_i) - \widetilde{f}(x_i) \quad (i = 0, 1, 2, \cdots, n),$$

则数值积分公式的误差为

$$\begin{aligned} I_n(\widetilde{f}) - I_n(f) &= (b-a)\sum_{i=0}^{n} c_i^{(n)} (f(x_i) + \delta_i) - (b-a)\sum_{i=0}^{n} c_i^{(n)} f(x_i) \\ &= (b-a)\sum_{i=0}^{n} c_i^{(n)} \delta_i, \end{aligned}$$

故由 $c_i^{(n)} > 0$ 可得

$$|I_n(\widetilde{f}) - I_n(f)| \leqslant (b-a) \max_{0 \leqslant i \leqslant n} |\delta_i| \sum_{i=0}^{n} c_i^{(n)} = (b-a) \max_{0 \leqslant i \leqslant n} |\delta_i|,$$

从而误差是可以控制的，计算公式是稳定的.

这里需要说明，在高阶当牛顿 - 柯特斯计算公式中，由于不能保证 $c_i^{(n)} \geqslant 0$，从而会带来数值运算的不稳定.

例 5.12.20 已知 $f(x) = \mathrm{e}^x$ 的函数值见表 5.12.3，如下：

表 5.12.3

x	0.00	0.90	0.99	1.01	1.10	2.00
$f(x)$	1.000	2.460	2.691	2.746	3.004	7.389

分别取 $h = 1$, $h = 0.1$, $h = 0.01$，用中点数值微分公式

$$f'(x_0) \approx \frac{f(x_0+h) - f(x_0-h)}{2h}$$

计算 $f'(1)$ 的近似值 (小数点后保留 3 位).

解 令 $x_0 = 1$，取 $h = 1$，得

$$f'(1) \approx \frac{f(1+1) - f(1-1)}{2\times 1} = \frac{7.389 - 1}{2} = 3.195,$$

取 $h = 0.1$，得

$$f'(1) \approx \frac{f(1+0.1) - f(1-0.1)}{2\times 0.1} = \frac{3.004 - 2.460}{0.2} = 2.720,$$

取 $h = 0.01$，得

$$f'(1) \approx \frac{f(1+0.01) - f(1-0.01)}{2\times 0.01} = \frac{2.746 - 2.691}{0.02} = 2.750.$$

例 5.12.21 试确定常数 α_0, α_1, β_1，使得求积公式

$$\int_0^1 f(x)\mathrm{d}x \approx \alpha_0 f(0) + \alpha_1 f(1) + \beta_1 f'(1)$$

具有尽可能高的代数精度，并计算该公式的误差.

解 构造 $f(x)$ 的二次插值多项式 $P_2(x) = c_0 + c_1(x-1) + c_2(x-1)^2$，使得

$$P_1(0) = f(0), \quad P_2(1) = f(1), \quad P_2'(1) = f'(1),$$

则常数 c_0, c_1, c_2 应满足方程组

$$\begin{cases} c_0 - c_1 + c_2 = f(0), \\ c_0 = f(1), \\ c_1 = f'(1), \end{cases}$$

并由此方程组解得

$$c_0 = f(1), \quad c_1 = f'(1), \quad c_2 = f(0) - f(1) + f'(1),$$

从而得到求积公式

$$\begin{aligned}\int_0^1 f(x)\mathrm{d}x &\approx \int_0^1 P_2(x)\mathrm{d}x \\ &= \int_0^1 [f(1) + f'(x-1) + (f(0) - f(1) + f'(1))(x-1)^2]\mathrm{d}x \\ &= f(1) + \frac{f'(1)(x-1)^2}{2}\bigg|_0^1 + \frac{(f(0) - f(1) + f'(1))(x-1)^3}{3}\bigg|_0^1 \\ &= \frac{1}{3}f(0) + \frac{2}{3}f(1) - \frac{1}{6}f'(1).\end{aligned}$$

由此可知，求积公式中的常数可取为 $\alpha_0 = \frac{1}{3}$, $\alpha_1 = \frac{2}{3}$, $\beta_1 = -\frac{1}{6}$.

另一方面，由 $P_2(x)$ 是 $f(x)$ 的二次插值多项式可知，求积公式

$$\int_0^1 f(x)\mathrm{d}x \approx \frac{1}{3}f(0) + \frac{2}{3}f(1) - \frac{1}{6}f'(1)$$

至少具有 2 次代数精度，而当 $f(x) = x^3$ 时，有

$$\int_0^1 x^3\mathrm{d}x = \frac{1}{4} \neq \frac{1}{3}f(0) + \frac{2}{3}f(1) - \frac{1}{6}f'(1)$$

从而代数精度为 2, 并由插值误差估计式

$$f(x) - P_2(x) = \frac{f'''(3)(\xi)}{3!}x(x-1)^2$$

得

$$\begin{aligned}R(f) &= \int_0^1 f(x)\mathrm{d}x - \int_0^1 P_2(x)\mathrm{d}x = \int_0^1 \frac{f'''(\xi)}{3!}x(x-1)^2\mathrm{d}x \\ &= \frac{f'''(\eta)}{3!}\int_0^1 x(x-1)^2\mathrm{d}x = \frac{1}{72}f'''(\eta) \quad (0 \leqslant \eta \leqslant 1).\end{aligned}$$

例 5.12.22 用牛顿－柯特斯公式计算 $\int_0^{1.2} \sin x^2\mathrm{d}x$.

解 设 $f(x) = \sin x^2$, 步长 $h = 0.2$,, 节点 $x_k = kh\ (k = 0, 1, \cdots, 6)$, 则 $f(x)$ 的在节点处的数据 (见表 5.12.4) 如下：

表 5.12.4

k	0	1	2	3	4	5	6
x_k	0	0.2	0.4	0.6	0.8	01.0	1.2
$f(x_k)$	0	0.0399	0.15932	0.35227	0.59720	0.84147	0.991458

并由牛顿 – 柯特斯系数公式

$$C_k^{(6)}=\frac{(-1)^{6-k}}{6\cdot k!\cdot(6-k)!}\int_0^6\prod_{\substack{j=0\\j\neq k}}^{6}(t-j)\,\mathrm{d}t\quad(k=0,1,2,\cdots,6)$$

可得

$$C_0^{(6)}=C_6^{(6)}=\frac{41}{849},\quad C_1^{(6)}=C_5^{(6)}=\frac{9}{35},\quad C_2^{(6)}=C_4^{(6)}=\frac{9}{280},\quad C_3^{(6)}=\frac{34}{105},$$

从而

$$\begin{aligned}\int_0^{1.2}\sin x^2\mathrm{d}x&\approx(1.2-0)\sum_{k=0}^{6}C_k^{(6)}f(x_k)\\&=1.2\Big(\frac{9}{35}\times0.0399+\frac{9}{280}\times0.15932+\frac{34}{105}\times0.35227\\&\quad+\frac{9}{280}\times0.59720+\frac{9}{35}\times0.84147+\frac{41}{840}\times0.991458\Big)\\&=0.496128\end{aligned}$$

习　题　5

5.1 判断命题“用牛顿 – 柯特斯求积公式计算积分近似值时，求积节点取得越多则求积误差越小”的对错.

5.2 形如

$$\int_a^b f(x)\,\mathrm{d}x\approx\sum_{k=0}^{n}A_kf(x_k)$$

的插值求积公式，其代数精度至少可达 ____________ 阶，至多只能达 ____________ 阶.

5.3 试检验下列求积公式的代数精度：

$$\int_0^1 f(x)\,\mathrm{d}x\approx\frac{2}{3}f\Big(\frac{1}{4}\Big)-\frac{1}{3}f\Big(\frac{1}{2}\Big)+\frac{2}{3}f\Big(\frac{3}{4}\Big).$$

5.4 试构造下列求积公式，使其代数精度尽量地高，并证明所构造出的求积公式是插值型的：

$$\int_0^1 f(x)\mathrm{d}x\approx A_0f\Big(\frac{1}{4}\Big)+A_1f\Big(\frac{3}{4}\Big).$$

5.5 判别下列求积公式是否是插值型的，并指明其代数精度：

$$\int_0^3 f(x)\mathrm{d}x\approx\frac{3}{2}[f(1)+f(2)].$$

5.6 判别下列形式的插值型求积公式，并指明该求积公式所具有的代数精度：

$$\int_0^1 f(x)\mathrm{d}x\approx A_0f\Big(\frac{1}{4}\Big)+A_1f\Big(\frac{1}{2}\Big)+A_2f\Big(\frac{3}{4}\Big).$$

5.7 试推导求积公式

$$\int_0^1 f(x)\,\mathrm{d}x \approx A_0 f\left(\frac{1}{4}\right) + A_1 f\left(\frac{1}{2}\right) + A_2 f\left(\frac{3}{4}\right).$$

5.8 试推导求积公式

$$\int_{-2h}^{2h} f(x)\,\mathrm{d}x \approx h[A_{-1}f(-h) + A_0 f(0) + A_1 f(h)].$$

5.9 试推导求积公式

$$\int_0^1 f(x)\,\mathrm{d}x \approx A_0 f(0) + A_1 f(1) + B_0 f'(0).$$

5.10 试用代数精度方法推导如下形式的两点高斯公式

$$\int_{-1}^1 f(x)\,\mathrm{d}x \approx A_0 f(x_0) + A_1 f(x_1).$$

5.11 证明数值微分公式

$$f'(x_0) \approx \frac{1}{12h}[f(x_0-2h) - 8f(x_0-h) + 8f(x_0+h) - f(x_0+2h)]$$

具有 4 次代数精度.

5.12 验证数值微分公式

$$f'(a) \approx \frac{1}{6h}[-11f(a) + 18f(a+h) - 9f(a+2h) + 2f(a+3h)]$$

是插值型的.

5.13 验证数值微分公式

$$f''(x_0) \approx \frac{1}{12h^2}[-f(x_0-2h) + 16f(x_0-h) - 30f(x_0) + 16f(x_0+h) - f(x_0+2h)]$$

具有 5 次代数精度.

5.14 上机实验习题:

(1) 用复化辛普森法计算积分 $I = \int_0^1 \frac{1}{1+x^2}\mathrm{d}x$.

(2) 用变步长梯形求积公式求定积分 $\int_0^1 \frac{x}{4+x^2}\mathrm{d}x$ 的值.

(3) 用龙贝格求积公式计算积分 $\int_0^1 \frac{4}{1+x^2}\mathrm{d}x$.

第 6 章　常微分方程的数值解法

在实际问题中遇到的大部分微分方程不可能给出解析解，有的微分方程虽然能给出解析解，又因计算量大而不实用. 用求解析解的方法来计算微分方程的数值解往往是不适宜的，有时甚至是很困难的. 直接求出各离散节点上的函数 $y(x)$ 的近似值，而不必求出函数 $y(x)$ 的解析表达式，这种方法也符合一般工程的实际需要. 因此，有必要研究微分方程的数值解法，以便直接得到它的数值解.

本章主要讨论一阶微分方程的初值问题

$$\begin{cases} y' = f(x,y), \\ y(x_0) = y_0. \end{cases}$$

我们知道，只要 $f(x,y)$ 适当光滑，如关于 y 满足李普希兹 (Lipschitz) 条件就可以保证初值问题的解 $y = y(x)$ 存在并且唯一.

方程中含有一阶导数项 y', 这是微分方程的本质特征，也正是它难以求解的症结所在. 数值解法的第 1 步就是设法消除其导数项，这一过程称为离散化. 由此可以看出，常微分方程数值解的基本出发点就是离散化，这就是要寻求一系列离散节点 $x_0 < x_1 < \cdots < x_n < \cdots$ 上函数 $y(x)$ 的近似值 $y_0, y_1, \cdots, y_n, \cdots$, 相邻两个节点的间距称为步长. 今后除特别说明外，总是假定步长为常数，记为 h, 即

$$h = x_{n+1} - x_n \quad (n = 0, 1, 2, \cdots).$$

直接求出各离散节点上的解函数 $y(x)$ 的近似值，而不必求出解函数 $y(x)$ 的解析表达式. 这种方法也符合一般工程的实际需要. 实现离散化的基本途径即求常微分方程数值解的常用方法，主要有以下三种.

(1) 数值微分法：在点 x_n $(n = 0, 1, 2, \cdots)$ 处的导数用差商来近似代替，即

$$y'(x_n) \approx \frac{y_{n+1} - y_n}{h}.$$

(2) 数值积分法：将微分方程 $\dfrac{\mathrm{d}y}{\mathrm{d}x} = f(x,y)$ 化成等价形式

$$\mathrm{d}y = f(x,y)\,\mathrm{d}x,$$

然后在各小区间 $[x_n, x_{n+1}]$ 上对方程的两边进行积分，得

$$\int_{x_n}^{x_{n+1}} \mathrm{d}y = \int_{x_n}^{x_{n+1}} f(x,y)\,\mathrm{d}x,$$

原微分方程的初值问题就化为

$$\begin{cases} y_{n+1} = y_n + \displaystyle\int_{x_n}^{x_{n+1}} f(x, y)\,\mathrm{d}x, \\ y(x_0) = y_0. \end{cases}$$

采用不同的数值积分公式可以得到不同公式.

(3) 泰勒展开法：根据泰勒展开式

$$y(x_n + h) = y(x_n) + hy'(x_n) + \frac{h^2}{2!}y''(x_n) + \cdots,$$

如果只取上式的右端的前两项，即

$$y(x_n + h) \approx y(x_n) + hy'(x_n),$$

则微分方程的初值问题就化为

$$\begin{cases} y_{n+1} = y_n + hf(x_n, y_n), \\ y(x_0) = y_0. \end{cases}$$

综上所述，对初值问题的数值解法，首先需要解决的问题是在这些节点上用数值积分或数值微分或泰勒展开法对微分方程进行离散化，建立求数值解的递推公式. 递推公式通常有两类，一类是计算 y_{n+1} 时，只用到 x_{n+1}, x_n 和 y_n, 即前 1 步的值，因此有了初值以后就可以逐步往下计算，此类方法称为单步法，其代表如欧拉 (Euler) 方法、龙格 – 库塔 (Runge–Kutta) 方法；另一类是计算 y_{n+1} 时，除用到 x_{n+1}, x_n 和 y_n 以外，还要用到 x_{n-i}, y_{n-i} $(i = 1, 2, \ldots, k)$, 即前面 k 步的值，此类方法称为多步法，其代表如亚当姆斯 (Adams) 法.

本章主要研究一阶微分方程的初值问题的常用方法、局部截断误差、收敛的阶、收敛性、稳定性等问题.

6.1 欧拉方法

6.1.1 欧拉方法及改进的欧拉方法

我们可以用数值微分、数值积分法和泰勒展开法来推导求解初值问题

$$\begin{cases} y' = f(x, y), \\ y(x_0) = y_0 \end{cases} \tag{6.1.1}$$

欧拉方法. 设 $y = y(x)$ 为初值问题的解，现在以数值积分法为例进行推导.

将方程 $y' = f(x, y)$ 的两端在区间 $[x_n, x_{n+1}]$ 上积分

$$\int_{x_n}^{x_{n+1}} y'(x)\mathrm{d}x = \int_{x_n}^{x_{n+1}} f(x, y(x))\,\mathrm{d}x,$$

得

$$y(x_{n+1}) = y(x_n) + \int_{x_n}^{x_{n+1}} f(x, y(x))\,\mathrm{d}x. \tag{6.1.2}$$

选择不同的计算方法计算积分项 $\int_{x_n}^{x_{n+1}} f(x, y(x))\,\mathrm{d}x$, 就会得到不同的计算公式.

(1) 显式欧拉方法：用左矩形方法计算积分项，得

$$\int_{x_n}^{x_{n+1}} f(x, y(x))\mathrm{d}x \approx (x_{n+1} - x_n) f(x_n, y(x_n)) = hf(x_n, y(x_n)),$$

用 y_n 近似代替的 $y(x_n)$, 得到显式欧拉方法

$$y_{n+1} = y_n + hf(x_n, y_n) \quad (n = 1, 2, \cdots).$$

(2) 隐式欧拉方法：用右矩形方法计算积分项，得

$$\int_{x_n}^{x_{n+1}} f(x, y(x))\,\mathrm{d}x \approx (x_{n+1} - x_n) f(x_{n+1}, y(x_{n+1})) = hf(x_{n+1}, y(x_{n+1})),$$

用 y_n 近似代替 $y(x_n)$, 得到隐式欧拉方法

$$y_{n+1} = y_n + hf(x_{n+1}, y_{n+1}) \quad (n = 1, 2, \cdots).$$

(3) 两步欧拉方法：对方程 $y' = f(x, y)$ 的两端在区间 $[x_{n-1}, x_{n+1}]$ 上积分，得

$$y(x_{n+1}) = y(x_{n-1}) + \int_{x_{n-1}}^{x_{n+1}} f(x, y(x))\,\mathrm{d}x,$$

用中矩形公式计算上式右端积分项，得

$$\int_{x_{n-1}}^{x_{n+1}} f(x, y(x))\,\mathrm{d}x \approx (x_{n+1} - x_{n-1}) f(x_n, y(x_n)) = 2hf(x_n, y(x_n)),$$

用 y_{n-1} 和 y_n 分别近似代替 $y(x_{n-1})$ 和 $y(x_n)$, 得到两步欧拉方法

$$y_{n+1} = y_{n-1} + 2hf(x_n, y_n) \quad (n = 1, 2, \cdots).$$

无论是显式欧拉方法，还是隐式欧拉方法，它们都是单步法，其特点是计算 y_{n+1} 时只用到前 1 步的信息 y_n; 然而两步欧拉方法除了 y_n 以外，还显含更前 1 步的信息 y_{n-1}, 即调用了前面两步的信息，两步欧拉方法因此而得名. 由于数值积分的矩形方法精度很低，所以欧拉公式当然很粗糙.

再从图形上看，假设顶点 $P_n(x_n, y_n)$ 位于积分曲线 $y = y(x)$ 上，则按欧拉方法定出的顶点 $P_{n+1}(x_{n+1}, y_{n+1})$ 必落在积分曲线 $y = y(x)$ 的切线上 (图 6.1.1), 从这个角度也可以看出欧拉方法是很粗糙的.

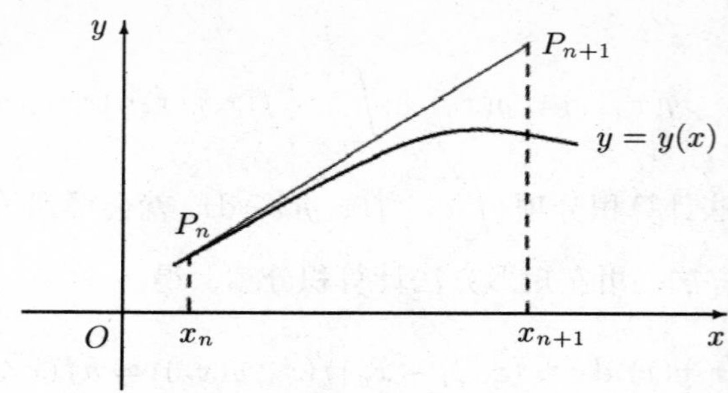

图 6.1.1

例 6.1.1 用欧拉法解初值问题

$$\begin{cases} y' = -y - xy^2, \quad 0 \leqslant x \leqslant 0.6, \\ y(0) = 1, \end{cases}$$

取步长 $h = 0.2$, 计算过程保留 4 位小数.

解 设 $f(x, y) = -y - xy^2$, $h = 0.2$, $x_n = nh\ (n = 0, 1, 2)$, 则由欧拉格式

$$y_{n+1} = y_n + hf(x_n, y_n) = y_n - hy_n - hx_n y_n^2 = 0.2y_n(4 - x_n y_n)$$

及初始条件 $y_0 = y(x_0) = y(0) = 1$ 可得

$$y(0.2) \approx y_1 = 0.2 \times 1(4 - 0 \times 1) = 0.8,$$

$$y(0.4) \approx y_2 = 0.2 \times 0.8 \times (4 - 0.2 \times 0.8) = 0.6144,$$

$$y(0.6) \approx y_3 = 0.2 \times 0.6144 \times (4 - 0.4 \times 0.6144) = 0.4613.$$

下面我们讨论改进的欧拉方法.

将方程 $y' = f(x, y)$ 的两端从 x_n 到 x_{n+1} 积分，得

$$y(x_{n+1}) = y(x_n) + \int_{x_n}^{x_{n+1}} f(x, y(x))\mathrm{d}x.$$

为了提高精度，我们改用梯形方法计算积分项，得

$$\int_{x_n}^{x_{n+1}} f(x, y(x))\mathrm{d}x \approx \frac{h}{2}[f(x_n, y(x_n)) + f(x_{n+1}, y(x_{n+1}))],$$

于是

$$y(x_{n+1}) \approx y(x_n) + \frac{h}{2}[f(x_n, y(x_n)) + f(x_{n+1}, y(x_{n+1}))].$$

将上式中的 $y(x_n)$, $y(x_{n+1})$ 分别用 y_n, y_{n+1} 近似替代，得与梯形求积公式相对应的差分格式

$$y_{n+1} = y_n + \frac{h}{2}[f(x_n, y_n) + f(x_{n+1}, y_{n+1})]. \tag{6.1.3}$$

称为梯形格式.

容易看出，梯形格式实际上是显式欧拉格式与隐式欧拉格式的算术平均．显式欧拉方法计算量小，但精度很低；梯形格式虽提高了精度，但它是一种隐式算法，需要借助迭代过程求解，计算量大．

为了综合使用这两种方法，先用欧拉方法求得一个初步的近似值，记 $\widetilde{y}_{n+1}$，称之为预报值；预报值 $\widetilde{y}_{n+1}$ 的精度不高，我们用它替代式 (6.1.3) 右端的 y_{n+1} 再直接计算，得到校正值 y_{n+1}．这样建立的预报－校正系统可表示为

$$\begin{cases} \widetilde{y}_{n+1} = y_n + hf(x_n, y_n), \\ y_{n+1} = y_n + \dfrac{h}{2}[f(x_n, y_n) + f(x_{n+1}, \widetilde{y}_{n+1})]. \end{cases} \tag{6.1.4}$$

称其为改进的欧拉格式．这是一种 1 步显式格式，它可表为嵌套形式

$$y_{n+1} = y_n + \frac{h}{2}[f(x_n, y_n) + f(x_{n+1}, y_n + hf(x_n, y_n))] \tag{6.1.5}$$

或表为平均化形式

$$\begin{cases} y_p = y_n + hf(x_n, y_n), \\ y_c = y_n + hf(x_{n+1}, y_p), \\ y_{n+1} = \dfrac{1}{2}(y_p + y_c). \end{cases} \tag{6.1.6}$$

改进的欧拉算法：

(1) 输入 x, y, h, n

(2) 对 $i = 1, 2, \cdots, n$ 作

$k_1 = f(x, y)$

$x = x + h$

$k_2 = f(x, y + hk_1)$

$y = y + h(k_1 + k_2)/2$

输出 x, y

例 6.1.2 取 $h = 0.1$, 分别用欧拉方法和改进的欧拉方法求解

$$\begin{cases} y' = y - \dfrac{2x}{y}, \quad 0 \leqslant x \leqslant 1, \\ y(0) = 1. \end{cases}$$

其解析解为 $y = \sqrt{1 + 2x}$.

解 设 $f(x, y) = y - \dfrac{2x}{y}$, $h = 0.1$, $x_n = nh$ $(n = 0, 1, 2, \cdots, 9)$, 则由欧拉格式得

$$y_{n+1} = y_n + 0.1\left(y_n - \frac{2x_n}{y_n}\right) = 1.1y_n - \frac{0.2x_n}{y_n} \quad (n = 0, 1, 2, \cdots, 9),$$

由改进的欧拉格式得

$$\begin{cases} \widetilde{y}_{n+1} = 1.1y_n - \dfrac{0.2x_n}{y_n}, \\ y_{n+1} = y_n + 0.05\Big(y_n - \dfrac{2x_n}{y_n} + \widetilde{y}_{n+1} - \dfrac{2x_{n+1}}{\widetilde{y}_{n+1}}\Big) \quad (n = 0, 1, 2, \cdots, 9). \end{cases}$$

计算结果见表 6.1.1. 可以看出，改进的欧拉方法的计算结果更接近精确值.

表 6.1.1

x_n	欧拉方法	改进的欧拉方法	精确值
0.1	1.100000	1.095909	1.095445
0.2	1.191818	1.184097	1.183216
0.3	1.277438	1.266201	1.264911
0.4	1.358213	1.343360	1.341641
0.5	1.435133	1.416402	1.414214
0.6	1.508966	1.485956	1.483240
0.7	1.580338	1.552515	1.549193
0.8	1.649783	1.616478	1.612452
0.9	1.717779	1.678167	1.673320
1.0	1.784771	1.737686	1.732051

6.1.2 局部截断误差与精度

定义 6.1.1 假设在计算 y_{n+1} 的求解公式中的 y_n 皆为精确值，即 $y_n = y(x_n)$，则称 $y(x_{n+1}) - y_{n+1}$ 为局部截断误差. 如果某种方法的局部截断误差为 $O(h^{p+1})$，则称该方法的精度是 p 阶的或具有 p 阶精度.

首先讨论欧拉公式的局部截断误差和精度. 事实上，欧拉公式可表示为

$$y_{n+1} = y_n + hf(x_n, y_n) = y(x_n) + hf(x_n, y(x_n)) = y(x_n) + hy'(x_n),$$

而由泰勒公式可知，$y(x_{n+1})$ 可表示为

$$y(x_{n+1}) = y(x_n + h) = y(x_n) + hy'(x_n) + \frac{h^2}{2!}y''(\xi) \quad (x_n \leqslant \xi \leqslant x_{n+1}),$$

于是欧拉公式的局部截断误差为

$$y(x_{n+1}) - y_{n+1} = \frac{h^2}{2!}y''(\xi) \quad (x_n \leqslant \xi \leqslant x_{n+1}),$$

并由 $\dfrac{h^2}{2!}y''(\xi) = O(h^2)$ 可知，欧拉方法具有 1 阶精度.

下面讨论改进的欧拉公式的局部截断误差与精度. 事实上, 由

$$y'(x_n) = f(x_n, y_n),$$
$$y''(x_n) = f'_x(x_n, y_n) + y'(x_n) f'_y(x_n, y_n)$$

可得

$$\begin{aligned} f(x_n + h, y_n + hy'(x_n)) &= f(x_n, y_n) + hf'_x(x_n, y_n) + hy'(x_n) f'_y(x_n, y_n) + O(h^2) \\ &= y'(x_n) + hy''(x_n) + O(h^2), \end{aligned}$$

故改进的欧拉公式可表示为

$$\begin{aligned} y_{n+1} &= y_n + \frac{h}{2}[f(x_n, y_n) + f(x_n + h, y_n + hy'(x_n)) \\ &= y(x_n) + \frac{h}{2}[y'(x_n) + y'(x_n) + hy''(x_n) + O(h^2)] \\ &= y(x_n) + hy'(x_n) + \frac{h^2}{2} y''(x_n) + O(h^3), \end{aligned}$$

而由泰勒公式可知, 存在 $\xi \in [x_n, x_{n+1}]$, 使得 $y(x_n + h)$ 可表示为

$$y(x_{n+1}) = y(x_n + h) = y(x_n) + hy'(x_n) + \frac{h^2}{2!} y''(x_n) + \frac{h^3}{3!} y'''(\xi),$$

于是改进的欧拉公式具有 2 阶精度, 其局部截断误差为

$$y(x_{n+1}) - y_{n+1} = O(h^3).$$

6.2 龙格 - 库塔方法

为了解龙格 - 库塔方法的基本思想, 我们首先考察差商

$$\frac{y(x_{n+1}) - y(x_n)}{h}.$$

由微分中值定理可知, 存在点 $\xi \in [x_n, x_{n+1}]$, 使得

$$\frac{y(x_{n+1}) - y(x_n)}{h} = y'(\xi),$$

从而由方程 $y' = f(x, y)$ 可得

$$y(x_{n+1}) = y(x_n) + hf(\xi, y(\xi)). \tag{6.2.1}$$

称 $f(\xi, y(\xi))$ 为曲线 $y = y(x)$ 在区间 $[x_n, x_{n+1}]$ 上的平均斜率.

综上可知, 只要对平均斜率提供一种算法, 由式 (6.2.1) 便相应地导出一种计算格式. 按照这种观点可知, 欧拉格式

$$y_{n+1} = y_n + hf(x_n, y_n).$$

简单地取点 x_n 的斜率值 $f(x_n, y_n)$ 作为区间 $[x_n, x_{n+1}]$ 上的平均斜率 $f(\xi, y(\xi))$, 精度自然很低. 而改进的欧拉格式可改写成平均化形式

$$\begin{cases} y_{n+1} = y_n + \dfrac{h}{2}(K_1 + K_2), \\ K_1 = f(x_n, y_n), \\ K_2 = f(x_{n+1}, y_n + hK_1), \end{cases}$$

故它可以理解为用 x_n 与 x_{n+1} 两个点的斜率值 K_1 和 K_2 取算术平均作为平均斜率 $f(\xi, y(\xi))$, 而 x_{n+1} 处的斜率 K_2 是利用已知信息 y_n 通过欧拉方法来预报.

这个处理过程启示我们，如果设法在 $[x_n, x_{n+1}]$ 内多预报几个点的斜率值，然后将我们加权平均作为区间 $[x_n, x_{n+1}]$ 上的平均斜率，则有可能构造出具有更高精度的计算格式，这就是龙格 – 库塔方法的基本思想.

下面先讨论二阶龙格 – 库塔方法，为此先推广改进的欧拉方法.

设 K^* 为区间 $[x_n, x_{n+1}]$ 的平均斜率， x_{n+p} 为 $[x_n, x_{n+1}]$ 内的任意一点，记为

$$x_{n+p} = x_n + ph \quad (0 < p \leqslant 1).$$

为了能用 x_n 和 x_{n+p} 两个点的斜率值 K_1 和 K_2 加权平均得到平均斜率 K^*, 令

$$y_{n+1} = y_n + h[(1-\lambda)K_1 + \lambda K_2], \tag{6.2.2}$$

式中 λ 为待定系数. 同改进的欧拉格式一样，仍取 $K_1 = f(x_n, y_n)$, 问题在于该怎样预报 x_{n+p} 处的斜率值 K_2.

仿照改进的欧拉格式，先用欧拉方法提供 $y(x_{n+p})$ 的预报值 y_{n+p} 为

$$y_{n+p} = y_n + phK_1,$$

然后用 y_{n+p} 通过计算 $f(x, y)$ 产生的斜率值

$$K_2 = f(x_{n+p}, y_{n+p}),$$

这样设计出的计算格式具有形式

$$\begin{cases} y_{n+1} = y_n + h[(1-\lambda)K_1 + \lambda K_2], \\ K_1 = f(x_n, y_n), \\ K_2 = f(x_n + ph, y_n + phK_1), \end{cases} \tag{6.2.3}$$

其中 λ, p 为待定参数.

在格式 (6.2.3) 中，我们希望适当选取这些参数的值，使得格式 (6.2.3) 具有较高的精度. 为此考虑格式 (6.2.2) 对应的近似关系式

$$y(x_{n+1}) \approx y(x_n) + h[(1-\lambda)y'(x_n) + \lambda y'(x_{n+p})],$$

其中 K_1 和 K_2 分别代表 x_n 和 x_{n+p} 两个点处的斜率值.

容易验证，不管 λ 如何选取上式均有 1 阶精度，我们适当选取参数 λ 使上式具有 2 阶精度，为简化分析，作变换 $x = x_n + th$, 并令 $x_n = 0$, $h = 1$, 这时上述近似关系式简化为

$$y(1) \approx y(0) + (1-\lambda)y'(0) + \lambda y'(p).$$

如果假设该关系式对于 $y = x^2$ 准确成立，得

$$\lambda p = \frac{1}{2}. \tag{6.2.4}$$

满足这一条件的一簇格式 (6.2.3) 统称为二阶龙格 – 库塔格式. 特别地，当 $p = 1$, $\lambda = \dfrac{1}{2}$ 时，二阶龙格 – 库塔格式 (6.2.3) 就是改进的欧拉格式.

如果改取 $p = \dfrac{1}{2}$, $\lambda = 1$, 这时二阶龙格 – 库塔格式 (6.2.3) 称为变形的欧拉格式，亦称中点格式，其形式为

$$\begin{cases} y_{n+1} = y_n + hK_2, \\ K_1 = f(x_n, y_n), \\ K_2 = f\left(x_{n+\frac{1}{2}}, y_n + \dfrac{h}{2}K_1\right). \end{cases} \tag{6.2.5}$$

为了进一步提高精度，下面我们讨论三阶龙格 – 库塔方法.

设在区域 $[x_n, x_{n+1}]$ 内除 x_{n+p} 外，还有一点

$$x_{n+q} = x_n + qh \quad (p < q \leqslant 1),$$

用 3 个点 x_n, x_{n+p}, x_{n+q} 的斜率 K_1, K_2, K_3 加权平均得出平均斜率 K^* 的近似值，这时计算格式具有形式

$$y_{n+1} = y_n + h[(1-\lambda-\mu)K_1 + \lambda K_2 + \mu K_3]. \tag{6.2.6}$$

适当选择参数 p, q, λ, μ, 可使格式 (6.2.6) 具有 3 阶精度，这类格式统称为三阶龙格 – 库塔格式. 例如，下列格式

$$\begin{cases} y_{n+1} = y_n + \dfrac{h}{6}(K_1 + 4K_2 + K_3), \\ K_1 = f(x_n, y_n), \\ K_2 = f\left(x_{n+\frac{1}{2}}, y_n + \dfrac{h}{2}K_1\right) \\ K_3 = f(x_{n+1}, y_n + h(-K_1 + 2K_2)) \end{cases}$$

就是三阶龙格 – 库塔格式中的一种.

继续上述过程，经过复杂的数学演算，可以进一步导出四阶龙格 – 库塔格式. 例如，经典格式

$$\begin{cases} y_{n+1} = y_n + \dfrac{h}{6}(K_1 + 2K_2 + 2K_3 + K_4), \\ K_1 = f(x_n, y_n), \\ K_2 = f\Big(x_{n+\frac{1}{2}}, y_n + \dfrac{h}{2}K_1\Big), \\ K_3 = f\Big(x_{n+\frac{1}{2}}, y_n + \dfrac{h}{2}K_2\Big), \\ K_4 = f(x_{n+1}, y_n + hK_3) \end{cases} \tag{6.2.7}$$

就是龙格 – 库塔格式中常用的一种格式，此格式每 1 步需要 4 次计算函数值 f, 可以直接验证它具有 4 阶精度，不过论证极其烦琐，这里从略.

经典四阶龙格 – 库塔方法算法：

(1) 输入 x, y, h, n

(2) 对 $i = 1, 2, \cdots, n$

计算 k_1, k_2, k_3, k_4

$y = y + h\,(k_1 + 2k_2 + 2k_3 + k_4)/6$

$x = x + h$

输出 x, y

例 6.2.1 取步长 $h = 0.2$, 从 $x = 0$ 直到 $x = 1$ 用经典四阶龙格 – 库塔格式求解例 6.1.2 中的初值问题.

解 在经典四阶龙格 – 库塔格式中，K_1, K_2, K_3, K_4 满足方程组

$$\begin{cases} K_1 = y_n - \dfrac{2x_n}{y_n}, \\ K_2 = y_n + \dfrac{h}{2}K_1 - \dfrac{2x_n + h}{y_n + \dfrac{h}{2}K_1}, \\ K_3 = y_n + \dfrac{h}{2}K_2 - \dfrac{2x_n + h}{y_n + \dfrac{h}{2}K_2}, \\ K_4 = y_n + hK_3 - \dfrac{2(x_n + h)}{y_n + hK_3}. \end{cases}$$

表 6.2.1 记录了计算结果，其中， $y(x_n)$ 仍表示精确解.

表 6.2.1

x_n	0.2	0.4	0.6	0.8	1.0
y_n	1.1832	1.3417	1.4833	1.6125	1.7321
$y(x_n)$	1.1832	1.3416	1.4832	1.6125	1.7321

比较例 6.2.1 与例 6.1.2 的计算结果，显然经典格式的精度高. 要注意，虽然经典格式的计算量较改进的欧拉格式大一倍，但由于这里放大了步长，所耗费的计算量几乎相同. 这个例子又一次显示了选择算法的重要意义.

然而值得指出的是，龙格 – 库塔方法的推导基于泰勒展开方法，因而它要求所求的解具有较好的光滑性. 如果解的光滑性差，则使用四阶龙格 – 库塔方法求得的数值解，其精度可能反而不如改进的欧拉方法. 在实际计算时，我们应当针对问题的具体特点选择合适的算法.

6.3 亚当姆斯方法

计算 y_{n+1} 时只用到前 1 步的近似值 y_n 的方法称为单步法. 易见，欧拉方法、改进的欧拉方法和经典四阶龙格 – 库塔方法都是单步法. 而计算 y_{n+1} 时不仅用到 y_n, 还要用到 $y_{n-1}, y_{n-2}, \cdots, y_{n-k}$ $(k \geqslant 1)$ 的方法，称为多步法. 实际计算时，多步法必须借助于某种与它同阶的单步法，为它提供起动值 $y_1, y_2, \cdots, y_{n-1}$. 而线性多步法的一般形式为

$$\begin{aligned} y_{n+1} = &\alpha_0 y_n + \alpha_1 y_{n-1} + \cdots + \alpha_k y_{n-k} \\ &+ h[\beta_{-1} f(x_{n+1}, y_{n+1}) + \beta_0 f(x_n, y_n) + \cdots + \beta_k f(x_{n-k}, y_{n-k})]. \end{aligned}$$

其中当 $\beta_{-1} = 0$ 时是显式多步法， $\beta_{-1} \neq 0$ 时是隐式多步法.

上一节给出的龙格 – 库塔方法虽然是一类重要算法，但这类算法在每 1 步都需要先预报几个点上的斜率值，计算量比较大. 考虑到在计算 y_{n+1} 之前已得出一系列节点 $x_n, x_{n-1}, \cdots$ 上的斜率值，能否利用这些“老信息”来减少计算量呢？这就是亚当姆斯方法的设计思想.

再考察式 (6.2.1), 如果用 x_n, x_{n-1} 两点的斜率值加权平均作为区间 $[x_n, x_{n+1}]$ 上的平均斜率，这样设计出的计算格式具有形式

$$\begin{cases} y_{n+1} = y_n + h[(1-\lambda) y'_n + \lambda y'_{n-1}], \\ y'_n = f(x_n, y_n), \\ y'_{n-1} = f(x_{n-1}, y_{n-1}). \end{cases} \tag{6.3.1}$$

我们希望适当选取参数 λ, 使上述格式具有 2 阶精度，即与二阶龙格 – 库塔方法的精度相当. 为此，假设

$$y_n = y(x_n), \quad y_{n-1} = y(x_{n-1}),$$

将式 (6.3.1) 泰勒展开，得

$$y_{n+1} = y(x_n) + h y'(x_n) - \lambda h^2 y''(x_n) + \cdots,$$

由此可知，为使计算格式具有 2 阶精度，需取 $\lambda = -\dfrac{1}{2}$，这样导出的计算格式

$$y_{n+1} = y_n + \frac{h}{2}(3y'_n - y'_{n-1})$$

称为二阶亚当姆斯格式．类似地可以导出三阶亚当姆斯格式

$$y_{n+1} = y_n + \frac{h}{12}(23y'_n - 16y'_{n-1} + 5y'_{n-2})$$

和四阶亚当姆斯格式

$$y_{n+1} = y_n + \frac{h}{24}(55y'_n - 59y'_{n-1} + 37y'_{n-2} - 9y'_{n-3}),$$

其中 $y'_{n-k} = f(x_{n-k}, y_{n-k})$.

上述亚当姆斯格式都是显式的，算法比较简单，但由于用节点 x_n, x_{n-1} 的斜率来预报区间 $[x_n, x_{n+1}]$ 上的平均斜率是个外推过程，效果不够理想．为了进一步改善精度，我们增加节点 x_{n+1} 的斜率来得出 $[x_n, x_{n+1}]$ 上的平均斜率．例如，考察

$$\begin{cases} y_{n+1} = y_n + h[(1-\lambda)y'_{n+1} + \lambda y'_n], \\ y'_n = f(x_n, y_n), \\ y'_{n+1} = f(x_{n+1}, y_{n+1}) \end{cases} \tag{6.3.2}$$

的隐式格式，设 $y_n = y(x_n)$，$y_{n+1} = y(x_{n+1})$，将上式右端泰勒展开有

$$y_{n+1} = y(x_n) + hy'(x_n) + h^2(1-\lambda)y''(x_n) + \cdots,$$

可见欲使格式 (6.3.2) 具有 2 阶精度，需令 $\lambda = \dfrac{1}{2}$，这样构造出的二阶隐式亚当姆斯格式

$$y_{n+1} = y_n + \frac{h}{2}(y'_{n+1} + y'_n),$$

也就是梯形格式．类似地，可以导出三阶隐式亚当姆斯格式

$$y_{n+1} = y_n + \frac{h}{12}(5y'_{n+1} + 8y'_n - y'_{n-1})$$

和四阶隐式亚当姆斯格式

$$y_{n+1} = y_n + \frac{h}{24}(9y'_{n+1} + 19y'_n - 5y'_{n-1} + y'_{n-2}).$$

仿照改进的欧拉格式的构造方法，将显式和隐式两种亚当姆斯格式相匹配，构成亚当姆斯预报 - 校正系统，即

$$\begin{cases} \text{预报} \begin{cases} \widetilde{y}_{n+1} = y_n + \dfrac{h}{24}(55y'_n - 59y'_{n-1} + 37y'_{n-2} - 9y'_{n-3}), \\ \widetilde{y}'_{n+1} = f(x_{n+1}, \widetilde{y}_{n+1}), \end{cases} \\ \text{校正} \begin{cases} y_{n+1} = y_n + \dfrac{h}{24}(9\widetilde{y}'_{n+1} + 19y'_n - 5y'_{n-1} + y'_{n-2}), \\ y'_{n+1} = f(x_{n+1}, y_{n+1}), \end{cases} \end{cases} \tag{6.3.3}$$

这种预报–校正系统是 4 步法，它在计算 y_{n+1} 时不但要用到前 1 步的信息 y_n，y_n'，而且要用到更前面的 3 步的信息 y_{n-1}'，y_{n-2}'，y_{n-3}'，因此它不能自行启动. 在实际计算时，可借助于某种单步法. 例如，用四阶龙格–库塔格式为预报–校正系统提供开始值 y_1，y_2，y_3.

例 6.3.1 用亚当姆斯预报–校正系统求解例 6.1.2 中的初值问题.

解 取步长 $h=0.1$, 用四阶龙格–库塔格式计算开始值 y_1，y_2，y_3, 然后套用预报–校正系统，计算结果见表 6.3.1. 表中 $\widetilde{y}_n$ 和 y_n 分别为预报值和校正值，同时列出了准确值 $y(x_n)$ 以比较计算结果的精度.

表 6.3.1

x_n	$\widetilde{y}_n$	y_n	$y(x_n)$
0.0		1.0000	1.0000
0.1		1.0954	1.0954
0.2		1.1832	1.1832
0.3		1.2649	1.2649
0.4	1.3415	1.3416	1.3416
0.5	1.4141	1.4142	1.4142
0.6	1.4832	1.4832	1.4832
0.7	1.5491	1.5492	1.5492
0.8	1.6124	1.6124	1.6125
0.9	1.6733	1.6733	1.6733
1.0	1.7320	1.7320	1.7321

下面我们来分析亚当姆斯方法所产生的误差.

由于公式 (6.3.3) 中的预报公式与校正公式具有同等精度，因而可以方便地估计出截断误差. 我们将会看到，基于这种估计可提供一种提高精度的有效方法.

先考察预报公式. 假设 $y_{n-k}=y(x_{n-k})$ $(k=0,1,2,3)$, 则

$$y_{n-k}'=f(x_{n-k},y_{n-k})=y'(x_{n-k}),$$

代入预报公式，并在 x_n 展开，有

$$\widetilde{y}_{n+1}=y(x_n)+\sum_{j=1}^{4}\frac{h^j}{j!}y^{(j)}(x_n)-\frac{49}{144}h^5y^{(5)}(x_n)+\cdots.$$

另一方面，对于精确解

$$y(x_{n+1})=y(x_n)+\sum_{j=1}^{4}\frac{h^j}{j!}y^{(j)}(x_n)+\frac{h^5}{120}y^{(5)}(x_n)+\cdots,$$

故预报公式的截断误差为

$$y(x_{n+1}) - \widetilde{y}_{n+1} \approx \frac{251}{720}h^5 y^{(5)}(x_n).$$

类似地，可以导出系统 (6.3.3) 校正公式的截断误差

$$y(x_{n+1}) - y_{n+1} \approx -\frac{19}{720}h^5 y^{(5)}(x_n).$$

从以上两个误差估计式中消去 $y^{(5)}(x_n)$，得到事后估计式

$$\begin{cases} y(x_{n+1}) - \widetilde{y}_{n+1} \approx \dfrac{251}{720}(y_{n+1} - \widetilde{y}_{n+1}), \\ y(x_{n+1}) - y_{n+1} \approx -\dfrac{19}{720}(y_{n+1} - \widetilde{y}_{n+1}). \end{cases} \tag{6.3.4}$$

可以期望，利用这样估计出的误差作为计算结果的一种补偿，有可能使精度进一步得到改善. 令 p_n 和 c_n 分别代表第 n 步的预报值和校正值，按估计式 (6.3.4) 可以分别将 $p_{n+1} + \dfrac{251}{270}(c_{n+1} - p_{n+1})$ 和 $c_{n+1} - \dfrac{19}{270}(c_{n+1} - p_{n+1})$ 取作 p_{n+1} 和 c_{n+1} 的改进值. 在校正值 c_{n+1} 尚未求出之前，我们可以用上 1 步的偏差值 $p_n - c_n$ 来代替 $p_{n+1} - c_{n+1}$ 进行计算，这样就可以将亚当姆斯预报 – 校正系统 (6.3.3) 进一步加工成如下的计算方案

$$\begin{cases} \text{预报} \quad p_{n+1} = y_n + \dfrac{h}{24}(55y'_n - 59y'_{n-1} + 37y'_{n-2} - 9y'_{n-3}), \\ \text{改进} \quad \begin{cases} m_{n+1} = p_{n+1} + \dfrac{251}{270}(c_n - p_n), \\ m'_{n+1} = f(x_{n+1}, m_{n+1}), \end{cases} \\ \text{校正} \quad c_{n+1} = y_n + \dfrac{h}{24}(9m'_{n+1} + 19y'_n - 5y'_{n-1} + y'_{n-2}), \\ \text{改进} \quad \begin{cases} y_{n+1} = c_{n+1} - \dfrac{19}{270}(c_{n+1} - p_{n+1}), \\ y'_{n+1} = f(x_{n+1}, y_{n+1}). \end{cases} \end{cases}$$

上述计算方案要用到前几步的信息 y_n，y'_n，y'_{n-1}，y'_{n-2}，y'_{n-3} 和 $p_n - c_n$，因此在启动计算之前必须先给出开始值 y_1，y_2，y_3 和 $c_3 - p_3$. 同亚当姆斯预报 – 校正系统 (6.3.3) 一样， y_1，y_2，y_3 可用其他四阶单步法 (如四阶龙格 – 库塔方法) 来提供，而一般令 $p_3 - c_3$ 等于 0.

6.4 收敛性与稳定性

我们看到，差分方法的基本思想是，通过离散化手续，将微分方程转化为差分方程 (代数方程) 来求解. 这种转化是否合格，还要看差分方程的解 y_n 当 $h \to 0$ 时是否会收敛到微分方程的精确解 $y(x_n)$. 对于任意固定的 $x_n = x_0 + nh$，如果数值解 y_n 当 $h \to 0$ (同时 $n \to \infty$) 时趋向于精确解 $y(x_n)$，则称该方法是收敛的.

作为例子，我们来研究欧拉方法的收敛性.

设 $\widetilde{y}_{n+1}$ 表示取 $y_n = y(x_n)$ 按欧拉格式

$$y_{n+1} = y_n + hf(x_n, y_n) \tag{6.4.1}$$

求得的结果，即

$$\widetilde{y}_{n+1} = y(x_n) + hf(x_n, y(x_n)), \tag{6.4.2}$$

则其局部截断误差为

$$y(x_{n+1}) - \widetilde{y}_{n+1} = \frac{h^2}{2} y''(\xi) \quad (x_n < \xi < x_{n+1}),$$

故存在常数 C, 使得

$$|y(x_{n+1}) - \widetilde{y}_{n+1}| < Ch^2. \tag{6.4.3}$$

另一方面，令 $e_n = |y(x_n) - y_n|$, 则由式 (6.4.1) 和式 (6.4.2) 可得

$$\begin{aligned} |y_{n+1} - \widetilde{y}_{n+1}| &= |[y_n - y(x_n)] + h[f(x_n, y_n) - f(x_n, y(x_n))]| \\ &\leqslant (1 + hL)|y(x_n) - y_n| = (1 + hL)e_n, \end{aligned}$$

式中 L 是 $f(x, y)$ 关于 y 的李普希兹常数，即

$$|f(x_n, y_n) - f(x_n, y(x_n))| < L|y(x_n) - y_n|,$$

从而由式 (6.4.3) 可得

$$\begin{aligned} e_{n+1} &= |y(x_{n+1}) - y_{n+1}| \\ &\leqslant |y_{n+1} - \widetilde{y}_{n+1}| + |y(x_{n+1}) - \widetilde{y}_{n+1}| \leqslant (1 + hL)e_n + Ch^2, \end{aligned}$$

即

$$e_{n+1} \leqslant (1 + hL)e_n + Ch^2.$$

据此反复递推，得

$$e_n \leqslant (1 + hL)^n e_0 + \frac{Ch}{L}[(1 + hL)^n - 1].$$

如果假设 $x_n - x_0 = nh \leqslant T$ (T 为常数), 则由 $1 + hL \leqslant \mathrm{e}^{hL}$ 可得

$$(1 + hL)^n \leqslant \mathrm{e}^{nhL} \leqslant \mathrm{e}^{TL},$$

从而

$$e_n \leqslant \mathrm{e}^{TL} e_0 + \frac{C}{L}(\mathrm{e}^{TL} - 1)h.$$

这样，如果初值 y_0 是精确的，即 $e_0 = 0$, 则 $\lim\limits_{h \to 0} e_n = 0$, 即欧拉方法收敛.

下面讨论稳定性.

前面关于收敛性的讨论有个前提，必须假定差分方法的计算过程是准确的. 实际情形并不是这样，差分方程的求解还会有计算误差，例如由于数字舍入而引起的扰动. 这类扰动在传播过程中会不会恶性增长，以至于“淹没”了差分方程的“真解”呢？这就是差分方法的稳定性问题.

在实际计算时，我们希望某 1 步产生的扰动值，在后面的计算中能够被控制，甚至是逐步衰减的. 具体地说，如果一种差分方法在节点值 y_n 上大小为 δ 的扰动，于以后各节点值 $y_m(m>n)$ 上产生的偏差均不超过 δ, 则称该方法是稳定的.

稳定性问题比较复杂，为简化讨论，我们仅以方程

$$y'=\lambda y \quad (\lambda<0)$$

为例，先考察欧拉方法的稳定性，即欧拉格式

$$y_{n+1}=(1+h\lambda)y_n \tag{6.4.4}$$

的稳定性. 为此，假设在节点值 y_n 上有一扰动值 ε_n, 它的传播使节点值 y_{n+1} 上产生大小为 ε_{n+1} 的扰动值. 如果欧拉方法的计算过程不再引进新的误差，则扰动值满足

$$\varepsilon_{n+1}=(1+h\lambda)\varepsilon_n,$$

故扰动值满足原来的差分方程 (6.4.4). 这样，如果原差分方程的解是不增长的，即

$$|y_{n+1}|\leqslant|y_n|,$$

则欧拉方法就是稳定的.

显然，为要保证差分方程 (6.4.4) 的解不增长，必须选取 h 充分小，使

$$|1+h\lambda|\leqslant 1,$$

这表明欧拉方法是条件稳定的，此稳定性条件也可表为

$$0<h\leqslant-\frac{2}{\lambda}.$$

再考察隐式欧拉方法，即隐式欧拉格式

$$y_{n+1}=y_n+h\lambda y_{n+1}$$

的稳定性. 为此，解出 y_{n+1}, 得

$$y_{n+1}=\frac{1}{1-h\lambda}y_n,$$

并由 $\lambda<0$ 可知，恒成立

$$\left|\frac{1}{1-h\lambda}\right|\leqslant 1,$$

从而总有 $|y_{n+1}|\leqslant|y_n|$, 这说明隐式欧拉格式是恒稳定 (无条件稳定) 的.

例 6.4.1 考察初值问题

$$\begin{cases} y' = -100y, \\ y(0) = 1, \end{cases}$$

其精确解 $y(x) = \mathrm{e}^{-100x}$ 是一个按指数曲线衰减得很快的函数，如图 6.4.1 所示.

解 用欧拉方法解方程 $y' = -100y$, 得欧拉格式为

$$y_{n+1} = (1 - 100h)y_n.$$

若取 $h = 0.025$, 则欧拉格式的具体形式为

$$y_{n+1} = -1.5y_n.$$

计算结果列于表 6.4.1 的第 2 行. 我们看到，解 y_n(图 6.4.1 中用■符号标出) 在准确值 $y(x_n)$ 的上下波动，计算过程明显不稳定. 但若取 $h = 0.005$, $y_{n+1} = 0.5y_n$, 则计算过程稳定.

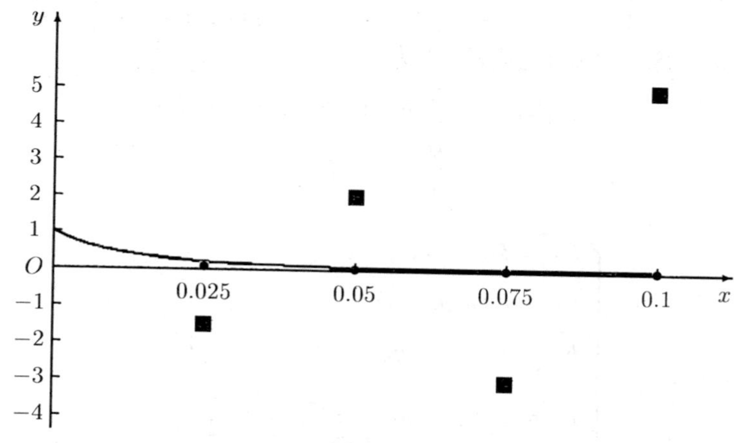

图 6.4.1

再考察隐式欧拉方法，取 $h = 0.025$ 时计算公式为

$$y_{n+1} = \frac{1}{3.5}y_n.$$

计算结果列于表 6.4.1 的第 3 行 (图 6.4.1 中用■符号标出), 这时计算过程稳定.

表 6.4.1 计算结果对比

节点	0.025	0.050	0.075	0.100
欧拉方法	−1.5	2.25	−3.375	5.0625
隐式欧拉方法	0.2857	0.0816	0.0233	0.0067

例 6.4.1 表明，稳定性不但与方法有关，也与步长 h 的大小有关，当然也与方程中的 $f(x, y)$ 有关.

6.5 方程组与高阶方程

前面我们研究了一个方程 $y'=f$ 的差分方法，只要把 y 和 f 理解为向量，则所提供的各种算法即可推广应用到一阶方程组的情形．例如，对于方程组

$$\begin{cases} y' = f(x,y,z), & y(x_0) = y_0, \\ z' = g(x,y,z), & z(x_0) = z_0. \end{cases}$$

令 $x_n = x_0 + nh\ (n = 0,1,2,\cdots)$, 以 y_n, z_n 表示节点 x_n 上的近似解，则其改进的欧拉格式为

$$\begin{cases} \text{预报} \begin{cases} \widetilde{y}_{n+1} = y_n + hf(x_n,y_n,z_n), \\ \widetilde{z}_{n+1} = z_n + hg(x_n,y_n,z_n), \end{cases} \\ \text{校正} \begin{cases} y_{n+1} = y_n + \dfrac{h}{2}[f(x_n,y_n,z_n) + f(x_{n+1},\widetilde{y}_{n+1},\widetilde{z}_{n+1})], \\ z_{n+1} = z_n + \dfrac{h}{2}[g(x_n,y_n,z_n) + g(x_{n+1},\widetilde{y}_{n+1},\widetilde{z}_{n+1})], \end{cases} \end{cases}$$

而其四阶龙格 – 库塔格式 (经典格式) 为

$$\begin{cases} y_{n+1} = y_n + \dfrac{h}{6}(K_1 + 2K_2 + 2K_3 + K_4), \\ z_{n+1} = z_n + \dfrac{h}{6}(L_1 + 2L_2 + 2L_3 + L_4), \end{cases} \tag{6.5.1}$$

其中

$$\begin{cases} K_1 = f(x_n,y_n,z_n), \\ L_1 = g(x_n,y_n,z_n), \\ K_2 = f\left(x_{n+\frac{1}{2}}, y_n + \dfrac{h}{2}K_1, z_n + \dfrac{h}{2}L_1\right), \\ L_2 = g\left(x_{n+\frac{1}{2}}, y_n + \dfrac{h}{2}K_1, z_n + \dfrac{h}{2}L_1\right), \\ K_3 = f\left(x_{n+\frac{1}{2}}, y_n + \dfrac{h}{2}K_2, z_n + \dfrac{h}{2}L_2\right), \\ L_3 = g\left(x_{n+\frac{1}{2}}, y_n + \dfrac{h}{2}K_2, z_n + \dfrac{h}{2}L_2\right), \\ K_4 = f(x_{n+1}, y_n + hK_3, z_n + hL_3), \\ L_4 = g(x_{n+1}, y_n + hK_3, z_n + hL_3). \end{cases} \tag{6.5.2}$$

这里四阶龙格 – 库塔方法依然是 1 步法，利用节点值 y_n, z_n 按式 (6.5.2) 顺序计算 K_1, L_1, K_2, L_2, K_3, L_3, K_4, L_4, 然后代入 (6.5.1) 式即可求得节点值 y_{n+1}, z_{n+1}.

关于高阶微分方程 (或方程组) 的初值问题，原则上总可以归结为一阶方程组来求解．例如，对于二阶方程的初值问题

$$\begin{cases} y'' = f(x,y,y'), \\ y(x_0) = y_0, \quad y'(x_0) = y_0'. \end{cases}$$

若引进新的变量 $z=y'$, 即可化为一阶方程组的初值问题

$$\begin{cases} y'=z, \quad y(x_0)=y_0, \\ z'=f(x,y,z), \quad z(x_0)=y_0'. \end{cases}$$

针对这个问题应用四阶龙格 - 库塔格式 (6.5.2), 得

$$\begin{cases} y_{n+1}=y_n+\dfrac{h}{6}(K_1+2K_2+2k_3+K_4), \\ z_{n+1}=z_n+\dfrac{h}{6}(L_1+2L_2+2L_3+L_4), \end{cases}$$

按式 (6.5.2), 得

$$\begin{aligned} K_1 &= z_n, & L_1 &= f(x_n,y_n,z_n), \\ K_2 &= z_n+\frac{h}{2}L_1, & L_2 &= f\Big(x_{n+\frac{1}{2}},y_n+\frac{h}{2}K_1,z_n+\frac{h}{2}L_1\Big), \\ K_3 &= z_n+\frac{h}{2}L_2, & L_3 &= f\Big(x_{n+\frac{1}{2}},y_n+\frac{h}{2}K_2,z_n+\frac{h}{2}L_2), \\ K_4 &= z_n+hL_3, & L_4 &= f(x_{n+1},y_n+hK_3,z_n+hL_3). \end{aligned}$$

消去 K_1, K_2, K_3, K_4, 上述格式可简化为

$$\begin{cases} y_{n+1}=y_n+hz_n+\dfrac{h^2}{6}(L_1+L_2+L_3), \\ z_{n+1}=z_n+\dfrac{h}{6}(L_1+2L_2+2L_3+L_4), \end{cases}$$

其中

$$\begin{cases} L_1=f(x_n,y_n,z_n), \\ L_2=f\Big(x_{n+\frac{1}{2}},y_n+\dfrac{h}{2}z_n,z_n+\dfrac{h}{2}L_1\Big), \\ L_3=f\Big(x_{n+\frac{1}{2}},y_n+\dfrac{h}{2}z_n+\dfrac{h^2}{4}L_1,z_n+\dfrac{h}{2}L_2\Big), \\ L_4=f\Big(x_{n+1},y_n+hz_n+\dfrac{h^2}{2}L_2,z_n+hL_3\Big). \end{cases}$$

6.6 边值问题

用数值方法求解一个二阶微分方程 (或两个方程的一阶微分方程组) 必须有两个定解条件. 到目前为止, 我们考虑的这两个条件都是在初始点给出的, 即都是初值问题. 实际情况并不总是这样的, 这两个条件可能在两个不同的点给出, 通常是在求解区间的端点给出, 称此类应用为边值问题. 这类问题在场论、弹性力学中经常出现, 许多重要的工程应用都属于这一类型.

6.6.1 打靶法

打靶法的基本思想是将边值问题转换成初值问题来求解. 求解的过程实际上是根据边界条件来寻找与之等价的初始条件, 然后用在前一章中讨论的某种方法

去求解初值问题. 下面举例说明打靶法求解微分方程边值问题的基本步骤.

考虑在区间 $[a,b]$ 上的二阶常微分方程边值问题

$$\begin{cases} y''=f(x,y,y'), \\ y(a)=\alpha, \quad y(b)=\beta. \end{cases}$$

第 1 步：将二阶微分方程边值问题化成一阶微分方程组初值问题的形式.

首先将边值问题化成初值问题，即

$$\begin{cases} y''=f(x,y,y'), \\ y(a)=\alpha, \quad y'(a)=C, \end{cases}$$

其中 C 是需要根据边界条件 $y(b)=\beta$ 来确定的参数. 如果选定初值 C, 并令

$$y'=z, \quad y'(a)=C=z(a),$$

则该二阶微分方程初值问题变为一阶微分方程组

$$\begin{cases} z'=f(x,y,z), \quad z(a)=C, \\ y'=z, \quad y(a)=\alpha. \end{cases}$$

第 2 步：用求解微分方程组初值问题的方法来求解.

由前一章可知，如果利用四阶龙格－库塔公式求解，其计算公式为

$$\begin{cases} K_1=f(x_j,y_j,z_j), \\ K_2=f\left(x_j+\dfrac{h}{2},y_j+\dfrac{h}{2}z_j,z_j+\dfrac{h}{2}K_1\right), \\ K_3=f\left(x_j+\dfrac{h}{2},y_j+\dfrac{h}{2}z_j+\dfrac{h^2}{4}K_1,z_j+\dfrac{h}{2}K_2\right), \\ K_4=f\left(x_j+h,y_j+hz_j+\dfrac{h^2}{2}K_2,z_j+hK_3\right), \\ z_{j+1}=z_j+\dfrac{h}{6}(K_1+2K_2+2K_3+K_4), \\ y_{j+1}=y_j+hz_j+\dfrac{h^2}{6}(K_1+K_2+K_3). \end{cases}$$

利用以上公式，以 $h=\dfrac{b-a}{n}$ 为步长，以 $y_0=y(a)=\alpha$ 及 $z_0=y'(a)=C$, 逐步递推，最后计算出 $y(b)=y(x_n)$ 的近似值 y_n.

第 3 步：将 y_n 与 $y(b)=\beta$ 这个目标值做比较. 如果 y_n 与 β 很接近，即已经满足精度要求，则二阶微分方程边值问题的数值解为 $y_0=\alpha$, y_1, y_2, $\cdots$, $y_n\approx\beta$. 如果不满足精度要求，则需要调整 C 的值，再继续做第 2 步与第 3 步. 这个过程一直做到满足精度要求为止.

由以上步骤可以看出，参数 C 是可选的. 因此，当数值解进行到另一个边界 $x=b$ 时，必须满足在这一边界上的条件，即 $y(b)=\beta$.

打靶法是以迭代过程为基础，由此来搜索 C 的近似值，以便满足原问题中的条件. 打靶法的过程类似于士兵射击远程目标所采用的方法，如果击不中目标，就改变枪的仰角进行调整. 这个方法的名称起源于这个实践.

如果微分方程的阶数大于 2, 则要选择多个初始条件. 在这种情况下，打靶法就变得很困难.

6.6.2 有限差分法

差分法是求解常微分方程边值问题使用最广泛的方法. 这种方法的思想是用有限差分近似导数，最后导出一组代数方程，然后再求解这些方程.

设积分区间为 $[a,b]$, 先将积分区间 n 等分，步长 $h=\dfrac{b-a}{n}$, 等距离散节点为

$$x_k = a + kh \quad (k=0,1,2,\cdots,n).$$

然后用差商代替各离散点上的导数，其中一阶导数可以用向前差分公式

$$y'(x_k) = y'_k \approx \frac{y_{k+1}-y_k}{h}$$

或向后差分公式

$$y'(x_k) = y'_k \approx \frac{y_k-y_{k-1}}{h}$$

或中心差分公式

$$y'(x_k) = y'_k \approx \frac{y_{k+1}-y_{k-1}}{2h}$$

近似，二阶导数用二阶中心差分公式

$$y''(x_k) = y''_k \approx \frac{y'_{k+1}-y'_k}{h} \approx \frac{y_{k+1}-2y_k+y_{k-1}}{h^2}$$

近似.

例如，考虑二阶微分方程边值问题

$$\begin{cases} y''+p(x)y'+q(x)y=r(x), & a\leqslant x\leqslant b, \\ y(a)=\alpha, \quad y(b)=\beta. \end{cases}$$

如果一阶导数用中心差分公式近似，二阶导数用二阶中心差分公式近似，则相应的差分方程为

$$\begin{cases} \dfrac{y_{k+1}-2y_k+y_{k-1}}{h^2}+p_k\dfrac{y_{k+1}-y_{k-1}}{2h}+q_ky_k=r_k, \\ y_0=\alpha, \quad y_n=\beta, \end{cases}$$

其中 $p_k=p(x_k)$, $q_k=q(x_k)$, ; $r_k=r(x_k)$ $(k=1,2,\cdots,n-1)$. 整理后得到方程组

$$\begin{cases} y_0=\alpha, \\ \mu_{k-1}y_{k-1}+\lambda_ky_k+l_{k+1}y_{k+1}=h^2r_k \quad (k=1,2,\cdots,n-1), \\ y_n=\beta, \end{cases}$$

其中 $\mu_{k-1}=1-\dfrac{hp_k}{2}$, $\lambda_k=-2+h^2q_k$, $l_{k+1}=1+\dfrac{hp_k}{2}$ $(k=1,2,\cdots,n-1)$.

这是一个三对角线方程组, 可以用追赶法求解. 由这个方程组可以解出各离散点上函数值 $y(x_k)\approx y_k$.

例 6.6.1 求解微分方程边值问题

$$\begin{cases} y''+y'=5y, & 0\leqslant x\leqslant 1, \\ y(0)=0, & y(1)=1. \end{cases}$$

解 将区间 $[0,1]$ 四等分, 即 $n=4$, $h=0.25$, 并由

$$p(x)\equiv 1,\ \ q(x)\equiv -5,\ \ r(x)\equiv 0,\ \ y_0=0,\ \ y_4=1,$$

可得到方程组

$$\begin{cases} y_0=0, \\ 0.875y_0-2.3125y_1+1.125y_2=0, \\ 0.875y_1-2.3125y_2+1.125y_3=0, \\ 0.875y_2-2.3125y_3+1.125y_4=0, \\ y_4=1. \end{cases}$$

注意, 系数矩阵是三对角矩阵, 用追赶法求解, 得

$$y_0=0,\ \ y_1=0.1822,\ \ y_2=0.3746,\ \ y_3=0.6282,\ \ y_4=1.$$

需要指出的是, 如果是其他类型的边界条件, 则得到的不一定是三对角线方程组.

例 6.6.2 (摆球振动)

设有质量为 m 的摆球用长度为 l 的细线悬挂在 O 点 (图 6.6.1), 其与竖直线的夹角 $\theta=\theta_0$, 将其轻轻放下, 则小球将左右来回摆动. 忽略细线的质量、弹性及空气阻力, 根据牛顿第二定律, 摆球的运动满足如下常微分方程初值问题

$$\begin{cases} l\dfrac{\mathrm{d}^2\theta}{\mathrm{d}t^2}=-mg\sin\theta, \\ \theta(0)=\theta_0, \quad \theta'(0)=0. \end{cases} \tag{6.6.1}$$

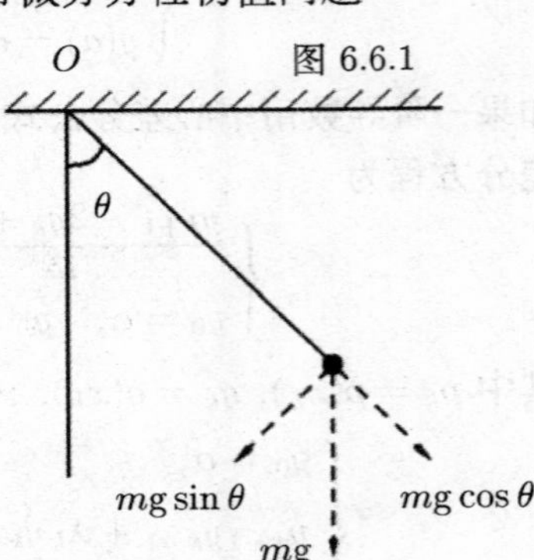

图 6.6.1

当 $|\theta|$ 很小时, 此初值问题可近似化为

$$\begin{cases} l\dfrac{\mathrm{d}^2\theta}{\mathrm{d}t^2}=-mg\theta, \\ \theta(0)=\theta_0, \quad \theta'(0)=0. \end{cases} \tag{6.6.2}$$

记 $a=\dfrac{mg}{l}$, 容易求得初值问题 (6.6.2) 的解为

$$\theta=\theta_0\cos at. \tag{6.6.3}$$

试用数值方法求解式 (6.6.1), 并与初值问题 (6.6.2) 的解 (6.6.3) 相比较.

解 引进新变量 $\eta = \dfrac{\mathrm{d}\theta}{\mathrm{d}t}$，将初值问题 (6.6.1) 改写成等价的一阶常微分方程组

$$\begin{cases} \dfrac{\mathrm{d}\theta}{\mathrm{d}t} = \eta, \\ \dfrac{\mathrm{d}\eta}{\mathrm{d}t} = -a\sin\theta, \\ \theta(0) = \theta_0, \quad \eta(0) = 0. \end{cases} \tag{6.6.4}$$

为了讨论方便，不妨设 $a = \pi$. 取 $h = \dfrac{1}{360}$，用亚当姆斯预报 – 校正系统求初值问题 (6.6.4) 的近似解，初始值由经典龙格 – 库塔公式提供，计算结果见下表.

表 6.6.1 初始值 $\theta = 0.1°$ 时的计算结果

t	初值问题 (6.6.2) 的精确解 $\theta(t)$	初值问题 (6.6.1) 的数值解 $u_h(t)$	$\lvert u_h(t) - \theta(t)\rvert$
0	0.10000	0.10000	0.00000
1/6	0.08660	0.08667	0.00006
2/6	0.05000	0.05004	0.00004
3/6	0.00000	0.00001	0.00001
4/6	−0.05000	−0.05003	0.00003
5/6	−0.08660	−0.08666	0.00005
6/6	−1.0000	−1.00007	0.00007
7/6	−0.08660	−0.08667	0.00006
8/6	−0.50000	−0.05004	0.00004
9/6	0.00000	−0.00001	0.00001
10/6	0.05000	0.05003	0.00003
11/6	0.08660	0.08666	0.00005
12/6	0.10000	0.10007	0.00007
13/6	0.08660	0.08667	0.00006
14/6	0.05000	0.05004	0.00004
15/6	0.00000	0.00001	0.00001
16/6	−0.05000	0.05003	0.00003
17/6	−0.08660	−0.08666	0.00005
18/6	−0.10000	0.10007	0.00007

表 6.6.1 给出了初始值 $\theta = 0.1°$ 时的部分数值结果，从计算所得数据可以看到初值问题 (6.6.2) 的解很好地逼近初值问题 (6.6.1) 的解.

表 6.6.2 给出了初始值 $\theta = 10°$ 时的部分数值结果，从计算所得数据可以看到初值问题 (6.6.1) 的解仍然是周期函数，但与初值问题 (6.6.2) 的解之间有一定的误

差. 计算表明 θ 越大, 初值问题 (6.6.2) 的解与初值问题 (6.6.1) 的解之间的误差越大. 计算经验表明, 对于长时间问题, 亚当姆斯预报 – 校正系统比经典龙格 – 库塔公式的数值稳定性要好得多.

表 6.6.2　初始值 $\theta = 10^\circ$ 时的计算结果

t	初值问题 (6.6.2) 的精确解 $\theta(t)$	初值问题 (6.6.1) 的数值解 $u_h(t)$	$\|u_h(t) - \theta(t)\|$
0	0.10000	0.10000	0.00000
1/6	8.66025	8.66724	0.00698
2/6	5.00000	5.02043	0.02043
3/6	0.00000	0.03066	0.03066
4/6	−5.00000	−4.96732	0.03268
5/6	−8.66025	−8.63651	0.02374
6/6	−10.00000	−10.00012	0.00012
7/6	−8.66025	−8.69691	0.03665
8/6	−5.00000	−5.07209	0.07208
9/6	0.00000	−0.09051	0.09051
10/6	5.00000	4.91531	0.08469
11/6	8.66025	8.60622	0.05403
12/6	10.00000	9.99959	0.00041
13/6	8.66025	8.72627	0.06601
14/6	5.00000	5.12355	0.12355
15/6	0.00000	0.15035	0.15034
16/6	−5.00000	−4.86312	0.13688
17/6	−8.66025	−8.57562	0.08463
18/6	−10.00000	−9.99869	0.00131

6.7　上机实验举例

[实验目的]

1. 在计算机上实现用四阶龙格 – 库塔法求一阶常微分方程初值问题的数值解;

2. 在计算机上实现用有限差分法求二阶线性微分方程边值问题的数值解.

[实验准备]

1. 熟悉求解常微分方程初值问题的有关方法和理论, 主要是龙格 – 库塔法;

2. 掌握四阶龙格–库塔算法设计;

3. 熟悉求解常微分方程边值问题的有关方法和理论, 掌握有限差分法设计.

[实验内容及步骤]

1. 编制四阶龙格–库塔算法求解常微分方程初值问题的程序;

2. 编制有限差分法求解常微分方程边值问题的程序.

程序 1 改进的欧拉方法.

例 6.7.1 用改进的欧拉方法解

$$\begin{cases} y' = -xy^2 \quad (0 \leqslant x \leqslant 5), \\ y(0) = 2. \end{cases}$$

```
#include <stdio.h>
#include <conio.h>
#define N 20
void ModEuler(float (*f1)(float, float), float x0, float y0, float xn, int n)
{
    int i;
    float yp, yc, x = x0, y = y0, h = (xn - x0)/n;
    printf("x[0] = %f\ ty[0] = %f\n", x, y);
    for (i = 1; i <= n; i++)
        {   yp = y + h * f1(x, y);
            x = x0 + i * h;
            yc = y + h * f1(x, yp);
            y = (yp + yc)/2.0;
            printf("x[%d] = %f\ ty[%d] = %f\n", i, x, i, y);
        }
}
void main( )
{
    int i;
    float xn = 5.0, x0 = 0.0, y0 = 2.0;
    void ModEuler(float(*)(float, float), float, float, float, int);
    float f1(float, float);
    ModEuler(f1, x0, y0, xn, N);
    getch( );
```

```
}
float f1(float x, float y)
{
    Return −x * y * y;
}
```

运行实例

```
x[0]=0.000000  y[0]=2.000000
x[1]=0.250000  y[1]=1.875000
x[2]=0.500000  y[2]=1.593891
x[3]=0.750000  y[3]=1.282390
x[4]=1.000000  y[4]=1.009621
x[5]=1.250000  y[5]=0.793188
x[6]=1.500000  y[6]=0.628151
x[7]=1.750000  y[7]=0.503730
x[8]=2.000000  y[8]=0.409667
x[9]=2.250000  y[9]=0.337865
x[10]=2.500000  y[10]=0.282357
x[11]=2.750000  y[11]=0.238857
x[12]=3.000000  y[12]=0.204300
x[13]=3.250000  y[13]=0.176490
x[14]=3.500000  y[14]=0.153836
x[15]=3.750000  y[15]=0.135175
x[16]=4.000000  y[16]=0.119642
x[17]=4.250000  y[17]=0.106592
x[18]=4.500000  y[18]=0.095530
x[19]=4.750000  y[19]=0.086080
x[20]=5.000000  y[20]=0.077948
```

例 6.7.2 用四阶龙格 – 库塔公式计算常微分初值问题的数值解

$$\begin{cases} y' = y - \dfrac{2x}{y} \quad (0 \leqslant x \leqslant 1), \\ y(0) = 1. \end{cases}$$

取步长 $h = 0.2$, 即 $n = 5$.

四阶龙格 – 库塔法程序清单:

```
#include<stdio.h>
#include<string.h>
#include<math.h>
#include<conio.h>
#include<stdlib.h>
float f(float x, float y)          /* 微分方程右端函数 */
{
    float y1;
    y1 = y - 2 * x/y;
    return y1;
}
float Runge_Kutta(float x, float y, float h)          /* 龙格 - 库塔公式 */
{
    float k1, k2, k3, k4;
    k1 = f(x,y); k2 = f(x + h/2, y + h * k1/2);
    k3 = f(x + h/2, y + h * k2/2); k4 = f(x + h, y + h * k3);
    return (y + h * (k1 + 2 * k2 + 2 * k3 + k4)/6);
}
main( )
{   int i = 0;
    float x, y, h, b;
    clrscr( );
    printf("\ n Input begin x0: ");          /* 输入初始条件 x0 */
    scanf("%f", &x);
    printf("\ n Input begin y0: ");          /* 输入初始条件 y0 */
    scanf("%f", &y);
    printf("\ n input step h: ");          /* 输入步长 h */
    scanf("%f", &h);
    printf("\ n input end b: ");          /* 输入区间右端点 b */
    scanf("%f", &b);
    printf("\ n Soive y' = f(x,y), y(%f) = %f with R_K method. \ n", x, y);
    printf("\ n x0 = %10f  y0 = %10f\n", x, y);
    do
      {   y = Runge_Kutta(x, y, h);
       X = x + h; i + +;
```

```
        printf("x%d = %10f  y%d = %10f\n", i, x, I, y);
      }
   while (x < b);
   getch( );
   return(y);
}
```

计算结果:

```
Input begin x0: 0
Input begin y0: 1
input step h: 0.2
input end b: 1
......
x0=0.000000  y0=1.000000
x1=0.200000  y1=1.183229
x2=0.400000  y2=1.341667
x3=0.600000  y3=1.483281
x4=0.800000  y4=1.612514
x5=1.000000  y5=1.732142
```

程序 2 亚当姆斯预报 - 校正法.

```
#include <stdio.h>
#include <stdlib.h>
#include <math.h>
void adms(t, h, n, y, eps, k, z, f)
void (*f)( );
int  n, k;
double  t, h, eps, y[ ], z[ ];
void rkt( );
{   int i, j, m;
    double a, q, *b, *e, *s, *g, *d;
    b = malloc(4 * n * sizeof(double));
    e = malloc(n * sizeof(double));
    s = malloc(n * sizeof(double));
    g = malloc(n * sizeof(double));
    d = malloc(n * sizeof(double));
```

```
a = t;
for (i = 0; i <= n - 1; i + +)
  {   z[i * k] = y[i]; }
(*f)(t, y, n, d);
for (i = 0; i <= n - 1; i + +)
  {   b[i] = d[i]; }
for (i = 1; i <= 3; i + +)
  {   if (i <= k - 1)
        {   t = a + i * h;
            rkt(t, h, y, n, eps, f);
            for (j = 0; j <= n - 1; j + +)
              {   z[j * k + i] = y[j]; }
                  (*f)(t, y, n, d);
                  for (j = 0; j <= n - 1; j + +)
                    {   b[i * n + j] = d[j]; }
        }
  }
for (i = 4; i <= k - 1; i + +)
  {   for (j = 0; j <= n - 1; j + +)
        {   q = 55.0 * b[3 * n + j] - 59.0 * b[2 * n + j];
            q = q + 37.0 * b[n + j] - 9.0 * b[j];
            y[j] = z[j * k + i - 1] + h * q/24.0;
            b[j] = b[n + j];
            b[n + j] = b[n + n + j];
            b[n + n + j] = b[n + n + n + j];
        }
      t = a + i * h;
      (*f)(t, y, n, d);
      for (m = 0; m <= n - 1; m + +)
        {   b[n + n + n + m] = d[m]; }
            for (j = 0; j <= n - 1; j + +)
        {   q = 9.0 * b[3 * n + j] + 19.0 * b[n + n + j] - 5.0 * b[n + j] + b[j];
            y[j] = z[j * k + i - 1] + h * q/24.0;
            z[j * k + i] = y[j];
        }
```

```
            (*f)(t, y, n, d);
            for (m = 0; m <= n - 1; m + +)
              {  b[3 * n + m] = d[m]; }
        }
    free(b); free(e); free(s); free(g); free(d);
    return;
}
static void rkt(t, h, y, n, eps, f)
void (*f)( );
int n;
double  t, h, eps, y[ ];
{   int m, i, j, k;
    double  hh, p, dt, x, tt, q, a[4], *g, *b, *c, *d, *e;
    g = malloc(n * sizeof(double));
    b = malloc(n * sizeof(double));
    c = malloc(n * sizeof(double));
    d = malloc(n * sizeof(double));
    e = malloc(n * sizeof(double));
    hh = h; m = 1; p = 1.0 + eps; x = t;
    for (i = 0; i <= n - 1; i + +)
        {   c[i] = y[i]; }
    while (p >= eps)
        {  a[0] = hh/2.0; a[1] = a[0]; a[2] = hh; a[3] = hh;
           for (i = 0; i <= n - 1; i + +)
              {  g[i] = y[i]; y[i] = c[i]; }
    {             dt = h/m; t = x;
    {             for (j = 0; j <= m - 1; j + +)
                    {  (*f)(t, y, n, d);
                       for (i = 0; i <= n - 1; i + +)
                    {  b[i] = y[i]; e[i] = y[i]; }
    {                   for (k = 0; k <= 2; k + +)
                    {  for (i = 0; i <= n - 1; i + +)
                            {   y[i] = e[i] + a[k] * d[i];
                                             b[i] = b[i] + a[k + 1] * d[i]/3.0;
                    }
```

```
            tt = t + a[k];
            (*f)(tt, y, n, d);
              }
                  for (i=0; i<=n-1; i++)
                  y[i]=b[i]+hh*d[i]/6.0;
                  t=t+dt;
              }
            p=0.0;
            for (i=0; i<=n-1; i++)
            { q=fabs(y[i]-g[i]);
            if (q>p) p=q;
            }
            hh=hh/2.0; m=m+m;
        }
      free(g); free(b); free(c); free(d); free(e);
      return;
}
main( )
{   int i, j;
      void admsf (double, double[ ], int, double[ ]);
      double t, h, eps;
      double y[3], z[3][11];
      y[0] = 0.0; y[1] = 1.0; y[2] = 1.0;
      t = 0.0; h = 0.05; eps = 0.0001;
      adms(t, h, 3, y, eps, 11, z, admsf);
      printf("\n");
      for (i = 0; i <= 10; i + +)
          {   t = i * h;
              printf("t=%7.3f\n", t);
              for (j = 0; j <= 2; j + +)
                {   printf("y(%d) = %e", j, z[j][i]); }
                    printf("\ n");
          }
      printf("\ n");
}
```

```
void admsf(t, y, n, d)
int n;
double t, y[ ], d[ ];
{    t=t; n=n;
     d[0] = y[1]; d[1] = -y[0]; d[2] = -y[2];
}
```

```
t = 0.000
y(0) = 0.000000e + 000  y(1) = 1.000000e + 000  y(2) = 1.000000e + 000
t = 0.050
y(0) = 4.997917e - 002  y(1) = 9.987503e - 001  y(2) = 9.512294e - 001
t = 0.100
y(0) = 9.983342e - 002  y(1) = 9.950042e - 001  y(2) = 9.048374e - 001
t = 0.150
y(0) = 1.494381e - 001  y(1) = 9.887711e - 001  y(2) = 8.607080e - 001
t = 0.200
y(0) = 1.986693e - 001  y(1) = 9.800666e - 001  y(2) = 8.187307e - 001
t = 0.250
y(0) = 2.474040e - 001  y(1) = 9.689124e - 001  y(2) = 7.788008e - 001
t = 0.300
y(0) = 2.955202e - 001  y(1) = 9.553365e - 001  y(2) = 7.408182e - 001
t = 0.350
y(0) = 3.428978e - 001  y(1) = 9.393727e - 001  y(2) = 7.046881e - 001
t = 0.400
y(0) = 3.894184e - 001  y(1) = 9.210610e - 001  y(2) = 6.703200e - 001
t = 0.450
y(0) = 4.349656e - 001  y(1) = 9.004471e - 001  y(2) = 6.376281e - 001
t = 0.500
y(0) = 4.794256e - 001  y(1) = 8.775826e - 001  y(2) = 6.065306e - 001
```

程序 3 用有限差分法求二阶线性微分方程边值问题的数值解.

```
#include <math.h>
#include <stdio.h>
#include <stdlib.h>
int trde(b, n, m, d)
int n, m;
```

```
double b[ ], d[ ];
{   int k, j;
    double s;
    if (m! = (3 * n - 2))
      {   printf("err\n"); return(-2); }
    for (k = 0; k <= n - 2; k + +)
       {   j = 3 * k; s = b[j];
           if (fabs(s) + 1.0 == 1.0)
             {   printf("fail \n");   return(0); }
           b[j + 1] = b[j + 1]/s;
           d[k] = d[k]/s;
           b[j + 3] = b[j + 3] - b[j + 2] * b[j + 1];
           d[k + 1] = d[k + 1] - b[j + 2] * d[k];
       }
    s = b[3 * n - 3];
    if (fabs(s) + 1.0 == 1.0)
      {   printf("fail \n");   return(0); }
    d[n - 1] = d[n - 1]/s;
    for (k = n - 2; k >= 0; k - -)
       {   d[k] = d[k] - b[3 * k + 1] * d[k + 1]; }
    return(2);
}
void  dfte(a, b, ya, yb, n, y, f)
void  (*f)( );
int  n;
double  a, b, ya, yb, y[ ];
{   int i, j, k, nn, m1;
    double z[4], h, x, *g, *d;
    g = malloc(6 * n * sizeof(double));
    d = malloc(2 * n * sizeof(double));
    h = (b - a)/(n - 1.0); nn = 2 * n - 1;
    g[0] = 1.0; g[1] = 0.0;
    y[0] = ya; y[n - 1] = yb;
    g[3 * n - 3] = 1.0; g[3 * n - 4] = 0.0;
    for (i = 2; i <= n - 1; i + +)
```

```
        {   x = a + (i - 1) * h;
            (*f)(x, z);
            k = 3 * (i - 1) - 1;
            g[k] = z[0] - h * z[1]/2.0;
            g[k + 1] = h * h * z[2] - 2.0 * z[0];
            g[k + 2] = z[0] + h * z[1]/2.0;
            y[i - 1] = h * h * z[3];
        }
    m1 = 3 * n - 2;
    trde(g, n, m1, y);
    h = h/2.0;
    g[0] = 1.0; g[1] = 0.0;
    d[0] = ya; d[nn - 1] = yb;
    g[3 * nn - 3] = 1.0; g[3 * nn - 4] = 0.0;
    for (i = 2; i <= nn - 1; i++)
        {   x = a + (i - 1) * h;
            (*f)(x, z);
            k = 3 * (i - 1) - 1;
            g[k] = z[0] - h * z[1]/2.0;
            g[k + 1] = h * h * z[2] - 2.0 * z[0];
            g[k + 2] = z[0] + h * z[1]/2.0;
            d[i - 1] = h * h * z[3];
        }
    m1 = 3 * nn - 2;
    trde(g, nn, m1, d);
    for (i = 2; i <= n - 1; i++)
        {   k = i + i - 1;
            y[i - 1] = (4.0 * d[k - 1] - y[i - 1])/3.0;
        }
    free(g); free(d);
}
main( )
{   int i;
    void dftef(double, double[ ]);
    double a, b, ya, yb, y[11];
```

```
    a = 2.0; b = 3.0; ya = 0.0; yb = 0.0;
    dfte(a, b, ya, yb, 11, y, dftef);
    printf("\n");
    for (i = 0; i <= 10; i++)
        { printf("y(%2d) = %e\n", i, y[i]); }
    printf("\n");
}
void dftef(x, z)
double x, z[4];
{   z[0] = -1.0; z[1] = 0.0;
    z[2] = 2.0/(x * x); z[3] = 1.0/x;
}
```

```
y(0) = 0.000000e+000
y(1) = 1.860901e-002
y(2) = 3.253587e-002
y(3) = 4.204804e-002
y(4) = 4.736840e-002
y(5) = 4.868419e-002
y(6) = 4.615383e-002
y(7) = 3.991227e-002
[y(8) = 3.007518e-002
y(9) = 1.674228e-002
y(10) = 0.000000e+000
```

6.8 考研题选讲

例 6.8.1 (北京理工大学 2006 年)

已知 $\{y_i\}$ 为用经典龙格 - 库塔公式求解初值问题

$$\begin{cases} y' = x^4 \quad (x > 0), \\ y(0) = 1 \end{cases}$$

所得近似解，其中 $x_i = ih\ (i = 0, 1, 2, \cdots)$，精确解为 $y(x) = 1 + \frac{1}{5}x^5$. 证明

$$y(x_i) - y_i = -\frac{x_i}{120}h^4 \quad (i = 0, 1, 2, \cdots).$$

解 设 $f(x,y)=x^4$, 则由龙格 - 库塔公式可得

$$\begin{cases} y_{i+1}=y_i+\dfrac{h}{6}(K_1+2K_2+2K_3+K_4), \\ K_1=f(x_i,y_i)=x_i^4, \\ K_2=f\left(x_{i+\frac{1}{2}},y_i+\dfrac{1}{2}hK_1\right)=\left(x_i+\dfrac{h}{2}\right)^4, \\ K_3=f\left(x_{i+\frac{1}{2}},y_i+\dfrac{1}{2}hK_2\right)=\left(x_i+\dfrac{h}{2}\right)^4, \\ K_4=f(x_{i+1},y_i+hK_3)=(x_i+h)^4, \\ y_0=1, \end{cases}$$

于是

$$\begin{aligned} y_{i+1}&=y_i+\frac{h}{6}\left[x_i^4+2\left(x_i+\frac{h}{2}\right)^4+2\left(x_i+\frac{h}{2}\right)^4+(x_i+h)^4\right] \\ &=y_i+hx_i^4+2h^2x_i^3+2h^3x_i^2+h^4x_i+\frac{5}{24}h^5. \end{aligned}$$

另一方面，由 $y(x)=1+\dfrac{1}{5}x^5$, $x_{i+1}=x_i+h$ 可得

$$\begin{aligned} y(x_{i+1})&=1+\frac{1}{5}(x_i+h)^5 \\ &=1+\frac{1}{5}[x_i^5+5hx_i^4+10h^2x_i^3+10h^3x_i^2+5h^4x_i+h^5] \\ &=y(x_i)+hx_i^4+2h^2x_i^3+2h^3x_i^2+h^4x_i+\frac{1}{5}h^5, \end{aligned}$$

故有

$$\begin{aligned} y(x_{i+1})-y_{i+1}&=y(x_i)-y_i+\frac{1}{5}h^5-\frac{5}{24}h^5 \\ &=y(x_i)-y_i-\frac{1}{120}h^5 \quad (i=0,1,2,\cdots), \end{aligned}$$

于是由 $y(0)=y_0=1$, $x_i=ih$ 可推得

$$y(x_i)-y_i=-\frac{ih}{120}\cdot h^4=-\frac{x_i}{120}h^4 \quad (i=0,1,2,\cdots).$$

例 6.8.2 (重庆大学 2006 年)

已知初值问题

$$\begin{cases} y'=f(x,y) \quad (a\leqslant x\leqslant b), \\ y(a)=\eta \end{cases}$$

的求解公式

$$y_{i+1} = y_{i-1} + \frac{h}{3}[f(x_{i+1}, y_{i+1}) + 4f(x_i, y_i) + f(x_{i-1}, y_{i-1})],$$

试分析该求解公式的局部截断误差，并指出它是几步几阶公式，其中

$$h = \frac{b-a}{n}, \quad x_i = a + ih \quad (i = 0, 1, 2, \cdots, n).$$

解 假设 $y(x_i) = y_i$, $y(x_{i-1}) = y_{i-1}$, 则由泰勒公式可得

$$\begin{aligned}
y(x_{i-1}) &= y(x_i) - hy'(x_i) + \frac{h^2}{2}y''(x_i) - \frac{h^3}{3!}y'''(x_i) + \frac{h^4}{4!}y^{(4)}(x_i) + O(h^5),\\
f(x_{i+1}, y_{i+1}) &= y'(x_{i+1})\\
&= y'(x_i) + hy''(x_i) + \frac{h^2}{2}y'''(x_i) + \frac{h^3}{6}y^{(4)}(x_i) + O(h^5),\\
f(x_{i-1}, y_{i-1}) &= y'(x_{i-1})\\
&= y'(x_i) - hy''(x_i) + \frac{h^2}{2}y'''(x_i) - \frac{h^3}{6}y^{(4)}(x_i) + O(h^5),
\end{aligned}$$

故求解公式可表示为

$$\begin{aligned}
y_{i+1} &= y(x_{i-1}) + \frac{h}{3}[y'(x_{i+1}) + 4y'(x_i) + y'(x_{i-1})]\\
&= y(x_i) + hy'(x_i) + \frac{h^2}{2}y''(x_i) + \frac{h^3}{3!}y'''(x_i) + \frac{h^4}{4!}y^{(4)}(x_i) + O(h^5).
\end{aligned}$$

另一方面，由泰勒公式可得

$$y(x_{i+1}) = y(x_i) + hy'(x_i) + \frac{h^2}{2}y''(x_i) + \frac{h^3}{3!}y'''(x_i) + \frac{h^4}{4!}y^{(4)}(x_i) + O(h^5),$$

从而该求解公式的局部截断误差为

$$R_{i+1} = y(x_{i+1}) - y_{i+1} = O(h^5).$$

由此可知，所给公式为 2 步 4 阶公式.

例 6.8.3 (大庆石油学院 2008 年)

已知初值问题

$$\begin{cases} y' = f(x, y) \quad (a \leqslant x \leqslant b),\\ y(a) = \eta \end{cases}$$

的求解公式为

$$y_{i+1} = y_i + \frac{h}{12}[23f(x_i, y_i) - 16f(x_{i-1}, y_{i-1}) + 5f(x_{i-2}, y_{i-2})],$$

试导出该求解公式的局部截断误差，并指出其阶数.

解 假设 $y_i = y(x_i)$, 则由泰勒公式可得

$$\begin{aligned} f(x_{i-1}, y_{i-1}) &= y'(x_{i-1}) \\ &= y'(x_i) - hy''(x_i) + \frac{h^2}{2!}y'''(x_i) - \frac{h^3}{3!}y^{(4)}(x_i) + O(h^4), \\ f(x_{i-2}, y_{i-2}) &= y'(x_{i-2}) \\ &= y'(x_i) - 2hy''(x_i) + \frac{(2h)^2}{2!}y'''(x_i) - \frac{(2h)^3}{3!}y^{(4)}(x_i) + O(h^4), \end{aligned}$$

故求解公式可表示为

$$\begin{aligned} y_{i+1} &= y(x_i) + \frac{h}{12}[23y'(x_i) - 16y'(x_{i-1}) + 5y'(x_{i-2})] \\ &= y(x_i) + hy'(x_i) + \frac{h^2}{2!}y''(x_i) + \frac{h^3}{3!}y'''(x_i) - \frac{8h^4}{4!}y^{(4)}(x_i) + O(h^5). \end{aligned}$$

另一方面，由泰勒公式可得

$$y(x_{i+1}) = y(x_i) + hy'(x_i) + \frac{h^2}{2!}y''(x_i) + \frac{h^3}{3!}y'''(x_i) + \frac{h^4}{4!}y^{(4)}(x_i) + O(h^5)$$

从而求解公式的局部截断误差为

$$y(x_{i+1}) - y_{i+1} = \frac{1+8}{4!}h^4y^{(4)}(x_i) + O(h^5) = \frac{3}{8}h^4y^{(4)}(\xi) = O(h^4),$$

该方法具有 3 阶精度.

例 6.8.4 (大庆石油学院 2008 年)

对于常微分方程初值问题

$$\begin{cases} y' = f(x, y), \\ y(x_0) = y_0 \end{cases}$$

构造二阶龙格 – 库塔方法.

解 任取 $x_{n+p} \in [x_n, x_{n+1}]$, 使得

$$x_{n+p} = x_n + ph \quad (0 < p \le 1).$$

我们希望用 x_n 和 x_{n+p} 两个点的斜率值 K_1 和 K_2 加权平均得到平均斜率 K^*, 即令

$$y_{n+1} = y_n + h[(1-\lambda)K_1 + \lambda K_2],$$

式中 λ 为待定系数， $K_1 = f(x_n, y_n)$.

依照改进的欧拉格式，先用欧拉方法提供 $y(x_{n+p})$ 的预报值 y_{n+p}, 即

$$y_{n+p} = y_n + phK_1,$$

然后用 y_{n+p} 通过计算 $f(x,y)$ 产生斜率值

$$K_2 = f(x_{n+p}, y_{n+p}).$$

这样设计出的计算格式具有形式

$$\begin{cases} y_{n+1} = y_n + h[(1-\lambda)K_1 + \lambda K_2], \\ K_1 = f(x_n, y_n), \\ K_2 = f(x_{n+p}, y_n + phK_1), \end{cases}$$

其中含有两个待定参数 λ, p.

我们希望适当选取这些参数的值，使得该计算格式具有较高的精度. 为此，假定 $y_n = y(x_n)$, 则由泰勒公式可得

$$\begin{aligned} K_1 &= f(x_n, y_n) = y'(x_n), \\ K_2 &= f(x_{n+p}, y_n + phK_1) \\ &= f(x_n, y_n) + ph[f'_x(x_n, y_n) + f(x_n, y_n)f'_y(x_n, y_n)] + O(h^2) \\ &= y'(x_n) + phy''(x_n) + O(h^2). \end{aligned}$$

将 k_1, K_2 代入上述计算格式的第 1 个等式，得

$$y_{n+1} = y(x_n) + hy'(x_n) + \lambda ph^2 y''(x_n) + O(h^3).$$

另一方面，由泰勒公式可得

$$y(x_{n+1}) = y(x_n) + hy'(x_n) + \frac{h^2}{2}y''(x_n) + O(h^3),$$

故此欲使计算格式的截断误差满足条件

$$y(x_{n+1}) - y_{n+1} = \left(\frac{1}{2} - \lambda p\right)h^2 y''(x_n) + O(h^3) = O(h^3)$$

参数 λ, p 应满足条件 $\lambda p = \dfrac{1}{2}$, 从而上述计算格式为二阶龙格 – 库塔格式.

例 6.8.5 对于常微分方程初值问题

$$\begin{cases} y' = f(x,y) \quad (a \leqslant x \leqslant b), \\ y(a) = \eta \end{cases}$$

使用预报 - 校正公式

$$\begin{cases}\widetilde{y}_{k+1}=y_k+hf(x_k,y_k),\\ y_{k+1}=y_k+\dfrac{h}{12}[5f(x_{k+1},\widetilde{y}_{k+1})+8f(x_k,y_k)-f(x_{k-1},y_{k-1})],\end{cases}$$

求其局部截断误差，并指出其阶数.

此类题目主要考查常微分方程数值解法的局部截断误差估计，是考试的重点内容之至，特别是研究生考试的常见题型之一. 基本求解思路是利用泰勒展式及关系式 $y'=f(x,y)$ 将局部截断误差 T_{k+1} 的各式在 x_k 处或 $(x_k,y(x_k))$ 处展开，并比较函数 $y(x_k),y'(x_k),\cdots,y^{(p)}(x_k),\cdots$ 前的系数，从而得到 T_{k+1} 的估计式.

解 假设 $y(x_k)=y_k$, 则由

$$y'''(x)=f''_{xx}(x,y)+2y'(x)f''_{xy}(x,y)+[y'(x)]^2f''_{yy}(x,y)+y''(x)f'_y(x,y)$$

及 $f(x,y)=f(x_{k+1},y(x_k)+hy'(x_k))$ 在点 $(x_k,y(x_k))$ 处的泰勒公式可得

$$\begin{aligned}f(x,y)&=f(x_{k+1},y(x_k)+hy'(x_k))\\&=f(x_k,y(x_k))+hf'_x+hy'f'_y+\frac{h^2}{2}[f''_{xx}+2y'f''_{xy}+[y']^2f''_{yy}]+O(h^3)\\&=y'(x_k)+hy''(x_k)+\frac{h^2}{2}[y'''(x_k)-y''(x_k)f'_y(x_k,y(x_k))]+O(h^3),\end{aligned}$$

并由 $y(x)=y(x_{k-1})=y(x_k-h)$ 在点 x_k 处的泰勒公式可得

$$y'(x_{k-1})=y'(x_k)-hy''(x_n)+\frac{h^2}{2}y'''(x_k)+O(h^3),$$

从而由 $y'(x_k)=f(x_k,y_k)$, $y'(x_{k-1})=f(x_{k-1},y_{k-1})$ 可得

$$\begin{aligned}y_{k+1}&=y_k+\frac{h}{12}[5f(x_{k+1},y_k+hy'(x_k))+8y'(x_k)-y'(x_{k-1})]\\&=y_k+hy'(x_k)+\frac{h^2}{2}y''(x_k)+\frac{h^3}{3!}y'''(x_k)-\frac{5h^3}{24}y''(x_k)f'_y+O(h^4).\end{aligned}$$

另一方面，由 $y(x)=y(x_{k+1})=y(x_k+h)$ 在点 x_k 处的泰勒公式可得

$$y(x_{k+1})=y(x_k)+hy'(x_k)+\frac{h^2}{2}y''(x_k)+\frac{h^3}{3!}y'''(x_k)+O(h^4),$$

从而该公式的局部截断误差为

$$y(x_{k+1})-y_{k+1}=\frac{5h^3}{24}y''(x_k)f'_y(x_k,y(x_k))+O(h^4)=O(h^3),$$

该方法具有 2 阶精度.

例 6.8.6 考虑微分方程初值问题

$$\begin{cases} y' = f(x,y) \quad (a \leqslant x \leqslant b), \\ y(a) = \eta, \end{cases}$$

并记 $h = \dfrac{b-a}{n}$, $x_i = a + ih\ (i = 0, 1, 2, \cdots, n)$.

(1) 写出 $f(x, y(x))$ 以 x_{i-1}, x_i, x_{i+1} 为插值节点的 Lagrange 插值多项式 $L_2(x)$;

(2) 将方程 $y' = f(x,y)$ 在区间 $[x_i, x_{i+1}]$ 上积分，得

$$y(x_{i+1}) = y(x_i) + \int_{x_i}^{x_{i+1}} f(x, y(x))\,\mathrm{d}x,$$

试导出 2 步亚当姆斯隐式公式;

(3) 若亚当姆斯隐式公式满足 $y(a) = \eta$, 求其局部截断误差，并指出是几阶的.

解 (1) $f(x, y(x))$ 以 x_{i-1}, x_i, x_{i+1} 为插值节点的 Lagrange 插值多项式为

$$L_2(x) = l_{i-1}(x) f(x_{i-1}, y(x_{i-1})) + l_i(x) f(x_i, y(x_i)) + l_{i+1} f(x_{i+1}, y(x_{i+1})),$$

其中

$$l_{i-1}(x) = \frac{(x-x_i)(x-x_{i+1})}{(x_{i-1}-x_i)(x_{i-1}-x_{i+1})}, \quad l_i(x) = \frac{(x-x_{i-1})(x-x_{i+1})}{(x_i-x_{i-1})(x_i-x_{i+1})},$$
$$l_{i+1}(x) = \frac{(x-x_{i-1})(x-x_i)}{(x_{i+1}-x_{i-1})(x_{i+1}-x_i)}.$$

(2) 将 $l_{i-1}(x)$, $l_i(x)$, $l_{i+1}(x)$ 在区间 $[x_i, x_{i+1}]$ 上积分，得

$$\int_{x_i}^{x_{i+1}} l_{i-1}(x)\,\mathrm{d}x = \int_0^h \frac{1}{2h^2}(t^2 - ht)\mathrm{d}t = -\frac{h}{12},$$
$$\int_{x_i}^{x_{i+1}} l_i(x)\,\mathrm{d}x = \int_0^h \frac{1}{h^2}(h^2 - t^2)\mathrm{d}t = \frac{8h}{12},$$
$$\int_{x_i}^{x_{i+1}} l_{i+1}(x)\,\mathrm{d}x = \int_0^h \frac{1}{2h^2}(t^2 + th)\mathrm{d}t = \frac{5h}{12},$$

从而由

$$\int_{x_i}^{x_{i+1}} f(x, y(x))\,\mathrm{d}x \approx \frac{h}{12}[5f(x_{i+1}, y_{i+1}) + 8f(x_i, y_i) - f(x_{i-1}, y_{i-1})]$$

可知， 2 步亚当姆斯隐式公式为

$$y_{i+1} = y_i + \frac{h}{12}[5f(x_{i+1}, y_{i+1}) + 8f(x_i, y_i) - f(x_{i-1}, y_{i-1})].$$

(3) 由 $y(a)=y(x_0)=\eta=y_0$ 可假设 $y(x_i)=y_i$, 则由泰勒公式可得

$$
\begin{aligned}
f(x_{i-1},y_{i-1}) &= y'(x_{i-1})\\
&= y'(x_i)-hy''(x_i)+\frac{h^2}{2!}y'''(x_i)-\frac{h^3}{3!}y^{(4)}(x_i)+O(h^4),\\
f(x_{i+1},y_{i+1}) &= y'(x_{i+1})\\
&= y'(x_i)+hy''(x_i)+\frac{h^2}{2!}y'''(x_i)+\frac{h^3}{3!}y^{(4)}(x_i)+O(h^4),
\end{aligned}
$$

故 2 步亚当姆斯隐式公式为

$$
\begin{aligned}
y_{i+1} &= y_i+\frac{h}{12}[5f(x_{i+1},y_{i+1})+8f(x_i,y_i)-f(x_{i-1},y_{i-1})]\\
&= y_i+\frac{h}{12}[5y'(x_{i+1})+8y'(x_i)-y'(x_{i-1})]\\
&= y_i+hy'(x_i)+\frac{h^2}{2}y''(x_i)+\frac{h^3}{3!}y'''(x_i)+\frac{h^4}{12}y^{(4)}(x_i)+O(h^5).
\end{aligned}
$$

另一方面，由泰勒公式可得

$$
y(x_{i+1})=y(x_i)+hy'(x_i)+\frac{h^2}{2}y''(x_i)+\frac{h^3}{3!}y'''(x_i)+\frac{h^4}{4!}y^{(4)}(x_i)+O(h^5),
$$

从而 2 步亚当姆斯隐式公式的局部截断误差为

$$
y(x_{i+1})-y_{i+1}=-\frac{h^4}{24}y^{(4)}(x_i)+O(h^5)=O(h^4),
$$

由此可知， 2 步亚当姆斯公式是 3 阶精度的.

例 6.8.7 已知常微分方程初值问题

$$
\begin{cases}
y'=f(x,y) \quad (c\leqslant x\leqslant d),\\
y(c)=\eta
\end{cases}
$$

的求解公式为

$$
y_{i+1}=y_{i-2}+a(y_i-y_{i-1})+bh(f(x_i,y_i)+f(x_{i-1},f(x_{i-1})),
$$

试确定常数 a, b, 使得该求解公式具有尽可能高的精度，并求其局部截断误差，其中 $h=\dfrac{c-d}{2}$, $x_i=c+ih\ (i=0,1,2,\cdots,n)$.

本题考查线性多步法的基本构造思想，欲使该数值方法具有尽可能高的精确度，就必须使其局部截断误差的阶数尽可能高.

解 假设 $y(x_i)=y_i$, 则该求解公式的局部截断误差为

$$\begin{aligned}T_{i+1}&=y(x_{i+1})-y_{i+1}\\&=y(x_{i+1})-y_{i-2}-ay_i+ay_{i-1}-bh(f(x_i,y_i)-f(x_{i-1},f(x_{i-1}))\\&=y(x_{i+1})-y(x_{i-2})-ay_i+ay(x_{i-1})-bhy'(x_i)-bhy'(x_{i-1}).\end{aligned}$$

另一方面，由泰勒公式可得

$$\begin{aligned}y(x_{i+1})&=y(x_i)+\sum_{k=1}^{p}\frac{h^k}{k!}y^{(k)}(x_i)+O(h^{p+1}),\\y(x_{i-1})&=y(x_i)+\sum_{k=1}^{p}\frac{(-h)^k}{k!}y^{(k)}(x_i)+O(h^{p+1}),\\y'(x_{i-1})&=y'(x_i)+\sum_{k=1}^{p-1}\frac{(-h)^k}{k!}y^{(k+1)}(x_i)+O(h^{p}),\\y(x_{i-2})&=y(x_i)+\sum_{k=1}^{p}\frac{(-2h)^k}{k!}y^{(k)}(x_i)+O(h^{p+1}),\end{aligned}$$

故该求解公式的局部截断误差可写为

$$\begin{aligned}T_{i+1}&=y(x_{i+1})-y(x_{i-2})-ay_i+ay(x_{i-1})-bhy'(x_i)-bhy'(x_{i-1})\\&=\sum_{k=1}^{p}\frac{1-(-1)^k2^k+(-1)^ka}{k!}h^ky^{(k)}(x_i)-2bhy'(x_i)\\&\quad-b\sum_{k=1}^{p-1}\frac{(-1)^k}{k!}h^{k+1}y^{(k+1)}(x_i)+O(h^{p+1}).\end{aligned}$$

由此可知，要使求解公式的局部截断误差具有 p 阶精度，常数 a, b 应满足方程组

$$\begin{cases}3-a-2b=0,\\1-(-1)^k2^k+(-1)^ka+(-1)^kbk=0\quad(k=2,3,\cdots,p),\end{cases}$$

故由第 1 个方程和第 3 个方程构成的方程组

$$\begin{cases}3-a-2b=0,\\9-a-3b=0\end{cases}$$

解得 $a=-9$, $b=6$, 将其代入第 4 个方和第 5 个方程，得

$$1-(-1)^42^4+(-1)^4(-9)+(-1)^k6\times4=1-16-9+24=0,$$

$$1-(-1)^52^5+(-1)^59+(-1)^56\times5=1+32+9-30=12\neq0,$$

从而当 $a=-9$, $b=6$ 时所得求解公式具有最高精度，其局部截断误差为

$$T_{i+1}=\frac{1}{10}h^5y^{(5)}(x_i)+O(h^6)=O(h^5),$$

最高精度 5 阶.

例 6.8.8 取步长 $h=0.1, 0.2$, 用经典四阶龙格 - 库塔方法计算初值问题

$$\begin{cases} y' = -20y \quad (0 \leqslant x \leqslant 1), \\ y(0) = 1 \end{cases}$$

解 $y(x)$ 在点 $x=1$ 的近似值，即 $y(1)$ 的近似值，并与精确解 $y(x)=\mathrm{e}^{-20x}$ 进行比较，分析这两种步长的稳定性.

解 设 $f(x,y)=-20y$, 则

$$\begin{aligned} K_1 &= f(x_n, y_n) = -20y_n, \\ K_2 &= f\Big(x_n + \frac{h}{2}, y_n + \frac{h}{2}K_1\Big) = -20y_n + \frac{(-20)^2}{2}hy_n, \\ K_3 &= f\Big(x_n + \frac{h}{2}, y_n + \frac{h}{2}K_2\Big) = -20y_n + \frac{(-20)^2}{2}hy_n + \frac{(-20)^3}{2}h^2y_n, \\ K_4 &= f(x_n + h, y_n + hK_3) \\ &= -20y_n + (-20)^2hy_n + \frac{(-20)^3}{2}h^2y_n + \frac{(-20)^4}{4}h^3y_nc \end{aligned}$$

故应用于本题的四阶经典龙格 - 库塔公式为

$$\begin{aligned} y_{n+1} &= y_n + \frac{1}{6}(K_1 + 2K_2 + K_3 + K_4) \\ &= \Big[1 + (-20)h + \frac{(-20)^2}{2}h^2 + \frac{(-20)^3}{6}h^3 + \frac{(-20)^4}{24}h^4\Big]y_n. \end{aligned}$$

分别将 $h=0.1$, $h=0.2$ 代入上式，并与精确解的比较结果见表 6.8.1.

表 6.8.1　$h=0.1$, $h=0.2$ 时的计算结果

x	当 $h=0.1$ 时，$y(x)$ 的近似值	与精确解误差的绝对值	x	当 $h=0.2$ 时，$y(x)$ 的近似值	与精确解误差的绝对值
0.2	0.11111	0.092795	0.2	5.000000	4.98168
0.4	0.012346	0.012010	0.4	25.00000	24.99966
0.6	0.001372	0.001366	0.6	125.0000	125.0000
0.8	0.000152	0.000152	0.8	625.0000	625.0000
1.0	0.000017	0.000017	1.0	3125.000	3125.000

当 $h=0.1$ 时，经典龙格 - 库塔公式计算 $y(1,0)$ 的近似值为 0.00017, 与精确解的误差绝对值为 0.00017, 计算稳定可靠.

当 $h=0.2$ 时，经典龙格 - 库塔公式计算 $y(1,0)$ 的近似值为 3125.000, 与精确解的误差绝对值为 3125.000, 计算不稳定，不可靠.

例 6.8.9 取步长 $h=0.1$, 试用改进的欧拉法求解初值问题

$$\begin{cases} \dfrac{\mathrm{d}y}{\mathrm{d}x}=xy-z, \\ \dfrac{\mathrm{d}z}{\mathrm{d}x}=\dfrac{x+y}{z} \quad (0\leqslant x\leqslant 0.2), \\ y(0)=1, \quad z(0)=2, \end{cases}$$

小数点后至少保留 6 位.

本题主要考查改进的欧拉法的计算格式应用于常微分方程组的情形，解题关键是利用改进的欧拉公式建立方程组的迭代格式.

解 设 $f_1(x,y,z)=xy-z$, $f_2(x,y,z)=\dfrac{1}{z}(x+y)$, 则改进的欧拉格式为

$$\begin{cases} \widetilde{y}_{n+1}=y_n+hf_1(x_n,y_n,z_n)=y_n+0.1(x_ny_n-z_n), \\ \widetilde{z}_{n+1}=z_n+hf_2(x_n,y_n,z_n)=z_n+0.1\dfrac{x_n+y_n}{z_n}, \\ y_{n+1}=y_n+\dfrac{1}{2}h[f_1(x_n,y_n,z_n)+f_1(x_{n+1},\widetilde{y}_{n+1},\widetilde{z}_{n+1})] \\ \qquad\quad =y_n+0.05[x_ny_n-z_n+(x_{n+1}\widetilde{y}_{n+1}-\widetilde{z}_{n+1})], \\ z_{n+1}=z_n+\dfrac{1}{2}h[f_2(x_n,y_n,z_n)+f_2(x_{n+1},\widetilde{y}_{n+1},\widetilde{z}_{n+1})] \\ \qquad\quad =z_n+0.05\left[\dfrac{x_n+y_n}{z_n}+\dfrac{x_{n+1}+\widetilde{y}_{n+1}}{\widetilde{z}_{n+1}}\right], \end{cases}$$

从而将初值 $y_0=y(0)=1$, $z_0=z(0)=2$ 代入上式，计算结果为

$$\begin{cases} \widetilde{y}_1=0.800000, \ \widetilde{z}_1=2.050000, \ y_1=0.801500, \ z_1=2.046951, \\ \widetilde{y}_2=0.604820, \ \widetilde{z}_2=2.090992, \ y_2=0.604659, \ z_2=2.088216. \end{cases}$$

例 6.8.10 对于初值问题

$$\begin{cases} y'=f(x,y), \\ y(x_0)=y_0, \end{cases}$$

如果存在常数 $L>0$, 使得 $|f'_y(x,y)|\leqslant L$, 且 $\dfrac{1}{2}hL<1$, 证明迭代序列

$$\begin{cases} y_{n+1}^{(0)}=y_n+hf(x_n,y_n), \\ y_{n+1}^{(k+1)}=y_n+\dfrac{h}{2}[f(x_n,y_n)+f(x_{n+1},y_{n+1}^{(k)})] \quad (k=0,1,2,\cdots) \end{cases}$$

是收敛的.

本题考查的是由迭代法产生的序列 $\{y_{n+1}^{(k)}\}$ 的收敛性，而不是数值方法的收敛性，即是否有 $\lim\limits_{k\to\infty}|y_{n+1}^{(k)}-y_{n+1}|=0$.

证明 对任意的正整数 k, 由

$$y_{n+1} = y_n + \frac{1}{2}h[f(x_n, y_n) + f(x_{n+1}, y_{n+1})]$$

可得

$$\begin{aligned}|y_{n+1}^{(k+1)} - y_{n+1}| &= \frac{h}{2}|f(x_{n+1}, y_{n+1}^{(k)}) - f(x_{n+1}, y_{n+1})| \\ &= \frac{h}{2}|f_y'(x_{n+1}, \xi)(y_{n+1}^{(k)} - y_{n+1})| \leqslant \frac{1}{2}hL|y_{n+1}^{(k)} - y_{n+1}|,\end{aligned}$$

故可推得

$$|y_{n+1}^{(k+1)} - y_{n+1}| \leqslant \frac{1}{2}hL|y_{n+1}^{(k)} - y_{n+1}| \leqslant \left(\frac{hL}{2}\right)^{k+1}|y_{n+1}^{(0)} - y_{n+1}|,$$

从而由 $\frac{1}{2}hL < 1$ 及 $|y_{n+1}^{(0)} - y_{n+1}|$ 有界，得

$$\lim_{k\to\infty}|y_{n+1}^{(k)} - y_{n+1}| = 0,$$

即迭代序列是收敛的.

6.9　经典例题选讲

例 6.9.1 用欧拉法求初值问题

$$\begin{cases}\dfrac{\mathrm{d}y}{\mathrm{d}x} = 1 + x^3 + y^3, \\ y(0) = 0\end{cases}$$

的解 $y(x)$ 在点 $x = 0.4$ 处的近似值 (取步长 $h = 0.1$, 计算结果至少保留 6 位小数).

解 设 $y = y(x)$ 是初值问题的解，则由欧拉格式

$$y_{n+1} = y_n + h(1 + x_n^3 + y_n^3) \quad (n = 0, 1, 2, \cdots)$$

可知，当选取 $x_k = kh\ (k = 0, 1, 2, \cdots)$, $y_0 = y(0) = 0$ 时，有

$$\begin{aligned}y(0.1) &\approx y_0 + h(1 + x_0^3 + y_0^3) = 0.100000, \\ y(0.2) &\approx y_1 + h(1 + x_1^3 + y_1^3) \\ &= 0.1 + 0.1(1 + 0.1^3 + 0.1^3) = 0.200200, \\ y(0.3) &\approx y_2 + h(1 + x_2^3 + y_2^3) \\ &= 0.2002 + 0.1(1 + 0.2^3 + 0.2002^3) = 0.301802, \\ y(0.4) &\approx y_3 + h(1 + x_3^3 + y_3^3) \\ &= 0.301802 + 0.1(1 + 0.3^3 + 0.301802^3) = 0.407250947.\end{aligned}$$

例 6.9.2 用欧拉法求初值问题

$$\begin{cases} \dfrac{\mathrm{d}y}{\mathrm{d}x} = xy^2 \quad (0 < x < 1), \\ y(0) = -1.2 \end{cases}$$

的解 $y(x)$, 分别取步长 $h = 0.1$ 和 $h = 0.05$, 并与精确解 $y(x) = -\dfrac{6}{5+x^2}$ 作比较.

解 设 $y = y(x)$ 是初值问题的解，则根据欧拉公式

$$y_{n+1} = y_n + hx_ny_n^2 \quad (n = 0, 1, 2, \cdots),$$

分别选取

$$h = 0.1, \quad h = 0.05, \quad x_k = kh\ (k = 0, 1, 2, \cdots, 10), \quad y_0 = y(0) = -1.2.$$

计算结果见表 6.9.1.

表 6.9.1 $h = 0.1$, $h = 0.05$ 时的计算结果

x_n	y_n	$\lvert y_n - y(x_n))\rvert$	x_n	y_n	$\lvert y_n - y(x_n)\rvert$
0.0	−1.2000	0.0000000	0.00	−1.2000	
			0.05	−1.2000	0.0000000
0.1	−1.2000	0.3000000	0.10	−1.1964	0.0018027
			0.15	−1.1892	0.0035998
0.2	−1.1856	0.0072429	0.20	−1.1786	0.0053799
			0.25	−1.1647	0.0071309
0.3	−1.1575	0.0143879	0.30	−1.1478	0.0884030
			0.35	−1.1280	0.1049490
0.4	−1.1173	0.0212262	0.40	−1.1058	0.0012082
			0.45	−1.0813	0.0135872
0.5	−1.0674	0.0275306	0.50	−1.055	0.0149996
			0.55	−1.0272	0.0163077
0.6	−1.0104	0.0330812	0.60	−0.9982	0.0175022
			0.65	−0.9683	0.0185757
0.7	−0.9491	0.0376992	0.70	−0.9378	0.0195232
			0.75	−0.9070	0.0203419
0.8	−0.8861	0.0412751	0.80	−0.8762	0.0210315
			0.85	−0.8455	0.0215938
0.9	−0.8233	0.0437814	0.90	−0.8151	0.0220327
			0.95	−0.7852	0.0223537
1.0	−0.7623	0.0452661	1.00	−0.7559	0.0225636

例 6.9.3 取步长 $h=0.2$, 用梯形法求初值问题

$$\begin{cases}\dfrac{\mathrm{d}y}{\mathrm{d}x}=-y+x+1 \quad (1<x<1.6),\\ y(1)=2\end{cases}$$

的解 $y(x)$, 计算结果至少保留 6 位小数.

分析 梯形法是一种隐式方法，一般应该在具体计算时化为显格式，如果不能化为显格式，则一般采用迭代方法计算. 例如采用显格式计算每 1 步的初值，再用梯形法反复迭代.

解 将梯形公式

$$y_{n+1}=y_n+\frac{h}{2}[(-y_n+x_n+1)+(-y_{n+1}+x_{n+1}+1)] \quad (n=0,1,2,\cdots)$$

化为显格式，得

$$y_{n+1}=\frac{2-h}{2+h}y_n+\frac{h}{2+h}(x_n+x_{n+1}+2) \quad (n=0,1,2,\cdots).$$

取步长 $h=0.2$ 及初始值 $y_0=2$ 计算，得

$$y(1.2)\approx y_1=\frac{2-h}{2+h}y_0+\frac{h}{2+h}(x_0+x_1+2)=2.018182,$$

$$y(1.4)\approx y_2=\frac{2-h}{2+h}y_1+\frac{h}{2+h}(x_1+x_2+2)=2.069422,$$

$$y(1.6)\approx y_3=\frac{2-h}{2+h}y_2+\frac{h}{2+h}(x_2+x_3+2)=2.147709.$$

例 6.9.4 取步长 $h=0.5$, 用欧拉预估 – 校正法求初值问题

$$\begin{cases}\dfrac{\mathrm{d}y}{\mathrm{d}x}=1-\dfrac{2xy}{1+x^2} \quad (0<x\leqslant 2),\\ y(0)=0\end{cases}$$

的解 $y=y(x)$, 计算结果保留 6 位小数.

解 设 $f(x,y)=1-\dfrac{2xy}{1+x^2}$, 步长 $h=0.5$, 则由欧拉预估 – 校正法的计算公式

$$\begin{cases}\widetilde{y}_{n+1}=y_n+hf(x_n,y_n),\\ y_{n+1}=y_n+\dfrac{h}{2}[f(x_n,y_n)+f(x_{n+1},\widetilde{y}_{n+1})] \quad (n=0,1,2,\cdots)\end{cases}$$

得

$$\begin{cases}\widetilde{y}_{n+1}=y_n+\left(0.5-\dfrac{x_n}{1+x_n^2}y_n\right),\\ y_{n+1}=y_n+0.5\left(1-\dfrac{x_n}{1+x_n^2}-\dfrac{x_{n+1}}{1+x_{n+1}^2}\widetilde{y}_{n+1}\right).\end{cases}$$

取 $x_n = nh\ (n = 0, 1, 2, 3, 4)$, $y_0 = 0$ 计算，得

$$\begin{aligned}
&\widetilde{y}_1 = 0.500000, \quad y(0.5) \approx y_1 = 0.400000,\\
&\widetilde{y}_2 = 0.740000, \quad y(0.1) \approx y_2 = 0.635000,\\
&\widetilde{y}_3 = 0.817500, \quad y(1.5) \approx y_3 = 0.787596,\\
&\widetilde{y}_4 = 0.924090, \quad y(2.0) \approx y_4 = 0.921025.
\end{aligned}$$

例 6.9.5 取步长 $h = 0.05$, 用二阶龙格－库塔方法求解初值问题

$$\begin{cases}\dfrac{\mathrm{d}y}{\mathrm{d}x} = \cos(x\sqrt{y}) \quad (1.2 < x < 2.05),\\ y(1.2) = 3.2.\end{cases}$$

解 设 $f(x, y) = \cos(x\sqrt{y})$, 步长 $h = 0.05$, 则由二阶龙格－库塔方法的计算公式

$$\begin{cases}y_{n+1} = y_n + \dfrac{h}{2}(k_1 + k_2),\\ k_1 = f(x_n, y_n),\\ k_2 = f(x_n + h, y_n + hk_1)\end{cases}$$

得

$$\begin{cases}y_{n+1} = y_n + \dfrac{0.05}{2}(k_1 + k_2),\\ k_1 = \cos(x_n\sqrt{y_n}),\\ k_2 = \cos[(x_n + h)\sqrt{y_n + hk_1}].\end{cases}$$

取 $x_n = 1.2 + nh\ (n = 0, 1, 2, \cdots, 17)$, $y_0 = 3.2$, 计算结果见表 6.9.2.

表 6.9.2 计算结果

n	x_n	y_n	n	x_n	y_n
1	1.25	3.23038	9	1.65	3.31699
2	1.30	3.25662	10	1.70	3.30752
3	1.35	3.27860	11	1.75	3.29358
4	1.40	3.29623	12	1.80	3.28521
5	1.45	3.30943	13	1.85	3.25250
6	1.50	3.31813	14	1.90	3.22555
7	1.55	3.32230	15	1.95	3.19449
8	1.60	3.32192	16	2.00	3.15945

例 6.9.6 用反复迭代的欧拉预估－校正法求初值问题

$$\begin{cases}\dfrac{\mathrm{d}y}{\mathrm{d}x} + y = 0 \quad (0 < x \leqslant 0.2),\\ y(0) = 1\end{cases}$$

的解，取步长 $h = 0.1$, 每步迭代误差不超过 10^{-5}.

解 设 $f(x,y)=-y$, 则由欧拉预估 - 校正法的计算公式

$$\begin{cases} y_{n+1}^{[0]}=y_n+hf(x_n,y_n), \\ y_{n+1}^{[k+1]}=y_n+\dfrac{h}{2}[f(x_n,y_n)+f(x_{n+1},y_{n+1}^{[k]})] \end{cases}$$

得

$$\begin{cases} y_{n+1}^{[0]}=0.9y_n, \\ y_{n+1}^{[k+1]}=0.95y_n-0.05y_{n+1}^{[k]} \quad (k=0,1,2,\cdots;\ n=0,1,2\cdots). \end{cases}$$

取 $x_n=nh\ (n=0,1,2)$, $y_0=y(x_0)=1$ 计算，得

$$y_1^{[1]}=0.905000,\quad y_1^{[2]}=0.904750,\quad y_1^{[3]}=0.904763,\quad y_1^{[4]}=0.904762,$$

且

$$|y_1^{[4]}-y_1^{[3]}|=0.000001<10^{-5},$$

故可取

$$y(0.1)\approx y_1=y_1^{[4]}=0.904762.$$

再将 $x_1=0.1$, $y_1=0.904762$ 代入计算公式，得

$$\begin{aligned} &y_2^{[0]}=0.814286,\quad y_2^{[1]}=0.818809,\quad y_2^{[2]}=0.818583, \\ &y_2^{[3]}=0.818595,\quad y_2^{[4]}=0.818594, \end{aligned}$$

且

$$|y_2^{[4]}-y_2^{[3]}|=0.000001<10^{-5},$$

从而可取 $y(0.2)\approx y_2=y_2^{[4]}=0.818594$.

例 6.9.7 用二阶中点格式和二阶休恩格式求初值问题

$$\begin{cases} \dfrac{\mathrm{d}y}{\mathrm{d}x}=x+y^2 \quad (0<x\leqslant 0.4), \\ y(0)=1 \end{cases}$$

的解，取步长 $h=0.2$, 计算结果保留 5 位小数.

解 设 $f(x,y)=x+y^2$, 则由二阶中点格式

$$\begin{cases} y_{n+1}=y_n+hk_2, \\ k_1=f(x_n,y_n), \\ k_2=f\left(x_n+\dfrac{h}{2},y_n+\dfrac{h}{2}k_1\right) \quad (n=0,1,2\cdots) \end{cases}$$

可得

$$\begin{cases} y_{n+1} = y_n + 0.2k_2, \\ k_1 = x_n + y_n^2, \\ k_2 = (x_n + 0.1) + (y_n + 0.1k_1)^2 \quad (n = 0, 1, 2, \cdots). \end{cases}$$

取 $x_n = nh\ (n = 0, 1, 2)$, $y_0 = y(x_0) = 1$ 计算，得

$$n = 0,\ k_1 = 1.00000,\ k_2 = 1.20000,\ y(0.2) \approx y_1 = 1.24000,$$

$$n = 1,\ k_1 = 1.73760,\ k_2 = 2.29872,\ y(0.4) \approx y_2 = 1.69974.$$

另一方面，由二阶休恩格式

$$\begin{cases} y_{n+1} = y_n + \dfrac{h}{4}(k_1 + 3k_2), \\ k_1 = f(x_n, y_n), \\ k_2 = f(x_n + \dfrac{2}{3}h, y_n + \dfrac{2}{3}hk_1) \quad (n = 0, 1, 2, \cdots) \end{cases}$$

可得

$$\begin{cases} y_{n+1} = y_n + 0.05(k_1 + 3k_2), \\ k_1 = x_n + y_n^2, \\ k_2 = \left(x_n + \dfrac{0.4}{3}\right) + \left(y_n + \dfrac{0.4}{3}k_1\right)^2 \quad (n = 0, 1, 2, \cdots). \end{cases}$$

取 $x_n = nh\ (n = 0, 1, 2)$, $y_0 = y(x_0) = 1$ 计算，得

$$n = 0,\ k_1 = 1.00000,\ k_2 = 1.26667,\ y(0.2) \approx y_1 = 1.24000,$$

$$n = 1,\ k_1 = 1.73760,\ k_2 = 2.49918,\ y(0.4) \approx y_2 = 1.70176.$$

例 6.9.8 取步长 $h = 0.1$, 用经典四阶龙格 – 库塔法求初值问题

$$\begin{cases} \dfrac{\mathrm{d}y}{\mathrm{d}x} = -y + x + 1, \\ y(0) = 1 \end{cases}$$

的近似值 $y(0.2)$, 并与精确解 $y = x + \mathrm{e}^{-x}$ 在 $x = 0.2$ 处的值比较.

解 设 $f(x, y) = -y + x + 1$, 则由经典四阶龙格 – 库塔格式

$$\begin{cases} y_{n+1} = y_n + \dfrac{h}{6}(k_1 + 2k_2 + 2k_3 + k_4), \\ k_1 = f(x_n, y_n), \\ k_2 = f\left(x_n + \dfrac{h}{2}, y_n + \dfrac{h}{2}k_1\right), \\ k_3 = f\left(x_n + \dfrac{h}{2}, y_n + \dfrac{h}{2}k_2\right), \\ k_4 = f(x_n + h, y_n + hk_3) \quad (n = 0, 1, 2, \cdots) \end{cases}$$

可得

$$\begin{cases} y_{n+1} = y_n + \dfrac{0.1}{6}(k_1 + 2k_2 + 2k_3 + k_4), \\ k_1 = 1 + x_n - y_n, \\ k_2 = 1 + (x_n + 0.05) - (y_n + 0.05k_1), \\ k_3 = 1 + (x_n + 0.05) - (y_n + 0.05k_2), \\ k_4 = 1 + (x_n + 0.1) - (y_n + 0.1k_3) \quad (n = 0, 1, 2, \cdots). \end{cases}$$

取 $x_n = nh\ (n = 0, 1, 2)$, $y_0 = y(x_0) = 1$ 计算，得

$$n = 0,\ k_1 = 0.000000000, \quad k_2 = 0.050000000,$$
$$k_3 = 0.047500000, \quad k_4 = 0.095250000,$$
$$y(0.1) \approx y_1 = y_0 + \frac{0.1}{6}(k_1 + 2k_2 + 2k_3 + k_4) = 1.004873500,$$

再将 $x_1 = 0.1$, $y_1 = 1.004873500$ 代入计算公式，得

$$n = 1,\ k_1 = 0.095162500, \quad k_2 = 0.140404375,$$
$$k_3 = 0.138142281, \quad k_4 = 0.181348271,$$
$$y(0.2) \approx y_2 = y_1 + \frac{0.1}{6}(k_1 + 2k_2 + 2k_3 + k_4) = 1.018730901.$$

另一方面，由精确值 $y(0.2) = 0.2 + \mathrm{e}^{-0.2} = 1.018730753\cdots$ 可得误差为

$$|y(0.2) - y_2| \approx 1.47 \times 10^{-7}.$$

例 6.9.9 证明：用梯形公式解初值问题

$$\begin{cases} \dfrac{\mathrm{d}y}{\mathrm{d}x} + y = 0, \\ y(0) = 1, \end{cases}$$

其数值解为 $y_n = \left(\dfrac{2-h}{2+h}\right)^n\ (n = 0, 1, 2, \cdots)$, 并且 $\lim\limits_{n\to\infty} y_n = \mathrm{e}^{-x}$.

证明 设 $f(x, y) = -y$, 则由梯形公式

$$y_{n+1} = y_n + \frac{h}{2}[f(x_n, y_n) + f(x_{n+1}, y_{n+1})]$$

可得

$$y_{n+1} = y_n + \frac{h}{2}(-y_n - y_{n+1}),$$

于是

$$y_{n+1} = \frac{2-h}{2+h} y_n \quad (n = 0, 1, 2, \cdots).$$

由此可知，所求数值解为

$$y_n=\left(\frac{2-h}{2+h}\right)^n y_0=\left(\frac{2-h}{2+h}\right)^n \quad (n=0,1,2,\cdots),$$

另一方面，对任意的 x, 当 h 充分小时，以 h 为步长经过 n 运算可求得 y_n, 故可取 $h=\dfrac{x}{n}$, 得

$$y_n=\left(\frac{2-h}{2+h}\right)^n=\left(1-\frac{2x}{2n+x}\right)^n$$

可得

$$\lim_{n\to\infty} y_n=\lim_{n\to\infty}\left(1-\frac{2x}{2n+x}\right)^n=\mathrm{e}^{-x}.$$

例 6.9.10 用四阶亚当姆斯显格式

$$\begin{cases} y_{n+1}=y_n+\dfrac{h}{24}(55k_1-59k_2+37k_3-9k_4),\\ k_1=f(x_n,y_n),\\ k_2=f(x_{n-1},y_{n-1}),\\ k_3=f(x_{n-2},y_{n-2}),\\ k_4=f(x_{n-3},y_{n-3}) \end{cases}$$

求初值问题

$$\begin{cases} \dfrac{\mathrm{d}y}{\mathrm{d}x}=x+y,\\ y(0)=1 \end{cases}$$

在 $[0,0.5]$ 上的数值解，取步长 $h=0.1$, 计算结果保留小数点后 8 位.

分析 由于所给格式是 4 步格式，故需先用单步法求出 3 个初值 y_1, y_2, y_3(y_0 已知). 又因该 4 步格式是四阶的，故所选用的单步法也应该是四阶的，以保证单步法和多步法的阶数相同.

解 设 $f(x,y)=x+y$, 则由经典四阶龙格 – 库塔格式

$$\begin{cases} y_{n+1}=y_n+\dfrac{h}{6}(K_1+2K_2+2K_3+K_4),\\ K_1=f(x_n,y_n),\\ K_2=f\left(x_n+\dfrac{h}{2},y_n+\dfrac{h}{2}K_1\right),\\ K_3=f\left(x_n+\dfrac{h}{2},y_n+\dfrac{h}{2}K_2\right),\\ K_4=f(x_n+h,y_n+hK_3) \quad (n=0,1,2,\cdots) \end{cases}$$

可得

$$\begin{cases} y_{n+1} = y_n + \dfrac{0.1}{6}(K_1 + 2K_2 + 2K_3 + K_4), \\ K_1 = x_n + y_n, \\ K_2 = x_n + 0.05 + y_n + 0.05K_1, \\ K_3 = x_n + 0.05 + y_n + 0.05K_2, \\ K_4 = x_n + 0.1 + y_n + 0.1K_3 \quad (n = 0, 1, 2, \cdots). \end{cases}$$

取 $x_n = nh\ (n = 0, 1, 2, 3, 4, 5)$, $y_0 = y(x_0) = 1$ 计算，得

$$y(0.1) \approx y_1 = 1.110341667,$$
$$y(0.2) \approx y_2 = 1.242805142,$$
$$y(0.3) \approx y_3 = 1.399716995,$$

再将 y_0, y_1, y_2, y_3 代入四阶亚当姆斯显格式

$$\begin{cases} y_{n+1} = y_n + \dfrac{h}{24}(55k_1 - 59k_2 + 37k_3 - 9k_4), \\ k_1 = f(x_n, y_n), \\ k_2 = f(x_{n-1}, y_{n-1}), \\ k_3 = f(x_{n-2}, y_{n-2}), \\ k_4 = f(x_{n-3}, y_{n-3}) \end{cases}$$

得

$$y(0.4) \approx y_4 = 1.583640216, \quad y(0.5) \approx y_5 = 1.797421984.$$

例 6.9.11 用欧拉法求函数

$$y(x) = \int_0^x \mathrm{e}^{-t^2} \mathrm{d}t$$

在 $x = 0.5$, 1.0, 1.5, 2.0 处的近似值，计算结果至少保留小数点后 5 位.

分析 采用数值积分法无疑可求出欲求近似值，另外，通过求导可把该积分问题化为微分方程的初值问题，从而可用欧拉方法等数值方法求解.

解 对 $y(x)$ 求导数，将问题转化为求解初值问题

$$\begin{cases} \dfrac{\mathrm{d}y}{\mathrm{d}x} = \mathrm{e}^{-x^2}, \\ y(0) = 0. \end{cases}$$

取步长 $h = 0.5$, $x_n = nh\ (n = 0, 1, 2, 3, 4)$, $y_0 = 0$, 则根据欧拉格式

$$y_{n+1} = y_n + 0.5\mathrm{e}^{-x_n^2} \quad (n = 0, 1, 2, \cdots)$$

计算可得

$$y(0.5) \approx y_1 = 0.50000, \ \ y(1.0) \approx y_2 = 0.88940,$$
$$y(1.5) \approx y_3 = 1.07334, \ \ y(2.0) \approx y_4 = 1.12604.$$

例 6.9.12 证明：用欧拉预估 – 校正法求解初值问题

$$\begin{cases} \dfrac{\mathrm{d}y}{\mathrm{d}x} + y = 0 \quad (x > 0), \\ y(0) = 1 \end{cases}$$

所得到的近似解为

$$y_n = \left(1 - h + \frac{h^2}{2}\right)^n \quad (n = 0, 1, 2, \cdots),$$

并且 $\lim\limits_{n \to \infty} y_n = \mathrm{e}^{-x}$.

证明 设 $f(x, y) = -y$, 则由欧拉预估 – 校正格式

$$\begin{cases} \widetilde{y}_{n+1} = y_n + hf(x_n, y_n), \\ y_{n+1} = y_n + \dfrac{h}{2}[f(x_n, y_n) + f(x_{n+1}, \widetilde{y}_{n+1})] \quad (n = 0, 1, 2, \cdots) \end{cases}$$

可得

$$y_{n+1} = \left(1 - h + \frac{h^2}{2}\right) y_n,$$

从而反复递推，并由 $y_0 = y(0) = 1$, 得

$$y_{n+1} = \left(1 - h + \frac{h^2}{2}\right)^{n+1} y_0 = \left(1 - h + \frac{h^2}{2}\right)^n \quad (n = 1, 2, \cdots).$$

另一方面，对任意的 $x > 0$, 当 h 充分小时，以 h 为步长经过 n 运算可求得 y_n, 故可取 $h = \dfrac{x}{n}$, 得

$$y_n = \left(1 - h + \frac{h^2}{2}\right)^{\frac{x}{n}},$$

于是

$$\lim_{n \to 0} y_n = \lim_{h \to 0} \left(1 - h + \frac{h^2}{2}\right)^{\frac{x}{h}} = \mathrm{e}^{-x}.$$

例 6.9.13 试导出求解初值问题

$$\begin{cases} \dfrac{\mathrm{d}y}{\mathrm{d}x} = ax + b, \\ y(0) = 0 \end{cases}$$

的欧拉公式和改进欧拉公式，并与精确解 $y(x) = \dfrac{1}{2}ax^2 + bx$ 比较.

解 设 $f(x,y)=ax+b$, 则由欧拉公式

$$y_{n+1}=y_n+hf(x_n,y_n)\quad(n=0,1,2,\cdots)$$

可得

$$y_{n+1}=y_n+(ax_n+b)h\quad(n=0,1,2,\cdots),$$

故可推得

$$\begin{aligned}y_{n+1}&=y_0+(ax_0+b)h+(ax_1+b)h+\cdots+(ax_n+b)h\\&=ah(x_0+x_1+\cdots+x_n)+(n+1)bh,\end{aligned}$$

从而由 $x_n=nh\ (n=0,1,2,\cdots)$ 可得

$$\begin{aligned}y_{n+1}&=ah^2(0+1+\cdots+n)+(n+1)bh\\&=ah^2\frac{n(n+1)}{2}+bx_{n+1}=\frac{a}{2}x_{n+1}^2+bx_{n+1}-\frac{a}{2}x_{n+1}h,\end{aligned}$$

即

$$y_n=\frac{a}{2}x_n^2+bx_n-\frac{a}{2}x_nh.$$

对确定的 x, 取 $h=\frac{x}{n}$, 则

$$\lim_{n\to\infty}y_n=\lim_{n\to\infty}\left(\frac{a}{2}x^2+bx-\frac{a}{2}\frac{x^2}{n}\right)=\frac{a}{2}x^2+bx,$$

即欧拉公式的解收敛于准确解.

另一方面，由改进欧拉公式

$$y_{n+1}=y_n+\frac{h}{2}[f(x_n,y_n)+f(x_{n+1},y_n+f(x_n,y_n))]$$

可得

$$y_{n+1}=y_n+\frac{h}{2}[(ax_n+b)+(ax_{n+1}+b)]=y_n+\frac{ah}{2}(x_n+x_{n+1})+bh,$$

于是由 $x_n=nh\ (n=0,1,2,\cdots)$ 可推得

$$\begin{aligned}y_{n+1}&=y_0+\frac{ah}{2}\sum_{k=0}^{n}(x_k+x_{k+1})+(n+1)bh\\&=y_0+ah^2\sum_{k=1}^{n}k+ah^2\frac{n+1}{2}+bx_{n+1}\\&=y_0+ah^2\frac{(n+1)^2}{2}+bx_{n+1}=\frac{1}{2}ax_{n+1}^2+bx_{n+1},\end{aligned}$$

即

$$y_n=\frac{1}{2}ax_n^2+bx_n.$$

对确定的 x, 取 $h=\dfrac{x}{n}$, 则

$$\lim_{n\to\infty} y_n=\frac{1}{2}ax^2+bx,$$

即差分解是微分方程的精确解. 事实上, 改进欧拉公式就是二阶龙格 – 库塔方法, 因此方程解 $y=\dfrac{1}{2}ax^2+bx$ 是精确的.

例 6.9.14 已知初值问题

$$\begin{cases}\dfrac{\mathrm{d}y}{\mathrm{d}x}=ax+b,\\ y(0)=0\end{cases}$$

的精确解是 $y(x)=\dfrac{a}{2}x^2+bx$. 证明: 用欧拉法以 h 为步长所求得的近似解 y_n 的整体截断误差为

$$\varepsilon_n=y(x_n)-y_n=\frac{a}{2}hx_n.$$

证明 设 $f(x,y)=ax+b$, 则由欧拉格式

$$y_{n+1}=y_n+hf(x_n,y_n)\quad(n=0,1,2,\cdots)$$

可得

$$\begin{aligned}y_{n+1}&=y_n+h(ax_n+b)\\&=y_0+(ax_0+b)h+(ax_1+b)h+\cdots+(ax_n+b)h\\&=ah(x_0+x_1+\cdots+x_n)+(n+1)bh,\end{aligned}$$

故由 $x_n=nh\ (n=0,1,2,\cdots)$ 可得

$$\begin{aligned}y_{n+1}&=ah^2(0+1+\cdots+n)+(n+1)bh\\&=ah^2\frac{n(n+1)}{2}+bx_{n+1}=\frac{a}{2}x_{n+1}^2+bx_{n+1}-\frac{a}{2}x_{n+1}h,\end{aligned}$$

即 $y_n=\dfrac{a}{2}x_n^2+bx_n-\dfrac{a}{2}x_nh$, 于是整体截断误差为

$$\varepsilon_n=y(x_n)-y_n=\frac{a}{2}x_n^2+bx_n-\left(\frac{a}{2}x_n^2+bx_n-\frac{a}{2}x_nh\right)=\frac{a}{2}hx_n.$$

例 6.9.15 为使二阶中点公式

$$y_{n+1}=y_n+hf\left(x_n+\frac{h}{2},y_n+\frac{h}{2}f(x_n,y_n)\right)$$

求解初值问题

$$\begin{cases}\dfrac{\mathrm{d}y}{\mathrm{d}x}=-\lambda y,\\ y(0)=a\end{cases}$$

绝对稳定, 试求步长 h 的大小应受到的限制条件, 其中 $\lambda>0$ 为实常数.

解 设 $f(x,y)=-\lambda y$, 则由中点公式

$$y_{n+1}=y_n+hf\Big(x_n+\frac{h}{2},y_n+\frac{h}{2}f(x_n,y_n)\Big)$$

可得

$$y_{n+1}=y_n+h\Big[-\lambda\Big(y_n+\frac{h}{2}(-\lambda y_n)\Big)\Big]=\Big(1-\lambda h+\frac{1}{2}\lambda^2h^2\Big)y_n,$$

故可推得

$$y_{n+1}=\Big(1-\lambda h+\frac{1}{2}\lambda^2h^2\Big)^{n+1}y_0.$$

另一方面，如果初值扰动 δ_0 很小，则由

$$y_{n+1}+\delta_{n+1}=\Big(1-\lambda h+\frac{1}{2}\lambda^2h^2\Big)^{n+1}(y_0+\delta_0)$$

可得

$$\delta_{n+1}=\Big(1-\lambda h+\frac{1}{2}\lambda^2h^2\Big)^{n+1}\delta_0,$$

故当步长 h 满足条件

$$\Big|1-\lambda h+\frac{1}{2}\lambda^2h^2\Big|\leqslant 1,$$

即 $h\leqslant\dfrac{2}{\lambda}$ 时, 所给格式关于初值绝对稳定, 从而步长 h 应受到的限制条件为 $h\leqslant\dfrac{2}{\lambda}$.

例 6.9.16 证明：梯形公式求解初值问题

$$\begin{cases}\dfrac{\mathrm{d}y}{\mathrm{d}x}=-\lambda y,\\ y(0)=a\end{cases}$$

是无条件稳定的，即对任意步长 $h>0$, 梯形公式都绝对稳定，其中 $\lambda>0$ 为实常数.

证明 设 $f(x,y)=-\lambda y$, 则由梯形公式

$$y_{n+1}=y_n+\frac{h}{2}[f(x_n,y_n)+f(x_{n+1},y_{n+1})]\quad(n=0,1,2,\cdots)$$

可得

$$y_{n+1}=y_n+\frac{h}{2}(-\lambda y_n-\lambda y_{n+1}),$$

即

$$y_{n+1}=\Big(\frac{2-\lambda h}{2+\lambda h}\Big)y_n,$$

故可推得

$$y_{n+1}=\Big(\frac{2-\lambda h}{2+\lambda h}\Big)^{n+1}y_0.$$

另一方面，如果初值扰动 δ_0 很小，则由

$$y_{n+1}+\delta_{n+1}=\left(\frac{2-\lambda h}{2+\lambda h}\right)^{n+1}(y_0+\delta_0)$$

可得

$$\delta_{n+1}=\left(\frac{2-\lambda h}{2+\lambda h}\right)^{n+1}\delta_0,$$

故对任意步长 $h>0$, 有 $\left|\frac{2-\lambda h}{2+\lambda h}\right|\leqslant 1$, 从而

$$|\delta_{n+1}|\leqslant|\delta_0|\quad(n=0,1,2,\cdots),$$

即梯形公式无条件稳定.

例 6.9.17 导出用四阶泰勒公式求解初值问题

$$\begin{cases}\dfrac{\mathrm{d}y}{\mathrm{d}x}=y-2x^2+1\quad(0\leqslant x\leqslant 1.0),\\ y(0)=0.9\end{cases}$$

的计算公式.

解 设 $f(x,y)=y-2x^2+1$, 则

$$\frac{\mathrm{d}^2y}{\mathrm{d}^2x}=\frac{\mathrm{d}y}{\mathrm{d}x}(y-2x^2+1)=y'-4x=y-2x^2-4x+1,$$
$$\frac{\mathrm{d}^3y}{\mathrm{d}x^3}=\frac{\mathrm{d}y}{\mathrm{d}x}(y-2x^2-4x+1)=y'-4x-4=y-2x^2-4x-3,$$

故由泰勒公式可得

$$\begin{aligned}y(x+h)&=y(x)+hy'(x)+\frac{h^2}{2!}y''(x)+\frac{h^3}{3!}y'''(x)+O(h^4)\\&=y(x)+h(y(x)-2x^2+1)+\frac{h^2}{2!}(y(x)-2x^2-4x+1)\\&+\frac{h^3}{3!}(y(x)-2x^2-4x-3)+O(h^4)\\&=\left(1+h+\frac{h^2}{2!}+\frac{h^3}{3!}\right)y(x)+(1-2x^2)h\\&+\left(\frac{1}{2}-2x-x^2\right)h^2+\left(-\frac{1}{2}-\frac{2}{3}x-\frac{x^2}{3}\right)h^3+O(h^4),\end{aligned}$$

从而计算公式为

$$\begin{aligned}y_{n+1}=&\left(1+h+\frac{h^2}{2!}+\frac{h^3}{3!}\right)y_n+(1-2x_n^2)h\\&+\left(\frac{1}{2}-2x_n-x_n^2\right)h^2+\left(-\frac{1}{2}-\frac{2}{3}x_n-\frac{x_n^2}{3}\right)h^3.\end{aligned}$$

例 6.9.18 试求用欧拉预估 – 校正法求解初值问题

$$\begin{cases} \dfrac{\mathrm{d}y}{\mathrm{d}x} = \lambda y, \\ y(0) = a \end{cases}$$

的绝对稳定区间，其中 $\mathrm{Re}\lambda < 0$ 为实常数.

解 设 $f(x,y) = \lambda y$, 则由欧拉预估 – 校正格式

$$y_{n+1} = y_n + \frac{h}{2}[f(x_n, y_n) + f(x_{n+1}, y_n h f(x_n, y_n))] \quad (n = 0, 1, 2, \cdots)$$

可得

$$y_{n+1} = y_n + \frac{h}{2}[\lambda y_n + \lambda(y_n + \lambda h y_n) = \left(1 + \lambda h + \frac{1}{2}\lambda^2 h^2\right) y_n,$$

故可推得

$$y_{n+1} = \left(1 + \lambda h + \frac{1}{2}\lambda^2 h^2\right)^{n+1} y_0.$$

另一方面，如果初值扰动 δ_0 很小，则由

$$y_{n+1} + \delta_{n+1} = \left(1 + \lambda h + \frac{1}{2}\lambda^2 h^2\right)^{n+1} (y_0 + \delta_0)$$

可得

$$\delta_{n+1} = \left(1 + \lambda h + \frac{1}{2}\lambda^2 h^2\right)^{n+1} \delta_0,$$

从而欧拉预估 – 校正法的绝对稳定条件为

$$\left|1 + \lambda h + \frac{1}{2}\lambda^2 h^2\right| \leqslant 1.$$

如果限制 λ 为负实数，则解此不等式得

$$-2 \leqslant \lambda h \leqslant 0,$$

故 $[-2, 0]$ 为所求绝对稳定区间，即稳定区域在实数轴上的部分.

例 6.9.19 考虑求解初值问题

$$\begin{cases} \dfrac{\mathrm{d}y}{\mathrm{d}x} = f(x,y), \\ y(x_0) = \mu \end{cases}$$

的如下欧拉预估 – 校正格式 (反复校正形式或反复迭代形式)

$$\begin{cases} y_{n+1}^{(0)} = y_n + h f(x_n, y_n), \\ y_{n+1}^{(k+1)} = y_n + \dfrac{h}{2}[f(x_n, y_n) + f(x_{n+1}, y_{n+1}^{(k)})]. \end{cases}$$

证明：如果 $|f_y'(x,y)| \leqslant L$, 且 $2hL < 1$, 则对任意 $n \geqslant 0$, 上述格式关于 k 的迭代序列是收敛的.

证明 对任意 $n \geqslant 0$, 设 y_{n+1} 是方程

$$y_{n+1} = y_n + \frac{h}{2}[f(x_n, y_n) + f(x_{n+1}, y_{n+1})]$$

的解，则由所给格式的第二式与上式两端分别相减，得

$$|y_{n+1}^{(k+1)} - y_{n+1}| = \left|\frac{h}{2}f\left(x_{n+1}, y_{n+1}^{(k)}\right) - \frac{h}{2}f(x_{n+1}, y_{n+1})\right|,$$

故由微分中值定理及条件 $|f_y'(x,y)| \leqslant L$ 可得

$$|y_{n+1}^{(k+1)} - y_{n+1}| = \frac{h}{2}|f_y'(x_{n+1}, \xi_{n+1}^{(k)})(y_{n+1}^{(k)} - y_{n+1})| \leqslant \frac{hL}{2}|y_{n+1}^{(k)} - y_{n+1}|,$$

从而可推得

$$|y_{n+1}^{(k+1)} - y_{n+1}| \leqslant \left(\frac{hL}{2}\right)^{k+1}|y_{n+1}^{(0)} - y_{n+1}|.$$

由此可知，当 $k \to \infty$ 时，由 $0 < \dfrac{hL}{2} < 1$ 可得 $y_{n+1}^{(k+1)} \to y_{n+1}$.

习 题 6

6.1 证明迭代格式

$$\begin{cases} y_{n+1} = y_n + \dfrac{h}{2}(K_2 + K_3), \\ K_1 = f(x_n, y_n), \\ K_2 = f(x_n + th, y_n + thK_1), \\ K_3 = f(x_n + (1-t)h, y_n + (1-t)hK_2)K_1 \end{cases}$$

对于任意参数 t 都是二阶的.

6.2 证明 Heun 格式

$$\begin{cases} y_{n+1} = y_n + \dfrac{h}{4}(K_1 + 3K_2), \\ K_1 = f(x_n, y_n), \\ K_2 = f\left(x_n + \dfrac{2}{3}h, y_n + \dfrac{2}{3}hK_1\right) \end{cases}$$

是二阶的，并给出其局部截断误差的主项.

6.3 试用泰勒展开方法证明中点格式

$$y_{n+1} = y_{n-1} + 2hf(x_n, y_n)$$

是二阶的，并给出其局部截断误差的主项系数.

6.4 试用泰勒展开方法证明梯形格式

$$y_{n+1} = y_n + \frac{h}{2}[f(x_n, y_n) + f(x_{n+1}, y_{n+1})]$$

是二阶的，并给出其局部截断误差的主项系数.

6.5 用泰勒展开方法设计 2 步法

$$y_{n+1} = ay_n + by_{n-1} + h[cf(x_n, y_n) + df(x_{n-1}, y_{n-1})],$$

并求其局部截断误差的主项.

6.6 用欧拉法和改进欧拉法求解初值问题格式

$$\begin{cases} y' = -\dfrac{0.9}{1+2x}y \quad (0 < x < 1), \\ y(0) = 1. \end{cases}$$

6.7 证明隐式单步格式

$$y_{n+1} = y_n + \frac{1}{6}h[4f(x_n, y_n) + 2f(x_{n+1}, y_{n+1}) + hf'(x_n, y_n)]$$

为 3 阶方法.

6.8 试确定公式

$$y_{n+1} = ay_n + by_{n-1} + cy_{n-2} + h(dy'_{n+1} + ey'_n + fy'_{n-1})$$

中的系数 a, b, c, d, e, f, 使之成为一个 4 阶方法.

6.9 用欧拉法求解初值问题

$$\begin{cases} y' = -5y + x \quad (x_0 \leqslant x \leqslant X), \\ y(x_0) = y_0, \end{cases}$$

从绝对稳定性考虑，对步长 h 有何限制？

6.10 上机实验习题：

(1) 取步长 $h = 0.1$ (即 $n = 5$), 用改进的欧拉公式计算

$$\begin{cases} y'' = \dfrac{1}{x}y - \dfrac{1}{x} \quad (1 \leqslant x \leqslant 1.5), \\ y(1) = 0.5. \end{cases}$$

(2) 用改进欧拉法解

$$\begin{cases} y' = -xy^2 \quad (0 \leqslant x \leqslant 5), \\ y(0) = 2. \end{cases}$$

(3) 用龙格 - 库塔方法求解

$$\begin{cases} y' = -xy^2 \quad (0 \leqslant x \leqslant 5), \\ y(0) = 2. \end{cases}$$

(4) 用四阶亚当姆斯预报 - 校正公式，求解初值问题

$$\begin{cases} y' = -xy^2 \quad (0 \leqslant x \leqslant 5), \\ y(0) = 2. \end{cases}$$

参考书目

[1] 张诚坚，高健，何南忠．计算方法 [M]. 北京：高等教育出版社， 1999.

[2] 王能超．数值分析简明教程 [M]. 北京：高等教育出版社， 2002.

[3] 袁慰平，孙志忠，吴宏伟，等．计算方法与实习 [M]. 南京：东南大学出版社， 2003.

[4] Steven C.chapra, Raymond P.Canale. 工程数值方法 [M]. 唐玲艳，田尊华，刘齐军，译．北京：清华大学出版社， 2007.

[5] 杨华中，汪蕙．数值计算方法与 C 语言工程函数库 [M]. 北京：科学出版社， 1996.

[6] 杜迎春．实用数值分析 [M]. 北京：化学工业出版社， 2007.

[7] 刘师少．计算方法 [M]. 北京：科学出版社， 2005.

[8] 陈维兴，林小茶． C++ 面向对象程序设计 [M]. 北京：中国铁道出版社， 2009.

[9] 徐士良．计算方法 [M]. 北京：人民邮电出版社， 2009.

[10] 徐士良．数值分析与算法 [M]. 北京：机械工业出版社， 2007.

[11] 张韵华．数值计算方法解题指导 [M]. 北京：科学出版社， 2003.

[12] 车刚明，聂玉峰，封建湖，等．数值分析典型题解析及自测试题 [M]. 西安：西北工业大学出版社， 2002.

[13] 李庆扬，王能超，易大义．数值分析 [M]. 北京：清华大学出版社， 2008.